Repertorium der Physik.

Eine Zusammenstellung

der neueren Fortschritte dieser Wissenschaft.

Band VI.

Enthält:

Akustik, von A. SEEBECK.

Elektricitätslehre, von P. RIESS.

Mit zwei Figurentafeln.

Berlin.

Verlag von Veit & Comp.

1842.

Inhalt des sechsten Bandes.

Erster Abschnitt.

Akustik.

Von

A. Seebeck.

Zweiter Abschnitt.

Die Lehre von der Elektricität.

Von

P. Riess.

Seite

Berichtigung.

Seite 208, Zeile 4 v. o. sind nach „dies" die Wörter einzuschalten: „Uebereinstimmen gleichfalls".

Erster Abschnitt.

Akustik,

bearbeitet von

A. Seebeck.

Erster Abschnitt.

Akustik.

A. Ueber die Natur der Töne.

I. Ueber das Zusammenklingen von Tönen.

Das Gehör steht, wie bekannt, dem Gesichtssinne um Vieles nach in dem Vermögen, die Richtung zu unterscheiden, in welcher ein Eindruck zu dem Organe gelangt. Es mag wohl gerade dieser Mangel Bedingung dafür sein, dass sich mehrere gleichzeitig erzeugte Töne symphonisch zu einem Ganzen vereinigen. Damit aber ihr Zusammenklingen nicht zu einem Chaos werde, hat dieses Organ ein anderes, merkwürdiges Vermögen vor dem Auge voraus. Wenn nämlich mehrere Töne gleichzeitig das Ohr treffen, so muss die dem Organe mitgetheilte Bewegung die Resultante sein aus den verschiedenen einzelnen, zu diesen Tönen gehörenden Wellenbewegungen; das Ohr aber zerlegt sofort diese Resultante in ihre Componenten, in die einzelnen Systeme isochroner Schwingungen. Zeichnet man nach Art der Fig. 1. Taf. I. im 3ten Bde. des Rep. die Resultante aus einigen Wellenzügen, deren Längen den Tönen irgend eines Accords entsprechen, so wird das Auge schwerlich im Stande sein, in einer solchen Figur das zum Grunde liegende einfache Gesetz herauszufinden; dem Ohre dagegen zerfällt eine solche Welle von selbst in die einfacheren Bestandtheile, aus denen sie zusammengesetzt ist; es unterscheidet ohne Weiteres die einzelnen Töne jenes Accordes. Dies liegt nicht etwa daran, dass die verschiedenen Töne in verschiedenen Richtungen zum Ohre gelangen; es wird auch dann stattfinden, wenn das Ohr und die sämmtlichen Punkte von wo die Töne ausgehn, auf einer geraden Linie liegen, ja selbst wenn die Töne sammtlich genau von einer Stelle ausgehn. Dies lässt sich durch folgende nahe verwandte Erscheinung zeigen. In einem System von Punkten, wie das in Taf. I. Fig. 1. gezeichnete ist, wird das Auge erst nach einigem Suchen und Vergleichen die zum Grunde liegende Regel erkennen; setzt man aber auf eine Sirene von der Einrichtung, wie ich sie weiterhin beschreiben werde, eine eben so geordnete Reihefolge von Löchern und blässt mit einem Röhrchen gegen die schnell vorübergehenden Löcher, so hört man Grundton, gr. Terz und Quinte, d. h. dem Ohre zerfällt das entsprechende System von Luftstössen von selbst in die drei Systeme gleichabstehender Stösse, aus denen es zusammengesetzt ist. — Man wird geneigt sein, für dieses merkwürdige Unterscheidungsvermögen einen weiteren physischen Grund zu suchen, und dieser wäre vielleicht darin zu finden, dass die in dem Gehörorgan zurückgeworfenen und sich begegnenden Theile der zusammengesetzten Welle interferiren und dadurch an verschiedenen Stellen des Gehörnerven hier den einen und dort den andern der einzelnen Töne hervortreten lassen. Jedoch unterliegt diese Hypothese mehr als einem erheblichen Bedenken. Ohne daher auf dieselbe weiter einzugehn, erwähne ich dieses Gegenstandes nur als einer Thatsache, weil sich in den nachfolgenden Erscheinungen eine ähnliche Neigung des Ohres, den Isochronismus aufzusuchen kundgiebt, dagegen das Vermögen die Richtung der Schallstrahlen zu unterscheiden, sich als untergeordnet erweist.

Was hingegen den Einklang betrifft, so überzeugt man sich leicht, wie mehrere Züge von Wellen gleicher Länge doch den Eindruck eines einzigen Tones machen müssen, im Falle nämlich die Ablenkung, welche ein den Schall fortpflanzendes Lufttheilchen für jede Welle von seiner Gleichgewichtslage erleidet, proportional ist sin. ϑ, wenn ϑ die Zeit bezeichnet von dem Augenblicke an gerechnet, wo dasselbe durch die Mitte seiner Bahn geht, und die Dauer einer Schwingung $= 2\pi$ gesetzt wird. In diesem Falle hat nämlich das aus zwei oder mehreren solchen Wellenzügen resultirende Wellensystem dieselbe Länge oder Schwingungsdauer, wie seine Componenten. Denn bezeichnet a die Amplitude und τ die Zeit des Durchgangs eines Lufttheilchen durch die Mitte seiner Bahn für eine Welle, so wie a' und τ' dieselben Grössen für eine zweite Welle von derselben Länge, a'' und τ''

für eine dritte Welle u. s. w., so ist die Schwingungsphase eines von diesen Wellen gleichzeitig afficirten Lufttheilchens, im Falle die sämmtlichen Schwingungsrichtungen in eine Linie zusammenfallen:

$$a \sin.(\vartheta - \tau) + a' \sin.(\vartheta - \tau') + a'' \sin.(\vartheta - \tau'') + \ldots$$

welcher Werth $= a_, \sin.(\vartheta - \tau_,)$ gesetzt werden kann, wo

$$a_, = \sqrt{\left\{a^2 + a'^2 + a''^2 + \ldots + 2aa' \cos.(\tau - \tau') + 2aa'' \cos.(\tau - \tau'') + 2a'a'' \cos.(\tau' - \tau'') + \ldots\right\}}$$

und $\text{tang.}\, \tau_, = \dfrac{a \sin.\tau + a' \sin.\tau' + a'' \sin.\tau'' + \ldots}{a \cos.\tau + a' \cos.\tau' + a'' \cos.\tau'' + \ldots}$

Man sieht also, dass in diesem Falle aus den einzelnen Wellen eine Resultante hervorgeht, welche nicht nur dieselbe Wellenlänge oder Schwingungsdauer, sondern auch dieselbe Wellenform hat, wie die Componenten, nur mit einer andern Amplitude, welche von 0 bis $a + a' + a'' + \ldots$ variiren kann. Nimmt man aber an, dass die Schwingungsrichtungen nicht in eine Linie zusammenfallen, so gilt dasselbe von den Projectionen der Bewegungen auf eine beliebige, durch das Lufttheilchen gezogene Linie; es bleibt daher in diesem Falle zwar nicht dieselbe Wellenform, indem die resultirende Bewegung des Lufttheilchen im Allgemeinen krummlinig wird, allein die Schwingungsdauer, d. h. die zum einmaligen Durchlaufen dieser krummen Bahn verwendete Zeit bleibt dieselbe wie bei den Componenten. Es muss daher aus mehreren Unisonotönen der Eindruck eines einfachen Tones von derselben Höhe entspringen.

Die hier angenommene, durch $\sin.\vartheta$ bestimmte Wellenform wird jedoch nicht allgemein vorausgesetzt werden dürfen. Wenn schon bei den gewöhnlichen, durch stehende Schwingung erzeugten Tönen die Verschiedenheiten des Klanges darauf hinweisen, dass in dieser Beziehung gewisse Unterschiede stattfinden, so muss dies noch mehr bei den Tönen der Sirene und ähnlicher Apparate der Fall sein; denn hier hat man eine Reihe von Impulsen von kürzerer oder längerer Dauer, die als positive Schwingung angesehn werden können, getrennt in der Regel durch Perioden der Ruhe, welche die Stelle der übrigen Welle, namentlich der negativen Schwingung vertreten, so dass eine andre Wellenform entsteht. In diesem Falle können sich daher zwei oder mehrere Unisonotöne nicht nur verstärken oder schwächen, sondern es können auch, was sonst nicht der Fall sein wird, aus ihnen höhere Töne entspringen, welche zu jenem ersten hinzutreten, oder ihn sogar ganz verdrängen. Die unter II, III und IV folgenden, von mir in Pogg. Ann. LIII. 417. mitgetheilten Beobachtungen können als Belege zu jedem dieser Fälle angesehn werden.

Der Apparat, an welchem sie angestellt worden sind, ist eine Sirene, welche zugleich anstatt eines Savart'schen Zahnrades gebraucht werden kann. Eine wagerechte Axe wird von einem Gewichte mittelst eines Wellrades und Schnurlaufs in Drehung versetzt; ein Paar Windflügel dienen in Verbindung mit der Reibung diese Bewegung zu reguliren. Auf der Axe sitzt eine starke hölzerne, mit Blei beschwerte runde Scheibe von $7\frac{1}{4}$ Zoll Durchmesser, an welcher die zum Versuch bestimmten durchlöcherten Scheiben concentrisch befestigt werden. Diese letzteren, 12 Zoll im Durchmesser haltend, sind von dünner Pappe; 4 bis $5\frac{1}{2}$ Zoll vom Mittelpunkt sind die Löcher nach einer genauen Kreistheilung eingeschlagen, meistens so, dass die Zwischenräume zwischen ihnen grösser sind, als die Durchmesser der Löcher. Bei den Versuchen wurde entweder mit einem Glasröhrchen, dessen Mündung etwas enger ist, als die Löcher, ein Luftstrom gegen die in Drehung befindliche Löcherreihe geblasen, wo dann der Ton wie auf der Sirene von Cagniard-Latour entsteht, oder es wurde auch eine aus Kartenblatt geschnittene Spitze so gegen die Scheibe gehalten, dass sie beim Umdrehen in die Löcher einschlagen musste, wo dann diese Vorrichtung statt eines Savart'schen Zahnrades diente. Es ist häufig vortheilhaft, auf dieselbe Scheibe concentrisch mehrere Löcherreihen zu setzen, um ihre Töne unter einander zu vergleichen. Das Instrument kann dann als eine Verbindung von mehreren Sirenen angesehen werden.

II. Interferenz beim Anblasen der Sirene.

Interferenz zweier Unisonotöne. Man richte gegen eine Löcherreihe der Sirene zwei Röhren von den beiden entgegengesetzten Seiten her, senkrecht gegen die Scheibe, und zwar so, dass wenn die eine sich vor einem Loche befindet, auch die andre sich einem (etwa dem nächsten) Loche gegenüber befindet. Bläst man nun mit einer dieser Röhren gegen die in Umdrehung befindliche Scheibe, so erhält man mit jeder von ihnen denselben Ton, wie mit der andern; bläst man aber mit beiden zugleich, so verschwindet der Ton und man hört nur oder fast nur das Sausen, welches das Durchströmen der Luft verursacht, indem sich die beiderlei Luftstösse, ihrer entgegengesetzten Richtung wegen, zwar nicht an dem Orte ihrer Entstehung, wohl aber bei ihrer Fortpflanzung und im Ohre des Beobachters gegenseitig aufheben. Stellt man dagegen die Röhren so auf, dass ihre Stösse nicht gleichzeitig, sondern alternirend erfolgen, so hört man den ursprünglichen Ton, und zwar verstärkt. Man kann den Versuch auch so anstellen, dass man auf einer Scheibe concentrisch zwei Reihen Löcher von gleicher Zahl anbringt, und dann die eine von der einen, die andre von der andern Seite anbläst; treffen die beiden entgegensetzten Stösse genau zusammen, so heben sich die beiden Töne auf, alterniren jene, so verstärken sich diese. Man hat in diesem Falle zwei Sirenen, welche bei dem vollkommenen Isochronismus ihrer Impulse die beiden Zustände der Aufhebung und Verstärkung getrennt zu beobachten und dauernd festzuhalten gestatten, welche beim unvollkommnen Einklang zweier Töne mit einander abwechseln müssen und die bekannten Schwebungen zu erzeugen scheinen.

Aufhebung eines Tones durch seine tiefere Octave. Wenn man auf eine Scheibe concentrisch zwei Löcherreihen setzt, von denen die eine doppelt so viel Löcher hat, als die andre, so giebt sie die Octave von dem Tone der letzteren, und man hört, wenn beide gleichzeitig angeblasen werden, in der Regel auch beide Töne zugleich. Nur wenn das Anblasen von den beiden entgegengesetzten Seiten her und zwar so erfolgt, dass jeder Luftstoss des tieferen Tones mit einem des höheren genau zusammentrifft, verschwindet der höhere Ton und man hört den tieferen allein. In diesem Falle heben sich nämlich die sämmtlichen Impulse des tieferen gegen die abwechselnden Impulse des höheren auf, und es bleibt nur die andre Hälfte von denen des letzteren übrig, welche nun natürlich die tiefere Octave giebt.

III. Erscheinungen bei gestörtem Isochronismus der Impulse.

Erzeugt man eine Reihe schnell auf einander folgender Impulse, nicht isochronisch, sondern so, dass die Zwischenzeit zwischen je zweien abwechselnd t und t' beträgt, so hört man jederzeit einen Ton, als ob die Zwischenzeit $t + t'$ wäre. Ausserdem aber kann noch ein andrer höherer Ton hinzutreten. Wenn nämlich erstens t und t' nicht zu sehr verschieden von einander sind, so hört man zugleich einen Ton von der Schwingungsdauer $\frac{t + t'}{2}$, also die höhere Octave des erstern. Man beobachtet dies sehr leicht, wenn man der Sirene ein System von Löchern mit abwechselnd grösseren und kleineren Zwischenräumen giebt, wie das in Taf. I. Fig. 2. dargestellte, und dann mit einer Röhre bläst oder mit einem Kartenblatte anschlägt, indem durch die Längen ab, a'b' etc. einerseits und ba', b'a'' etc. andrerseits die Zeiten t und t' bestimmt werden*). Man hört in diesem Falle 1) einen Ton von der Höhe, als ob nur die eine Hälfte der Löcher, z. B. die Löcher a, a', a'' etc. vorhanden wären, und 2) wenn die Räume ab und ba' nicht sehr ungleich sind auch den Ton, als ob die Löcher b, b', b'' etc. auf der Mitte zwischen a, a', a'' etc. ständen. Je geringer der Unterschied der beiderlei Abstände ab und ba', desto deutlicher wird der letztere und desto schwächer der erstere. Man sieht dies aus folgenden Beobachtungen.

Ich setzte z. B. auf eine Scheibe vier Löcherreihen, nämlich 1) 18 Löcher in Abständen von je 20°; 2) 36 Löcher in Abständen von je 10°; 3) 36 Löcher, deren Abstände abwechselnd $9\frac{1}{2}$ und $10\frac{1}{2}$ Grad betrugen, und 4) 36 Löcher abwechselnd 9° u. 11° von einander entfernt. Es gab natürlich die zweite Reihe die Octave von dem Tone der ersten; die dritte Reihe aber, so wie die vierte, gab diese beiden Töne zugleich, wobei auf der dritten der höhere, auf der vierten der tiefere mehr hervortrat. Es werden diese Doppeltöne besonders auffallend, indem man sie mit den einfachen Tönen der ersten und zweiten Reihe vergleicht.

Ebenso giebt eine Reihe von Stössen, deren Zwischenzeiten abwechselnd t, t', t'', t, t', t'' etc. sind, sowohl den Ton von der Schwingungsdauer $t + t' + t''$, als auch, wenn die drei Zwischenräume nicht zu ungleich sind, den Ton von der Schwingungsdauer $\frac{t + t' + t''}{3}$. Eine Scheibe mit 36 Löchern, deren Abstände $9\frac{1}{2}$, 10, $10\frac{1}{2}$, $9\frac{1}{2}$, 10, $10\frac{1}{2}$ etc. Grade betrugen, liess beim Anblasen oder Anschlagen zwei Töne erkennen; der höhere hatte dieselbe

*) Man erreicht dasselbe auch, wenn man eine Reihe von Löchern gleichen Abstandes gleichzeitig und von einer Seite her mit zwei Röhren anbläst, deren Abstand von einander kein Vielfaches von dem halben Abstande der Löcher ist, oder endlich durch gleichzeitiges Anblasen zweier solcher Reihen von gleicher Löcherzahl.

Höhe, als ob die Löcherabstände sämmtlich 10° betrügen, der andere, schwächere war um eine Duodecime tiefer, also von einer dreimal grösseren Schwingungsdauer. Eine andere Reihe, wo die Abstände der Löcher 9, 10, 11, 9, 10, 11 etc. Grad betrugen gab dieselben beiden Töne, aber den tieferen stärker als den höheren.

Lässt man die Abstände zwischen den Löchern in unregelmässiger Folge wechseln, doch so dass sie sich nicht zu sehr von einem Mittelwerthe entfernen, so hört man nur einen, mehr oder weniger unvollkommnen Ton, dessen Höhe jenem Mittelwerthe entspricht.

Man sieht aus diesen Versuchen, dass das Gehörorgan einerseits die Fähigkeit besitzt, ein System von Impulsen wie die hier beschriebnen (mit Ausnahme des letzten, unregelmässigen) in zwei oder drei Systeme von isochronen Impulsen zu zerlegen, z. B. das System a, b, a′, b′, a″, b″ etc. der Fig. 2. in die Systeme a, a′, a″ etc. und b, b′, b″ etc.; dass es aber andrerseits auch durch einen nur einigermassen angenäherten Isochronismus den Eindruck einer bestimmten Tonhöhe empfängt, wie von vollkommnem Isochronismus. Die Grenzen bis zu welchen man sich vom Isochronismus entfernen kann, sind weiter, als man vielleicht erwarten möchte.

Macht man hingegen t sehr viel kleiner als t′, so verschwindet natürlich der Ton $\frac{t + t'}{2}$; in diesem Falle aber hört man ausser dem Ton t + t′ auch den der Schwingungsdauer t entsprechenden Ton, wenigstens dann, wenn t′ ein Vielfaches von t ist. Auf einer Scheibe, wo die Löcherabstände abwechselnd 10° und 20° betrugen, hatte ich ausser dem Tone, wie von 30° Abstand (t + t′), auch den Ton wie von lauter 10° auseinander stehenden Löchern. Ebenso hatte ich, da ich die Abstände abwechselnd 3° und 9° machte, die den Entfernungen 12° und 3° entsprechenden Töne, und da jene 4° und 16° betrugen, die der 20 und 4 zukommenden Töne.

Wurden die Zwischenzeiten der Impulse abwechselnd t, t, t′, t, t, t′ etc. gemacht, so wurde jederzeit der Ton von der Schwingungsdauer t gehört, t mochte kleiner oder grösser sein als t′.

IV. Dürfen die zu einem Tone gehörenden Impulse abwechselnd von verschiednen Punkten ausgehn?

In den *Ann. de Ch. et de Ph. LXV.* 205., Pogg. Ann. LI. 555. sind von F. Savart einige Beobachtungen zusammengestellt, aus welchen dieser leider zu früh verstorbene Physiker folgenden Schluss zieht: die Höhe eines Tones hängt nicht nur ab von der Anzahl isochroner Impulse, welche in einer gegebenen Zeit zu unserem Gehörorgane gelangen, sondern es dürfen auch die Wellen nicht abwechselnd von zwei oder mehreren verschiednen Punkten ausgehn.

Savart setzte namlich 1) zwei Räder mit einer gleichen Anzahl von Zähnen auf eine gemeinsame Axe, und zwar so, dass die Zähne des einen den Zahnlücken des andern entsprachen, und hielt während ihrer Umdrehung ein Kartenblatt gegen beide; obgleich hier die Zahl der Impulse offenbar verdoppelt wird, so fand er doch den Ton nicht eine Octave höher, sondern von derselben Höhe, wie wenn eines allein tönte; dies fand selbst dann statt, wenn beide Räder einander bis zur Berührung genähert waren, und Savart glaubt den Grund davon in keinem andern Umstande suchen zu können, als darin, dass die Impulse abwechselnd von zwei verschiedenen Punkten ausgehn.

2) Er blies von der Seite her gegen die Zähne des Rades aus zwei Oeffnungen, die um den halben Abstand der Zähne von einander entfernt waren; auch hier entstand durch diese Verdoppelung der Luftstösse nicht die Octave, sondern die Höhe des Tons war dieselbe, wie wenn man das Rad mittelst einer Karte ansprechen liess, was Savart eben jener Ursache zuschreibt.

3) Fügte Savart an der bekannten Vorrichtung, wo ein Stab durch eine von zwei Brettern gebildeten Spalte hindurchschwingt, eine zweite solche Spalte, rechtwinklig gegen die erste hinzu, so wurde die Zahl der Schläge verdoppelt, ohne dass jedoch die Höhe des Tones eine Aenderung erlitt, ebenfalls nach seiner Erklärung, weil diese Schläge von verschiednen Stellen ausgehn.

4) Savart bezieht sich auf einen Versuch von Cagniard-Latour, wo ein zwischen zwei Ständern oscillirender Glasstiel

durch das Anschlagen gegen diese Ständer einen Ton erzeugt*). Die Höhe dieses Tons entspricht nicht der Gesammtzahl der Schläge, sondern ihrer Hälfte, ebenso als ob nur einer der beiden Ständer getroffen würde. Auch dies erklärt Savart dadurch, dass die Wellen abwechselnd von dem einen und von dem andern Ständer ausgehn.

5) Endlich erinnert Savart daran, dass zwei Unisonotöne nie die höhere-Octave hervorbringen, obgleich durch das Kreuzen ihrer Wellen oft die Anzahl der zum Ohre gelangenden Impulse verdoppelt werden müsse. Auch würden die Wellen, welche von den entgegengesetzt schwingenden Theilen eines Körpers, z. B. einer Platte, ausgehn, sich aufheben, wenn zwei von verschiedenen Punkten ausgehende Wellenzüge sich verhielten, wie ein einziger.

Aus allen diesen Erfahrungen zieht Savart den Schluss, dass die zu einem Tone gehörenden Wellen nicht abwechselnd von verschiedenen Punkten ausgehn dürfen. Damit wird jedoch nicht behauptet, dass der Ausgangspunkt unveränderlich sein müsse, vielmehr geht aus vielen Thatsachen hervor, dass er unaufhörlich verschoben werden kann, ohne dass der Ton sich ändert. Streicht man z. B. eine Karte rasch über die Zähne eines unbeweglichen Rades, so entsteht derselbe Ton, wie wenn die Karte fest wäre und das Rad mit derselben Geschwindigkeit gedreht würde.

Ich habe in Pogg. Ann. LIII. 425. zu zeigen gesucht, dass jener von Savart aufgestellte Satz nicht richtig ist, indem sich den unter 1 und 2 angeführten Versuchen ganz ähnliche, aber unter günstigeren Bedingungen angestellte mit einem entschieden entgegengesetzten Erfolge gegenüberstellen lassen, die übrigen von Savart angeführten Thatsachen aber einer andern Auslegung fähig sind.

1) Ich nahm eine Scheibe, auf welcher sich nur 12 Löcher in Abständen von 30° befinden, und blies dieselbe mit zwei Röhren an, welche 15° von einander entfernt und von derselben Seite

---

*) Das Mittel den Glasstiel in Schwingungen zu versetzen, die bis zu 200 in einer Sekunde gesteigert werden können, besteht darin, dass in ein Loch an dem freien Ende des oscillirenden Stiels der obere Stift einer kleinen Sirene mit schiefen Flügeln, belastet mit einem excentrischen Gewichte, gesteckt wird. Bringt man durch Anblasen die Sirene in Drehung, so setzt sie durch ihre Centrifugalkraft den Glasstiel in Oscillation, so dass er bei jeder Umdrehung einmal gegen jeden der beiden Ständer schlägt (*Comptes rendus XI.* 608. Pogg. Ann. LI. 561.)

her gegen die Scheibe gerichtet waren; es enstand sogleich die Octave des Tones, welchen jede Röhre einzeln gab, so deutlich dass darüber nicht der mindeste Zweifel bleiben konnte. Man hört auch gewöhnlich den tieferen Ton schwach mitklingen, wie dies nach den unter III. von mir angeführten Versuchen der Fall sein muss, wenn der Abstand der Röhren von einander nicht genau dem halben Abstande der Löcher gleich ist, oder auch wenn die beiden Luftstösse nicht ganz gleiche Stärke haben; allein derselbe verschwindet um so mehr, je genauer man in diesen Beziehungen den Versuch macht. Das Resultat ist übrigens selbst bei einer mässigen Genauigkeit nicht zweifelhaft durch den Contrast, welcher bemerkt wird, wenn man abwechselnd mit einer und mit beiden Röhren bläst. — Da dieser Versuch mit dem zweiten von Savart wesentlich ganz identisch ist, so mag die Verschiedenheit des Erfolgs wohl hauptsächlich daher kommen, dass es bei dem geringen Abstande der Zähne an Savart's Rädern mehr Schwierigkeit haben muss, den Abstand der beiden Löcher dem halben Abstande der Zähne in hinreichender Genauigkeit gleich zu machen; auch wird die Beobachtnng durch den Umstand erschwert, dass die Zähne nicht breiter sind, als ihre Abstände; dennoch würde wahrscheinlich die höhere Octave von Savart nicht ganz unbemerkt geblieben sein, wenn er den Ton von den zwei Oeffnungen mit dem von einer solchen Oeffnung, statt mit dem von einem Kartenblatte verglichen hätte. — Der Erfolg, wie ich ihn hatte, ist jedoch nicht nothwendig an jene grossen Zwischenräume zwischen den Löchern geknüpft, sondern wird nur hier am leichtesten und vollkommensten erlangt; ich habe selbst auf einer Scheibe von 120 Löchern, deren Zwischenräume ihrem Durchmesser ziemlich gleich sind, beim Anblasen mit zwei dünnen Luftstrahlen durch einiges Probiren die Octave noch hinreichend kenntlich erhalten; nur wird in diesem Falle der Ton aus leicht begreiflichen Gründen schwach.

2) Ganz mit demselben Erfolge habe ich auch die Zahl der Impulse dreimal grösser gemacht, indem ich die zuvor erwähnte Scheibe von zwölf Löchern mit drei Röhren anblies, welche 10° von einander abstanden. Der Ton war richtig die Duodecime von demjenigen, welcher beim Blasen mit einer Röhre entstand.

3) Noch leichter ist die Ausführung des Versuchs, wenn man auf eine Scheibe zwei concentrische Löcherreihen setzt, so dass

die zu den Löchern der einen Reihe gehörenden Halbmesser genau in der Mitte zwischen denen der andern liegen. Bläst man nun gegen beide Reihen mit zwei Röhren, deren Mündungen auf einem und demselben Radius liegen, so alterniren die Luftstösse von der einen Röhre genau mit denen von der andern, und der Ton ist die Octave dessen, welchen eine Röhre allein giebt. Die Octave kann in diesem Falle so frei von dem tieferen Tone erhalten werden, dass sie von dem Tone einer einfachen Reihe von doppelter Löcherzahl kaum zu unterscheiden ist.

4) In ähnlicher Weise habe ich mit drei concentrischen Löcherreihen und drei dazu gehörenden Röhren die Zahl der Luftstösse dreimal grösser gemacht, und ebenfalls die Duodecime erhalten.

5) An den beiden letzten Scheiben konnte ich auch den Versuch so anstellen, dass er mit dem ersten Savartschen Versuche im Wesentlichen übereinstimmt, indem ich nämlich die Löcher, statt mit Röhren anzublasen, mit spitzen Kartenblättern anschlug. Ich schnitt an einem Kartenblatt zwei Spitzen, welche gegen die beiden Löcherreihen der unter 3. erwähnten Scheibe so gehalten wurden dass sie alternirend in die Löcher einschlugen; auch hier war der Ton um eine Octave höher, als wenn nur eine Spitze gegen die eine Reihe gehalten wurde. Ebenso erhielt ich mit drei Spitzen an der unter 4. genannten Scheibe die Duodecime. — Dass Savart bei dem so ähnlichen Versuche mit dem von zwei Zahnrädern getroffnen Kartenblatt keinen gleichen Erfolg hatte, weiss ich mir nicht anders zu erklären, als dass an seinem Apparate der erforderliche Isochronismus der alternirenden Impulse nicht zu erreichen war; denn dieser wird gestört werden, nicht nur, wenn die Zähne des einen Rades nicht genau den Zahnlücken des andern entsprechen, sondern auch wenn das Kartenblatt dem einen Rade weiter ausweicht, als dem andern. Es ist zwar, wie man aus den unter III. beschriebenen Beobachtungen sieht, ein vollkommner Isochronismus nicht erforderlich, allein diese zeigen auch, dass je unvollkommner derselbe stattfindet, desto mehr der tiefere Ton, welchen Savart allein hörte, hervortritt.

6) Der Abstand zwischen den Punkten, von welchen die Impulse ausgehn, war bei den vorhergehenden Versuchen ½ bis reichlich 1 Zoll. Es kann aber derselbe beträchtlich grösser gemacht

werden, selbst wenn sich das Ohr nicht sehr entfernt von der Scheibe befindet. An der unter 3. genannten Scheibe stellte ich die zu den beiden Löcherreihen gehörenden Röhren an zwei diametral gegenüberliegenden Punkten auf, beide, wie immer, von einer Seite her senkrecht gegen die Scheibe gerichtet. Der Abstand der beiden Punkte, von denen die abwechselnden Impulse ausgingen, war jetzt 9 Par. Zoll; dessenungeachtet war auch hier die Octave sehr deutlich zu hören, nicht nur aus einiger Entfernung, sondern selbst, wenn das Ohr den beiden Röhrenmündungen bis auf kaum 6 Zoll — weniger liess der Apparat nicht zu — genähert wurde, so dass der Winkel, welchen die abwechselnden Schallstrahlen im Ohre mit einander bildeten, mehr als einen rechten betrug. Nur dürfen natürlich die beiden Abstände des Ohrs von den Röhrenmündungen nicht zu ungleich sein. — Ebenso erhielt ich auch an der unter 4. erwähnten Scheibe die Duodecime, wenn ich die drei Röhren an 3 Punkten aufstellte, welche um 100° und 200° von einander entfernt waren.

Es ist durch diese Versuche erwiesen, dass die zu einem Tone gehörenden Impulse abwechselnd von zwei oder mehreren verschiedenen Punkten ausgehn dürfen, wofern sie nur hinreichend isochronisch erfolgen; es dürfen sogar die Richtungen, in welchen die abwechselnden Erschütterungen sich zum Ohre fortpflanzen, einen beträchtlichen Winkel mit einander bilden. Dies gilt wenigstens dann wenn die Impulse selbst immer in gleicher (paralleler) Richtung erfolgen, wie dies bei den vorhergehenden Versuchen stets der Fall war.

Diese letztere Bedingung aber ist in dem Versuche Savart's mit dem durch zwei gegen einander rechtwinklige Spalten schwingenden Stabe nicht mehr erfüllt, vielmehr gehn hier die abwechselnden Impulse nicht nur von zwei verschiedenen Stellen aus, sondern erfolgen auch nach zwei gegen einander rechtwinkligen Richtungen; in dem letzteren Umstande dürfte wohl die Hauptursache liegen, warum diese Impulse dem Ohre in zwei Systeme zerfallen und denselben Ton geben, wie eine Spalte.

Noch mehr muss diess der Fall sein bei dem Versuche von Cagniard-Latour; denn da die beiden Ständer von dem Glasstiel in entgegengesetzter Richtnng getroffen werden, so müssen auch die dadurch erregten Impulse von entgegengesetzter Richtung sein und sich also wie positive und negative Schwingung zu einander verhalten, so dass zwei solche Schläge erst eine ganze Schwingung ausmachen und eine Welle geben.

Ich habe diese Wirkung entgegengesetzter Impulse auch an der Sirene eben so gefunden. Bläst man nämlich eine Löcherreihe, oder zwei concentrische Reihen von gleicher Löcherzahl gleichzeitig mit zwei Röhren von den entgegengesetzten Seiten her an, so behält man dieselbe Tonhöhe, wie von einer Röhre, und es wird die Octave auch dann nicht gehört, wenn die Luftstösse der einen Röhre genau mitten zwischen die der andern fallen.

Wenn ferner Savart meint, dass zwei Unisonotöne oft eine verdoppelte Anzahl von Impulsen erzeugen müssten, so ist diese Voraussetzung keineswegs allgemein zu machen, wie man aus den im Eingange von mir über den Einklang gemachten Bemerkungen ersehn wird. Nicht nur wenn die beiden Töne der durch sin. ϑ bestimmten Wellenform entsprechen, sondern sobald nur die beiden Wellenhälften (die positive und negative Schwingung) einander symmetrisch sind, ist eine Verdoppelung der Impulse nicht möglich, sondern statt ihrer wird nur eine gegenseitige Schwächung der beiden Töne eintreten können; gerade diese aber tritt in der That in der bekannten Erscheinung der Schwebungen deutlich genug hervor. Bei der Sirene, den Zahnrädern u. dgl. fehlt diese Symmetrie der beiden Wellenhälften; hier kann man daher zwischen zwei Impulse einen gleichen Impuls einschalten, ohne dass derselbe durch eine entgegengesetzte Wellenhälfte aufgehoben würde.

Was endlich die Aeusserung Savart's betrifft, dass die von den entgegengesetzt schwingenden Theilen eines Körpers ausgehenden Wellen, sich aufheben müssten, wenn sich zwei Wellenzüge, aus zwei verschiedenen Stellen kommend, verhielten wie ein einziger, so wird man sich erinnern, dass diese Aufhebung in dem Interferenzversuche von Hopkins (Repert. III. 71.) in der That wahrgenommen werden kann.

V. Beitöne.

Eine Saite kann, wie man weiss, die Töne, die sich einzeln daran hervorbringen lassen, auch gleichzeitig geben. Die Bewegung ihrer Theilchen kann alsdann angesehn werden als Resultante oder Summe der Bewegungen, aus welchen die einzelnen

Töne entspringen würden; indem diese Resultante sich zum Ohre fortpflanzt bleibt diesem Organe die Thätigkeit überlassen, sie in ihre Componenten, d. h. in die einzelnen Systeme isochroner Schwingungen zu zerlegen. Es kann jedoch dieser Gegenstand auch anders angesehn werden.

Duhamel (*l'Institut* 1839 p. 237. 1840 p. 19 u. p. 41.) hat zunächst durch eine theoretische Behandlung gefunden, dann aber auch durch den Versuch bestätigt, dass die Saite in solchem Falle in mehrere Theile zerfällt, die nicht gleich viel Schwingungen in derselben Zeit machen, und dass die Schwingungszahlen dieser verschiedenen Theile eben die sind, welche den gleichzeitig vorhandenen Tönen entsprechen. Die Länge dieser Theile ist ungleich und hängt von den erregenden Ursachen ab. So fand Duhamel an einer Violoncellsaite, während sie ihren Grundton und dessen Octave gab, dass der mittlere Theil der Saite in einer gewissen Ausdehnung je eine Schwingung machte, während die beiden äusseren Theile je zwei Schwingungen vollendeten, so dass, wie der Bericht sich ausdrückt, die letzteren die höhere Octave gaben, während der mittlere Theil den Grundton erzeugte, übereinstimmend mit dem Resultate der Rechnung,

Dies gilt aber nicht nur von Saiten, sondern überhaupt, wenn ein Körper gleichzeitig mehrere Töne hören lässt, so wird jeder dieser Töne von einem verschiedenen Theile des Körpers hervorgebracht, so dass die verschiedenen Punkte eines jeden Theiles unter sich verglichen, in gleicher Zeit eine gleiche Zahl von Schwingungen machen, aber diese Zahl, und mit ihr der entsprechende Ton, von einem Theile zum andern sich ändert. Duhamel hat dies an einer quadratischen Messingplatte auf folgende Art beobachtet: Es wurden mit dem Bogen gleichzeitig zwei ungefähr um eine Quinte unterschiedene Töne erregt. An den Rand der Platte waren drei Häkchen von Eisendraht gelöthet, so dass das mittlere ungefähr der Grenze der beiden zu prüfenden schwingenden Theile entspricht, jedes der beiden andern aber dem Bauche eines Theiles. Lässt man nun hinter der Platte, während sie schwingt, einen berussten Glasstreifen gleiten, so zeichnen die horizontalen Arme der Häkchen eine Wellenlinie auf diesen Streifen. Nimmt man dann mit dem Zirkel gleiche Längen dieser Wellenlinien vom Anfangspunkte aus, so geben die Zahlen der auf diesen Längen enthaltenen Wellen das Verhältniss der von den Häckchen in derselben Zeit gemachten Schwingungen. Im vorliegenden Falle wurde dies Verhältniss in der That 2 : 3 gefunden. Dasselbe oder ein ähnliches Verfahren scheint auch bei der Beobachtung an der Violoncellsaite angewandt worden zu sein.

Die vorstehenden, von Duhamel gefundenen Resultate sind von Interesse, sofern sie die Thatsache aussprechen, dass an einem Körper, welcher gleichzeitig verschiedene Töne giebt, mehrere Theile unterschieden werden können, deren jeder eine der Schwingungszahlen hat, welche diesen Tönen entsprechen. Sofern aber diesem Resultate die Deutung untergelegt wird, dass dadurch eine wesentlich andre Erklärung der Verbreitung und Wahrnehmung solcher Beitöne gegeben werde, indem von einem Theile der eine, von einem andern der andre Ton ausgehe, dahingegen nach der gewöhnlichen Ansicht die ganze Saite jeden der einzelnen Töne giebt, so ist dabei doch Einiges zu bemerken. Zuvörderst beachte man, dass, wenn auch auf diese Weise die Wellen der verschiedenen Töne verschiedene Ausgangspunkte erhalten, sie doch bei ihrer Fortpflanzung wieder zusammentreten und eine Resultante von derselben Beschaffenheit geben, wie die, welche man erhält, wenn man jeden der Töne von der ganzen Saite ausgehend denkt, so dass das Ohr immer diese Resultante wieder in ihre Bestandtheile, nämlich in die verschiedenen Systeme isochroner Wellen zu zerlegen hat. Ferner wenn wirklich jeder der von Duhamel unterschiedenen Theile nur einen Ton geben soll, so muss bewiesen werden, dass die Schwingungen jedes Punktes dieses Theils nicht einem periodischen Wechsel ihrer Grösse oder Dauer unterworfen sind; denn das Ohr zählt nicht nur die Wellen, sondern misst auch und vergleicht ihre Amplituden, so wie ihre Längen, oder vielmehr die diesen Längen entsprechenden Zeiten, und wenn in einer dieser Beziehungen periodische Ungleichheiten eintreten, so vernimmt es zu dem einen递 Haupttone einen zweiten und auch wohl mehrere Töne, wie man aus den p. 9. mitgetheilten Beobachtungen an der Sirene ersehen kann. Gerade diese Bedingung aber dürfte bei den Wellen nicht stattfinden, welche von einem der von Duhamel unterschiedenen Theile ausgehn.

B. Zurückwerfung von Schallwellen. — Resonanz.

Wenn auf einer Linie zwei Züge von Wellen gleicher Länge und Amplitude in entgegengesetzter Richtung gehn, so resultirt daraus bekanntlich der Zustand stehender Schwingung. Man erhält auf dieser Linie solche Punkte, wo die beiderseitigen Bewegungen immer entgegengesetzt sind und sich daher fortwährend aufheben (Knoten), und dazwischen andre, wo sie immer in gleichem Sinne ausfallen, und wo daher Schwingungsmaxima (Bäuche) entstehn. Der Abstand zwischen zwei benachbarten Knoten ist gleich der halben Wellenlänge. Haben die beiden Wellenzüge bei gleicher Länge der Wellen ungleiche Amplitude, so sind die Knoten nicht Ruhestellen, sondern Schwingungsminima, wie die Knoten einer tönenden Luftsäule. Dieser Fall muss eintreten, wenn die von einer Wand senkrecht zurückgeworfenen Wellen eines Tones den directen Wellen desselben Tones begegnen. Für den ganzen Raum zwischen dem tönenden Körper und der reflectirenden Wand muss der eben bezeichnete Zustand eintreten.

Wenn dagegen zwei Züge von Wellen gleicher Länge in einerlei Richtung fortschreiten, so werden sie sich auf ihrem ganzen Wege schwächen, und bei gleicher Amplitude aufheben, wenn der Gangunterschied eine ungerade Anzahl von halben Wellenlängen beträgt, dagegen verstärken, wenn er eine gerade Anzahl beträgt. Auch dies wird bei den directen und den senkrecht zurückgeworfenen Wellen eintreten können, nämlich auf der Verlängerung der Linie, welche man von der reflectirenden Wand nach dem tönenden Körper zieht.

Diese beiden Fälle sind von N. Savart (*Comptes rendus* VII. 1068., *Ann. de Ch. et de Phys.* LXXI. 20., Pogg. Ann. XLVI. 458.) beobachtet, und nicht nur das abwechselnde Verstärken und Schwächen eines Tones wahrgenommen, sondern auch in der Nähe der reflectirenden Wand aus einem Geräusche Töne ausgeschieden worden, auf ähnliche Weise, wie man aus gemischtem Lichte durch Interferenz Farben ausscheidet.

Diese Untersuchungen gewinnen dadurch ein erhöhtes Interesse, dass wir über die Natur eines Geräusches noch so gut wie gar keine Beobachtungen besitzen. Bekanntlich denkt man sich ein Geräusch als eine unregelmässige Folge von Erschütterungen. Da nach F. Savart (*Ann. de Chim. et de Phys.* XLIV. 337.)

schon zwei auf einander folgende Impulse einen Ton geben, dessen Höhe von der dazwischen liegenden Zeit abhängt, so kann eine solche unregelmässige Folge von Impulsen als ein Schall angesehen werden, bei welchem die Höhe von einer Schwingung zur andern beständig wechselt. Unter diesen unregelmässigen Erschütterungen werden sich aber viele solche befinden, die in ziemlicher Regelmässigkeit auf einander folgen, und daher wird ein Geräusch auch einigermassen als ein Gemenge von Tönen der verschiedensten Höhe betrachtet werden dürfen. In der Wellenlehre von E. H. und W. Weber §. 282 und 284 ist die Bemerkung gemacht, dass Röhren von einer passenden Länge und Weite durch das gewöhnliche Geräusch, welches die Luft am Tage erfüllt, fortwährend schwach tönen, indem diejenigen Wellen, welche immer in ihre eigne Bahn nach einem gewissen Zeitraum zurücklaufen, an Grösse wachsen, wenn sie durch regelmässig wiederkehrende Stösse verstärkt werden, dagegen die Stösse, bei denenen dies nicht der Fall ist, beim Hin- und Herlaufen geschwächt werden und sich verlieren. Die Beobachtungen von N. Savart zeigen, dass es nicht einmal einer mehrmaligen Zurückwerfung der Wellen bedarf, um auf solche Weise aus einem Geräusche einen Ton entstehn zu lassen, sondern dass eine einzige Zurückwerfung in Verbindung mit den directen Wellen schon Töne erzeugt. Folgendes ist der Inhalt dieser interessanten Untersuchungen.

I. Zurückwerfung von Schallwellen.

Wenn man sich während eines Geräusches einem Gegenstande nähert, der dasselbe zurückzuwerfen im Stande ist, so kann man bemerken, dass mitten aus diesem Geräusche ein Ton hervortritt, dessen Höhe mit dem Abstande des Ohres von dem reflectirenden Körper variirt, und zwar bei zunehmendem Abstande allmählich tiefer, bei abnehmendem höher wird.

Diese Beobachtung wird durch folgende Umstände erleichtert: Man vermeide das Vorhandensein eines Körpers von beträchtlicher Ausdehnung zwischen dem Beobachter und der Quelle des Geräusches, damit dieses in möglichster Stärke anlange. Man nehme als reflectirende Fläche eine senkrechte Wand um sich ihr bequem nähern und von ihr entfernen zu können; eine Mauer, ein Thürflügel, eine Fensterscheibe erfüllen diese Bedingung. Der Abstand des Ohrs von der Wand kann zwischen Null und 2 bis

3 Meter variiren; weiterhin würde der Ton zu tief sein, um leicht wahrgenommen zu werden. Das Geräusch muss von hinreichender Dauer sein, um die Beobachtung zu gestatten; von dieser Art sind: das Rasseln eines auf dem Strassenpflaster fahrenden Wagens; das Rauschen eines Wasserfalls; der Lärm des aus einer Oeffnung mit Gewalt entweichenden Dampfes; ein Trommelwirbel; das Rauschen der Bäume im Winde; das Geräusch welches aus dem sämmtlichen Lärmen einer grossen Stadt entspringt; das Tosen des Meeres, welches Töne von merkwürdiger Stärke liefert.

Um die Beziehung zwischen der Höhe des Tones und der Entfernung des Ohres von der reflectirenden Wand aufzusuchen, wählte Savart eine perpendikuläre ebne Mauer. Senkrecht gegen sie, und nach dem Ausgangspunkt des Geräusches gerichtet, wurde ein Massstab befestigt, um den Abstand des Ohrs an der Mauer zu messen. Diesem wurde der Kopf genähert, das Gesicht gegen ihn gewendet, das eine Ohr der Mauer zugekehrt, das andre verschlossen. Mit einem Winkelmass, dessen einer Schenkel hinter dem offnen Ohre gegen den Kopf gestemmt war, während der andre am Massstab verschoben wurde, erhielt man den Abstand dieses Organs von der Mauer.

Den bei der Einheit des Abstandes gehörten Ton willkührlich C nennend, bestimmte S. mit diesem Apparat die Abstände, bei welchen die übrigen Töne der diatonischen Tonleiter erschienen. Die beiden ersten Spalten der folgenden Tabelle zeigen die Resultate dieser Beobachtungen.

Töne der Scala.	Abstände des Ohrs von der Mauer gemes.	Wellenlängen, berechnet, die von C = 1 gesetzt.
Contra H	1,07	$2{,}00 \times \frac{8}{15} = 1{,}067$
C, Ausgangspunkt.	1,00	$1{,}00 \times 1 = 1{,}000$
D	0,90	$1{,}00 \times \frac{8}{9} = 0{,}889$
E	0,81	$1{,}00 \times \frac{4}{5} = 0{,}800$
F	0,76	$1{,}00 \times \frac{3}{4} = 0{,}750$
G	0,67	$1{,}00 \times \frac{2}{3} = 0{,}667$
A	0,61	$1{,}00 \times \frac{3}{5} = 0{,}600$
H	0,54	$1{,}00 \times \frac{8}{15} = 0{,}533$
c	0,50	$0{,}50 \times 1 = 0{,}500$
d	0,45	$0{,}50 \times \frac{8}{9} = 0{,}444$
e	0,41	$0{,}50 \times \frac{4}{5} = 0{,}400$
f	0,38	$0{,}50 \times \frac{3}{4} = 0{,}375$
g	0,34	$0{,}50 \times \frac{2}{3} = 0{,}333$

In der dritten Spalte ist die zu jedem Tone gehörende Wellenlänge berechnet, wobei die von C als Einheit genommen ist. Die nahe Uebereinstimmung dieser Zahlen mit denen der zweiten Spalte berechtigt zu dem Schluss, dass der Abstand des Ohrs von der Wand in einem constanten Verhältniss zu der Wellenlänge des bei diesem Abstande vernommenen Tones steht.

Um dies Verhältniss zu ermitteln, wurde auf einem nach der Stimmgabel gestimmten Instrument der Ton c angegeben und auf dem Massstab der Punkt gesucht, wo das Ohr durch Zurückwerfung denselben Ton c hörte. Dieser Punkt fand sich 55 Zoll von der Mauer; da nun die halbe Welle*) von c 48 Zoll beträgt, s ist das gesuchte Verhältniss $\frac{55}{48} = 1,146$. Andre Versuche gaben wenig abweichende Resultate.

Die jetzt folgenden Versuche beziehen sich auf die Zurückwerfung eines einzelnen Tones, indem nach dem Vorhergehenden zu erwarten war, dass derselbe in verschiedenen Abständen ungleiche Stärke besitzen würde.

40 bis 50 Meter von einer ebnen senkrechten Wand, und 1,30 Meter über dem Boden, wurde in einem übrigens nach allen Seiten freien Raume eine Glocke aufgestellt und von ihr ein gespannter Blechstreifen senkrecht gegen die Wand geführt, dessen Richtung die Reflexionsaxe heisse. Während die mit einem verstärkenden Gefässe versehene Glocke durch einen Violinbogen in Schwingung versetzt wurde, und einen Ton von bedeutender und gleichmässiger Stärke gab, wurde das Ohr längs einer dem Blechstreifen möglichst nahen geraden Linie fortgeführt.. Die Stärke des Tones war nicht in allen Punkten der Reflexionsaxe gleich, sondern in mehreren Punkten Null, in andern erreichte sie ihr Maximum, und da die mit diesen Eigenthümlichkeiten begabten Punkte eine unveränderliche Lage zeigten, so war es möglich, sie auf dem Blechstreifen zu verzeichnen und ihre Abstände von einander zu messen. Es fand sich auf diese Weise, dass die Knoten, d. h. die Punkte wo die Stärke des Tones Null wird, auf der ganzen Reflexionsaxe in nahe gleichen Abständen von einander liegen; dass der Abstand zweier benachbarter Knoten gleich

*) S. nennt den Raum zwischen zwei benachbarten Knoten eine Wellenlänge; ich habe diess dem bei uns üblichen Sprachgebrauch gemäss überall durch die Bezeichnung: halbe Wellenlänge übertragen.

ist der Hälfte der dem bekannten Tone der Glocke zukommenden Wellenlänge; dass die Bäuche, d. h. die Punkte, wo die Intensität des Tones am grössten ist, ebenfalls um eine halbe Wellenlänge von einander abstehn, und sich nahe der Mitte zwischen zwei Knoten befinden, und endlich dass die Stärke des Tones allmählig zu- oder abnimmt, wenn das Ohr sich von einem Knoten oder Bauch entfernt.

Folgende Tabelle enthält die Resultate der Beobachtungen an einer Glocke, welche den Ton $\overline{\text{cis}}$ gab.

Reihenfolge d. Knoten.	Abstände d. Knoten v. d. zurückwerfend. Ebne.	Abstände zw. 2 auf einander folg. Knoten.	Reihenfolge d. Knoten.	Abstände d. Knoten v. d. zurückwerfend. Ebne.	Abstände zw. 2 aufeinand. folgend. Knoten.
1	0m,373		22	13m,485	0m,612
2	1,000	0m,637	23	14,093	0,608
3	1,615	0,615	24	14,728	0,635
4	2,275	0,660	25	15,374	0,646
5	2,887	0,612	26	15,963	0,589
6	3,495	0,603	27	16,668	0,705
7	4,085	0,590	28	17,263	0,595
8	4,713	0,628	29	17,883	0,620
9	5,337	0,624	30	18,473	0,590
10	5,952	0,615	31	19,099	0,626
11	6,576	0,624	32	19,726	0,627
12	7,195	0,619	33	20,348	0,622
13	7,798	0,603	34	20,963	0,615
14	8,382	0,584	35	21,573	0,610
15	9,013	0,631	36	22,196	0,623
16	9,652	0,639	37	22,836	0,640
17	10,413		38	23,450	0,614
18	11,045	0,632	39	24,110	0,660
19	11,660	0,615	40	24,755	0,645
20	12,286	0,626	41	25,410	0,655
21	12,873	0,587			

Reihenfolge d. Bäuche.	Abstände d. Bäuche v. d. zurückwerfend. Ebne.	Abstände zw. 2 aufeinander folg. Bäuchen.	Reihenfolge d. Bäuche.	Abstände d. Bäuche v. d. zurückwerfend. Ebne.	Abstände zw. 2 aufeinander folg. Bäuchen.
1	0m,148		3	1m,358	0m,642
2	0,716	0m,568	4	1,997	0,639

Die Temperatur war bei den ersten 16 Knoten so wie bei den vier Bäuchen 2° C., bei den Knoten No. 17 bis 41 war sie 5°,5. In der Voraussetzung, dass der Sitz des Gehörs im Labyrinth, also ungefähr 1 Zoll von der Apophysis mastoidea liege, ist zu den direct gemessenen Abständen die Länge von 1 Zoll oder 27^{mm} hinzugefügt; die in der Tabelle enthaltenen Zahlen sind mit dieser Correction versehn. Die Entfernung der Glocke von der Wand hat keinen Einfluss auf die Lage der Knoten, so dass man sie, wenn das Ohr sich in einem Knoten befindet, auf der Reflexionsaxe beträchtlich hin- und herführen kann, ohne eine Aenderung in der Lage des Knotens zu bemerken.

Die vorstehende Tabelle giebt Anlass zu folgenden Bemerkungen:

1) Die halbe Welle von $\bar{c}$ zu 24 Zoll gerechnet ist die halbe Wellenlänge des Tones $\overline{cis}$ der Glocke 24″ . $\frac{24}{25}$, d. i. 0^{m},624, welchem Werthe die Abstände zweier Knoten in der dritten Spalte der Tabelle im Allgemeinen ziemlich nahe kommen; die Differenzen sind bald positiv bald negativ. Nimmt man zuerst die 16 Beobachtungen bei der Temperatur von 2° C. und zieht den Abstand des ersten Knoten von dem des sechszehnten ab, so kommt 9^{m},279; dies durch die Anzahl der Zwischenräume, d. i. durch 15 dividirt, giebt als Mittelwerth für jeden Zwischenraum 0^{m},6186. Ebenso giebt der Abstand vom ersten Knoten bis zum 41sten, d. i. 25^{m},037 durch die Anzahl der Zwischenräume, durch 40 dividirt, den Mittelwerth eines Zwischenraumes bei 5°,5 zu 0^{m},6259, also sehr nahe der halben Wellenlänge 0^{m},624.

2) Die erste Halbwelle, d. h. der Abstand des ersten Knoten von der Wand, ist von dieser Berechnung ausgeschlossen worden, weil sie viel kürzer ist, als die übrigen Halbwellen, d. h. die Abstände der Knoten von einander. Sie beträgt nur 0^{m},373, während die mittlere Länge der übrigen 0^{m},6186 ist. Diese Eigenthümlichkeit fand sich bei allen angestellten Versuchen; bei einer Glocke, welche den Ton $\bar{a}$ gab und bei 7° C. die halbe Wellenlänge im Mittel zu 0^{m},3953 gab, betrug die erste Halbwelle nur 0^{m},258.

(Ueber die Ursache dieses abweichenden Verkältnisses äussert N. Savart keine Ansicht. Man könnte daran denken, dass dieselbe in einer Verzögerung liege, welche die Welle bei der Zurückwerfung erleidet; allein eine solche findet bekanntlich wenigstens an dem verschlossenen Ende einer Röhre nicht statt. Es liegt sehr nahe zu vermuthen, dass der Grund in der ungleichen Stellung des Ohrs gegen die directen und zurückgeworfenen Wellen liegt. Denn die directen Wellen müssen umgebeugt werden, um zu dem von ihrem Ausgangspunkt abgewendeten Ohre zu gelangen, und auch die znrückgeworfenen müssen wegen des in der Nähe der Wand befindlichen Kopfs des Beobachters merklich von der Richtung der Reflexionsaxe abweichen. Es ist einleuchtend, dass dies einen Einfluss auf die Lage der Knoten haben muss, allein bei unsrer gänzlichen Unkenntniss über das Verhalten der Schallwellen bei der Beugung, lässt sich nicht beurtheilen, von welcher Art dieser Einfluss sein müsse, und ob sich die Verkürzung der ersten Halbwelle daraus hinreichend erklären lasse. Es käme besonders darauf an zu wissen, ob bei der Beugung die Richtung der Schwingung zugleich mit der des Schallstrahls in die entgegengesetzte Richtung umgebogen wird; in diesem Falle würden die Knoten da liegen, wo der Gangunterschied eine ungerade Anzahl von halben Wellen beträgt, also die Entfernung des ersten Knoten von der Wand, nicht, wie Savart thut, für eine halbe, sondern für eine Viertelwelle zu rechnen sein, und der gemessne Raum für den Ton $\overline{cis}$ um $0^m,064$, für $\overline{a}$ um $0^m,060$ zu gross sein, Differenzen, welche gar wohl auf Rechnung des kleinen Umwegs zu setzen wären, auf welchem die directen Wellen zum Ohre gelangen. Der erste Bauch fiele dann eigentlich auf die Fläche der Wand, doch wird dies erste, weniger beträchtliche Maximum der Intensität aus leicht begreiflichen Gründen nicht hier, sondern etwas weiter weg von der Wand wahrzunehmen sein. Mit jener Annahme würde sich auch erklären, warum, ungeachtet dieser bedeutenden Verkürzung der ersten Halbwelle, doch die Entfernung des zweiten Bauchs von der Wand für die Töne von Contra H bis g in dem constanten Verhältniss zu der anderweitig bekannten Wellenlänge dieser Töne steht, welche die in der ersten Tabelle (p. 20.) aufgeführten Beobachtungen zeigen. Auf jeden Fall beweisen diese Beobachtungen, dass jene Verkürzung, welches auch ihre Ursache sein mag, der Wellenlänge nahe proportional sein muss.)

3) In allen Halbwellen, mit Ausnahme der ersten, ist die erste Viertelwelle länger als die zweite, wie man aus folgender Zusammenstellung einiger Resultate an dem Tone $\overline{\overline{cis}}$ ersieht.

	Abstände von der Wand.	Zwischenräume Erste Viertelwelle.	Zwischenräume Zweite Viertelwelle.
Wand	0^{m},000		
Erster Bauch	0,148	0^{m},148	
Erster Knoten	0,373		0^{m},225
Zweiter Bauch	0,716	0,343	
Zweiter Knoten	1,000		0,283
Dritter Bauch	1,358	0,358	
Dritter Knoten	1,615		0,257
Vierter Bauch	1,997	0,382	
Vierter Knoten	2,275		0,278

4) Der Abstand des zweiten Knoten von der Wand: 0^{m},716, verhält sich zur mittleren Wellenlänge: 0^{m},6186 wie 1,15 zu 1. Da nun bei den aus einem Geräusche ausgeschiedenen Tönen der ersten Tabelle das Verhältniss des Abstands von der Wand zu dem bei diesem Abstand vernommenen Tone durch 1,146 bestimmt war, so darf man schliessen, dass im Falle eines Geräusches das Ohr sich im zweiten Bauche der Interferenzwellen befand; uns erklärt sich daraus, warum die Höhe des aus dem Geräusche ausgeschiedenen Tones durch die Entfernung des Beobachters von der Wand bedingt wird.

Aehnliche Resultate wie die vorhergehenden erhielt Savart mit höheren und tieferen Glocken, mit Orgelpfeifen und Saiteninstrumenten. Wenn man das Ohr längs der Reflexionsaxe bewegt, so hört man der Reihe nach die sämmtlichen Aliquottöne, deren das Instrument fähig ist. Dies ist besonders auffallend bei Saiten, wo diese Töne harmonisch sind. Man kann auf diese Weise die einen Ton begleitenden Beitöne absondern, und es liegt hierin ein Mittel die Ursachen zu analysiren, auf denen (wenigstens zum Theil) die Unterschiede des Klangs verschiedner Instrumente beruhen.

Da sich mittelst des angewendeten Verfahrens die Wellenlänge recht genau messen lässt, so kann man daraus, wenn die Zahl der Schwingungen bekannt ist, die Schallgeschwindigkeit finden. Rechnet man den obigen Ton $\overline{\text{cis}}$ zu $512 \cdot \frac{25}{24}$, d. i. 533,33 halben (sogenannten einfachen) Schwingungen, und die halbe Wellenlänge im Mittel aus 40 halben Wellen bei 5°,5 zu 0^{m},6259, so erhält man die Schallgeschwindigkeit, als das Product dieser beiden

Zahlen, gleich $333^m,81$, d. i. um $3^m,05$ kleiner als die Formel $V = 333,44\sqrt{1 + t \, . \, 0,00375}$ sie giebt. Die Ungenauigkeit liegt ohne Frage in der der Glocke beigelegten Schwingungszahl. An einer andern Glocke, deren Ton durch sorgfältige Versuche zu 1043 halben Schwingungen bestimmt war, wurde bei der Temperatur von 9°, die halbe Wellenlänge im Mittel aus 90 Halbwellen, $0^m,324$ gefunden; dies giebt die Schallgeschwindigkeit $337^m,93$, d. i. $1^m,08$ kleiner als die nach obiger Formel berechnete. (Nimmt man die Schallgeschwindigkeit nach Van Beek und Moll zu $332^m,05$ bei 0° an, so wird die Uebereinstimmung noch grösser.)

Bei allen vorhergehenden Versuchen befand sich der Beobachter zwischen dem schwingenden Körper und der Wand. Wird umgekehrt der Schall zwischen dem Beobachter und der Wand erregt, so ist natürlich die Stelle des Ohres gleichgültig und man hat nur die des schallenden Körpers zu beachten.

Man braucht nur ein Stück Papier zwischen den Fingern zu zerknittern, und dabei diese Hand der Wand zu nähern, so kann man in dem daraus entspringenden verworrenen Geräusche einen Ton unterscheiden, der je nach dem geringeren oder grösseren Abstande des Papiers von der Wand höher oder tiefer ist.

Nimmt man statt eines Geräusches den Ton einer Glocke, die man der Wand nähert, so hört man zwar diesen Ton fortwährend, allein man kann bemerken, dass es für jede Glocke einen bestimmten Abstand von der Wand giebt, wo er das Maximum seiner Intensität erreicht. Dieser Abstand wurde für drei Glocken, deren Töne $\overline{e}$, $\overline{a}$ und $\overline{\overline{\overline{d}}}$ waren, gemessen und betrug resp. 200, 130 und 35 Millimeter. Wie hier die tieferen Töne bei grösserem Abstande verstärkt werden, so wird bei dem Versuche mit dem Blatt Papier der Ton gehört werden, der durch die Nähe der Wand verstärkt wird.

II. Tonverstärkende Gefässe.

Die Wand wirkt hier auf die Töne wie ein verstärkendes Gefäss, und es war von Interesse zu untersuchen, wie Gefässe von drei Dimensionen zwei derselben verlieren können, ohne dadurch die in Rede stehende Eigenschaft zu verlieren. Zu diesem Zwecke wurden nach einander Gefässe oder Röhren mit beweglichem Boden von immer grösserem Durchmesser genommen, und die Tiefe gesucht, welche man ihnen geben musste, damit sie den Ton einer Glocke verstärkten.

Folgende Resultate wurden mit den vorhin erwähnten drei Glocken erhalten.

Durchmesser der verstärkenden Gefässe.	Tiefe der Gefässe für die		
	die Glocke $\bar{c}$	die Glocke $\bar{a}$	die Glocke $\bar{\bar{\bar{d}}}$
15^{mm}		203^{mm}	70^{mm}
29	261^{mm}	178	61
61	239	162	48
81	231	150	
106			37
107		140	
115	210		
124		132	35
148		131	35
166		130	
180		130	
206		130	
255	201		
348	200	130	35

Man sieht hieraus, dass bei grösserem Durchmesser der Röhren die Tiefe geringer genommen werden muss, bis zu einer gewissen Grenze der Weite, von wo an die Wände keinen Einfluss mehr haben. Die dann erforderliche Tiefe ist dem Abstande gleich, den eine Wand haben muss, um den Ton zu verstärken.

III. Von der Resonanz.

Von dem Wesen der Resonanz hat Kane (*Lond. Edinb. and Dubl. Phil. Magaz. Ser. III. No.* 123. *p.* 247.) folgende Vorstellung gegeben.

Da von einem tönenden Körper immer zwei Wellen nach entgegengesetzten Seiten ausgehn, eine verdichtende und eine verdünnende, und diese, wenn sie zugleich das Ohr erreichen, sich aufheben, so besteht alle Resonanz darin, eine dieser Wellen wegzuschaffen. Er erläutert dies besonders durch einige Versuche über die Verstärkung des Tones einer Stimmgabel durch Röhren.

Von der Stimmgabel gehn vier Wellen aus, zwei +, B und D (Taf. I. Fig. 3.) und zwei —, A und C, welche sich daher aufheben*). Wenn nun eine offne Röhre, deren Länge gleich ist der halben Wellenlänge des Tons der Gabel, vor einen der Mittelpunkte, z. B. A gehalten wird, so schwingt sie im Einklang mit der Gabel, indem sie durch die erste eintretende Welle in Bewegung gesetzt wird; nun aber trifft die bei E austretende + Welle mit einer — Welle von A zusammen, und beide zerstören sich daher. Indem sich ferner C und D aufheben, bleiben B und F, welche, in gleichem Sinne auf das Gehör wirkend, den Ton hörbar machen. Ersetzt man die offne Röhre durch eine halb so lange, geschlossne, so wird A ebenso zerstört, aber man behält statt der Wellen B und F nur B übrig und hat daher eine viel schwächere Resonanz.

Hält man vor A eine Röhre, deren Länge gleich ist der ganzen Wellenlänge der Gabel, so wird A durch E, C durch D aufgehoben; B und F müssen sich auch aufheben, aber nur an gewissen Stellen, die auf einer Hyperbel liegen. (Auch in dem ersten Falle müssten sich B und F da aufheben, wo ihr Gangunterschied eine halbe Wellenlänge beträgt.)

Schon vor langer Zeit hat Adams gezeigt, dass zwei geschlossne Röhren, wenn sie rechtwinklig gegen einander gehalten werden (z. B. vor C und D) keine Resonanz geben. Dies deutet Kane so, dass hier, indem C und D zerstört werden, A und B übrig bleiben und sich aufheben. Eben so nimmt er den in Fig. 4 vorgestellten Fall, wo ebenfalls keine Resonanz entsteht, indem C und D sich in der Röhre begegnen und aufheben. In der Stellung hingegen wie Fig. 5. verstärkt eine krumme Röhre den Schall bedeutend, fast doppelt so stark als eine gewöhnliche offne Röhre, indem A und C zerstört werden und B und D bleiben. (Die Länge der krummen Röhre wird in beiden Fällen nicht angegeben.) Fügt man aber zu der letzten krummen Röhre zwei geschlossne hinzu, welche B und D auffangen (S. Fig. 6.), so wird der Ton wieder aufgehoben, was Kane als einen Beweis ansieht, dass es im vorigen Falle B und D waren, welche den Ton gaben.

Diese Versuche sind, wie mir scheint, nicht entscheidend für

*) W. Webers schöne Untersuchungen über die hyperbolischen Interferenzen an den Armen einer Stimmgabel (Schweigg.-Seid. Jahrb. XVIII. 385.) scheinen Kane nicht bekannt zu sein.

die von Kane aufgestellte Ansicht und lassen eine andre Auslegung zu. Wenn ein Ton unhörbar ist durch das Zusammentreffen zweier entgegengesetzten Wellen, so ist klar dass er hörbar werden kann, nicht nur wenn man eine dieser Wellen wegnimmt, sondern auch wenn man eine von ihnen verstärkt, und diese letztere Wirkung ist es, welche z. B. der Röhre in Fig. 3. zugeschrieben werden kann. Denn wenn zwei gleiche Wellenzüge in entgegengesetzter Richtung gehn, z. B. hier A und E, so ist da, wo eine Verdichtung des einen mit einer Verdünnung des andern zusammentrifft, nicht ein Knoten (Ruhe), sondern ein Bauch (Schwingungsmaximum). Kane bezeichnet mit + und — Verdichtung und Verdünnung, und da müssen allerdings A und E, wenn sie einander sehr nahe sind, entgegengesetztes Zeichen erhalten; bezeichnet man aber mit + und — die beiden entgegengesetzten Richtungen der Schwingung, so müssen A und E gleiches Zeichen erhalten, d. h. es ist an dieser Stelle, wie dies eben die Natur eines Wellenbauchs ist, zwar nicht Verdichtung und Verdünnung, wohl aber Maximum der Bewegung; diese verstärkte Bewegung kann daher als Ursache des verstärkten Tones angesehn werden. Man wird dies leicht auf die übrigen von Kane besprochnen Fälle übertragen. Der Versuch von Adams ist dann so anzusehn, dass durch die Verstärkung zweier entgegengesetzter Wellen wieder eine Schwächung herbeigeführt wird, und ebenso können in Fig. 6. die beiden geschlossnen Röhren die Resonanz der krummen Röhre aufheben, wenn durch sie die entgegengesetzten Schwingungsphasen verstärkt werden, als durch die letztere.

Mit dem Namen Chorizophon bezeichnet Kane folgenden Apparat. Eine quadratische Glasplatte schwingt mit den beiden diagonalen Knotenlinien. Ueber oder unter die vier schwingenden Abtheilungen können vier geschlossene Röhren gehalten werden, deren Queerschnitt dreieckig ist, in der Gestalt einer solchen Abtheilung, und deren Länge gleich ist einer Viertelwellenlänge des Tones. Wendet man eine solche Röhre an, so hat man jederzeit eine Resonanz; gebraucht man ihrer zwei, so erhält man entweder verstärkte Resonanz oder keine, je nachdem sie in gleichem oder entgegengesetztem Sinne wirken. Aehnlich mit dreien und vieren, welche letztere sehr starke oder auch gar keine Resonanz geben können. Man sieht leicht ein, wie dies sowohl nach Kane's

Ansicht, als auch nach der vorhin von mir angedeuteten, gewöhnlichen Ansicht zu erklären ist.

Es soll übrigens mit den obigen Einwendungen nicht gesagt sein, dass nicht eine Resonanz durch Unterdrückung einer von zwei entgegengesetzten Wellen erzeugt werden könne, und wenn Kane die Stärke des Tons an Rohrinstrumenten dadurch erklärt, dass von den beiden entgegengesetzten Wellen der Zunge die eine in der Mundhöhle des Bläsers verloren geht, und nur die andre wirksam bleibt, so wird allerdings hierin eine, wenn auch nicht die einzige Ursache jener Tonstärke liegen.

IV. Bau der Violine.

Unter den Bemerkungen über Gegenstände der praktischen Akustik, welche in den Berichten über F. Savart's akustische Vorlesungen (*l'Institut* 1839 u. 1840.) enthalten sind, findet sich eine detaillirte Untersuchung des Baues der Violine in Beziehung auf den Einfluss, welchen die beiden Böden des Resonanzkastens, die Luft dieses Kastens, der Stimmstock, der Steg, der Hals des Instrumentes auf die Beschaffenheit des Tones haben. Es kann hier nicht näher in diesen überwiegend praktischen Gegenstand eingegangen werden; nur folgende Resultate dürften hervorzuheben sein. Die beiden Böden oder vielmehr das ganze Holz des Resonanzkastens bilden mit der darin eingeschlossenen Luft ein tonfähiges Ganze, so dass man denselben Ton erhält, man mag die Böden durch Streichen eines aufgekitteten Glassstiels, oder durch Anblasen der in dem Kasten enthaltenen Luft in Schwingung versetzen. Dieser Ton ist bei den Stradivari-Geigen das $\bar{\bar{c}}$ von 512 (halben) Schwingungen. Der Stimmstock (*âme*) dient nach Savart nicht nur die Schwingungen von dem oberen Boden an den unteren zu übertragen, sondern auch vorzüglich die Schwingungen, welche in der Saite den Böden parallel sind, senkrecht gegen diese zu machen; zugleich dient er dem rechten Fusse des Stegs als Stütze, damit der linke Fuss in Schwingung gerathen könne.

C. Tönende Bewegungen.

I. Trevelyan-Instrument.

Wenn man gegen einen Tisch stösst, auf welchem Geräthschaften liegen, die leicht in eine wackelnde Bewegung gerathen, z. B. Handwerksgeräthe mit runden Griffen u. dergl., so bemerkt man oft, dass die Schläge, welche durch ein solches Wackeln entstehn, sich zuletzt, wenn sie sehr schnell erfolgen, zu einem rasch in die Höhe ziehenden Tone vermischen. Diese wackelnde Bewegung kann dauernd unterhalten, und dadurch ein anhaltender Ton erzeugt werden, wenn der schwingende Körper und die Unterlage beide von Metall sind und eines von ihnen heiss ist. Diese Töne entstehn also, wie die Klirrtöne und die Töne an Savarts Zahnrädern, durch das schnell wiederholte Gegeneinanderschlagen zweier festen Körper.

Eine solche Erscheinung wurde i. J. 1805 von dem Hütteninspector Schwarz zu Hettstädt beobachtet und von Gilbert (Ann. der Phys. XXII. 323.) beschrieben. Eine 6 Mark schwere Scheibe von Amalgamationssilber hatte einen orgelähnlichen Ton gegeben, als sie heiss auf einen kalten Ambos gelegt wurde, den sie in drei Punkten berührte. Bei einer in Gilbert's Gegenwart angestellten Wiederholung des Versuchs wurde eine erstarrte Feinsilbermasse noch sehr heiss mit der convexen Seite auf den kalten Ambos gelegt. Als sie nur an zwei Stellen auflag, gerieth sie in eine schwankende Bewegung, indem sie sich um die Axe, die durch die beiden Punkte bestimmt wurde, hin und her drehte. Diese Bewegung wurde sehr schnell, und durch das Anschlagen gegen den Ambos entstand ein ununterbrochner tiefer, brummender Ton. Zugleich hörte man einen feinen, doch nur sehr schwachen Ton. Liest man diese Beschreibung, so kann man heute nicht zweifelhaft sein, dass die schnell wiederholten Schläge des Silbers gegen den Ambos unmittelbar den Ton erzeugten; ja es scheint fast, als habe Gilbert dies richtig erkannt; dennoch schliesst er seinen Bericht mit der Bemerkung, dass das Beobachtete nicht ausreiche, irgend eine genügende Erklärung über die Art zu geben, wie dieser Ton entsteht.

Auch von Silberschmieden sind öfters dergleichen Töne bemerkt worden. — Vielleicht sind auch einige der von T. J. Seebeck an thermomagnetischen Ketten beobachteten Töne dahin zu rechnen.

Wie aber dergleichen Töne an erhitzten Metallen beliebig hervorgebracht werden können, hat Trevelyan gezeigt. (*Lond. and Edinb. phil. Mag. and Journ. of Science. Third. Ser.* No. 17. Nov. 1833.) Nachdem dieser ein Tönen bemerkt hatte, als er zufällig ein heisses Schüreisen auf einen kalten Bleiblock gelegt hatte, unternahm er eine ausführliche Untersuchung, um die Bedingungen zu ermitteln, unter denen aus der Berührung eines heissen Metalls mit einem kalten ein solches Tönen entspringt. Aus diesen Versuchen ergiebt sich Folgendes.

Der Ton entsteht, indem das heisse Metall auf dem kalten sehr schnell hin- und herwackelt; die dadurch entstehenden Schläge vermischen sich, wenn sie schnell genug erfolgen, zu dem Eindrucke eines Tones. Der Versuch gelingt unter sehr verschiedenen Bedingungen. Das heisse Metall kann die verschiedensten Formen haben, am besten die einer Barre von etwa 5 Zoll Länge, 2 Zoll Breite und $\frac{3}{8}$ Zoll Dicke, an deren eines Ende ein Stiel von etwa 6 Zoll Länge angesetzt ist. Taf. I. Fig. 7. zeigt das Instrument in der Form, welche Trevelyan als die günstigste gefunden hat; der Queerschnitt der Barre ist in Fig. 8. gezeichnet. Das Instrument, das z. B. aus Kupfer oder Messing verfertigt sein kann, ruht mit dem Ende des Stiels auf dem Tisch und mit der unteren schmalen Fläche auf einem Bleiklotz; in diesem Falle muss das Blei da, wo es vom Kupfer berührt wird, rauh gemacht werden; dagegen ist es gut, die untere Fläche des Kupfers recht glatt zu machen. Fig. 9. zeigt eine andre Form des Queerschnitts, die ich nach Trevelyan's erster Beschreibung in Messing hatte ausführen lassen und sehr geeignet gefunden habe. Drückt man auf die Barre, so wird der Ton höher. Legt man ein Stäbchen von einiger Länge queer über die Barre, so wird das Wackeln derselben sichtbarer. Das Unterstützen der Barre am Ende des Stiels ist nicht unbedingt nothwendig; ist sie auf dem Bleiklotz balancirt, so schwingt sie zugleich seitlich und auf und nieder. Ein starker Kupferring über einen kalten Bleistab gehangen, vibrirt rück- und vorwärts; legt man ihn auf einen schmalen Bleiklotz, so schwingt er auf und nieder. Auf Blei entstehn die Schwingungen am leichtesten; auf härteren Metallen bedarf es stärkerer Erwärmung. Trevelyan hat eine grosse Anzahl von Versuchen darüber angestellt, zwischen welchen Metallen der Ton entsteht, wenn das eine kalt ist und das andre heiss darauf gelegt wird. Die Resultate sind in folgender Tabelle zusammengestellt. Die an der linken Seite genannten Metalle wurden als kalte Unterlage angewandt, die über jeder Columne genannten heiss darauf gelegt; die Kreuze bezeichnen die Fälle wo die Schwingung eintrat. Ich habe diese Tabelle so geordnet, dass die Namen links herunter einigermassen die Ordnung angeben, nach welcher die Metalle sich zur kalten Unterlage eignen, und die Metalle oben ungefähr in der Ordnung stehn, in welcher sie am geeignetsten sind, heiss in Schwingung zu gerathen.

	Kupfer	Silber	Fein Messing	Gold	Gewöhn. Messing	Platina	Eisen	Zink	Geschützmetall	Gusseisen	Cockmetall	Glockenmetall
Blei	+	+	+	+	+	+	+	+	+	+	+	+
Zinnloth	+	+	+		+		+	+	+			+
Glockenmetall	+	+	+	+	+	+	+	+	+		+	
Zinn	+	+	+		+	+	+	+	+	+		
Blockzinnloth	+	+	+		+	+	+		+			
Pale solder	+	+	+				+	+				
Antimon	+	+	+				+	+				
Zink	+	+	+		+	+	+					
Cockmetall	+	+	+	+	+	+						
Gewöhn. Messing	+	+	+	+	+							
Geschützmetall	+	+	+		+							
Fein Messing	+	+	+	+								
Gusseisen	+	+	+									
Eisen	+	+	+									
Kupfer	+		+									
Platin	+	+										
Silber	+											
Gold												

Mit Ausnahme eines Falles, wo heisses Kupfer auf dem Boden eines gläsernen Sturzbechers in Schwingung zu gerathen schien, konnten nur mit Metallen diese Töne hervorgebracht werden. Auch entstehn keine Schwingungen, wenn man den Bleiklotz mit dünnen, nicht metallischen Körpern bedeckt.

Ueber die nächste Ursache des Tones durch die schnell wiederholten Schläge, mit denen das kalte Metall von dem heissen getroffen wird, lassen diese Versuche keinen Zweifel. Daher muss der Träger — so nenne ich die kalte Unterlage — von dem Wieger — der heissen Barre — in zwei Punkten berührt werden, und dann der letztere auf diesen beiden Stützpunkten so hin und her wackeln, dass er abwechselnd jetzt in dem einen und dann in dem andern den Träger trifft. Bei der in Fig. 9. dargestellten Form bietet die Messingbarre durch ihre zwei unteren Ränder diese Stützpunkte; bei der Fig. 7 und 8. wird das rauhe Blei leicht zwei geeignete Erhöhungen darbieten. Daher gelingt der Versuch auch leicht mit einer Barre, deren Queerdurchschnitt ein Rechteck ist, wie Fig. 10., wenn man der Unterlage absichtlich zwei Erhöhungen giebt. Bei Fig. 7 und 8. können auch wohl die beiden Ränder der schmalen unteren Fläche als Stützpunkte dienen, wie dies bei Forbes nachher zu besprechenden Beobachtungen der Fall gewesen zu sein scheint.

Es entsteht nun die zweite Frage, wie durch die Wärme hier die dauernde Schwingung unterhalten werde. Wird der Wieger kalt angestossen, so wackelt er ein Paarmal hin und her, kommt aber wegen des Verlustes, den er bei jedem Stosse an seiner Bewegung erleidet, bald zur Ruhe. Dieser Verlust ist es, der durch den Einfluss der Wärme ersetzt werden muss. Dies geschieht nach der Ansicht von Faraday, so wie von Leslie, der auch Trevelyan beigetreten ist, durch die Ausdehnung, welche das kalte Metall erleidet.

Diese Erklärung, wie sie Faraday (*Journal of the Roy. Inst. IV.* Schweigg. neues Jahrb. IV.) bestimmter angiebt, besteht in folgendem: So lange die kalte Unterlage, z. B. Blei, von dem heissen Metall berührt wird, empfängt es Wärme von demselben und dehnt sich aus, so dass eine kleine Erhöhung auf dem Blei sich erhebt; wenn aber der berührte Punkt von dem heissen Wieger, der jetzt auf die andre Seite fällt, verlassen wird, so zieht sich jene Erhöhung während der Nichtberührung wieder zusammen; der Raum, welchen jeder Berührungspunkt des heissen Metalls beim Fallen durchläuft, ist also grösser als der, welchen er beim Steigen vom Blei ab beschrieben hatte, so dass die fallende Seite allemal bis zu einem niedrigern Niveau gelangt, als die andre; durch diesen grösseren Fallraum gewinnt das Instrument einen Zuwachs an Bewegung, der hinreichend ist, den durch die Hindernisse und den jedesmaligen Stoss erlittenen Verlust zu compensiren, so dass das Instrument in der einmal erregten Schwingung beharrt. Man würde diese Erklärung missverstehn — wie dies in der That geschehen ist — wollte man das Emporwachsen der Bleierhöhung als eine hebende Kraft betrachten, welche dadurch, dass sie auf die eine Seite des Wiegers wirkt, derselben einen stärkeren Schwung gäbe, denn diese würde keine solche Wirkung haben können. Faraday drückt sich darüber sehr unzweideutig aus, indem er sagt: „Die Kraft wird gewonnen durch den ganzen Wieger, indem derselbe wirklich erhoben wird durch den Punkt, von welchem er gerade unterstützt wurde, und kommt zur Wirkung durch die herabsinkende Seite des Wiegers etc.“ Es ist übrigens einleuchtend, dass hierbei die Zusammenziehung, welche das heisse Metall durch den Verlust an Wärme erleidet, eine entgegengesetzte Wirkung ausübt, und daher von der Ausdehnung des kalten abgerechnet werden muss, so dass dieser Erklärung zufolge nur dann dauernde Schwingungen zu erwarten sein werden, wenn die Ausdehnung des kalten Metalls mehr beträgt, als die gleichzeitige Zusammenziehung des heissen.

Faraday schreibt noch einem anderen Umstande einen Theil der Wirkung zu. Indem nämlich der in der Erhitzung begriffene Stützpunkt sich dem in der Abkühlung befindlichen nähert, werde dem Instrument eine seitliche Bewegung ertheilt, die seiner Schwingung zu Statten komme. Wechselte diese seitliche Bewegung in der Art, dass jene Näherung nur während des Steigens des Schwerpunktes stattfände, während seines Fallens aber sich in die entgegengesetzte Bewegung verwandelte, so würde sie allerdings die in Rede stehende Wirkung haben müssen; dauert sie dagegen, wie dies hier der Fall ist, in gleichem Sinne fort, so muss sie, während der Schwerpunkt fällt, eine entgegengesetzte Wirkung haben, und daher die während seines Steigens erzeugte compensiren. Ist nun gleich diese Compensation hier nicht vollständig, weil die Mittheilung von Wärme in abnehmendem Maasse erfolgt, so scheint doch der kleine davon übrig bleibende Effect unwesentlich zu sein, und kann, wie man weiterhin sehn wird, ohne merkliche Beeinträchtigung des Erfolges beseitigt werden.

Was aber den Hauptheil von Faraday's Erklärung betrifft, so wird die Frage entstehn 1) ob die geringe Menge Wärme, welche während einer so kurzen Berührungszeit mitgetheilt wird, und die auch nur eben so viel Zeit hat, sich wieder zu verlieren, hinreichend ist, um jene Bewegung zu unterhalten, und 2) ob die Erklärung von der Erfahrung darin bestätigt wird, dass in allen den Fällen, wo der Ton entsteht, die Ausdehnung des kalten Metalls wirklich mehr beträgt, als die Zusammenziehung des heissen.

In dieser letzteren Beziehung hat Forbes (*London and Edinb. phil. Magaz. and Journ. of Science. Third. Ser. IV.* diese Erklärung bestritten.

Faraday nämlich bezeichnet als Grund, warum vorzüglich das Blei sich zur Unterlage eignet, nicht nur den grossen Ausdehnungscoefficienten dieses Metalles, sondern auch den Umstand, dass es wegen seiner geringen Wärmeleitung die Wärme mehr an der Berührungsstelle zusammenhalte, und sich daher stärker ausdehne. In Betreff des letzteren Punktes nun erinnert Forbes, dass die grössere oder geringere Ausbreitung der Wärme in einem Körper keinen Einfluss auf seine Ausdehnung habe, indem es für den Betrag derselben gleich ist, ob weniger Theile eine starke, oder mehrere eine so viel mal schwächere Erwärmung erleiden; daher komme die Leitung der Wärme nur in so fern in Betracht, als davon die Schnelligkeit ihrer Mittheilung abhänge, und es lasse diese Erklärung vielmehr erwarten, dass eine gute Wärmeleitung ebensowohl des kalten, als des heissen Metalles stets dem Versuche günstig sein müsse; im Uebrigen mache sie die Erscheinung nur von dem Ausdehnungscoefficienten der beiden Metalle abhängig, denn da die Zusammenziehung des heissen Metalls weniger als die Ausdehnung des kalten betragen müsse, so müsse immer das heisse Metall den kleineren Ausdehnungscoefficienten haben; dies stehe aber mit der Erfahrung in Widerspruch, indem z. B. heisses Silber auf kaltem Eisen tönt, obgleich die Ausdehnung des Eisens geringer ist, als die des Silbers. Forbes hält, was Faraday über den Einfluss der Wärmeleitung sagt, für ein Versehen; allein das ist nicht der Fall, denn es kommt hier nicht auf die gesammte Volumenänderung der beiden Metalle, sondern auf die lineare Ausdehnung und Zusammenziehung an, die sie an den Berührungspunkten, und zwar in der vertikalen Dimension erleiden. Obgleich jene (die Volumenänderung) nur von der Menge der mitgetheilten Wärme abhängt, von deren Vertheilung aber unabhängig ist, so gilt doch dasselbe keineswegs von der Linearausdehnung, sondern diese beträgt allerdings um so mehr, je weniger die Wärme sich ausbreitet. Ich werde diesen Einfluss weiter unten genauer untersuchen.

Forbes hat auch eine Reihe von Beobachtungen über diesen Gegenstand angestellt, und diese, oder vielmehr die allgemeinen Folgerungen, welche er daraus zieht, stehn in mehreren Punkten mit den Versuchen Trevelyan's im Widerspruch. Er zieht nämlich aus seinen Versuchen folgende drei Schlüsse:

1) Beide Substanzen müssen metallisch sein.

2) Die Schwingungen finden nie statt zwischen Substanzen von einerlei Stoff.

3) Die Stärke der Schwingungen ist (innerhalb gewisser Grenzen) dem Unterschiede des Leitungsvermögens für Wärme (oder Electricität) proportional, indem das schlechter leitende Metall als das kalte angewandt werden muss.

Dem ersten dieser Sätze scheint eine wenn auch unvollkommene Beobachtung von Trevelyan zu widersprechen. Mit den beiden letzten stehn mehrere in der obigen Tabelle enthaltene Resultate im Widerspruch.

Forbes stellt die Metalle nach ihrer Wärmeleitung und ihrer Fähigkeit zu schwingen in folgende Reihe: Silber, Kupfer, Gold, Zink, Messing, Platin, Eisen, Zinn, Blei, Antimon, Wismuth*); in Beziehung auf ihre Fähigkeit als kalte Unterlage bei dem Versuche zu dienen, stehn sie in umgekehrter Ordnung. Diese Reihe stimmt, wie man sieht, ziemlich mit der Ordnung überein, in welche sich auch nach Trevelyan's Versuchen die Metalle stellen, und da dieser in allen den Fällen, wo Forbes Töne erhielt, sie ebenfalls beobachtete, nicht aber umge-

*) Antimon und Wismuth stellt er zuletzt, weil sie weder heiss als Wieger, noch kalt als Träger angewendet, eine Schwingung geben. Ich habe jedoch keine Schwierigkeit gefunden, eine Messingbarre auf diesen beiden Metallen zum Tönen zu bringen, besonders wenn der Versuch in der Art wie Fig. 10 angestellt wurde.

kehrt, so ist zu vermuthen, dass dieser nur die Bedingungen nicht getroffen, unter denen jener einen Theil seiner Resultate erhielt, Bedingungen, die Trevelyan allerdings selbst nicht weiter bezeichnet, die jedoch, wie ich nachher zeigen werde, nicht schwer zu entdecken sind.

Was die Erklärung der Erscheinung betrifft, so stellt Forbes die Hypothese auf, dass beim Uebergange der Wärme aus einem besseren Leiter in einen schlechteren eine Abstossung zwischen beiden erzeugt werde. Allein gesetzt auch, dass eine solche wirklich stattfände, so überzeugt man sich doch leicht, dass sie in keinem Falle die Wirkung haben würde, welche hier dadurch erklärt werden soll. Denn fände der Uebergang von Wärme während der ganzen Berührungsdauer gleichmässig statt, so würde auch diese Kraft fortwährend dieselbe Stärke behalten, und dann der Bewegung während zwei Viertelschwingungen eben so sehr entgegenwirken, als sie dieselbe während der beiden andern beförderte; erwägt man aber, dass die Mittheilung von Wärme im Anfange der Berührung am stärksten sein muss, so findet man dass jene Kraft die Bewegung des Wiegers mehr hemmen als befördern würde. Man müsste also über sie ganz andre Annahmen machen, welche nicht weiter erörtert zu werden brauchen.

Ueber den Versuch selbst sind zuvörderst noch ein Paar Thatsachen aufzuführen.

Die Schwingungen finden eben sowohl statt, wenn man das heisse Metall, z. B. Kupfer oder Messing feststellt, und das kalte, z. B. Blei beweglich darauf legt, ohne jedoch mit dieser Umkehrung ihrer Lage auch ihre Temperaturen zu vertauschen. Ich werde jedoch im Folgenden immer das heisse Metall als schwingende und das kalte als den Träger annehmen.

Nach einer Beobachtung von Leslie (*Edinb. Journ. of Sc. N. S. XI.* 142.) dauern die Schwingungen im Vacuum der Luftpumpe fort.

Die Stärke der Schwingungen nimmt im Allgemeinen mit der Temperaturdifferenz der beiden Metalle zu; eine Ausnahme davon fand Forbes wenn sehr heisses Eisen auf Blei gelegt wurde, wovon der Grund wohl hauptsächlich in einem Erweichen der kleinen Bleierhöhungen gelegen haben mag.

Eine leitende Verbindung zwischen den beiden Berührungspunkten ist nicht nothwendig. Ich habe sowohl den heissen Wieger aus zwei Stücken so zusammengesetzt, wie Fig. 11. im Queerschnitt zeigt, als auch das Blei zwischen den beiden Berührungspunkten durchgeschnitten, und in beiden Fällen die Theile durch schlechte Leiter der Wärme und Electricität von einander getrennt und gegen einander gepresst; die Schwingungen entstanden alsdann eben so leicht, als wenn Wieger und Träger jedes aus einem Stück bestand.

Wie die Schwingungen langsamer gemacht werden können durch ein grösseres Bewegungsmoment des Wiegers, so können sie auch, wenn dieses klein ist, sehr schnell werden. Ich habe mehr als 800 und weniger als 2 Schläge in 1 Secunde beobachtet, und es würde keine Schwierigkeit haben, diese Grenzen noch viel mehr zu erweitern.

Häufig hört man ausser dem Haupttone noch andre. Faraday schreibt sie fremden Ursachen zu, als: dem Klingen des Metalls, der Erzitterung des Tisches etc. Sie mögen indess wohl auch durch den Mangel an Isochronismus der Schläge entstehn. Denn wenn das Bewegungsmoment des Wiegers in Beziehung auf die beiden Stützpunkte ungleich ist, was sehr leicht eintreten wird, so wird zu einer linken Halbschwingung eine andre Zeit als zu einer rechten gebraucht, und es entsteht ein System von Stössen, deren Zwischenzeiten abwechselnd t und t′ sind. Auch kann es begegnen, dass der Wieger den Träger in mehr als zwei Punkten trifft, woraus dann noch mehr verschiedne Zwischenzeiten entspringen. Dass in solchen Fällen mehrere Töne entstehn können, sieht man aus den pag. 9. beschriebenen Beobachtungen.

Die widerstreitenden Ansichten über die Erklärung der in Rede stehenden Erscheinung, und die Widersprüche, welche ich sogar über die Bedingungen vorfand, unter denen sie eintreten soll, veranlassten mich den Gegenstand einer genauen Untersuchung zu unterwerfen, deren Ergebnisse man in Poggend. Ann. LI. 1. findet, und wovon die Hauptsache im Folgenden angegeben werden soll. Ich ging an diese Arbeit in der Voraussetzung, dass die Kraft, um die es sich hier handelt, messbar sein müsse, dass aus solchen Messungen sich ergeben müsse, von welchen Eigenschaften beider Metalle sie eine Function sei, und dass sich daraus werde schliessen lassen, ob die Erscheinung durch die bekannten Wirkungen der Wärme erklärt werde, oder die Annahme einer neuen Kraft nöthig mache.

Ich habe bei einem grossen Theile meiner Versuche folgendes Verfahren angewendet. Ich befestige an dem Instrument, welches wagerecht liegt, eine senkrecht nach unten gerichtete, 2 bis 3 Fuss lange Holzleiste (S. Fig. 12); an ihrem unteren Ende oder auch an einer anderen Stelle derselben ist ein Brettchen angebracht, auf welches Gewichte gestellt werden können. Ich werde diese Leiste den Pendelstab nennen. Legt man nämlich den so eingerichteten Wieger auf eine geeignete Unterlage und erhitzt ihn, so schwingt er hin und her, und mit ihm zugleich die daran befestigte Leiste, welche dann eine pendelartige Bewegung macht, und daher, zumal wenn sie noch Gewichte trägt, die Schwingungen viel langsamer macht, so dass natürlich die Schläge sich nicht mehr zum Tone vermischen, sondern einzeln hörbar und zugleich sehr sichtbar sind. Man kann diesen Apparat so lange als man will in Bewegung erhalten, so dass er, wie das Pendel einer Uhr, ununterbrochen schwingt, indem man eine kleine Lampe unter dem Wieger anbringt, die ihn fortwährend heiss erhält. Durch diese Construction des Apparates können 1) die Schwingungen beliebig langsam gemacht werden, 2) wird dadurch auf eine nachher anzugebende Weise die Grösse jener Wirkung der Wärme messbar, welche die Schwingungen dauernd unterhält, und 3) gestattet der Apparat, indem er die Schwingungen so sichtbar macht, auch die Fälle zu beobachten, wo die Wärme, anstatt die Bewegung zu befördern, sie vielmehr vermindert. Es kam z. B. ein Instrument aus Kupfer, auf eine Unterlage von Blei gelegt, und durch Anstossen auf eine Amplitude von 4° gebracht, wenn beide Metalle kalt waren, nach einer gewissen Anzahl von Schlägen zur Ruhe; wurde das Kupfer erhitzt, so beharrte es in dauernder Schwingung; war dagegen das Blei erhitzt und das Kupfer kalt, so kam es fast dreimal schneller zur Ruhe, als wenn beide kalt waren.

Den Träger habe ich, um ihn gehörig festzustellen, gewöhnlich in einen Schraubstock eingespannt. Die Berührung mit dem Eisen des Schraubstocks hat, wie ich mich überzeugt habe, keinen Einfluss auf den Versuch, wenn der eingeklemmte Träger nicht zu klein ist. In wie fern dabei seine Grösse zu berücksichtigen ist, wird sich im Folgenden zeigen.

Ich wende mich nun zuerst zu der Entscheidung jener Fragen, über welche Trevelyan und Forbes entgegengesetzte Resultate erhalten haben, und welche allein schon sehr entscheidend für die Erklärung sind, nämlich 1) kann der Wieger und der Träger von einerlei Metall sein und 2) können zwei Metalle ihre Ordnung umkehren, in der Art, dass das Metall, welches vorher heiss auf einem anderen, kalten in Schwingung gerathen war, auch umgekehrt kalt als Träger für das letztere, nunmehr erhitzte dienen kann?

Unter welcher Bedingung ein solcher Erfolg eintreten werde, war, wenn Faraday's Erklärung die richtige ist, leicht zu finden. Um nämlich z. B. ein Instrument aus Kupfer auf einer Unterlage von demselben Metalle in Schwingung zu erhalten, kam es darauf an, die Ausdehnung des Trägers grösser zu machen, als die Zusammenziehung des Wiegers, jedoch nicht die gesammte Volumenänderung — denn diese muss, wenn das kalte Kupfer die Wärme empfängt, die das heisse verliert, nothwendig an beiden gleich sein — sondern die Linear-Ausdehnung und Zusammenziehung nach der vertikalen Richtung. Diess musste eintreten, wenn an dem Träger die Ausbreitung der Wärme nach den Seiten möglichst gehindert, und nur die nach unten gestattet wurde, also wenn der Träger die Gestalt zweier Pyramiden, dünnen Prismen oder dergl. erhielt, wenn er in zwei Erhöhungen auslief. In der That habe ich auf diese Weise sowohl die Töne, als auch, bei Anwendung des Pendelstabes, die langsameren Schwingungen so vollkommen erhalten, als in irgend einem andern Falle; das Instrument aus Kupfer kommt auf zwei vertikalen Kupferdrähten (wie Fig. 13.) oder Kupferspitzen sehr leicht in anhaltende Schwingung. Um sicher zu sein, dass das als Träger dienende Kupfer ganz von derselben Beschaffenheit, wie der Wieger war, liess ich von dem Instrument selbst ein Stück abschneiden und arbeitete an diesem zwei pyramidale Spitzen heraus; wurde nun das Instrument erhitzt auf diese Spitzen gelegt, so tönte es. Man könnte einwenden, dass das Instrument durch das Erhitzen anlaufe, und also doch nicht zwei ganz gleichartige Oberflächen in Berührung seien. Dieser Einwurf wird durch folgenden Versuch widerlegt. Ich liess an dem Wieger zwei Spitzen herausarbeiten und legte diese auf eine ebne Unterlage von demselben Kupfer. (S. Fig. 14.) Wurde nun der Wieger erhitzt, so waren Schwingungen zu erwarten, wie vorhin, wenn eine Oxydation des heissen Metalls die Ursache war; wenn dagegen die Schwingungen auf dem vorhin bezeichneten Umstande beruhten, so mussten sie jetzt nicht allein nicht dauernd sein, sondern auch nach dem Anstossen sich schneller vermindern, als wenn das Instrument kalt war. In der That fand nun das letztere statt, wovon ich mich durch die oben angegebne Art des Versuchs bestimmt überzeugt habe. Es ist also die Berührung zwischen zwei ungleichen Stoffen nicht eine nothwendige Bedingung des Versuchs.

Durch ein gleiches Verfahren kann nun auch natürlich die vorhin erwähnte Umkehrung der Ordnung der Metalle leicht bewirkt werden. Nach allen Beobachtungen z. B. kommt heisses Kupfer oder Silber auf kaltem Messing leicht in Schwingung; umgekehrt habe ich ein Instrument von Messing sehr leicht auf kaltem Kupfer oder Silber zum Tönen gebracht, indem ich es mit seiner ebnen Unterfläche auf zwei neben einander gestellte dünne Drähte, Blechstreifen oder Spitzen von einem dieser Metalle legte. Je dünner diese sind, desto leichter tritt die Schwingung ein, so dass sie, wenn dieselben sehr dünn waren, schon erfolgte, wenn die Temperatur des Messings nur um 50° höher war als die ihrige. — Ich habe auf diese Weise die Ordnung der Metalle so vollständig umgekehrt, dass ich sogar heisses Blei auf kaltem Kupfer in dauernde Schwingung versetzte, indem ich als Träger zwei senkrecht neben einander gestellte Kupferdrähte (wie Fig. 13.) anwandte, und die Schwingungen des Blei's durch den Pendelstab ziemlich langsam machte. Sehr schnelle Schwingungen von Blei sind nicht zu erlangen, da es wegen seiner schlechten Wärmeleitung hierzu sehr spitze Träger verlangen würde, die es wegen seiner Weichheit nicht verträgt. Ebenso habe ich Schwingungen von Blei auf Eisen hervorgebracht. Ich stehe nach diesen Versuchen nicht an zu behaupten, dass jedes heisse Metall auf jedem kalten unter geeigneten Umständen in dauernde Schwingung versetzt werden kann.

Diese Beobachtungen zeigen, dass die Gestalt, welche die beiden Metalle in der Nähe der Berührungspunkte haben, eben so viel Einfluss auf den Erfolg des Versuchs haben kann, als die specifischen Eigenschaften dieser Metalle. Sie sprechen aus diesem Grunde eben so sehr gegen die Annahme einer durch die Berührung der ungleich erwärmten Metalle hervorgerufenen besonderen Kraft, welche ohne neue Hülfshypothesen damit unvereinbar sein würde, als für die Erklärung Faraday's, indem sie zeigen, dass jener Einfluss der Gestalt ganz von der Art ist, wie er nach dieser Erklärung erwartet werden musste.

Eine weitere und sehr vollständige Bestätigung dieser Ansicht fand ich, als ich die Grösse der vermutheten Ausdehnung und Zusammenziehung des Trägers unter verschiedenen Bedingungen der Messung unterwarf.

Ich werde eine Versuchsreihe dieser Art vollständiger beschreiben. — Als Träger gebrauchte ich zwei Zinkbleche von 0,17 Lin. Dicke. Ich wählte dieses Metall wegen seines grossen Ausdehnungscoefficienten; Blei und Zinn können zu den Messungen wegen ihrer Weichheit nicht wohl gebraucht werden. Die beiden Zinkbleche hatten die in Fig. 12. angezeigte Gestalt und waren zwischen drei andre dickere Zinkstücke so gefasst und in den Schraubstock eingespannt, dass sie, in einem geringen Abstande neben einander, aus jenen Stücken hervorragten, und daher allein vom Instrument berührt werden konnten; auch waren die letzteren so ausgefeilt, dass die in den Berührungspunkten mitgetheilte Wärme sich erst in dem dünnen Zinkblech einige Linien weit auszubreiten hatte, ehe sie an die einschliessenden Stücke gelangte. Der Wieger von Kupfer hat eine rechtwinklig prismatische Gestalt; er ruht mit seinem kupfernen Stiel auf einem harten aber nicht metallischen Rande, mit dem vorderen Theile seiner ebnen Unterfläche aber auf den beiden Zinkblechen, so dass die Spalte zwischen diesen letzteren dem Stiel parallel ist. Die drei Stützpunkte, die er auf diese Weise hat, sind sehr genau in eine wagerechte Ebne gebracht und der Pendelstab senkrecht nach unten gerichtet. Um theils das Bewegungsmoment, theils die Schnelligkeit der Schwingungen abzuändern, hatte ich an dem Pendelstabe drei Brettchen angebracht, 7, 14 und 28 Zoll vom Kupfer, und belastete diese bei verschiedenen Versuchen mit verschiedenen Gewichten, nämlich 4 Loth, 16 Loth und 2 Pfund. — Um aber dem Kupfer eine constante und bei allen Versuchen gleiche Temperatur zu geben, bringe ich unter demselben nahe dem Stiele eine kleine Spirituslampe an und regulire sie so, dass einige Stückchen der Rose'schen Legirung, die auf dem Instrumente liegen, geschmolzen werden, mit Ausnahme derjenigen, welche am äussersten Rande desselben, am weitesten von der Lampe entfernt liegen. Man gelangt auf diese Weise ziemlich leicht dahin, die Temperatur des Instruments mehrere Stunden ohne merkliche Veränderung zu erhalten, und es kann die Temperatur des Wiegers auf etwa 80° R. oder wenig höher angenommen werden, so dass, bei einer Temperatur des Zimmers von etwa 14°, das Kupfer um 65° bis 70° R. erwärmt war. — Ist der Apparat so aufgestellt, so kommt er beim leisesten Anstosse in Bewegung und die Schwingungen vergrössern sich allmählich von selbst bis zu einer gewissen Amplitude, welche sie dann beibehalten, so lange die Temperatur ungeändert bleibt*). Auf dieselbe Amplitude gehn sie auch zurück, wenn man das Instrument durch Anstossen in eine stärkere Bewegung versetzt hat. Diese constante Amplitude, welche mit α bezeichnet werde, wird an einer hinter dem Pendelstabe aufgestellten Scala abgelesen, die auf 5 Minuten getheilt, noch einzelne Minuten zu schätzen gestattet. Nachdem die Lampe ausgelöscht und das Instrument im Laufe einiger Stunden vollkommen erkaltet ist, wird es durch Anstossen auf eine Amplitude gebracht, die etwas grösser ist, als die vorige, und nun beobachtet, wie viel Schwingungen es macht bis sich die Amplitude um ein Bestimmtes vermindert hat, woraus sich ergiebt, um wie viel sich die Amplitude bei jedem einzelnen Schlage vermindert; diese letztere Grösse heisse $\Delta\alpha$. Ausserdem muss man noch kennen den Abstand der beiden Zinkbleche von einander, welcher d heisse und bei dem in Rede stehenden Versuche 1,7 Linien betrug; ferner die Entfernung vom Stützpunkte des Stiels bis zu den beiden Punkten wo das Instrument auf den Zinkblechen ruht; diese Entfernung, welche D genannt werde, betrug 11,3 Lin.; endlich die Lage des Schwerpunkts am Instrument; es werde der Stützpunkt des Stiels als Anfangspunkt der Abscissen und die von da nach der Zinkspalte gezogne Linie als Abscissenlinie genommen; die Abscisse des Schwerpunkts heisse A, seine Ordinate L. Aus diesen Daten lässt sich berechnen, wie viel die periodische Ausdehnung und Zusammenziehung des Zinks in der Richtung einer durch den Berührungspunkt gezognen Senkrechten betragen muss, wenn man die dadurch entstehende Vergrösserung des Fallraums als die die Bewegung unterhaltende Ursache ansieht. Es wird

---

*) Der schwächste Anstoss reicht hin die Schwingungen einzuleiten, und wenn der Pendelstab unbelastet ist, treten diese fast immer von selbst, d. h. durch unvermeidliche kleine Erschütterungen ein.

nämlich diese Grösse, die ich der Abkürzung wegen die **Hebung** nennen will

$$= \frac{D}{A} \cdot L\Delta\alpha \frac{\sin. \frac{1}{2}(\alpha + \beta)}{\cos. \frac{1}{2}\beta}$$

wo $\operatorname{tg} \frac{1}{2}\beta = \frac{1}{2}\frac{d}{L} \cdot \frac{A}{D}$, oder mit einer für die beobachteten Fälle hinreichenden Abkürzung, da d viel kleiner als L ist,

$$\frac{D}{A} \cdot L\Delta\alpha \tfrac{1}{2}(\alpha + \beta).$$

Man erhält diese Formel, wenn man sich nach jedem Schlage den nicht in Berührung befindlichen Stützpunkt um $\Delta\alpha$ heruntergerückt denkt, wodurch, während der ganze Apparat allmählich etwas tiefer sinkt, die schwingende Bewegung unterhalten werden würde. Die Wirkung der abwechselnden Abkühlung und Erwärmung der Stützpunkte unterscheidet sich nur darin, dass der erst gesunkene Stützpunkt während seiner Berührung mit dem heissen Instrument wieder gehoben wird, und dabei einen Druck gegen dasselbe ausübt, der nicht ganz central ist, dessen Wirkung jedoch, wie sich zeigen lässt, gegen jene Hauptwirkung vernachlässigt werden kann. Der berechnete Werth ist eigentlich der Unterschied zwischen der Linearveränderung des Zinks und der, welche gleichzeitig der kupferne Wieger an den Berührungspunkten erleidet; allein bei der geringen Dicke der Zinkbleche kann die letztere im Vergleich mit der ersteren nur so gering sein, dass sie vernachlässigt werden darf.

Folgende Tabelle enthält die in den bereits bezeichneten Fällen beobachteten Werthe der in Rechnung kommenden Grössen, nebst der daraus berechneten Hebung. Die erste Spalte enthält P, das Gewicht des Wiegers (einschliesslich der am Pendelstabe angebrachten Beschwerung) in Lothen; die zweite und dritte die Ordinate und Abscisse des Schwerpunktes in Pariser Linien; die vierte die beobachtete Schwingungsweite α; die fünfte giebt an, wie viel einzelne Schläge das Instrument, wenn es kalt war, machen musste, damit sich der Schwingungsbogen um 100 Minuten verminderte, so dass die angegebne Zahl $= \frac{100}{\Delta\alpha}$, wenn $\Delta\alpha$ in Minuten ausgedrückt wird; die sechste Spalte enthält die daraus berechnete Hebung h, d. h. die periodische Linear-Ausdehnung und Zusammenziehung des Zinks in Pariser Linien; in der siebenten ist unter N angegeben, wie viel einzelne Pendelschläge das Instrument während einer Minute machte.

P	L	A	α	$\frac{100}{\Delta\alpha}$	h	N
102,5	206''',3	74''',4	6° 28'	535	0''',00100	73
=	102,8	=	6 18	327	0,00084	106
=	48,6	=	5 14	165	0,00074	152
54,5	105,7	77,7	6 30	274	0,00101	74
=	57,0	=	6 0	174	0,00086	107
=	31,6	=	5 12	109	0,00078	137
42,5	43,1	79,6	6 14	129	0,00093	83
=	27,5	=	5 38	93	0,00086	112
=	19,3	=	5 14	72	0,00084	126

Man sieht aus diesen Zahlen, dass, wie verschieden auch die Schwere des schwingenden Instruments und die Lage seines Schwerpunkts genommen werde, doch die berechnete Hebung nur von der Dauer der Berührung abhängt, und, wie zu erwarten war, um so kleiner ausfällt, je kürzer die Berührung dauert.

Auch als ich den Schwerpunkt noch näher an die Stützpunkte heran, und selbst über diese hinaufrückte, erhielt ich bei einer freilich viel geringeren Genauigkeit des Versuchs ähnliche Resultate. Bei grösserem Abstande der beiden Zinkbleche von einander war die Amplitude kleiner, gab aber nahe gleiche Werthe der Hebung. An dickerem Zinkblech dagegen ist dieselbe kleiner.

Diese Resultate erscheinen unvereinbar mit der Annahme einer abstossenden Kraft, stehn dagegen in vollkommnem Einklang mit Faraday's Erklärung. Namentlich scheint auch die berechnete Hebung, z. B. $\frac{1}{1000}$ Linie bei einer Berührung von $\frac{1}{5}$ Secunden, keineswegs zu gross bei einem Metalle, welches durch kaum 30° R. um $\frac{1}{1000}$ seiner Länge ausgedehnt wird. Wenn dies aber hier bei diesen langsamen Schwingungen gilt, so gilt es auch ohne Frage bei den sehr viel schnelleren des gewöhnlichen Versuchs, wo zwar während der kurzen Berührung sehr viel weniger Wärme mitgetheilt werden kann, aber auch eine äusserst geringe Hebung nöthig ist, um den kleinen Verlust einer an sich schon so geringen Bewegung zu compensiren.

Ich kehre zu den Messungen zurück. Eisenblech von gleicher

Dicke statt des Zinks gab eine $2\frac{2}{3}$mal kleinere Hebung; da es nun bekannt ist, dass Eisen sich bei gleicher Erwärmung $2\frac{2}{3}$mal weniger ausdehnt, als Zink, und dass beide Metalle gleiche Wärmeleitung besitzen — auch die Capacität macht wenig Unterschied — so bestätigt diese Beobachtung Faraday's Erklärung auch von der Seite, dass die aus dem Versuch berechnete Hebung unter übrigens gleichen Umständen dem um 1 verminderten Ausdehnungscoefficienten proportional ist.

Um andrerseits den Einfluss der Wärmeleitung des Trägers zu prüfen, habe ich in derselben Weise eine Anzahl Messungen an verschiedenen Metallen angestellt, die ich in Gestalt von Drähten, wie Fig. 13., anwandte. Dabei war es zugleich nöthig den Einfluss, welchen die Dicke der Drähte und ihre Länge (d. h. die Länge der aus dem Schraubstock hervorragenden Enden) ausübt, einigermassen zu prüfen. Diese Fälle gestatten, wenn man gewisse Einflüsse vernachlässigt, eine leichte theoretische Behandlung. Ich habe nämlich

a) vorausgesetzt, dass die Dicke der Drähte unbeträchtlich sei im Vergleich mit dem einem merklichen Temperaturwechsel ausgesetzten Theile ihrer Länge.

b) Es ist der ungleiche Einfluss vernachlässigt, welchen die an den Oberflächen der Drähte aus- und einstrahlende Wärme auf ihren Temperaturzustand hat.

c) Wie in den obigen Versuchen ist die geringe Linear-Zusammenziehung des kupfernen Wiegers vernachlässigt gegen die viel grössere Ausdehnung der Drähte.

d) Es ist angenommen, dass das eingeklemmte Ende des Drahtes durch den Schraubstock auf einer constanten Temperatur erhalten wurde, und dass auch das obere Ende des Drahtes während der Dauer der Berührung mit dem Wieger durch diesen auf einer nahe constanten erhöhten Temperatur gehalten werde.

Obgleich die unter solchen Voraussetzungen abgeleiteten Resultate nur eine angenäherte Gültigkeit haben können, und andrerseits die Beobachtung gewissen Schwierigkeiten unterworfen ist, die ihr nur einen mässigen Grad von Genauigkeit zu geben erlauben, so wird bei der grossen Verschiedenheit, welche die Metalle in ihren thermischen Eigenschaften zeigen, eine ziemlich gute Vergleichung der Theorie mit der Erfahrung zulässig.

Folgende Gesetze, welche unter jenen Voraussetzungen sich

ergeben, sind von mir mit der Erfahrung verglichen und übereinstimmend gefunden werden.

Die Hebung, d. h. die periodische Ausdehnung oder Zusammenziehung welche die Drähte in ihrer Längenrichtung durch die wiederholte Berührung mit dem heissen Wieger und die darauf folgende Abkühlung erleiden, hängt ab

1) vom Ausdehnungscoefficienten und ist dem um 1 verminderten Coefficienten proportional, wie dies bereits oben für Bleche in einem Falle nachgewiesen worden ist.

2) Von der Dicke der Drähte. Da der Wieger den oberen Queerschnitt des Drahtes nicht ganz, sondern immer nur in einem Punkt oder in einer Linie berühren kann, so muss bei grösserer Dicke sich die mitgetheilte Wärme mehr zur Seite ausbreiten und daher die zur Messung kommende vertikale Linearausdehnung geringer sein. Dies wird bestätigt durch Beobachtungen, die ich an Kupfer- und Eisendrähten angestellt habe.

3) Von der Länge der Drähte. Wenn man die Länge der aus dem Schraubstock hervorragenden Drahtenden von Null an wachsen lässt, so muss mit ihr die Hebung von Null an wachsen, wenngleich nicht in demselben Verhältniss. Dies wird bestätigt durch folgende mit vieler Sorgfalt ausgeführte Beobachtung.

Am Kupferdraht von 0''',38 Dicke betrug

bei einer Länge von	1''',8	die Hebung	0''',00120
= = = =	2''',8	= =	0''',00149
= = = =	4''',3	= =	0''',00164

wenn das Instrument 74 Schläge in der Minute machte. Allein das Wachsen der Hebung hat eine Grenze; denn wenn die Länge des Drahtes so gross genommen wird, dass der periodische Temperaturwechsel gegen sein unteres eingeklemmtes Ende hin unmerklich wird, so wird durch die so vermehrte Länge nicht nur keine Vergrösserung der Hebung, sondern im Gegentheil eine Verminderung derselben hervorgebracht, weil nun der dem Temperaturwechsel unterworfene Theil sich nicht so gut abkühlen kann, als wenn der Draht kürzer wäre. Die Hebung wird daher bei einer gewissen Länge ein Maximum erreichen und bei einer weiter zunehmenden Länge wieder abnehmen. Bei dem eben erwähnten Versuche war dies Maximum noch nicht erreicht; an einem dickeren Draht musste es früher eintreten; in der That beobachtete ich an Kupferdraht von 0''',66 Dicke

bei einer Länge von 2''',8 eine Hebung von 0''',00112
" " " " 4''',4 " " " 0''',00128
" " " " 6''',6 " " " 0''',00116.
An Eisendraht von 0''',42 Dicke schien dies Maximum bei einer geringeren Länge einzutreten, wie dies auch bei der geringeren Wärmeleitung dieses Metalls der Fall sein muss.

4) Die Hebung hängt ab von der Wärmeleitung und Capacität der Drähte. Unter den vorhin angegebenen Voraussetzungen kann in einem sehr geringen Abstande vom Berührungspunkte die Fortpflanzung der Wärme im Draht als linear angesehen und die Theorie darauf angewendet werden, welche Fourier (*Théor. de la Chaleur Chap. IX.*) für solche Fortpflanzung giebt. Wenn man nämlich eine Masse an einem Ende auf einer constanten erhöhten Temperatur erhält, und die in's Innere dieser Masse übergehende Wärme nur nach einer Richtung fortschreitet, so ist die Entfernung von der Endfläche, in welcher nach einer gegebnen Zeit eine gegebne Temperaturerhöhung eingetreten ist, proportional $\frac{\sqrt{K}}{\sqrt{c}}$, wo K die Wärmeleitung und c die Wärmecapacität nach Volumen bedeutet. Nimmt man daher Drähte aus verschiedenem Stoffe und wählt die Länge und Dicke derselben proportional $\frac{\sqrt{K}}{\sqrt{c}}$, so muss sich die Wärme in ihnen auf ganz entsprechende Weise, nur mit ungleicher Geschwindigkeit verbreiten, und daher die Hebung proportional $E\frac{\sqrt{K}}{\sqrt{c}}$, sein, wenn unter E der um 1 verminderte Ausdehnungscoefficient verstanden wird. Es ist hierbei vorausgesetzt, dass die Ausdehnung, in welcher der Draht vom Wieger berührt wird, seinen Dimensionen proportional sei, eine Bedingung, der sich nicht genau genügen lässt, und in deren mangelhafter Erfüllung wohl die erheblichste Fehlerquelle für vergleichende Versuche an verschiedenen Metallen liegen mag; denn wenn man auch die Enden der Drähte bei allen Versuchen sehr gleichmässig zugerichtet hat, so erleidet doch deren Oberfläche unter den Schlägen des Instruments eine kleine Veränderung, so dass bei den weicheren Metallen die Berührung vollkommner wird als bei den härteren. — In der folgenden Tabelle ist die Hebung angegeben, die ich an einigen Drähten (bei 74 Schwingungen in einer Minute) beobachtet habe, und

mit der des Kupfers in der Art verglichen, dass ich aus den bereits angeführten Beobachtungen an Kupferdraht durch Interpolation die Hebung für verschiedene Längen und Dicken dieses Metalls abgeleitet habe, woraus dann nach dem eben aufgestellten Gesetze berechnet ist, welche Hebung für die anzuführenden Metalle nach den anderweitig bekannten Werthen von E, K und c zu erwarten waren.

	Dicke.	Länge.	Hebung beobachtet.	Hebung berech. nach der d. Kupfrs.
Silber	0''',57	3''',8	0''',00185	0''',00183
Zink	0,38	3,2	0,00173	0,00189
Eisen	0,42	1,8	0,00042	0,00051
„	„	2,8	0,00042	0,00058
„	„	4,3	0,00032	0,00052
„	0,24	1,9	0,00072	0,00069

Erwägt man einerseits die mancherlei Fehlerquellen dieser Messungen und andrerseits die nicht unbeträchtliche Ungenauigkeit der sämmtlichen Data, welche den berechneten Werthen zum Grunde liegen, so wird man in diesen Beobachtungen im Allgemeinen eine grosse Uebereinstimmung finden. Nur die am dickeren Eisendraht beobachteten Werthe sind beträchtlich kleiner als die berechneten, was sich jedoch aus einigen der hier vernachlässigten Einflüsse genügend erklärt. An Platindraht fand ich die Hebung sehr gering; doch sind die Angaben sowohl über die Wärmeleitung*) als über die Ausdehnung dieses Metalls so verschieden, dass die Berechnung hier ganz unsicher wird.

Obgleich ich auf diese Versuche viele Sorgfalt verwendet habe, so zweifle ich doch nicht, dass es möglich sein würde ihnen eine grössere Genauigkeit zu geben, wenn es darauf ankäme mittelst derselben gewisse Gesetze der Mittheilung und Verbreitung von Wärme empirisch zu prüfen. Auf jeden Fall aber reichen sie für den Zweck, den ich hier zunächst im Auge hatte, voll-

*) Forbes stellt nach seinen mit Fourier's Contactthermometer gemachten Beobachtungen, die im Uebrigen dieselbe Ordnung der Metalle, wie Despretz Messungen geben, die Wärmeleitung der Platina zwischen die des Eisens und Zinks, wonach sie dreimal kleiner sein müsste, als Despretz sie gefunden. Vergl. auch Pogg. Ann. LII. 632.

kommen hin, und zeigen namentlich, dass, wenn die Wärme sich im Träger ziemlich linear fortpflanzt, eine bessere Wärmeleitung desselben die Schwingungen stärker macht, also einen entgegengesetzten Einfluss ausübt, als wenn sie sich vom Berührungspunkte aus nach allen Seiten hin ausbreitet, wie bei der gewöhnlichen Art des Versuchs, so dass z. B. das Silber, das als Block angewendet, sich weniger zum Träger eignet, als die meisten andern Metalle, in Drahtgestalt angewendet die stärksten Schwingungen giebt, und seiner guten Wärmeleitung wegen solche Metalle übertrifft, die einen grösseren Ausdehnungscoefficienten haben. Man kann aus den vorhin mitgetheilten Beobachtungen einigermassen berechnen, welche Werthe $\frac{K}{c}$ für die untersuchten Metalle haben müsste, dies giebt ungefähr, wenn man den Werth für Kupfer = 1 setzt:

für Silber 1,583,	Zink 0,473,	Eisen (Mittelwerth) 0,323,	
statt der Zahlen 1,566	0,516	0,404,	

die sich aus den anderweitig bekannten Werthen der Wärmeleitung und Capacität ergeben.

Es bleibt mir nun noch übrig zu zeigen, dass auch die Resultate, welche die gewöhnliche Art des Versuchs gegeben hat, wo die Erwärmung und Abkühlung sich im Träger ebenso wie im Wieger nach allen drei Dimensionen auszubreiten hat, mit Faraday's Erklärung nicht im Widerspruch stehn. Es kann hier nur von einer Uebereinstimmung im Allgemeinen die Rede sein, denn um eine solche in jedem einzelnen Falle nachzuweisen, würde nicht nur eine sehr viel schwierigere Theorie, sondern auch eine sehr viel detaillirtere Kenntniss der angestellten Versuche erforderlich sein. Kommt es aber nicht auf eine genauere Berechnung der Grösse der Schwingungen, sondern nur darauf an, zu übersehn, unter welchen Umständen dieselben überhaupt statt finden, und ob sie im Allgemeinen stark oder schwach sein werden, so kann man, wenigstens sofern ein gewisser Einfluss der Cohäsionseigenschaften vernachlässigt werden darf, durch folgende Betrachtung mit hinreichender Annäherung zum Ziele gelangen.

Zwei Metalle von ungleicher Temperatur berühren sich in einem Punkte; der Krümmungshalbmesser ihrer Berührungsflächen werde als sehr gross angenommen im Vergleich zu der Tiefe, zu welcher sich eine merkliche Temperaturänderung erstreckt. Es bezeichne K die Leitung, c die Capacität und E den um 1 verminderten Ausdehnungscoefficienten für das kältere und K′, c′, E′ dieselben Grössen für das wärmere Metall. Vernachlässigt man die an den Oberflächen anderweitig aus- und einströmende Wärme und bringt nur die am Berührungspunkt mitgetheilte in Anschlag, so bekommt das eine Metall die Wärme, die das andre verliert; diese Menge heisse W. Nun verbreitet sich die Erwärmung im einen und die Abkühlung im andern über Halbkugeln, deren Halbmesser wegen der ungleichen Leitung ungleich sein werden. Bezeichnen r und r′ diese Halbmesser, so dass sich die Halbkugeln wie $r^3 = r'^3$ verhalten, so wird die Erhöhung und Erniedrigung ihrer Temperatur beziehungsweise proportional $\frac{W}{c \,.\, r^3}$ und $\frac{W}{c' \,.\, r'^3}$, also die lineare Ausdehnung und Zusammenziehung proportional $\frac{W \,.\, E}{c \,.\, r^2}$ und $\frac{W \,.\, E'}{c' \,.\, r'^2}$. Wenn nun, wie ich annehmen zu dürfen glaube, $r : r' = \frac{\sqrt{K}}{\sqrt{c}} : \frac{\sqrt{K'}}{\sqrt{c'}}$, so verhält sich demnach die Linear-Ausdehnung des kalten Metalls zu der Zusammenziehung des heissen wie $\frac{E}{K} : \frac{E'}{K'}$ und der Unterschied beider ist proportional $W\left(\frac{E}{K} - \frac{E'}{K'}\right)$. Wendet man nun dies auf das Trevelyan-Instrument an, so leuchtet ein, dass der Erfolg des Versuchs von dem Werthe abhängt, den dieser Ausdruck für die beiden dazu verwendeten Metalle annimmt. Ob Schwingungen entstehn, wird davon abhängen, ob dieser Werth positiv oder negativ ist, wie stark sie aber sind, von der Grösse desselben. Soll die Schwingung statt finden, so muss jene Grösse positiv sein, d. h. das kalte Metall einen grösseren Werth für $\frac{E}{K}$ haben, als das heisse. Berechnet man den Werth dieser Grösse für die Metalle, deren Leitung man durch Despretz kennt, so stellen sie sich in folgende Ordnung: Platina, Gold, Kupfer, Silber, Eisen, Zink, Zinn und Blei, welches letztere bei Weitem den grössten Werth erhält. Erwägt man, dass die Ordnung der Metalle durch gewisse Einflüsse, besonders durch die Gestalt der beiden Metalle bedeutend modificirt werden kann, so wird man diese Reihe mit den Beobachtungen Trevelyan's sehr wohl übereinstimmend und auch mit denen von Forbes durchaus nicht in Widerspruch finden. Die Platina würde eine tiefere und mit den Beobachtungen, besonders denen von Forbes besser übereinstimmende Stelle erhalten, wenn sie die geringe Wärmeleitung besässe die Forbes ihr zuschreibt (S. oben p. 50 Anm.). Allein der Grund warum die Beobachtungen ihr eine zu tiefe Stelle anweisen, liegt wohl hauptsächlich in der geringen Dicke des angewendeten Metalls, wie denn auch Forbes zuerst, da er mit einem dünnen eckigen Stück von diesem Metall experimentirte, ihr eine noch tiefere Stelle anweisen zu müssen glaubte. Zink und Zinn erhalten gleiche Werthe, doch scheint sich das Zinn wegen seiner geringeren Härte und Elasticität mehr zum Träger eignen.

Es muss übrigens bemerkt werden, dass die hier berechnete Reihe angiebt, welche Metalle als Träger für irgend einen Wieger oder umgekehrt — für den Fall dass die Form die Schwingungen weder begünstigt noch hindert — dienen können, aber nicht identisch ist mit den Reihen, welche sich ergeben würden, wenn die Metalle nach der Intensität der Schwingungen geordnet werden sollten, die sie als Träger für einen gegebenen heissen Wieger oder als Wieger für irgend einen Träger erzeugen würden.

Diese Bemerkung betrifft zugleich die Frage, warum die Schwingungen nur zwischen Metallen erfolgen. Denn wenn eine schlechtere Wärmeleitung dem Träger zu Statten kommt, so muss es auf den ersten Blick befremden, dass alle viel schlechteren Wärmeleiter gar nicht als Träger anwendbar sind. So wird z. B. Glas für $\frac{E}{K}$ einen beträchtlich grösseren Werth geben als Blei, und daher, wenn zwischen diesen beiden Stoffen überhaupt Schwingungen erzeugt werden können, das Blei der heisse Theil sein müssen, ausser wenn die Bedingungen der Gestalt auf die oben erörterte Art eine Umkehrung veranlassen. Dennoch kommen alle Metalle auf Blei sehr leicht in Schwingung, auf Glas aber ist dies kaum in einem zweifelhaften Versuche gelungen. Der Grund davon wird sogleich einleuchten, wenn man erwägt, dass die Grösse $W\left(\frac{E}{K}-\frac{E'}{K'}\right)$, deren Werth die Stärke der Schwingungen bestimmt, aus zwei Factoren besteht, deren jeder eine Function von K und K′ ist; beide wachsen mit K′, d. h. die Schwingungen sind um so stärker, je besserer Leiter das heisse Metall ist; dagegen wird, wenn K abnimmt, der eine Factor $\left(\frac{E}{K}-\frac{E'}{K'}\right)$ grösser, der andre W kleiner, und es wird eine Grenze geben, von wo an der günstige Einfluss, den die schlechte Leitung des Trägers wegen des ersten Factors hat, durch den entgegengesetzen des zweiten aufgehoben und überwogen wird. Denkt man sich K′ constant, so hängt W nur noch von K und c ab, und darf, wie ich glaube, proportional $\frac{\sqrt{K^3}}{\sqrt{c}}$ gesetzt werden, wodurch der Ausdruck W $\left(\frac{E}{K}-\frac{E'}{K'}\right)$ übergeht in $\left(E-\frac{E'K}{K'}\right)\frac{\sqrt{K}}{\sqrt{c}}$, wo man dann leicht sieht, dass dies Product bei abnehmendem K erst bis zu einem Maximum wachsen, sodann aber wieder abnehmen muss, so dass, wenn K sehr klein ist, der daraus entspringende Zuwachs an Bewegung nicht hinreicht, den durch die Hindernisse entstehenden Verlust zu compensiren. Hierin liegt, wie ich glaube, der Hauptgrund, warum nur Metalle die Erscheinungen zu geben pflegen, daher ich es nicht für nöthig halte, ein Paar andre Umstände, welche auch noch in gleichem Sinne wirken müssen, zu erörtern.

Die Resultate der von mir geführten Untersuchung lassen sich im Folgenden zusammenfassen:

Die Schwingungen treten allemal ein, wenn die Linear-Ausdehnung, die der kalte Träger durch die ihm mitgetheilte Wärme nach der vertikalen Richtung erleidet, mehr beträgt, als die gleichzeitig erfolgende lineare Zusammenziehung des heissen Wiegers. Dies hängt vorzüglich ab von der Gestalt, welche die beiden Metalle in der Nähe der Berührungsstellen haben, von ihrer Wärmeleitung (und Capacität) und von ihren Ausdehnungscoefficienten. Nämlich:

1) Jedes heisse Metall kann auf jedem kalten (von gleichem oder verschiedenem Stoffe) in dauernde Schwingung versetzt werden, wenn ihre Gestalt so gewählt wird, dass die Wärme sich in dem kalten bedeutend weniger zur Seite ausbreitet, als die Kälte in dem heissen.

2) Wenn die Wärme sich in dem kalten Metalle nur nach unten fortpflanzt, die Kälte in dem heissen aber sich vom Berüh-

rungspunkte aus sich nach allen drei Dimensionen verbreitet, so sind die Schwingungen *caet. par.* um so stärker, je besserer Wärmeleiter das kalte Metall ist.

3) Wenn aber die Wärme sich auch im Träger bedeutend zur Seite ausbreitet, so sind die Schwingungen im Gegentheil um so stärker, je schlechterer Leiter derselbe ist, doch nur bis zu einer gewissen Grenze, über welche hinaus auch hier die noch schlechtere Wärmeleitung eine entgegengesetzte Wirkung hervorbringt.

Unter allen Umständen sind die Schwingungen um so stärker

4) je besserer Leiter das heisse Metall ist;

5) je mehr sich in ihm die Kälte vom Berührungspunkte aus verbreiten kann;

6) je kleiner sein Ausdehnungscoefficient und

7) je grösser der des kalten ist.

II. Erregung stehender Schwingungen durch Wärme.

Auf ganz andre Weise als am Trevelyan-Instrument können auch in vielen andern Fällen durch Wärme Töne erregt werden. Denn wenn ein Körper vermöge seiner Elasticität stehender Schwingungen fähig ist, so werden diese oft so leicht hervorgerufen, dass die Wärme dies auf mehr als eine Art bewirken kann.

Wenn z. B. Wasser zu sieden anfängt, so erregen die aufsteigenden Bläschen oft theils den Ton einer darüber stehenden Luftsäule, theils den des Gefässes selbst.

Die Erregung des Tones einer Wassersäule durch erstarrenden Phosphor, so wie die von Pinaud untersuchten Töne erhitzter Kugelröhren sind schon im 3ten Bande des Repert. p. 96 und 100 angeführt. Ueber letzteren Gegenstand hat Marx (Journ. für prakt. Chemie XXII. 129.) seine Erfahrungen mitgetheilt, die im Wesentlichen mit denen von Pinaud übereinstimmen. Marx hält das Ausströmen der erhitzten Luft für die erregende Ursache des Tones, da die Wasserdämpfe sehr bald ausgetrieben sein müssten, und daher ein so lange anhaltender Ton, wie man ihn hervorbringen kann, nicht entstehen könne. Dasselbe würde jedoch viel eher von der Luft, als vom Wasser gelten, da sich das letztere in der Röhre niederschlagen und in die Kugel zurückgelangen kann.

Auch hat mir Herr Dr. Marchand an einer Kugelröhre von Platina gezeigt, dass der Ton bei einer schwächeren Erhitzung zum Vorschein kommt, wenn man absichtlich etwas Feuchtigkeit hineinbringt, als wenn dies nicht der Fall ist.

Ueber gewisse Töne, welche beim Erhitzen und Abkühlen von Metallen entstehn, sind von Strehlke (Pogg. Ann. XLIII. 405.) und von mir (ebend. LI. 39.) einige Bemerkungen mitgetheilt worden. Von dem Mechanikus Hirschmann darauf aufmerksam gemacht, dass dicke Zinkscheiben beim Erhitzen Töne vernehmen lassen, stellte Strehlke hierüber einige Versuche an einer solchen Scheibe, so wie an einer starken Zinkstange an, und erhielt ziemlich hohe Töne, nicht continuirlich, sondern ziemlich schnell wiederholt, entferntem Schlittengeläute vergleichbar. Diese Töne entstehn sowohl beim Erhitzen des Zinks, als auch beim Abkühlen desselben, besonders wenn man diese durch Schnee oder Kältemischungen beschleunigt. Bei schnellem Temperaturwechsel sind sie oft ziemlich stark und im ganzen Zimmer hörbar; sie entstehn aber auch schon bei einer sehr geringen Temperaturänderung; ich habe sie an einer Zinkscheibe deutlich gehört, als ich diese aus dem Freien in ein nur 12° R. wärmeres Zimmer brachte. An derselben Scheibe hört man, wenn sie nach mässiger Erwärmung dicht vor das Ohr gehalten wird, ein beständiges Geklingel. Man überzeugt sich sogleich dass diese Töne durch stehende Schwingungen des Zinks entstehn, denn sie haben immer die Höhe des Tones oder eines von den Tönen, die man auch beim Anschlagen und selbst beim Streichen mit dem Violinbogen erhalten kann. Man sieht daraus, dass die Ausdehnung und Zusammenziehung des Zinks durch Erwärmung und Abkühlung dem Metalle von Zeit zu Zeit kleine Erschütterungen mittheilen muss, also nicht mit der Stetigkeit erfolgt, die man wohl erwarten sollte, sondern plötzlich und ruckweise. Dies wird noch auffallender in einem andern Beispiele von offenbar gleicher Natur. Jedermann kennt die Erscheinung, dass eiserne Ofenthüren in der Hitze öfters einen eignen Laut hören lassen. Obgleich der Ton nur unvollkommen ist, so kann man doch bemerken, dass es einer von denen ist, welche die Thüre auch beim Anschlagen giebt; zuweilen bemerkt man auch mehrere dieser Töne. Diese Erscheinung, welche eben sowohl beim Erhitzen der Thüre durch die Gluth des Ofens als beim Abkühlen derselben eintritt, zeigt sich mit einer ausgezeichneten Regelmässigkeit, wenn die Temperaturveränderung gleichmässig von Statten geht. Oeffnet man nämlich die heisse Ofenthüre, so hört man während ihrer Abkühlung jenen Ton sehr viele Male nach einander, und zwar ganz regelmässig in anfangs schneller und nachher allmählich immer langsamer werdenden Schlägen. Man sieht aus dieser Regelmässigkeit, dass die Erscheinung nicht von gewissen localen und mehr zufälligen Ursachen abhängt, auf die man hier zuerst sein Augenmerk zu richten geneigt sein möchte. Vielmehr scheint es, dass der Uebergang der Eisentheile in den neuen, durch den Temperaturwechsel bedingten Gleichgewichtszustand ruckweise erfolgt, in Perioden, die um so grösser sind je langsamer die Temperaturänderung erfolgt. Es ist als ob die Kraft, welche das Ausdehnen und Zusammenziehen bewirkt, immer erst zu einer gewissen Stärke angewachsen sein müsse, ehe sie die Bewegung der Theile hervorzubringen im Stande ist. Schlägt man gegen die Thüre, während sie im regelmässig und schnell wiederholten Klingen ist, so pausirt sie einige Augenblicke, fängt aber dann sogleich wieder an und fährt mit derselben Regelmässigkeit fort. Dies erinnert an eine Beobachtung von La Place und Gay-Lussac, nach welcher ein Metallstab, den man erhitzt und wieder zur vorigen Temperatur abkühlt, nicht ganz auf seine frühere Länge zurückgeht, sondern etwas länger bleibt, nach einem Stosse aber diese Länge wieder annimmt. — An Messingblech, an Gusseisen, an Scheiben von Antimon und von Zinn habe ich dergleichen Töne beim Erhitzen und Abkühlen ebenfalls bemerkt, doch entstehn sie am Zink viel leichter. Der Grund davon ist in dem grossen Ausdehnungscoefficienten und dem crystallinischen Gefüge dieses Metalls zu suchen, indem letzteres, wegen der ungleichen Ausdehnung nach verschiedenen Richtungen einen Druck der Theile auch in dem Falle erzeugen muss, wenn die Erwärmung in allen Theilen gleichmässig geschieht; beim Eisen muss dieser durch ungleiche Erwärmung der Theile bedingt sein.

Die von T. J. Seebeck an thermomagnetischen Apparaten wahrgenommenen Töne scheinen zum Theil von derselben Natur wie die zuletzt angeführten gewesen zu sein; zum Theil aber mögen sie auch vielleicht von der Art derer am Trevelyan-Instrument gewesen sein.

III. Erregung von Tönen durch Electricität und Magnetismus.

(Page, *Bibl. univ. de Geneve* No. 22. p. 398. Delezenne, ebend. T. XVI. p. 406.)

Page hat mittelst des electrischen Stroms einen Ton auf folgende Weise erhalten. Wenn eine senkrechte Spirale aus einem langen besponnenen Kupferdraht zwischen den beiden Polen eines Hufeisenmagnets aufgestellt wird, ohne jedoch dieselben zu berühren, so lässt dieser einen Ton erklingen, so oft man die Verbindung der Spirale mit den beiden Platten einer einfachen Kette herstellt oder unterbricht. Diese Versuche sind von Delezenne wiederholt und abgeändert worden. Er hat einen starken und anhaltenden Ton an den Schenkeln eines Hufeisenmagneten erhalten durch die schnelle Drehung von weichem Eisen mittelst des drehenden Electromagneten. Derselbe Apparat gab einen weniger starken Ton durch die mechanische Drehung sowohl von weichem Eisen, als von einem kleinen Magnetstab, welcher an die Stelle des weichen Eisens gesetzt wurde, also ohne Mitwirkung eines electrischen Stromes. Auch hat er den Ton erhalten, als er einen kurzen Magnetstab zwischen den Schenkeln eines geglühten weichen Eisens drehn liess.

IV. Wirkung des Bogens auf Saiten.

Von der Wirkung des Violinbogens hat man sich die Vorstellung gemacht, dass er durch seine Unebenheiten die Saite wiederholt reisst, etwa wie dies die Zähne eines gezähnten Rades thun würden. Duhamel (*l'Institut* 1839 p. 386.; 1840 p. 190.) hat den Gegenstand aus einem andern Gesichtspunkte gefasst. Da nämlich jene Unebenheiten sehr nahe bei einander liegen, so schliesst er, dass daraus eine gleitende Reibung hervorgehe und dass diese, nach den erfahrungsmässig bekannten Gesetzen solcher Reibung, eine Kraft liefere, im Sinne der relativen Bewegung des Bogens, unabhängig von der Geschwindigkeit und proportional dem Drucke. Der Druck kann bei der kurzen Dauer einer Schwingung als constant angesehn werden, so dass die Grösse der Kraft constant ist; auch ihre Richtung ist constant, wenn die Geschwindigkeit des Bogens immer grösser ist, als die der Saite, und man kommt in diesem Falle auf ein sehr einfaches Theorem, aus welchem hervorgeht, dass der durch den Bogen erregte Ton derselbe ist, wie wenn die Saite angeschlagen und frei sich selbst überlassen wurde, was mit der Erfahrung übereinstimmt. Wenn aber die Geschwindigkeit des Bogens merklich geringer ist, als die grösste Geschwindigkeit der Saite, so ist die Geschwindigkeit der letzteren bald grösser, bald kleiner als die des Bogens, daher dann die aus der Reibung entspringende Kraft bald in der Richtung der Bogenführung, bald in der entgegengesetzten Richtung wirkt. In diesem Falle wird die eine Halbschwingung, wo die Saite im Sinne des Bogens geht, verzögert, während die andre dieselbe Dauer behält, so dass die ganze Schwingung länger dauert und der Ton tiefer wird. Dies Resultat der Theorie ist von Duhamel schon vor mehreren Jahren verificirt worden. — Ein andres merkwürdiges Resultat dieser Theorie, welches ebenfalls durch die Erfahrnng bestätigt worden ist, ist dieses: Wenn der Bogen beständig eine grössere Geschwindigkeit hat, als die Saite, so ist die Bewegung der letztern, wie gesagt, ebenso als ob sie angeschlagen und sich überlassen wäre; daraus folgt dass die Mittheilung von Bewegung an die Luft und die übrigen umgebenden Körper zuletzt die Saite zur Ruhe bringen muss, obgleich der Bogen fortwährend auf dieselbe wirkt. — In dem analytischen Theile dieser Untersuchung ist unter Anderem die Frage behandelt, welches die Richtung der mittleren Spannung an den Enden der Saite sei, wenn alle Punkte derselben unter der Einwirkung beliebiger, von der Zeit unabhängiger Kräfte stehn. Sucht man die Curve auf welcher die bewegungslosen Punkte der Saite liegen müssen, so findet man, es ist die bei welcher die Saite unter dem Einflusse der gegebenen Kräfte im Gleichgewicht sein würde, und die Tangenten an den Enden dieser Curve geben die Richtung der mittleren Spannung an diesen Punkten.

L'Institut 1840 p. 229. giebt Nachricht von einer andern Abhandlung Duhamel's worin der Einfluss untersucht wird, den es auf die Höhe der Töne und die Lage der Knoten einer Saite hat, wenn zu dem eignen Gewichte der Saite noch eine beliebige in irgend einem Punkte derselben angebrachte Masse hinzukommt.

V. Ueber das Verhalten longitudinalschwingender Körper.

Dass der Sand, mit welchem man einen wagerechten, longitudinalschwingenden Körper bestreut, sich auf gewissen Stellen ansammelt, dass diese Stellen auf den gegenüberliegenden Seiten alternirend liegen, dass sie an quadratischen und cylindrischen Stäben auf einer schraubenförmigen, entweder rechts oder links, oder auch von der Mitte aus auf der einen Hälfte rechts auf der andern links gewundenen Linie liegen, ist von Savart schon vor langer Zeit beobachtet worden. (*Ann. de Chim. et de Phys. XIV.* 113.; *XXV.* 12. S. auch W. Weber's Bemerkungen, Schweigg.-Seid. Jahrb. XV. 298.)

Savart hat diesen Gegenstand auf's Neue einer ausführlichen Untersuchung unterworfen, wodurch derselbe einer endlichen Aufklärung um Vieles näher gebracht ist (*Ann. de Chim. et de Phys. LXV.* 337.). Er zeigt im ersten Theile dieser Abhandlung, dass jene Sandanhäufungen von einer die longitudinale Schwingung begleitenden, isochronen Transversalbewegung*) herrühren und erläutert wie diese entsteht, und im Allgemeinen die in Rede stehenden Wirkungen äussert; im zweiten werden die mannigfaltigen daraus herfliessenden Erscheinungen im Einzelnen untersucht; im dritten ist von dem Einflusse gewisser Umstände auf diese Erscheinung, so wie von der bei longitudinalen Schwingungen entwickelten bedeutenden Kraft die Rede.

a) Ueber die Natur der Bewegung, welche die Sandanhäufungen erzeugt.

Durch viele Versuche an Stäben, die an beiden Enden frei waren, fand Savart folgende Gesetze für diese Knotensysteme. Die Zwischenräume der Sandanhäufungen sind

1) in Stäben von rechtwinkligem Queerschnitt constant bei verschiedenen Breiten, wenn nur die Länge und Dicke ungeändert bleibt.

2) Sie sind proportional der Quadratwurzel der Dicke, bei gleicher Länge. Auch bei Cylindern sind sie der Wurzel des Durchmessers proportional.

3) Sie sind proportional der Quadratwurzel der Länge, bei gleicher Dicke oder gleichem Durchmesser.

Schon hieraus ist zu vermuthen, dass sie von Transversalschwingungen herrühren, welche die longitudinalen begleiten und

*) Savart nennt sie bald normal, bald transversal; macht man zwischen diesen beiden Bewegungen den von W. Weber (Schweigg.-Seid. Jahrb. XV. 280.) bezeichneten Unterschied, so ist die in Rede stehende Bewegung, wie das Folgende zeigt, für transversal zu nehmen.

ihnen isochron sind, denn hiemit steht das erste Gesetz in Uebereinstimmung, weil beide Schwingungsarten von der Breite unabhängig sind; das zweite, weil bei vermehrter Dicke der Longitudinalton sich nicht ändert, wohl aber der Transversalton höher werden würde, wenn dies nicht durch eine Verlängerung der schwingenden Räume compensirt würde, die dann, wie man leicht sieht, der Quadratwurzel der Dicke proportional sein muss. Eben so stimmt das dritte Gesetz; denn da die Dauer einer Longitudinalschwingung der Länge des Stabes, die einer Transversalschwingung aber deren Quadrat proportional ist, so müssen, bei geänderter Länge des Stabes, die Transversalabtheilungen proportional der Wurzel dieser Länge geändert werden, um dem Longitudinalton isochron zu sein.

So findet auch Savart bei gespannten Streifen oder Saiten die Zwischenräume jener Knoten proportional der Länge und der Quadratwurzel der Spannung, ebenfalls in Uebereinstimmung mit der Annahme einer isochronen Transversalbewegung.

In der That aber, wenn man auf einem Stabe die Sandstellen auf zwei gegenüberliegenden Seiten bezeichnet, und ihn sodann mit dem Bogen in gewöhnliche transversale Schwingung versetzt, so dass die schwingenden Abtheilungen gleich sind dem Zwischenraume von einer Sandstelle der einen Fläche bis zur nächsten der gegenüberliegenden Fläche, so giebt der Stab denselben oder nahe denselben Ton, wie bei der Longitudinalschwingung. Ebenso bei Saiten und gespannten Streifen.

Dass man es hier mit Transversalschwingungen zu thun habe, wird noch durch folgende Betrachtungen bestätigt. Füllt man einen Trog mit Quecksilber und steckt durch eine Oeffnung in der kurzen Wand desselben einen Eisenstab, so dass er mit seiner halben Länge in das Quecksilber etwas eingetaucht ist, und setzt dann den Stab durch Reibung in longitudinale Schwingung, so bemerkt man am Quecksilber Kräuselungen, wie Taf. I. Fig. 15., und es entspricht von den auf diese Weise sichtbaren Knoten n die eine Hälfte den Sandstellen der einen Fläche, die andre alternirende Hälfte denen der andern Fläche des Stabes.

Oefters sammelt sich der Sand auf longitudinalschwingenden Stäben so, wie die ausgezogenen Linien Fig. 16. und auf der gegenüberliegenden Seite so wie die punktirten Linien es anzeigen; hier hat man eine Transversalschwingung bei welcher zu den der

Queere nach gehenden Knotenlinien eine der Länge nach durchgehende hinzukommt, und wenn man die entsprechende Klangfigur durch transversales Streichen mit dem Bogen hervorruft, so erhält man ebenfalls denselben Ton wie bei der Longitudinalschwingung.

Dass die Sandanhäufungen nicht den Longitudinalschwingungen als solchen wesentlich angehören, sieht man endlich daraus, dass es Stäbe giebt, welche diese Erscheinung nicht zeigen, wie es bei Spiegelglas- und gezognen Metallstäben häufig der Fall ist; der Sand zeigt dann nur eine hüpfende Bewegung in sich, ohne fortzurücken.

Wenn es nun erwiesen ist, dass die in Rede stehende Erscheinung von einer begleitenden, isochronen Transversalbewegung herrührt, so unterscheidet sich diese doch von den gewöhnlichen Transversalschwingungen nicht nur darin, dass die Knoten, nicht wie bei den letzteren auf beiden Seiten gleich, sondern alternirend liegen, sondern auch darin, dass der Sand nicht in normaler, sondern tangentialer (longitudinaler) Richtung geworfen wird. Von der Entstehung dieser Bewegung giebt Savart folgende Vorstellung.

Zuerst wird durch einige Versuche gezeigt, dass ein heftiger Stoss in der Längenrichtung den auf einem Streifen oder Stab gestreuten Sand in eben dieser Richtung schleudert. Wenn nun der Stab bei der Longitudinalschwingung sich in seiner Längenrichtung zusammenzieht, so werden dadurch solche Biegungen wie bei einer Transversalschwingung erzeugt, aber diese können nicht in die entgegengesetzte Biegung, auf der andern Seite der Axe übergehn, weil nunmehr der Stab sich in seiner Längenrichtung ausdehnt, und sie dadurch aufhebt. Es werden also Halbschwingungen sein, wobei natürlich die Biegung zweier neben einander liegender Theile entgegengesetzt zu denken ist. Savart meint, sie müssten von viel kürzerer Dauer sein, als die longitudinale Zusammendrückung, weil sie erst eintreten, wenn letztere einen gewissen Grad erreicht habe; sie würden daher wie durch einen plötzlichen Stoss erzeugt und mit derselben Geschwindigkeit wieder getilgt. Dass aber diese Transversalbewegung eine longitudinale des Sandes erzeugt, erklärt Savart dadurch, dass von dem Gipfel der convexen Biegung eine Ausdehnung sich nach beiden Seiten hin fortpflanze, ebenso von der Mitte der Concavität eine Zusammendrückung; durch beide werde den Molecülen eine Bewegung gegen den Gipfel zu ertheilt, und daher der Sand von ihnen in dieser Richtung geworfen. (Mir scheint, dass man sich von der Art, wie die Transversalbewegung auf den Sand wirkt, eine einfachere Vorstellung müsse machen können.)

Alles was hier in Beziehung auf Stäbe, die an beiden Enden frei sind, gesagt ist, gilt auch von solchen, die an einem oder an beiden Enden fest sind; es zeigt sich dieselbe Uebereinstimmung zwischen den Abständen der Sandanhäufungen und denen der Knoten des gleich hohen Transversaltones.

Wenn man einen Stab etwas stark reibt, so erscheint oft momentan die tiefere Octave des Longitudinaltones mit einer sehr fühlbaren Erschütterung des Stabes, wobei Glasstäbe leicht zerspringen. Dies tritt sowohl beim Grundtone, als bei den harmonischen Tönen in gleicher Weise ein. Bedient man sich eines mit Wasser gefüllten Troges, wie Fig. 15., so überzeugt man sich nicht nur von der sehr viel heftigern Bewegung, sondern sieht auch, dass die schwingenden Abtheilungen sich im Verhältniss $1 : \sqrt{2}$ verlängern. Savart nimmt an, dies entstehe dadurch, dass bei starker Schwingung die durch Zusammendrückung gebogenen Theile bei der nachfolgenden Ausdehnung nicht nur in ihre ursprüngliche Lage zurück, sondern darüber hinaus auf die entgegengesetzte Seite der Axe des Stabes gehn; indem sie hier von der nächsten Zusammendrückung überrascht werden, entstehe statt zweier Halbschwingungen nach einer Seite, eine einzige ganze Schwingung, symmetrisch nach beiden Seiten, zu welcher daher doppelt so viel Zeit gebraucht werde; damit aber die Länge der schwingenden Theile kein Hinderniss dieser längeren Schwingungsdauer werde, müsse sie von 1 auf $\sqrt{2}$ wachsen. (Wie diese beiden Ursachen der langsameren Schwingung sich vereinigen lasseg ist mir nicht deutlich, da die letztere allein den Ton um eine Octave tiefer machen muss.)

Bei gespannten Streifen wird die tiefere Octave auch, und noch leichter hervorgebracht, und es können hier auch Sandanhäufungen erhalten werden, deren Abstände doppelt so gross sind, als im gewöhnlichen Falle. Auch wird der Sand hier heftig in normaler Richtung geworfen.

b) Ueber die Systeme von Knotenlinien longitudinalschwingender Körper.

Savart betrachtet zuerst die Lage der Knotensysteme auf den breiten Flächen eines rechteckigen Stabes. Die Zahl der sämmtlichen Knoten kann entweder gerade sein, wie Fig. 17. A., oder ungerade wie B. Beide Fälle aber erleiden sehr oft in der Gegend der Mitte eine Abänderung, indem die nächsten Knoten ein wenig weiter aus einander rürken, und zwischen ihnen noch ein Knoten eingeschaltet wird, so dass Fig. 17. a anstatt A und b anstatt B erhalten wird. Den Grund dieses Verhaltens sieht Savart darin, dass die Biegungen auf beiden Hälften zu gleicher Zeit unabhängig von einander eingeleitet werden, und es daher kommen kann, dass sie in der Mitte in entgegengesetztem Sinne zusammentreffen, wo sie dann jene Abänderungen a oder b erzeugen.

Wendet man nun dies auf quadratische Stäbe an, so wird eine Biegung nach beiden Queerdimensionen erfolgen, und in Beziehung auf beide eine nahe gleiche Anzahl von Knoten sich bilden, doch nicht so gleich, dass nicht nach einer dieser Dimensionen der eine, nach der andern ein andrer von den 4 Fällen A, a, B und b eintreten könnte. Dadurch entstehn im Ganzen zehn Fälle. Ist das Verhalten nach beiden Dimensionen gleich, z. B. beide wie A, so liegen die Knoten so, wie Fig. 18. darstellt, d. h. der Stab biegt sich in diagonaler Richtung. Ganz ähnlich zeigen sich die Fälle aa, BB und bb. Den Fall Bb zeigt Fig. 19., und ähnlich ist Aa. In dem Falle AB aber liegen die Linien der Sandanhäufungen wie Fig. 20. sich um den Stab schlängelnd (einer Spirale einigermassen vergleichbar); fast ebenso der Fall ab. Im Falle Ab liegen die Linien wie Fig. 21. und bilden angenähert auf der einen Hälfte eine links, auf der andern eine rechts gewundene Spirale; ähnlich aB. Alle diese Fälle können beobachtet werden. Oft erscheinen sie mehr oder minder abgeändert, wenn der Longitudinalton mit keinem der Transversaltöne genau übereinstimmt, und daher die letzteren Schwingungen etwas modificirt werden müssen, um den ersteren isochron zu werden.

Auch rechteckige Stäbe schwingen nach beiden Transversalrichtungen, und zeigen auch auf den schmalen Flächen Sandanhäufungen, deren Abstände grösser sind als die auf den breiten

Flächen, und sich zu diesen wie die Quadratwurzul der Breite zu der der Dicke erhalten.

Das Verhalten cylindrischer Stäbe und Röhren ist dem quadratischer Stäbe analog. Wenn der Stab nur nach einer Richtung gebogen wird, sind die Knotenlinien Halbkreise, welche in alternirender Lage den halben Umfang des Cylinders umfassen und deren sämmtliche Endpunkte durch zwei der Länge nach laufende Linien verbunden sind, wie Fig. 22. Untersucht man Röhren auf der inneren und äusseren Seite (auf der innern durch eingestreuten Sand, auf der äusseren durch übergehangene weite Papierringe), so bemerkt man, dass die beiden Längslinien aussen und innen gleich liegen, aber die inneren halbkreisförmigen Linien in der Mitte zwischen den äusseren liegen. Die Bewegungen des Sandes im Innern der Röhren lassen noch genauer die Beschaffenheit der sie erzeugenden Schwingungen verfolgen. In anderen Fällen trifft man eine Knotenlinie welche sich um den Cylinder in Gestalt einer Spirale schlängelt, wie Fig. 23. oder zwei von der Mitte aus entgegengesetzte gewundene Spiralen bildet, wie Fig. 24. Diese Spiralen sind an den Knotenstellen fast senkrecht gegen die Axe des Cylinders und auf den dazwischenliegenden Theilen ihr fast parallel.

Bei dreieckigen Stäben liegen die Knoten entweder auf zwei zusammenstossenden Flächen gleich und auf der dritten alternirend, oder sie sind auf zwei zusammenstossenden Flächen alternirend und fehlen auf der dritten, je nachdem der Stab sich nach einer gegen eine Fläche senkrechten oder ihr parallelen Richtung biegt.

Sind die Stäbe am einen Ende fest (in einen schweren Schraubstock sehr fest eingespannt), so sind begreiflicherweise die Knoten weiter auseinander, und es fallen bei quadratischen Stäben die schlängelnden Linien fort, indem immer die Schwingungen in diagonaler Richtung wie bei Fig. 18. erfolgen. Biegt man einen solchen Stab während der Schwingung ein wenig, so so rücken die Knoten von ihrer Stelle und können sogar ganz in die alternirende Lage gebracht werden. Bei dünnen Stäben wirkt schon die Biegung vermöge ihrer eignen Schwere in diesem Sinne, und kann nicht nur wenn ein Ende fest ist, sondern auch wenn beide frei sind, scheinbare Ausnahmen von der alternirenden Lage der Knoten auf den gegenüberliegenden Flächen geben.

Auch an Stäben, die an beiden Enden fest sind, entspricht die Lage der Knoten der aufgestellten Ansicht. Ebenso die mannigfaltigen Erscheinungen, welche bei einer der Fig. 16. ähnlichen Theilung entstehen können. Gespannte Streifen und Saiten zeigen ganz ähnliche Lage der Knoten, namentlich kommen bei Saiten sowohl geschlängelte als nicht geschlängelte Linien vor, ebenso wie bei cylindrischen Stäben.

Nimmt man ferner an einem Stabe statt des ersten tiefsten Longitudinaltones den zweiten, dritten, vierten, so verhalten sich die Abstände der Knoten zu denen im ersten Falle wie $\sqrt{\frac{1}{2}}$, $\sqrt{\frac{1}{3}}$, $\sqrt{\frac{1}{4}}$ zu 1. Auch hier wird die Lage dieser Transversalknoten in der Nähe der Longitudinalknoten oft etwas abgeändert. Bei gespannten Streifen und Saiten, wo die Zwischenräume bei den höheren Longitudinaltönen 2, 3, 4mal kleiner sein sollten als beim ersten Longitudinaltone, pflegen sie nicht ganz so klein zu sein wegen des merklichen Einflusses der eignen Steifheit dieser Körper, die bei der grossen Zahl der Transversalknoten (Savart hatte ihrer in einem Falle 134) schon einen merklichen Einfluss gewinnen muss.

c) Ueber den Einfluss der Cohäsionsverhältnisse auf die Sandanhäufungen, und über die durh die Schwingungen entwickelte Kraft.

Manche Stäbe zeigen, wie schon erwähnt, keine Sandanhäufungen bei der longitudinalen Schwingung; der Ton ist dann weniger rein und stark; dies gilt namentlich von Spiegelglas- und gezogenen Metallstäben; durch Glühen verlieren sie fast immer diese Eigenthümlichkeit und zeigen dann die Knotenlinien vollkommen deutlich. Metallstreifen, die einer starken Spannung ausgesetzt werden, zeigen die Knoten nicht sogleich, sondern erst, wenn man sie einige Augenblicke hat schwingen lassen. Lässt man einen solchen vorher ausgeglühten Streifen oder Draht über eine Rolle laufen und spannt ihn durch ein angehangenes Gewicht, so erleidet er während des Schwingens eine sehr merkliche Verlängerung. (Es scheint, dass die Dehnung vermöge des Gewichtes, vereinigt mit der bei der Schwingung eintretenden, die Grenze der vollkommnen Elasticität überschreitet.)

Die Zwischenräume zwischen den Sandanhäufungen auf Stäben und gespannten Streifen oder Saiten sind selten ganz gleich und oft beträchtlich verschieden. Die Vermuthung, dass dies von

Ungleichförmigkeiten der Elasticität dieser Körper herrühre, fand Savart bestätigt, als er die Dehnung untersuchte, welche dergleichen Streifen und Saiten unter dem Einflusse spannender Gewichte erleiden und fand, dass diese nicht in der ganzen Länge gleichmässig erfolge, sondern über die verschiedenen Theile des gespannten Körpers sehr ungleichmässig vertheilt sei. Dass bei gewöhnlichen Transversalschwingungen keine solchen Ungleichheiten in der Lage der Knoten bemerkt werden, erklärt Savart daraus, dass hier ganze, in dem in Rede stehenden Falle aber nur halbe, Schwingungen erzeugt werden.

Gewöhnlich bewegt sich der Sand parallel den Rändern der Stäbe, und die Linien sind perpendikulär gegen diese Ränder; aber dies ändert sich bei gestörter Homogenität. Auf Holzstäben sind die Linien fast immer geneigt und die Bahnen des Sandes schief und zuweilen mannigfach gekrümmt. Man braucht einen homogenen Stab nur etwas zu verbiegen und wieder zu richten, um die perpendiculären Linien in geneigte zu verwandeln; selbst der Druck der Finger gegen die Mitte des Stabes, zumal wenn dieser dabei etwas gebogen wird, bringt eine solche Wirkung hervor. Natürlich hat man sich bei den Untersuchungen der Longitudinalschwingungen vor solchen Einflüsssn sehr zu hüten.

Durch Temperaturänderung und zuweilen blos durch die Zeit erleiden die Knotensysteme eine Veränderung.

Da man durch eine mässige Reibung Stäbe und selbst Balken in lebhafte Schwingungen versetzen kann, so hat Savart die dabei entwickelte Kraft folgendermassen zu messen versucht. Er befestigte Metall- und Glasstäbe von verschiedenen Dimensionen auf einer 80 Kilogramm schweren Bleimasse; ein Sphärometer mit horizontaler Schraube wurde mit dem Ende des Stabes zur Berührung gebracht und abgelesen; dann wurde die Schraube zurückgedreht, und während der Stab in Schwingung war, ihm wieder genähert, bis sie von dem Stabe hörbar getroffen wurde; eine zweite Ablesung giebt dann die Verlängerung des Stabes während der Schwingung (unter der Voraussetzung, dass die Mitte des Stabes durch die angegebne Art der Befestigung hinreichend bewegungslos erhalten werde.) Er fand diese Verlängerungen 1) proportional der Länge der Stäbe; 2) um so grösser, je kleiner die Fortpflanzungsgeschwindigkeit; 3) unabhängig von dem Querschnitt der Stäbe, nur müssen dickere Stäbe länger und stärker gerieben

5 *

werden. Vergleicht man diese Verlängerungen mit denen, welche man durch Dehnung des Stabes mit Gewichten erhält und welche Savart ebenfalls direct gemessen hat, so findet man, dass die durch die Schwingung bewirkten Ausdehnungen einer Kraft von überraschender Grösse entsprechen. So wurde z. B. an einem 1,407 Meter langen und 34,95 Millim. dicken cylindrischen Messingstabe bei der Schwingung eine Ausdehnung von 0,260 Millim. beobachtet; eine ebenso grosse Ausdehnung würde durch ein Gewicht von 1700 Kilogramm bewirkt werden.

VI. Stehende Schwingungen tropfbarflüssiger Körper.

Da das Wasser, wie man seit lange weiss, den Schall fortflanzt, und da überhaupt tropfbarflüssige Körper zusammendrückbar sind, so muss es möglich sein, dass auch diese Körper stehende Schwingungen annehmen. Doch entstehen diese hier weniger leicht als bei festen und luftförmigen Körpern. Cagniard-Latour hat sich mehrfach damit beschäftigt, Töne des Wassers zu erzeugen. Die Sirene verdankt diesem Bestreben Ursprung und Namen; doch fehlen gerade an diesem Instrument die stehenden Schwingungen. Diese sind hingegen in ein Paar andern Fällen von Cagniard-Latour ebenfalls erhalten worden. Eine Glasröhre, deren eines Ende zu einer engen Oeffnung zusammengezogen ist, kann als eine Art Pfeife in Flüssigkeiten tönen, indem man die Flüssigkeit durch die enge Oeffnung presst. Von einigen Resultaten dieses Versuchs ist im 3ten Bande des Repert. p. 96. berichtet. Von einem andern Verfahren handelt Cagniard-Latour (*Ann. de Chim. et de. Phys. LVI.* 280.)

Eine an einem Ende nach Art eines Probirgläschens zugeschmolzene Glasröhre (tube éprouvette) wird mit Wasser gefüllt und das Glas mit einem nassen Tuche longitudinal gerieben; es entsteht ein Ton, welcher hauptsächlich von den longitudinalen Schwingungen der Wassersäule herrührt. Ist die Röhre an beiden Enden offen, so ist der Ton eine Octave höher; dies ist nicht dadurch zu erreichen, dass man die Röhre ganz in Wasser taucht und reibt, wohl aber dadurch, dass sie zu einem Heber mit gleichen Schenkeln gebogen wird. Ein solcher Heber giebt, wenn beide Enden offen sind, einen Ton, der eine Octave höher ist, als der eines gleichen Hebers, dessen eines Ende zugeschmolzen ist. — Eine gerade Eprouvettenröhre von 1 Meter Länge giebt mit

Wasser gefüllt ungefähr 385 (ganze) Schwingungen; ein an beiden Enden offener Heber oder eine Wasserpfeife von der oben angeführten Art geben im Mittel ungefähr 775 (ganze) Schwingungen. Beide Töne sind etwas höher, als die, welche man aus Colladon und Sturms Bestimmung der Schallgeschwindigkeit im Wasser berechnen würde, der erste ungefähr um einen ganzen, der andre um einen halben Ton. Dennoch wird der Ton beim Wasser etwas tiefer, wenn das Glas dicker ist, hingegen ist er beim Quecksilber im dickeren Glase merklich höher als im dünneren. — Dichtere Flüssigkeiten, als Wasser, geben theils tiefere, theils höhere Töne; ebenso dünnere, z. B. Weingeist von 22° höher, dagegen Alkohol von 36° tiefer. Auch Gelée in einer Eprouvettenröhre tönte. — Die Röhre kann länger sein als die Flüssigkeitssäule; ist sie viel länger, so macht sie den Ton beim Wasser tiefer. Hat in solchem Falle die über dem Wasser befindliche Luftsäule denselben Ton wie die Wassersäule, so spricht der Ton leichter und besser an. — Verlängert man die Eprouvettenröhre durch eine mit Kautschuk angebundne Röhre, die ebenfalls mit Wasser gefüllt ist, so wird dadurch der Ton fast gar nicht geändert, so dass die Schwingungen an der Kautschukverbindung eine Grenze zu finden scheinen. — Unter dem Drucke eines mit comprimirter Luft gefüllten Reservoirs tönte die Wassersäule der Eprouvette höher.

Wenn man die Eprouvette durch einen Stoss oder Schlag gegen das eine Ende in stärkere Schwingungen versetzt, so bemerkt man in der Flüssigkeit kleine Bläschen, die in ausgekochtem Wasser ganz oder fast ganz wieder verschwinden, in ungekochtem dagegen Luftbläschen hinterlassen. Cagniard-Latour hält jene ersten für fast leere Räume, die sich bei der Ausdehnung im Wasser bilden, und die Stösse, die durch das Zusammenschlagen der Wassertheile bei ihrem Verschwinden entstehn, für die eigentliche Ursache des Tones. Er hat diese Vorstellung von sogenannten Globularschwingungen, die nach seiner Vermuthung auf alle Arten elastischer Körper zu übertragen ist, in einer andern Abhandlung in demselben Bande p. 225. weiter ausgeführt und mit verschiedenen andern Thatsachen in Verbindung gesetzt, über welche zu berichten hier nicht der Ort ist. Jene Ansicht aber scheint, wofern wir den Verfasser richtig verstehn, mit unsrer Kenntniss von der Elasticität schwer in Einklang gebracht werden zu können und durch die beigebrachten Versuche nicht hinreichend begründet zu sein. Daher möge hier nur noch erwähnt werden, dass nach einigen der in dieser Abhandlung erwähnten Versuche das Wasssr leichter zu schwingen scheint, wenn es etwas Luft enthält, oder wenn ihm feste Theilchen beigemengt sind, schwerer dagegen, wenn ihm Luft reichlicher beigemengt ist, eben sowie auch nasses Quecksilber schwerer schwingt als trocknes, ferner, dass eine Beimengung von Luft den Ton des Wasser tiefer zu machen scheint. (Nach Colladon und Sturm ist Wasser, welches Luft absorbirt enthält, weniger zusammendrückbar, als luftbaltiges, und muss also einen höheren Ton geben.)

VII. Zungenpfeifen mit membranösen Zungen.

(J. Müller Handb. d. Physiol. des Menschen II. 155.)

Im Zusammenhange mit seinen Untersuchungen über das Stimmorgan hat J. Müller eine Anzahl von Beobachtungen über das Verhalten von Zungenpfeifen angestellt, bei denen die gewöhnlichen starren Zungen durch schwingende Membranen ersetzt werden. Es ergeben sich zwar für dieselben keine so bestimmten Gesetze, wie die, welche man durch W. Webers Arbeiten an den Pfeifen mit starren Zungen kennt, doch zeigt sich im Allgemeinen ein ähnliches Verhalten in Beziehung auf die Aenderung der Tonhöhe bei zunehmender Länge des Corpus.

Die membranösen Zungen können verschieden construirt werden, und können auch für sich, ohne Corpus, zum Tönen gebracht werden. Eine dünne Kautschukmembran, die nach einer Richtung ausgespannt ist, und einen oder zwei freie Ränder hat, tönt, wenn man sie zerrt, nur schwach und unvollkommen; sie kann aber einen starken und anhaltenden Ton geben, wenn man aus einem engen Röhrchen einen Luftstrahl gegen ihren Rand bläst, oder wenn sie einen Theil einer Wand bildet, gegen welche Luft geblasen wird, nämlich:

1, Ein saitenartig gespannter Streifen ist über einen Rahmen gezogen und zu jeder von beiden Seiten desselben ist der Rahmen mit einer starren Platte bedeckt, welche mit dem Streifen eine Spalte bildet, wie Taf. I. Fig. 25.

2, Ein Rahmen oder das Ende eines ganz kurzen Rohrs ist halb mit einer Platte, halb mit einer Membran bedeckt, so dass zwischen beiden eine Spalte bleibt, wie Fig. 26.

3, Zwei Membranen sind über das Ende eines ganz kurzen Rohrs so ausgespannt, dass jede einen Theil der Oeffnung verdeckt und zwischen ihnen eine Spalte bleibt, wie in Fig. 28.

Im ersten dieser Fälle steht die Membran unter den Gesetzen schwingender Saiten (Chladni's Akust. §. 63.): auch im zweiten scheint dies statt zu finden, wenn sie nur nach einer Richtung ausgespannt ist, obgleich sie hier nur von einer Seite frei ist. Doch wird die Tonhöhe durch einige andere Umstände modificirt; namentlich wird der Ton tiefer, wenn die feste Platte etwas weiter vorgerückt ist, als die Membran. Stärkeres Anblasen macht den Ton höher, bei einer Kautschukmembran konnte er um zwei halbe Töne und mehr, bei einer nassen Arterienhaut um eine Quinte allmählig hinaufgetrieben werden; der Grund davon liegt wohl hauptsächlich in der vermehrten Spannung der Zunge. Im dritten Falle ist, wenn beide Membranen zu gleicher Höhe gestimmt sind, der Ton beim vereinigten Anblasen etwas tiefer, als wenn jede allein schwingt; sind sie nicht gleich gestimmt, so hört man doch meistens nur einen Ton und Müller giebt die Regel: diejenige Lamelle tönt, welche bei dem jedesmaligen Anspruch des Blasens am leichtesten in Schwingung versetzt werden kann, und ist der Anspruch der Bewegung beider Lamellen angemessen, so können sogar beide schwingen und sich zu einem einfachen Tone accommodiren; sie können aber auch verschiedene Töne, oder der Anspruch, wenn er sich verändert, hintereinander beide Töne hervorbringen. — Fig. 27. zeigt eine Abänderung der unter 2. beschriebnen Einrichtung.

Die so vorgerichteten membranösen Zungen können nun mit einem Corpus verbunden werden, namentlich so, dass das mit der Zunge versehene Ende des kurzen Rohrs des Mundstücks in das eine Ende der Korpusröhre eingepasst wird wie ab Fig. 28; das Rohr des Mundstücks dient zum Anblasen. Die meisten Versuche sind mit den unter 2. bezeichneten einlippigen Mundstücken gemacht.

Der Einfluss der Korpuslänge auf die Höhe des Tons schien anfangs ganz regellos. Als jedoch die Einrichtung getroffen wurde, dass das 1 Zoll weite, aus Auszugröhren zusammengesetzte, Corpus ab Fig. 28. ganz successiv von kleinen Dimensionen an bis zu 4 Fuss verlängert werden konnte, zeigte sich, dass der Ton, wenn er bei stetiger Verlängerung des Corpus allmählich tiefer geworden ist, bei einer gewissen Länge wieder bis ungefähr zu der

Höhe der Zunge hinaufspringt, dann aufs Neue tiefer wird, bis er abermals bis gegen die vorige Höhe springt u. s. f. Zwei Beispiele werden hinreichen, dies zu zeigen:

I. Grundton einer einlippigen Kautschuckzunge (durch ein Windrohr von 3″) $\overline{\overline{\text{cis}}}$.

Corpus.	Ton.	Bemerkungen.
0	$\overline{\overline{\text{cis}}}$	
6″	$\overline{\overline{\text{c}}}$	Der Ton fällt.
6″ 9‴	$\overline{\text{h}}$	=
7 6	$\overline{\text{ais}}$	=
9	$\overline{\text{a}}$	=
9 6	$\overline{\text{a}}$ und $\overline{\overline{\text{cis}}}$	Der Ton springt von $\overline{\text{a}}$ auf $\overline{\overline{\text{cis}}}$, $\overline{\overline{\text{cis}}}$ bleibt bis gegen 18″ Corpuslänge.
18	$\overline{\overline{\text{c}}}$	Fällt.
20	$\overline{\overline{\text{cis}}}$	= (Soll wohl $\overline{\text{ais}}$ heissen.)
22 6	$\overline{\text{a}}$ und $\overline{\overline{\text{cis}}}$	Der Ton springt von $\overline{\text{a}}$ auf $\overline{\overline{\text{cis}}}$ und bleibt dann $\overline{\overline{\text{cis}}}$ bis gegen 30″.
30	$\overline{\overline{\text{c}}}$	Fällt.
31	$\overline{\text{h}}$ und $\overline{\overline{\text{cis}}}$	Springt von $\overline{\text{h}}$ auf $\overline{\overline{\text{cis}}}$.
36	$\overline{\overline{\text{cis}}}$	
40	$\overline{\overline{\text{c}}}$	Fällt.
45	$\overline{\text{h}}$ und $\overline{\overline{\text{cis}}}$	Springt.
48	$\overline{\overline{\text{cis}}}$	

II. Grundton einer einlippigen Kautschukzunge, durch den Anspruch des Mundes ohne Windrohr $\overline{\overline{\text{dis}}}$.

Corpus.	Ton.	Bemerkungen.
0	$\overline{\overline{\text{dis}}}$	
3″	$\overline{\overline{\text{d}}}$	Der Ton fällt.
4″ 6‴	$\overline{\overline{\text{cis}}}$	=
5	$\overline{\overline{\text{c}}}$	=
6 6	$\overline{\text{h}}$	=

Corpus.	Ton.	Bemerkungen.
7	$\overline{\text{ais}}$	Der Ton fällt.
8	$\overline{\text{a}}$	=
9″ 6‴	$\overline{\text{gis}}$	=
10	$\overline{\text{gis}}$ und $\overline{\overline{\text{cis}}}$	Der Ton springt von $\overline{\text{gis}}$ auf $\overline{\overline{\text{cis}}}$.
11	$\overline{\overline{\text{cis}}}$	Fällt.
13	$\overline{\overline{\text{c}}}$	=
17 6	$\overline{\text{h}}$	=
20 6	$\overline{\text{ais}}$	=
22	$\overline{\text{a}}$	=
23 6	$\overline{\text{gis}}$	=
26 6	$\overline{\text{gis}}$ und $\overline{\text{h}}$	Hinter einander. Sprung.
31	$\overline{\text{ais}}$	Fällt.
35	$\overline{\text{a}}$	=
39	$\overline{\text{gis}}$	=
41	$\overline{\text{gis}}$ und $\overline{\text{h}}$	Hintereinander.
45	$\overline{\text{ais}}$	Fällt.

Man sieht, dies Verhalten ist ähnlich wie an Pfeifen mit starren Zungen, denn bei diesen findet bekanntlich das Fallen und dann das Springen des Tones ebenfalls statt, wenn man das Corpus verlängert; nur springt er bei diesen 1) immer auf den ursprünglichen Zungenton zurück; 2) erfolgt dies, so oft die Corpuslänge ein Vielfaches von der halben Wellenlänge des Zungentones ist und 3) fällt der Ton regelmässig bei der ersten halben Wellenlänge um eine Octav, $\frac{1}{2}$, bei der zweiten um eine Quarte, $\frac{3}{4}$, bei der dritten um eine kleine Terz, $\frac{5}{6}$ etc. Die beiden ersten Gesetze finden bei den membranösen Zungen gewöhnlich nur in einer sehr mässigen Annäherung statt; die Intervalle aber, um welche der Ton fällt, sind im Allgemeinen viel kleiner und weniger regelmässig. Der Grund dieser geringeren Regelmässigkeit liegt offenbar hauptsächlich in der weniger festen Stimmung der membranösen Zungen.

Einen ähnlichen Einfluss wie das Verlängern des Corpus hat auch das Verengen seines offenen Endes.

Von Wichtigkeit ist aber noch der Umstand, dass das Windrohr, mit welchem die membranöse Zunge angeblasen wird, einen gleichen Einfluss auf die Vertiefung des Tones hat, wie des Corpus. Lässt man die Zunge ganz ohne Corpus und bringt sie blos an dem Ende eines Windrohrs an, das allmählig verlängert wird, so vertieft sich der Ton bis zu einer gewissen Grenze, die auch hier die Octave nicht erreicht; bei weiterer Verlängerung springt er wieder in die Höhe zurück und vertieft sich von dort aus wieder mit fortschreitender Verlängerung, springt nochmals auf denselben hohen Ton zurück, vertieft sich von da an wieder, springt wieder zurück u. s. w. In der folgenden Tabelle sind die mit einer einlippigen Kautschukzunge ohne Corpus erhaltenen Töne und die dazu gehörigen Längen des Windrohrs mit den Längen zusammengestellt, welche das Corpus ohne Windrohr haben musste, um dieselben Töne zu geben. Das Anblasen geschah mit dem Munde, indem die Lippen im einen Falle das Ende des Windrohrs umfasssten, im andern das nur $\frac{1}{2}$ Zoll lange Rohr, worüber die Zunge gespannt war. Der Ton der Zunge allein, für den Anspruch mit dem Munde, war $\overline{\text{h}}$.

Töne.	Windrohr ohne Corpus.	Töne.	Corpus ohne Windrohr.
ais	4″ 6‴	$\overline{\text{ais}}$	1″2‴
$\overline{\text{a}}$	9 10	$\overline{\text{a}}$	2
$\overline{\text{gis}}$	13	$\overline{\text{gis}}$	3″ bis 5″6‴
$\overline{\text{g}}$	15 6	$\overline{\text{g}}$	7″6‴
$\overline{\text{fis}}$	17 6	$\overline{\text{fis}}$	9
$\overline{\text{f}}$	19	$\overline{\text{f}}$	10
		$\overline{\text{e}}$	13
		$\overline{\text{dis}}$	17
$\overline{\text{f}}$ und $\overline{\text{ais}}$	20″, Sprung d. Tons.		
		$\overline{\text{ais}}$ +	22″4‴ Sprung d. Tons.
$\overline{\text{a}}$	24″6‴		
$\overline{\text{gis}}$	27 6		
$\overline{\text{g}}$	29	$\overline{\text{g}}$	23″
$\overline{\text{fis}}$	32	$\overline{\text{fis}}$	25″6‴
		$\overline{\text{f}}$	27 6
		$\overline{\text{e}}$	32

Töne.	Windrohr ohne Corpus.	Töne.	Corpus ohne Windrohr.
		$\overline{\text{dis}}$	39″6″
$\overline{\text{f}}$ und $\overline{\text{ais}}$	35″, Sprung.		
$\overline{\text{a}}$	37		
$\overline{\text{gis}}$	42		
$\overline{\text{g}}$	46.	$\overline{\text{g}}$	40″ $\overline{\text{dis}}$ springt auf $\overline{\text{g}}$
		$\overline{\text{fis}}$	42
		$\overline{\text{f}}$	45

Wie man sieht, entsprechen hier, und so auch bei andern Versuchen, den gleichen Tönen nicht gleiche Längen des Windrohrs und des Corpus, begreiflich, da die Mundhöhle, (oder auch statt ihrer die Windlade) an die Stelle des Windrohrs tritt, wo dieses fehlt, und eine Fortsetzung desselben bildet, wo es vorhanden ist, und daher in beiden Fällen nicht gleichen Einfluss hat. Denn zwischen Windrohr und Corpus findet, wie man leicht denken kann, keine Compensation in der Art statt, dass der Ton ungeändert bliebe, wenn man das eine um ebensoviel verkürzt, als man das andre verlängert. Dadurch werden die Erscheinungen, wenn man beide Röhren zugleich ihre Längen ändern lässt (siehe Fig. 28.), noch viel complicirter, und Müller hat durchaus keine Regel darin auffinden können. Er findet nur die constante Bestätigung der Beobachtung, dass bei einer bestimmten Corpuslänge die Verlängerung des Windrohrs den Ton immer ändert, bis die gegenseitigen Einwirkungen gleich sind; hat das Windrohr eine bestimmte Länge und wird das Corpus verlängert, so erhält man auch wieder eine Vertiefung bis zu einer bestimmten Grenze, dann springt der Ton nach der früheren Höhe zurück, fällt wieder bis zu einer Grenze und springt wieder, was sich regelmässig wiederholt. Ist Corpus und Windrohr jedes so lang, dass jenes mit der (vom Munde angeblasenen Zunge) denselben Ton giebt, wie die Zunge mit dem vom andern Ende angeblasenen Windrohr allein, so giebt die Verbindung mit dem Corpus vorn und dem Windrohr hinten jetzt denselben Ton.

Die im Vorstehenden behandelten Pfeifen mit membranösen Zungen, besonders, wenn diese zweilippig sind, besitzen viel Analogie mit dem Stimmorgan, sowie mit denjenigen Blaseinstrumenten, wo die Lippen auf ein becher- oder kesselförmiges oder conisches Mundstück aufgesetzt werden, wie dies bei den Trompeten, Hörnern etc. der Fall ist; Instrumente, welche bekanntlich von W. Weber (*Leges oscillationis etc. p.* 7.) Pellisov (Schweigger-Seidels Neues Jahrb. VII. 235.) und Anderen den Zungenpfeifen verglichen werden, und nun an den membranösen Zungen eine noch nähere Analogie erhalten.

Am Schlusse seiner Untersuchung kommt Müller auf die Frage, ob der Ton an den Zungeninstrumenten mehr den Schwingungen der Zunge für sich, oder dem in isochronischen Stössen hervordringenden Luftstrome zuzuschreiben sei. Dass beide einen Antheil an der Erzeugung der Schallwellen haben, kann von Niemand bezweifelt werden; es handelt sich also nur darum, welchem von beiden Umständen man den überwiegendsten Einfluss auf die Fülle des Tones zuzuschreiben habe. W. Weber (Poggend. Ann. XVI. 422.) misst diesen den Luftstössen bei, da eine metallne Zunge, während sie mit den übrigen Theilen des Instruments verbunden bleibt, mit dem Violinbogen zum heftigsten Schwingen gebracht werden kann, ohne doch dabei einen andern Ton zu geben, als jenen schwachen, nur in der Nähe hörbaren, den sie auch ohne das übrige Instrument beim Streichen mit dem Bogen giebt, und der jenem vollen und starken des geblasenen Instruments nicht zu vergleichen ist. Müller hält dies nicht für entscheidend, und erklärt den Antheil der Luftstösse, wenigstens für die membranösen Zungen, für unwesentlich, weil

1) kein Grund vorhanden sei, eine andere Ursache des Tones zu suchen, als die eignen Schwingungen der Zunge, die durch den Luftstrom nur in stärkerer Schwingung erhalten und auch einigermassen angespannt werde;

2) weil membranöse und sehr dünne metallische Zungen beim Anblasen mit einem Röhrchen Töne von gleichem Timbre geben, wie beim Anblasen an einem Rahmen mit dem Munde;

3) weil auch bei einer Breite der Spalte von 1 Lin. die membranösen Zungen oft noch klare Töne von gleichem Timbre wie bei enger Spalte geben;

4) weil der Ton nicht in die Octave übergehe, wenn die Zunge so gegen den Rahmen steht, das sie sowohl beim Hingang als beim Hergang durch den Rahmen durchschlägt, und daher doppelt soviel Luftstösse bewirkt;

Was die drei ersten Gründe betrifft, so scheinen allerdings die Töne dieser Zungen für sich nicht so klanglos zu sein, als man sonst vielleicht glauben möchte. Jedoch fehlen die Luftstösse auch in dem unter 3. und selbst in dem unter 2. genannten Falle nicht ganz, indem im letztern Falle die Zunge abwechselnd in den Strom tritt und ihm ausweicht. Müller meint zwar, dadurch werde der Strom nur in eine andre Richtung abgelenkt, allein der Fall ist fast derselbe, wie wenn man Savarts Zahnräder mit einem gegen die Zähne geblasenen Luftstrom als Sirene gebraucht. Da nun die Bildung von Tönen und recht starken Tönen durch solche Luftstösse, wie sie hier immer, und zwar in der Regel in hohem Maasse entstehn müssen, eine unleugbare Thatsache ist, so wird man ihnen immer einen nicht zu unbedeutenden Antheil an der Bildung des Tones zuschreiben dürfen, und es ist das vorhin erwähnte Argument Weber's, wenn auch nicht absolut entscheidend, doch keineswegs beseitigt. Was aber den unter 4. erwähnten Umstand betrifft, so habe ich gefunden, dass allerdings unter den dort bezeichneten Bedingungen neben dem Grundtone auch die Octave hörbar wird. An der Mundharmonica sind die Zungen bekanntlich einwärts gebogen; nehme ich eine solche Zunge, deren Ton bei starkem Anblasen nicht, wie gewöhnlich, tiefer wird, sondern ziemlich seine Höhe hält, so bemerke ich bei abwechselnd schwachem und starkem Blasen, dass dem Hauptlone sich seine Octave deutlich beimischt, wenn ich so stark blase, dass die Zunge aus der darüber befindlichen Spalte herausschwingt. Müller selbst scheint später (über die Compensation Ac. p .34.) mehr Gewicht auf die Luftstösse gelegt zu haben.

VIII. Stimmorgan des Menschen.

(J. Müller Handb. der Physiol. II. 179. Ders. über die Compensation d. physisch. Kräfte am menschl. Stimmorgan. Berlin, 1839.)

Dass das Stimmorgan den Zungenpfeifen zu vergleichen sei, ist eine Ansicht, welche, je genauer man die Natur der verschiedenen Arten der Tonerzeugung kennen lernte, immer begründeter erscheinen musste, und welcher in neuerer Zeit die vorzüglichsten Schriftsteller über diesen Gegenstand beigetreten sind. Eine Ausnahme hiervon macht Savart, welchr das Stimmorgan einer Labialpfeife mit schlaffen Wänden und schlaffem Kern verglichen hat (*Ann. de. Ch. et Ph. XXX.* 64.) Indessen steht schon Savart's Pergamentpfeife den Zungenpfeifen in so fern näher, als die Schwingungen der Luft von den Transversalschwingungen fester Körper, besonders des Kerns, begleitet sind, und aus den Kräften und Massen, welche beide zur Bewegung hinzubringen, ein wesentlich neuer Schwingungszustand resultirt. Es fehlt ihr jedoch Eines, um eine wahre Zungenpfeife zu sein, nämlich das abwechselnde Schliessen und Oeffnen einer Spalte und die dadurch erzeugten Luftstösse. Eben dies hat man auch wohl von dem Stimmorgan behauptet, indem hier der Ton hervorgebracht werden könne, ohne dass die Stimmritze sich schliesse. Allein die Stösse fehlen nicht, wenn auch die Stimmritze im Schwingen nur abwechselnd enger und weiter wird. Eben so braucht auch nach dem Vorhergehenden bei den Pfeifen mit membranösen Zungen die Spalte von der Zunge keineswegs ganz geschlossen zu werden, und im Grunde ist dies ja auch bei den starren, wenigstens bei den Kratzenstein'schen (einschlagenden) Zungen nicht der Fall.

Müller's Untersuchungen bestätigen die Ansicht, dass das Stimmorgan als eine Art Zungenpfeife zu betrachten sei, aufs Vollständigste. Sie zeigen ausführlich den Einfluss derjenigen Umstände, von welchen die Höhe des Tones abhängt. Im Folgenden sind die Resultate seiner für die Kenntniss dieses Gegenstandes sehr wichtigen Untersuchungen zusammengestellt.

Dieselben sind an ausgeschnittnen Kehlköpfen von Leichen gemacht. Es ist bei der Beweglichkeit aller Theile nicht leicht, dieselben zu den Versuchen gehörig festzustellen. Dies geschieht, indem der mit einem Theile der Luftröhre herausgenommene Kehlkopf mit der hinteren Wand auf ein Brettchen gelegt, darauf die Cartilago cricoidea festgebunden, ferner ein Pfriemen queer durch den unteren Theil der Cartilagines arytenoideae gesteckt, und dieser gegen ein Brettchen mit Schnüren angezogen wird. An den Winkel des Schildknorpels dicht über der Insertion der Stimmbänder wird eine feine Schnur angeheftet, die über eine Rolle läuft und eine Wagschale trägt, um den Stimmbändern eine messbare Spannung zu geben. Da der Kehldeckel, die obern Stimmbänder, die Morgagni'schen Ventrikel, die Santorinischen Knorpel, die Ligamenta ary-epiglottica und selbst der obere Theil des Schildknorpels bis zur Insertion der Stimmbänder zum Tonangeben nicht wesentlich nöthig sind, so werden zunächst diese

Theile bis dicht über die unteren Stimmbänder abgeschnitten, um diese Bänder und die Stimmritze besser zu sehen. In dem Luftröhrenstück steckt ein Holzrohr zum Anblasen. Folgende Thatsachen wurden beobachtet.

1) Die untern Stimmbänder geben bei enger Stimmritze volle und reine Töne beim Anspruch durch Blasen von der Luftröhre aus. Die Töne kommen denen der menschlichen Stimme sehr nahe und haben grosse Aehnlichkeit mit denen, welche sich an nassen, aus elastischer Arterienhaut gebildeten, auf das Ende eines Rohrs ausgespannten Bändern, durch Blasen hervorbringen lassen.

2) Diese Töne unterscheiden sich von denjenigen, welche man erhält, wenn die Ventriculi Morgagni, die oberen Stimmbänder und der Kehldeckel noch vorhanden sind, darin, dass sie weniger stark sind, indem diese Theile sonst beim Anspruch, sowie die hintere Wand der Luftröhre stark mitschwingen und resoniren.

3) Am leichtesten und jedesmal sprechen die Stimmbänder an, wenn der hintere Theil der Stimmritze zwischen den Cartilagines arytenoideae geschlossen ist; doch ist dies nicht absolut nothwendig. Das Schliessen dieses Theils kann geschehn, indem man die Knorpel zusammenrückt und mit Schnüren am Pfriemen befestigt.

4) Haben die Stimmbänder eine gleichbleibende Spannung, so bleibt sich der Ton in der Höhe gleich, mag der hintere Theil der Stimmritze bis zur Insertionsstelle der Stimmbänder offen sein, oder durch Aneinanderpressen der Cartilagines arytenoideae geschlossen.

5) Schliesst dieser hintere Theil der Stimmritze nur theilweise, so dass ganz hinten eine kleine Oeffnung bleibt, so entsteht durch diese kein zweiter Ton.

6) Bei gleicher Spannung der Stimmbänder hat die grössere oder geringere Enge der Stimmritze keinen wesentlichen Einfluss auf die Höhe des Tons. Dieser spricht nur bei weiter Stimmritze schwer an und ist weniger klangvoll, indem man das Geräusch des Durchströmens der Luft vernimmt. Dies ist ebenso, wie bei den Kautschukzungen.

7) Sind die Stimmbänder ungleich gespannt, so geben sie in der Regel doch nur einen, in seltenen Fällen zwei Töne an, ebenso wie Kautschukbänder. Auch kann man öfters eine ein-

seitige Schwingung eines Stimmbands bemerken, besonders wenn sie nicht ganz in gleicher Ebne liegen.

8) Bei gleichbleibender Spannung der Stimmbänder entsteht zuweilen statt des Grundtons derselben ein viel höherer Ton, besonders wenn sie beim Schwingen in einem Theile ihrer Länge anstossen. Dies ist aus der Entstehung von Schwingungsknoten zu erklären, und Aehnliches zeigt sich zuweilen an Kautschukbändern.

9) Es können sowohl Töne hervorgebracht werden, wenn die Stimmbänder eine enge Oeffnung haben, als wenn sie sich ganz berühren. Im letztern Fall erfolgen die Töne besonders leicht bei ganz schlaffen Stimmbändern. Die Schwingungen dieser Bänder sind dann ungemein stark, indem der Durchgang der Luft erschwert ist, und sie weiter ab oder auseinandergetrieben werden. Dies ist ebenfalls wie bei den Kautschukbändern.

10) Wenn die Stimmbänder bei sehr geringer Spannung einander berühren, so sind die Töne von andrem Klang, nämlich stärker und voller als bei enger Stimmritze.

11) An Höhe dagegen sind die Töne bei einerlei Länge und Spannung der Stimmbänder nicht verschieden, diese Bänder mögen sich berühren oder eine enge Spalte bilden.

12) Auch im ganz schlaffen und nicht gespannten Zustande der Stimmbänder lassen sich noch ganz gut Töne hervorbringen, wenn die Stimmritze zugleich sehr verkürzt wird, indem man sie durch Zusammendrücken der Lippen mit der Pincette in ihrem hinteren Theile schliesst. Die Ausdehnung, welche sie durch die dagegen gepresste Luft erleiden, giebt ihnen dabei eine gewisse Spannung und die nöthige elastische Gegenwirkung gegen den Luftstrom.

13) Tiefe Töne lassen sich sowohl bei sehr kurzer als bei langer Stimmritze, hohe Töne bei langer sowohl als bei kurzer Stimmritze erzeugen, wenn nur den Stimmbändern ein entsprechender Grad von Spannung gegeben wird.

11) Die Töne verändern sich in der Höhe, wenn die ganzen Stimmbänder vom Winkel der Cartilago thyrioidea bis zu den fest aneinander liegenden Vocalfortsätzen der Cartilagines arytenoideae ohne Berührung schwingen, mit zunehmender Spannung nicht ganz wie die Saiten und an zwei Enden gespannten Membramen, d. h. die Schwingungszahl vermehrt sich bei grösserer Spannung

nicht proportional der Quadratwurzel der Spannung, sondern etwas weniger. Z. B. gab bei 4, 16 und 64 Loth Spannung ein Kehlkopf $\overline{c}$, $\overline{a}$ und $\overline{\overline{gis}}$, ein andrer $\overline{eis}$, $\overline{h}$ und $\overline{\overline{ais}}$ — $\overline{\overline{a}}$ etc. Die Zurichtung des Kehlkopfs für diesen Versuch zeigt Taf. I. Fig. 29., a die Cartilagines arytenoideae, b den Rest des Schildknorpels, c den Ringknorpel, d das untere Stimmband, e die innere Haut des Kehlkopfs bezeichnet. In der Schrift „über die Compensation etc.“ führt *Müller* noch mehrere andere Versuche an, wo die Bänder bei verschiednen Spannungen mit *gleichem* am Manometer gemessenen *Luftdrucke* angeblasen wurden. Der Ton stieg bei vierfacher Spannung ungefähr um eine Quarte oder Quinte. *Müller* schreibt dies geringere Steigen einer ungleichen Spannung der verschiedenen Fasern zu. Mir scheint eine Hauptursache darin liegen zu müssen, dass die Gewichte nur einen Theil der Spannung angeben, und der Luftdruck einen weiteren, *nicht verhältnissmässigen* Antheil zu dieser Spannung hinzufügt. Daher ist auch jene Differenz bei schwachen Spannungen bedeutender als bei stärkeren.

15) Auch die Töne der vom Kehlkopf isolirten Stimmbänder, wenn diese mit einem Röhrchen durch einen dagegen getriebenen Luftstrom in Schwingung versetzt werden, steigen bei vermehrter Spannung nicht ganz proportional der Quadratwurzel der Spannung.

16) Durch Veränderung der Spannung in gleicher Direction lassen sich die Töne am Kehlkopf ohngefähr im Umfang von zwei Octaven verändern; bei stärkerer Spannung entstehen unangenehme, höhere pfeifende oder schreiende Töne. Wenn es nicht darauf ankommt die Stimmbänder durch Gewichte, welche, wie im Vorhergehenden, in der Richtung der Bänder selbst ziehen, zu spannen, so lässt sich die Spannung am leichtesten auf die Art, wie es von der Natur selbst geschieht, verändern, nämlich durch Herabziehen des Schildknorpels gegen den Ringknorpel. Der Schildknorpel wirkt dabei als Hebel, dessen Hypomochlion seine seitliche Gelenkverbindung mit dem Ringknorpel ist. S. Fig. 30., wo x die mit Gewichten beschwerte Schnur ist, welche die Wirkung der Musculi cricothyreoidei nachahmt.

Folgende Resultate wurden an einem und demselben männlichen Kehlkopf in zwei auf einander folgenden Versuchen beim schwächsten Anblasen erhalten.

Töne.	Gewicht in Lothen.		Töne.	Gewicht in Lothen.	
	I. Versuch.	II. Versuch.		I. Versuch.	II. Versuch.
ais	½		$\overline{\overline{\text{cis}}}$	8	$8\frac{3}{10}$
h	1	½	$\overline{\overline{\text{d}}}$	8½	9
$\overline{\text{c}}$	1½	1	$\overline{\overline{\text{dis}}}$	$9\frac{7}{10}$	10
$\overline{\text{cis}}$	2	1½	$\overline{\overline{\text{e}}}$	$10\frac{7}{10}$	11
$\overline{\text{d}}$	2½	2	$\overline{\overline{\text{f}}}$	$11\frac{7}{10}$	12
$\overline{\text{dis}}$	$2\frac{8}{10}$	2½	$\overline{\overline{\text{fis}}}$	13	13
$\overline{\text{e}}$	3	3	$\overline{\overline{\text{g}}}$	15	15
$\overline{\text{f}}$	3½	3½	$\overline{\overline{\text{gis}}}$	17	17½
$\overline{\text{fis}}$	4	4	$\overline{\overline{\text{a}}}$	19	18½
$\overline{\text{g}}$	4½	4½	$\overline{\overline{\text{ais}}}$	22	20
$\overline{\text{gis}}$	5	5	$\overline{\overline{\text{h}}}$	25	22
$\overline{\text{a}}$	5½	5½	$\overline{\overline{\overline{\text{c}}}}$	28	26
$\overline{\text{ais}}$	6	6	$\overline{\overline{\overline{\text{cis}}}}$	31	29
$\overline{\text{h}}$	6½	6½	$\overline{\overline{\overline{\text{d}}}}$	35	32
$\overline{\overline{\text{c}}}$	7½	7½	$\overline{\overline{\overline{\text{dis}}}}$	37	37

Kein Ton mehr.

Bei anderen Kehlköpfen wurde eine gleiche Erhöhung des Tons zuweilen mit weit weniger Gewicht bewirkt. Mehr Gewicht ist nöthig, wenn dieses in der Richtung der Bänder selbst wirkt, wie in Fig 29. Versuche hierüber findet man in der Schrift „über die Compensation etc.“ p. 20.

17) Ist der hintere Theil der Stimmritze fest geschlossen, so lassen sich noch tiefere Töne hervorbringen, wenn man die Stimmbänder noch weiter abspannt, durch den mit Gewichten beschwerten Faden y (Fig. 30.), welcher die Wirkung des Musculus thyreo-artenoideus nachahmt und die vom Ligamentum crico-thyreoideum medium bewirkte schwache Spannung aufhebt. Derselbe Kehlkopf wie im vorhergehenden Versuch gab $\overline{\text{dis}}$, als diese Abspannung $\frac{3}{10}$ Loth betrug, und sanken die Töne bei vermehrter Abspannung folgendermassen:

Töne	Loth	Töne	Loth
$\overline{\text{dis}}$	$\frac{3}{10}$	c und gis nach einander	$2\frac{2}{10}$
$\overline{\text{d}}$	$\frac{1}{2}$		
$\overline{\text{cis}}$	1	e	$2\frac{4}{10}$
$\overline{\text{c}}$	$1\frac{3}{10}$	dis	$2\frac{6}{10}$
h	$1\frac{4}{10}$	d	$2\frac{8}{10}$
ais	$1\frac{1}{2}$	cis	$3\frac{5}{10}$
a	$1\frac{7}{10}$	H	$3\frac{5}{10}$

18) Man kann auf dem ausgeschnittenen besonders männlichen Kehlkopfe bei sehr schwacher Spannung der Stimmbänder zwei ganz verschiedene Register von Tönen hervorbringen, tiefere vom Klange der Bruststimme und höhere vom Klange der Falsetstimme; die ersteren entstehn leichter bei stärkerem, die letzteren bei schwächerem Blasen; beide Töne können bei gleicher Spannung ziemlich weit auseinander liegen, selbst um eine ganze Octave. Bei einiger Spannung der Stimmbänder erhält man immer Töne vom Klange der Falsetstimme, bei grosser Abspannung immer Brusttöne, man mag stark oder schwach blasen.

19) Der wesentliche Unterschied beider Register besteht nicht in einer Aliquottheilung der Länge nach, wie bei den Flageolettönen der Saiten, sondern darin, dass bei den Falsettönen blos die feinen Ränder der Stimmbänder, bei den Brusttönen die ganzen Stimmbänder lebhaft und mit grossen Excursionen schwingen. Diese Thatsache ist zuerst von Lehfeldt (Diss. de vocis formatione Berol. 1835.) beobachtet. Müller stellt folgende Theorie der Brusttöne auf:

a. Die Bänder schwingen in ganzer Breite, auch die mit ihnen verbundenen Membranen und der Musculus thyreo-arytenoideus.

b. Die tiefsten Brusttöne werden erhalten bei Abspannung der Stimmbänder durch Rückwärtsbewegen des Schildknorpels.

c. Bei so grosser Abspannung sind die Stimmbänder nicht allein ganz ungespannt, sondern im Zustande der Ruhe auch runzelig und faltig; aber sie werden durch das Blasen ausgedehnt und dieses giebt ihnen die zum Schwingen nöthige Tension.

d. Indem man die Abspannung geringer werden lässt, und dem Schildknorpel erlaubt sich nach vorn zu begeben oder dem Zuge des elastischen Ligamentum crico-thyreoideum medium nachzugeben, steigen die Brusttöne bis gegen eine Octave.

e. Bei der mittleren ruhigen Stellung des Schildknorpels und der Cartilagines arytenoideae, wenn die Stimmbänder weder gespannt noch gefaltet sind, hat der Kehlkopf die Disposition zu seinen leichtesten mittleren Brusttönen. (Zwischen den mittleren und tiefsten Brnsttönen liegen die der gewöhnlichen Sprache.)

f. Die zweite Octave tritt schon, indem aufwärts entsprechende Fisteltöne neben ihr liegen, mit diesen in Collision; letztere werden vermieden und die Brusttöne bis zur letzten Grenze nach der Höhe gesteigert durch Zusammendrückung der Stimmbänder von den Seiten und Verengerung des Aditus glottidis inferior vermöge des Musculus thyreo-arytenoideus, dann auch wieder, wie schon vorher durch stärkeres Blasen. Jener Druck lässt sich am ausgeschnittnen Kehlkopf mit einer Pincette bewirken. Er erhöht zuweilen den Ton, zuweilen hat er innerhalb gewisser Grenzen keinen Einfluss auf die Höhe; Jenes scheint der Fall zu sein, wenn dadurch die Spannung der Bänder oder die Länge ihres schwingenden Theiles geändert wird. Bei einer gewissen Stärke des Drucks haben die Brusttöne ihren vollsten Klang, bei weiterer Verstärkung tritt eine gepresste Schwäche ein. (Ueber die Compensation S. 29.)

g. Bei den Brusttönen kommt ausser den Stimmbändern auch die musculöse Tension der Stimmlippen durch den Musc. thyreo-arytenoideus in Betracht.

h. Bei den Falsettönen schwingt blos der innere oder Randtheil der Stimmbänder; sie hängen in Hinsicht der Höhe von der Spannung der Stimmbänder ab.

20) Der Kehldeckel, die oberen Stimmbänder, die Morgagnischen Ventrikel, die Gaumenbogen, kurz alle vor den untern Stimmbändern liegenden Theile sind weder zur Bildung der Brusttöne noch der Falsettöne nöthig. (S. weiter unten No. 28 bis zum Schluss.)

21) Die auf weiblichen Kehlköpfen leicht hervorzubringenden Töne sind im Allgemeinen höher. Doch lassen sich auch tiefe Töne bei gänzlicher Abspannung der Stimmbänder und Annäherung ihrer Ränder bis zur Berührung selbst bei kurzer Stimmritze hervorbringen. Die Länge der Stimmbänder (nicht der Stimmritze) fand Müller an männlichen Kehlköpfen im Zustande der Ruhe 16—21 Millimeter, im Zustande der grössten Spannung 21—26 Millim., dagegen an weiblichen in der Ruhe 12—14, in der grössten Spannung 15—16 Milim.

22) Bei ungeänderter Spannung der Stimmbänder durch ein Gewicht, lässt sich der Ton durch stärkeres Blasen bedeutend in die Höhe treiben. Luftdruck und Spannung der Stimmbänder können sich daher in der Art compensiren, dass stärkere Spannung mit schwächerem Winde denselben Ton in Piano giebt, welchen schwächere Spannung der Bänder bei stärkerem Blasen in Forte erzeugt. Hiervon handelt besonders die Schrift „über die Compensation etc.“ Um den Luftdruck zu messen wurde ein heberförmiges Manometer gebraucht, dessen einer Schenkel in das Windrohr eingefügt, der andere offen ist; der Niveauunterschied des Wassers oder Quecksilbers in den beiden Schenkeln giebt den Druck. Aus den hiermit angestellten Versuchen ergeben sich folgende Resultate:

a. Die tieferen Töne sprechen schon beim Druck einer Wassersäule von 1½ bis 3½ Centimeter. Das Fortissimo wurde zuweilen schon bei 8—12—14 Centim. erreicht; doch sprechen die Töne bei viel stärkerem Druck noch an, wenn die obere Oeffnung des Stimmrohrs verengt wird, was am todten Kehlkopf durch seitliche Compression der Stimmbänder, am lebenden durch die Musculi thyreo-arytenoidei geschehn kann. Cagniard de Latour hat den Luftdruck bei der Phonation an einem lebenden Menschen gleich einer Wassersäule von 16 Centim. gefunden; doch war es eine Krankheit der Stimmwerkzeuge, welche die Bronchotomie nöthig gemacht hatte.

b. Die höheren Töne, bei stärkerer Spannung der Bänder, brauchen znm leisesten Ansprechen stärkeren Wind als die tieferen, bei schwächerer Spannung. Dies zeigt sich in folgenden Beobachtungen:

Spannung in Viertellothen.	Falsettöne beim leisest möglichen Anspruch.	Centimeter der Wassersäule.	Spannung in Viertellothen.	Falsettöne beim leisest möglichen Anspruch.	Centimeter der Wassersäule.
1	f	4	13	$\bar{d}$	10 +
3	g	6	19	$\bar{e}$	13
5	a	8	27	$\bar{f}$	13
7	h	9	31	$\bar{g}$	13
9	$\bar{c}$	10 —	45	$\bar{a}$	16

c. Von den zahlreichen Versuchen über die Erhöhung des Tones durch verstärkten Wind bei gleichbleibender Spannung mag es genügen, hier drei anzuführen:

I. Spannung ¼ Loth		II. Spannung 2¼ Loth		III. Spannung 0	
Wassersäule des Manometers.	Falsettöne	Wassersäule des Manometers.	Falsettöne	Wassersäule des Manometers.	Brusttöne
1'' 6'''	g	2'' 8'''	$\overline{\text{dis}}$	2''	fis
1 8	gis	3 2	$\overline{\text{e}}$	4'' 6'''	g
2	a	4	$\overline{\text{f}}$	5 6	gis
2 4	ais	4 10	$\overline{\text{fis}}$	6	a
2 8	h	6	$\overline{\text{g}}$	7	h
2 10	$\overline{\text{c}}$	7 4	$\overline{\text{gis}}$	8 6	$\overline{\text{c}}$
3 2	$\overline{\text{cis}}$	8	$\overline{\text{a}}$	10	$\overline{\text{cis}}$
3 4	$\overline{\text{d}}$	8 10	$\overline{\text{ais}}$	11	$\overline{\text{d}}$
4	$\overline{\text{dis}}$	10	$\overline{\text{h}}$	12	$\overline{\text{dis}}$
4 6	$\overline{\text{e}}$				
5 4	$\overline{\text{f}}$				
6 6	$\overline{\text{fis}}$				
7 4	$\overline{\text{g}}$				
8	$\overline{\text{gis}}$				

d. Zuweilen steigt der Ton bei verstärktem Winde nur bis zu einer gewissen Grenze so leicht, und braucht dann zur nächsten Erhöhung um nur ½ Ton einen unverhältnissmässig grösseren Druck; z. B. ein Kehlkopf der bei 2, 3, 4, 7, 8, 10, 11½, 13½ Zoll des Manometers in halben Tönen (Bruststimme) von g bis $\overline{\text{d}}$ in die Höhe gegangen war, brauchte um von $\overline{\text{d}}$ auf $\overline{\text{dis}}$ zu gehn, einen Luftdruck von 22 bis 24 und mehr Zoll Wassersäule. Jene Grenze liegt bei verschiednen Kehlköpfen sehr verschieden, und manche lassen vorher ein Steigen bis auf eine Octave zu, andre weniger; bei stärkerer Spannung ist diese Grenze nach wenigeren Tönen erreicht, indem der Sprung an demselben Kehlkopf immer wie es scheint, fast bei derselben Tonhöhe eintritt. Der Grund dieses Verhaltens ist nicht bekannt. Müller sucht ihn vorläufig in dem Uebergang von der Bruststimme zum Falset.

e. Von den Versuchen, aus welchen man sieht, wie beim Crescendo der Einfluss des vermehrten Luftdrucks durch verminderte Spannung compensirt werden müsse, um dieselbe Tonhöhe zu halten, mögen hier nur zwei angeführt werden:

Bruststimme			Falset		
Töne	Spannung	Wasser-säule	Töne	Spannung	Wasser-säule
piano h	4 Loth	6″	piano $\overline{\overline{cis}}$	4 Loth	3″,5
h′	2 „	8	$\overline{\overline{cis}}$	2 „	4
h	1 „	10	$\overline{\overline{cis}}$	1 „	6
forte h	½ „	12	forte $\overline{\overline{cis}}$	½ „	8

Die Spannung war durch Zug am Schildknorpel gegeben und zeigt also die Kraft, welche am lebenden Kehlkopf hauptsächlich von dem Musculus cricothyreoideus ausgeübt werden muss.

23) Wird die Luft bei einer bestimmten Spannung der Stimmbänder eingezogen statt ausgestossen, so spricht der Ton in der Regel nicht an; zuweilen kam ein etwas tieferer rasselnder Ton zum Vorschein.

24) Werden die Stimmbänder durch Berührung ihres äusseren Theils gedämpft, so geben sie höhere Töne an, gerade so wie die Kautschukbänder am künstlichen Kehlkopf.

25) Die Länge des Windrohrs und des Corpus hat auf den Ton der Stimmbänder keinen solchen merklichen Einfluss, wie auf den der Kautschukzungen. Müller hat sowohl das Windrohr allmählich längert, als auch das Ansatzrohr (Corpus), nachdem ein solches nicht ohne Schwierigkeit auf die Stimmbänder aufgesetzt war. In beiden Fällen änderte sich bei der Verlängerung des Rohrs unter gleich schwachem Anblasen der Ton entweder gar nicht merklich, oder er ging nur um einen halben, sehr selten um einen ganzen Ton herunter. Bei künstlichen membranösen Zungen, sowohl von Kautschuk als von nasser Arterienhaut, war dies in der Regel sehr viel anders; doch zeigten auch diese zuweilen bei zu schwacher oder zu starker Spannung sehr wenig Aenderung des Tones bei veränderter Länge des Corpus oder Windrohrs. Der Grund dieser Verschiedenheit ist nicht klar. Müller vermuthet er liege darin, dass die Membran, welche den Seitenumfang der Stimmbänder mit den Wänden des Kehlkopfs verbindet, nicht mit gespannt wird, dagegen bei den continuirlichen Membranen des künstlichen Kehlkopfs alle Theile dieser Membranen auf die Schwingungen ein-

wirkten. Auch wenn der Luftröhre ein hölzernes Rohr substituirt wurde entstanden keine grösseren Veränderungen des Tones. Vielleicht haben indess die Membranen zwischen den Knorpeln des Kehlkopfs, insofern sie vom Wind ausgedehnt werden, doch einigen Antheil an jener Verschiedenheit vom künstlichen Kehlkopf, dessen Wände durchgängig fest sind. Bei gewissen Längen des Windrohrs schien zuweilen der Ton weniger gut anzusprechen, und Müller ist geneigt der Verkürzung und Verlängerung der Luftröhre durch das Auf- und Absteigen des Kehlkopfs, welches man am lebenden Menschen beim Gesange bemerkt, nicht sowohl einen Einfluss auf die Bestimmung der Tonhöhe, als vielmehr nur auf das bessere Ansprechen des Tones zuzuschreiben.

26) Die zum Theil membranöse Beschaffenheit der Luftröhre als Windrohr wirkt nicht merklich modificirend auf den Ton der Stimmbänder, und die Luftröhre verhält sich zum Ansprechen so wie ein hölzernes Windrohr von derselben Weite. Dies gilt auch von Kautschukzungen.

27) Das doppelte Ansatzrohr (Corpus) am menschlichen Stimmorgan, nämlich Mundrohr und Nasenrohr scheint in Hinsicht der Höhe des Tons nicht anders als ein einfaches Ansatzrohr zu wirken, verändert aber den Klang des Tones durch die Resonanz. So verhielt sich wenigstens eine Pfeife mit Kautschukzunge, welche mit einem gabelförmigen Ansatzrohr von gleicher Höhe, aber klangvoller war, als mit einfachem Corpus von gleicher Länge.

Müller hat weiter den Einfluss der elastischen Theile über den unteren Stimmbändern untersucht; doch bringen diese keine neuen Elemente der Tonbildung hinzu.

28) Die Deckung der obern Kehlkopfhöhle durch Herabdrükken des Kehldeckels vertieft den Ton etwas und macht ihn zugleich dumpfer. In der Schrift „Ueber die Compensation etc." ist gesagt, dass die Stimme durch das Herabdrücken des Kehldeckels im Timbre sehr, in der Höhe kaum merklich verändert wird.

29) Die Erhöhung des Tones durch stärkeres Blasen wird durch den Kehldeckel nicht verhindert.

30) Die Gaumenbogen verengern und das Zäpfchen verkürzt sich bei höheren Brusttönen wie bei den Falsettönen, und bei demselben hohen Ton ist der Isthmus faucium gleich eng, mag der Ton ein Brust- oder Falsetton sein. Auch kann man in beiden Fäl-

len die Gaumenbogen mit den Fingern berühren, ohne dass der Ton verändert wird.

31) Die Verengerung des Anfangs des Corpus oder der oberen Kehlkopfhöhle dicht vor den unteren Stimmbändern kann nach der Theorie der Zungenpfeifen den Ton etwas erhöhen. Doch lässt sich dies am Kehlkopf nicht durch Versuche beweisen.

32) Die Morgagni'schen Ventrikel haben offenbar blos den Zweck, die Stimmbänder von aussen frei zu machen, damit ihre Schwingungen ungehindert sind, wie dies bereits von Mehreren angegeben worden ist.

In der Schrift „Ueber die Compensation etc" ist weiter die Frage aufgeworfen, ob die oberen Stimmbänder, welche durch die elastische Bedeckung der Ventrikel mit den unteren Stimmbändern zusammenhängen, vielleicht in einem Verhältniss der Compensation zu diesem letzten stehen, so dass z. B. ungleiche Spannungen der oberen und unteren Bänder sich compensiren. Jedoch wurde an einen Kehlkopf mit den oberen Bändern und den Morgagni'schen Ventrikeln dasselbe Maximum der Höhe bei grösster Spannung erreicht, wie ohne diese Theile.

Wird der Kopf der Leiche so präparirt, dass auch noch die Fauces mit Nase und Mund erhalten bleiben, so werden abermals keine neuen Elemente der Tonbildung bemerklich, aber der Klang ward der menschlichen Stimme noch ähnlicher, und man kann selbst einige Consonanten wie M und W, und Vocale wie A und U erzeugen.

Fig. 31. zeigt eine von Müller ausgeführte Nachahmung des Kehlkopfs. Die Bänder d sind von Kautschuk oder Arterienhaut; sie liegen nicht wie bei mehreren der früheren Versuche in einer Ebne, sondern sind gegen einander gekehrt, wie Fig. 32. zeigt. a und b sind zwei Pincetten, welche sich um die Gelenke bei c und e drehen können. Die Uebereinstimmung mit dem natürlichen Kehlkopf ergiebt sich aus der Vergleichung mit Fig. 30.

D. Combinationstöne und Stösse.

I. Berechnung derselben.

Die Combinationstöne und Stösse, welche aus zwei gleichzeitig angegebnen Tönen resultiren, hat man fast allgemein durch das (wenn auch nur angenäherte) Zusammentreffen der beiderseitigen Schwingungsmaxima erklärt. Dieser Erklärung zufolge würde die Anzahl der Impulse von dem Verhältniss der Schwingungszahlen der erzeugenden Töne abhängen, und ihrem grössten gemeinsamen Maasse gleich sein. Nach den werthvollen Versuchen von Blein, Hällström und Scheibler hingegen scheint sie vielmehr von dem Unterschiede dieser Zahlen abzuhängen. (Siehe Repert. III. p. 1.) Zwar trifft die erste Differenz (Hällströms erster Combinationston) mit jenem gemeinsamen Maasse in vielen der ausgezeichnetsten Fälle überein, namentlich für die Combinationstöne der meisten Consonanzen und für die Stösse zweier dem Einklange nahen Töne, da diese sich stets sehr angenähert durch zwei um 1 differirende ganze Zahlen ausdrücken lassen. Allein die Beobachtungen geben viele andre Fälle, welche der älteren Theorie nicht gemäss sind, und machen es daher nothwendig, eine umfassendere Ansicht von diesem Gegenstande zu suchen.

Hällström's Erklärung beruht auf demselben Princip, wie die ältere, und rechtfertigt seine Gleichung $\frac{s}{x} = \frac{r}{x} - 1$ (S. Repert. III. p. 8.) nur für den Fall, dass $\frac{s}{x}$ und $\frac{r}{x}$ ganze Zahlen sind, wodurch sie ganz mit der früheren Theorie zusammenfällt. Scheibler und Röber erläutern ihre Ansicht von dem Ursprunge der Erscheinung nur an einem Beispiele, wo ebenfalls kein Unterschied gegen die ältere Erklärung hervortritt. Die sogenannten Combinationstöne und Stösse höherer Ordnung sind in diesen beiden Theorien nach einem Verfahren berechnet, das, welchen Werth es auch als empirische Regel haben mag, doch theoretisch keineswegs erklärt ist.

Poggendorff hat (Ann. der Phys. u. Chem. XXXII. 520.) auf diese Mängel der Theorie hingewiesen, und einen Weg bezeichnet, auf welchem nach Young's Interferenzprincip die Erscheinung zu behandeln sein würde. Wird nämlich ein Lufttheilchen von mehreren in gleicher Richtung fortschreitenden Wellenzügen afficirt, und bezeichnet man mit Y die Ablenkung desselben von seiner Gleichgewichtslage zur Zeit t, mit $\tau, \tau', \tau'' \ldots$ die Dauer einer ganzen Schwingung in den einzelnen Zügen, sowie mit a, a′, a″ ... die Maxima der Ablenkung, welche das Lufttheilchen in den einzelnen Wellenzügen erfahren würde, und zwar zum erstenmal in positivem Sinne, wenn t respective die Werthe c, c′, c″ ... erlangt, so hat man

$$Y = a \cos 2\pi \frac{t - c}{\tau} + a' \cos 2\pi \frac{t - c'}{\tau'} + a'' \cos 2\pi \frac{t - c''}{\tau'} + \ldots$$

Bestimmt man nun die Maxima von Y, so geben die Differenzen je zweier auf einander folgender positiver und negativer Maxima die Länge der Schwingungsbahnen. Es kommt nun darauf an, die grössten jener Maxima, oder die grössten dieser Differenzen aufzusuchen, denn diese sind es, welche nach Poggendorff's Ansicht in ihrer periodischen Wiederkehr die Stösse bedingen. Allein es scheint mir diese Ansicht nicht allgemein, und nicht einmal in dem berechneten Beispiele zu dem verlangten Resultate zu führen.

Da nämlich die allgemeine Lösung erhebliche Schwierigkeiten hat,*) so berechnet Poggendorff beispielsweise den Combinationston 3 für das Intervall 5:8 auf folgende Art. Indem $a = a' = 1000$, $c = c' = 0$ und die Dauer von 5 Schwingungen des einen und 8 Schwingungen des andern Tones $= 360$ gesetzt wird, ist

$$Y = 1000 (\cos 8t + \cos 5t).$$

Nimmt man nur ganze 360-Theile, so erhält man für Y folgende Maxima

t	Y	Differenz	t	Y	Differenz
0	+ 2000	3526	198	— 809	809
26	— 1526	1951	223	+ 1780	2589
49	+ 425	546	249	— 1944	3724
65	— 121	1311	274	+ 1190	3134
86	+ 1190	3134	295	— 121	1311
111	— 1944	3724	311	+ 425	546
137	+ 1780	2589	334	— 1526	1951
162	— 809	809	360	+ 2000	3526
180	0		386	— 1526	3526
			etc.	etc.	etc.

*) Diese vermindern sich, wenn man für die Amplituden gewisse Annahmen macht; namentlich, wenn man sie der Schwingungsdauer proportional annimmt (was vermuthlich einer gleichen Intensität der Töne entspricht), so erhält man für $\frac{dY}{dt}$ einen Ausdruck, aus welchem sich die Maxima und Minima ergeben.

Die grössten Maxima fallen auf t = 0, 111, 249 und 360, die grössten Differenzen zwischen 0 und 26, 111 und 137, 223 und 219, 334 und 360. Die grössten Maxima können es nicht sein, welche den Combinationston 3 geben, denn obgleich ihrer drei von 0 bis 360 eintreten, so erfolgt doch erstens dies Eintreten nicht isochronisch, sondern bei 111, 249, 360, also in Perioden von 111, 138, 111, und zweitens sind diese Maxima abwechselnd positiv und negativ, wodurch sich die Zahl der Impulse von 3 auf $\frac{3}{2}$ reduciren würde. Aber auch die grössten Differenzen, welche Poggendorff für die eigentliche Ursache der Impulse hält, geben nicht die verlangte Zahl; denn erstens, obgleich sie von 0 bis 360, oder vielmehr von 13 bis 347 isochronisch erfolgen, so ist doch ihre Periode nicht 120, sondern 111 (vollständig 111, 111, 111, 26, 111 etc.) und zweitens geht abwechselnd einmal das positive und einmal das negative Maximum voraus, so dass diesen grössten Differenzen abwechselnd Verdichtung und Verdünnung entspricht, wodurch sich ebenfalls die Zahl der Impulse auf die Hälfte reduciren würde. Man hätte hiernach statt des Combinationstones 3 eher $\frac{3}{2} \cdot \frac{120}{111}$ zu erwarten, was der Erfahrung keineswegs entspricht.

Gleichwohl dürfte ein ähnlicher Gesichtspunkt am geeignetsten sein, für die Erscheinung der Combinationstöne und Stösse eine allgemeine Theorie zu begründen. Auch scheint ein solcher der Rechnung zum Grunde zu liegen, von welcher G. S. Ohm (Poggend. Ann. XLVII. 463.) die Resultate mittheilt, ohne sich über die Principien derselben auszusprechen.

Ohm unterscheidet einen unbedingten Combinationston, der die nach der älteren Theorie berechnete Höhe hat, aber meistens zu schwach ist um gehört zu werden, und einen bedingten, geknüpft an die Bedingung, dass die Schwingungsformen der beiden ihn erzeugenden Töne ähnlich sind; seine Höhe ist die des ersten Hällström'schen. Sind md und nd die Schwingungszahlen der beiden erzeugenden Töne, und wird ihre Stärke = 1 gesetzt, so ist der unbedingte Combinationston d und seine Stärke erreicht nie den Werth $\frac{m+n}{mn}$; die Schwingungszahl des bedingten aber ist $(m-n)d$ und seine Stärke immer kleiner $\frac{m}{n} - \frac{n}{m}$. Der letztere kann nur entstehn, wenn $\frac{m+n}{2(m-n)} > 1$, daher muss das Verhältniss der beiden erzeugenden Töne zwischen 1 : 1 und 1 : 3 liegen, was mit Hällström's Beobachtungen übereinstimmt. Die von Letzterem wahrgenommenen sogenannten Combinationstöne höherer Ordnung erklärt Ohm aus der Combination der harmonischen oder Beitöne, welche die erzeugenden Töne begleiten. Als eine weitere Folge ergiebt sich noch, dass in Fällen, wo der bedingte Combinationston zu schwach wird um gehört zu werden, z. B. wenn die beiden angegebnen Töne nur um einen halben Ton auseinanderliegen, der genau mittlere Ton zwischen beiden gehört werden müsse, jedoch mit beständigen Unterbrechungen.

Was die Stösse betrifft, so findet Ohm, dass diese im Allgemeinen nur dann wahrnehmbar und regelmässig werden können, wenn das Verhältniss der beiden Schwingungszahlen $m:n$ in den kleinsten ganzen Zahlen ausgedrückt sich einem in viel kleineren Zahlen ausgedrückten Verhältniss $m':n'$ sehr nähert. Es enstehn dann $mn' - m'n$ Stösse, gebildet durch einen Ton, dessen Schwinzahl $\frac{m+n}{m'+n'}$ ist, welcher aber $(mn' - m'n)$ Mal in der Zeiteinheit seine Schwingungsform stark verändert und wiederherstellt. Die Stärke dieser Stösse ist $\frac{m'+n'}{m'n'}$. Innerhalb der Grenzen, wo regelmässige Stösse auftreten können, führt der Ausdruck $mn' - m'n$ auf dieselbe Zahl, wie Scheibler's Rechnung.

II. Ursprung der Stösse.

Einen eigenthümlichen Gesichtspunkt hat F. Savart diesem Gegenstande abgewonnen (l'Institut 1839 p. 462. 1840 p. 6). Nach ihm entstehn die Stösse nicht erst bei der Verbreitung des Schalles, sondern in den tönenden Körpern selbst. Lässt man zwei Orgelpfeifen ansprechen, so fühlt man bei jedem Stosse eine starke Erschütterung in der Hand, wenn man diese auf die Windlade oder auf die Pfeifen selbst legt. Dasselbe findet statt, wenn man einen Contrebass berührt, während zwei Saiten schwingen und Stösse erzeugen. Zugleich bemerkt man, dass die Amplituden der Saiten Maxima und Minima erleiden, und dass das Maximum der einen mit dem Minimum der andern zusammentrifft. Das Letztere beobachtet man noch leichter an zwei Zungenpfeifen mit gläsernem Windrohr, die zwei sehr tiefe und wenig verschiedene Töne geben. Die Zungen erleiden bei jedem Stosse sehr beträchtliche Veränderungen ihrer Amplitude, indem die der einen bis zu einem

Maximum zunehmen, während gleichzeitig die der andern bis zu einem Minimum abnehmen. Im Augenblicke des Stosses tritt das Maximum der einen zugleich mit dem Minimum der andern ein.

An die älteren Erfahrungen besonders von Ellicot über den gegenseitigen Einfluss zweier mit einander verbundenen Uhren anknüpfend (Phil. Trans. 1741 Ann. de Ch. et de Ph. III. 162.) hing Savart zwei Pendel an eine Tförmige Verbindung von zwei stählernen Stäben, von denen der vertikale in einen grossen Schraubstock eingespannt, und der horizontale an seinen Enden mit Schneiden für die Linsenpendel versehn ist.

Sind erstens die Pendel gleich, so dass sie einzeln dieselbe Schwingungszahl haben, und stösst man sie in entgegengesetzter Richtung zu gleicher Amplitude an, so bleiben die stählernen Stäbe unbeweglich, und die Schwingungen der beiden Pendel isochron, so dass sie stets entgegengesetzt schwingen. Werden sie aber in derselben Richtung zu einer gleichen Amplitude angestossen, so schwingen sie auch isochron, aber langsamer als vorhin, indem der vertikale Stab in demselben Sinne mitschwingt. Dieser Einfluss ist um so beträchtlicher, je länger und dünner der vertikale Stab, je länger die wagerechten Arme und je kürzer oder schwerer die Pendel sind. — Stösst man ferner eines dieser Pendel allein an, so setzt sich auch das zweite mit in Bewegung, aber während seine Schwingungen wachsen, nehmen die des ersten ab, und werden Null, wenn die des zweiten ihr Maximum erreichen; sodann nimmt das erste wieder Bewegung an, auf Kosten des zweiten, und so wiederholt sich dies mehr oder minder oft, ehe die Bewegung ganz aufhört. Dieser periodische Wechsel tritt nach um so weniger Schwingungen ein, jemehr durch die vorhingenannten Bedingungen die stählerne Stabverbindung an den Schwingungen Theil nimmt.

Sind zweitens die Pendel ungleich, so können sie dennoch isochronisch schwingen, wenn ihre Ungleichheit eine gewisse Grenze nicht übersteigt. Diese Grenze liegt um so weiter, je länger und schwerer die Pendel, je länger und dünner der vertikale Stab und je dünner die horizontalen Arme sind, so dass zwei Pendel, die nur um 1 auf 500 differiren, an einem festeren Systeme hängend nicht zusammengehen können, dahingegen sie an einem biegsameren Systeme noch isochron schwingen, wenn sie auch um 50 auf 500 differiren. — Werden diese ungleichen Pendel entgegengesetzt und zu gleichem Winkel angestossen, so erleidet ihre Amplitude abwechselnd ein Maximum und Minimum, wobei abermals die Maxima des einen mit den Minimis des andern zusammentreffen. Das Maximum des kürzern ist dabei grösser als die ursprüngliche Amplitude, und die Minima des längern sind hervortretender als die des kurzen, und zwar um so mehr, je grösser der Unterschied der beiden Pendellängen. Die schwingende Bewegung des vertikalen Stabes ist nur schwach im Anfange, und immer, wenn die beiden Amplituden ungefähr gleich sind, aber sie ist bedeutend bei den Minimis des längeren Pendels. Die Zahl der Schwingungen liegt zwischen denen der beiden Pendel, ohne die Mitte zu sein. — Werden hingegen die ungleichen Pendel in gleicher Richtung angestossen, so können sie, bis zu derselben Grenze isochronisch schwingen; die Amplitude erleidet eben solche abwechselnde Maxima und Minima; nur sind jetzt die Maxima des längern grösser als die ursprüngliche Amplitude und die Minima des kürzern werden um so kleiner, je grösser der Längenunterschied; die Zahl der Schwingungen aber ist kleiner, als die jedes einzelnen Pendels bei fester Aufhängung sein würde.

Ist endlich der Unterschied in der Länge der Pendel so gross, dass sie nicht mehr zusammengehn können, so zeigen sie doch noch immer die abwechselnden Maxima und Minima der Amplitude, in Perioden, welche sich um so schneller wiederholen, je kürzer, schwerer und ungleicher die Pendel, je länger und dünner der senkrechte Stab und je länger die wagerechten Arme sind. Hat man sie entgegengesetzt zu einem gleichen Winkel angestossen, so werden die Maxima des kürzeren grösser als seine ursprüngliche Amplitude, hat man sie in gleicher Richtung angestossen, so gilt dasselbe von dem längeren; zuletzt aber hört das eine Pendel ganz auf transversale Schwingungen zu machen und schwingt nur noch auf und nieder, und zwar gilt dies von dem längeren bei entgegengesetztem, von dem kürzeren bei gleichem Anstosse. Die Schwingungen des vertikalen Stabes sind viel stärker, wenn beide Pendel in gleichem Sinne, als wenn sie entgegengesetzt gehn, und Jenes tritt, wenn sie entgegengesetzt angestossen waren, kurz vor und nach den Minimis des längeren, wenn sie gleich angestossen waren, kurz vor und nach denen des kürzeren ein. Beide Pendel schwingen etwas langsamer, als einzeln bei fester Aufhängung.

Stösst man nur eines von den ungleichen Pendeln an, so

setzt sich das andre mit in Bewegung, und das Verhalten ist, wenn das kürzere angestossen wird, ähnlich dem bei entgegengesetztem Anstoss, wenn das längere angestossen wird, ähnlich dem bei gleichem Anstoss.

Die einzelnen Resultate an isochronisch gehenden gleichen, sowie etwas ungleichen Pendeln, und an solchen, deren Schwingungszahlen sich wie 4 : 5, 3 : 4, 2 : 3 und 1 : 2 verhielten, findet man in einer Tabelle (l'Institut 1840. p. 7.) zusammengestellt.

Setzt man an die Stelle der beiden Pendel zwei Stäbe, welche an den Armen der Tförmigen Stabverbindung befestigt, und so lang und dünn sind, dass ihre Schwingungen gesehn werden können, ohne hörbar zu sein, so findet man, je nachdem diese Stäbe gleich oder ungleich sind und in gleicher oder entgegengesetzter Richtung angestossen werden, ganz dieselben gegenseitigen Einflüsse, wie bei den Pendeln.

Alle diese Erscheinungen lassen sich nun auch mit Körpern hervorbringen, welche sich in tönender Schwingung befinden. Zieht man auf ein Monochord oder noch besser auf einen Contrebass zwei Saiten von gleicher Dicke, möglichst genau in den Einklang gestimmt, und setzt sie durch ganz gleichzeitiges Anschlagen oder durch Streichen mit dem Bogen in gleichgerichtete oder entgegengesetzte Schwingung, so werden sie Schwingungen von gleicher Amplitude machen und keine Stösse hören lassen. Setzt man aber eine dieser Saiten allein in Bewegung, so werden sich ihre Schwingungen vermindern, bis sie Null werden, während zugleich die der andern bis zu einem Maximum wachsen; indem sich dies periodisch wiederholt, wird man jedesmal einen Stoss hören, wenn eine der beiden Saiten stille steht, während die andere ihr Maximum erreicht. So können Stösse entstehen an zwei Körpern, die genau im Einklange stehn, und man darf annehmen, dass die Zahl dieser Stösse von der Art der Verbindung der beiden Körper und ihrer Schwingungszahl abhängt. Der Analogie nach zu schliessen, werden die Schwingungen, wenn sie in gleicher Richtung erfolgen, etwas langsamer sein, als wenn sie entgegengesetzt sind. Auch darf man schliessen, dass zwei Körper, die nicht genau im Einklange stehen, wenn man sie einzeln in Bewegung setzt, bei vereinigtem Schwingen in den Einklang treten können. — Sind die Töne zweier Saiten nur wenig verschieden, und streicht man sie zugleich mit einem Bogen, so können sie im Einklang tönen, ohne Stösse und folglich ohne periodische Aenderung der Amplituden; aber über eine gewisse Grenze hinaus wird man Stösse bemerken, anfangs langsam und schwach, schneller, wenn der Unterschied der Höhe grösser ist; die Perioden der Amplitude werden an der höheren Seite deutlicher sein als an der tieferen. Setzt man die tiefere allein in Schwingung, so werden ihre Minima und Maxima wenig bemerkbar sein, aber die Minima der höheren sehr klein sein; umgekehrt wenn man die höhere allein anstösst, wo die Maxina der tieferen nur klein und ihre Minima Null werden; jedesmal wenn eine der Saiten ihr Maximum und die andre ihr Minimum erreicht, hört man einen Stoss von solcher Stärke, dass alle Theile des Contrebasses und selbst die ihn berührenden Gegenstände erschüttert werden. Diese Erscheinungen zeigen sich, bis die beiden Saiten um ungefähr eine grosse Terz differiren; weiterhin kommt die nicht in Schwingung gesetzte Saite fast nicht mehr in Bewegung. — Spannt man den Steg des Contrebasses in einen Schraubstock, so werden die Stösse viel langsamer, als ohne Schraubstock, sowohl wenn die Saiten im Einklang stehn und eine von ihnen angeschlagen wird, als wenn sie nicht im Einklange stehen.

Auch die Entstehung mehrerer Systeme von Stössen, und mehrerer Combinationstöne kann an den Pendeln erläutert werden, wenn ihre Schwingungszahlen einem einfachen Verhältnisse nur nahe kommen.

Die vorstehenden Beobachtungen von Savart decken für die Untersuchung der Stösse und Combinationstöne eine Seite auf, welche ohne Frage sehr zu beachten ist, wenn auch nicht, wie Savart anzunehmen scheint, darin der einzige Gesichtspunkt liegt, welcher hier in Betracht zu ziehen ist. Ohne Frage können z. B. zwei Stimmgabeln Stösse geben, welche nur durch die Combination der von ihnen ausgehenden Wellen im Gehör hervorgerufen werden, ohne dass sie auf ihre Schwingungen selbst einen gegenseitigen Einfluss wirklich ausübten, zumal wenn sie nur durch die Luft aufeinander wirken können. Es ist nicht wahrscheinlich, dass die aus Scheibler's Arbeiten gewonnenen Resultate durch den von Savart zur Sprache gebrachten Gesichtspunkt eine Beeinträchtigung erleiden sollten. Ob dies aber auch überall mit Hällström's Untersuchungen, namentlich mit denen, die an der Violine angestellt sind, der Fall sein mag, kann eher zweifelhaft erscheinen. Jedenfalls sieht man, dass dieser Gegenstand nicht nur von Seiten der Theorie noch manches Dunkle enthält, sondern auch von Seiten der Erfahrung keineswegs als abgeschlossen anzusehn ist.

III. Ueber Unreintönen von Saiten und über Stösse einer Saite und eines Stabes.

In der Theorie der schwingenden Saiten werden diese als vollkommen biegsame Fäden angesehn. In der Wirklichkeit aber sind sie immer mehr oder weniger steif; daher werden an ihnen die Resultate der Theorie nur angenähert, und in so weit gültig sein, als diese ihre Elasticität, mit der sehr viel grösseren Spannung verglichen, vernachlassigt werden darf. W. Weber (Pogg. Ann. XXVIII. 8.) erinnert an diesen Umstaud und erklärt daraus die den Instrumentenmachern und Musikern sehr wohl bekannte Thatsache, dass der Ton einer einzelnen Saite zuweilen unrein ist und Schwebungen hören lässt. Er findet nämlich, dass eine und dieselbe Saite, abgesehen von allen Flageolettönen, nicht blos einen Grundton giebt, sondern zwei — und vielleicht noch mehrere, die aber nicht beobachtet werden können — und dass diese beiden Töne zuweilen nicht nur nach einander, sondern auch gleichzeitig hervorgebracht werden können, und dann jene Unreinheit erzeugen. Aus einigen von Weber mitgetheilten Beobachtungsreihen sieht man, dass eine Saite mit Abnahme oder Zunahme ihrer Länge mehrere Reihen von Tönen hervorbringen kann, die zwar sehr nahe liegen, jedoch nicht durch Zwischentöne in einander fliessen, sondern bei jeder Länge der Saite durch ein constantes Tonintervall von einander geschieden sind. Nicht immer können die Töne aller dieser Reihen hervorgebracht werden, sondern je nach der Verschiedenheit der Länge der Saite spricht bald der der einen, bald der der andern Reihe angehörende Ton leichter an und nur bei einigen Uebergangspunkten werden zwei gehört. Bei starken und kurzen Saiten sind die Unterschiede der Tonreihen grösser. Stets scheinen — wie auch zu erwarten war — die beobachteten Töne höher zu sein, als sie bei vollkommener Biegsamkeit sein würden.

Weber scheint hierbei die Saiten als cylindrische und gerade gespannte Stäbe anzusehn, und in der That lässt sich wohl die Möglichkeit, dass aus den beiden hier wirkenden Kräften, der Steifheit und der Spannung, zwei oder auch mehrere verschiedene Schwingungszustände resultiren können, selbst für diese Art von Stäben nicht bestreiten, so lange man keine ausgeführte Theorie dieser Art von Schwingungen besitzt. Doch will ich nicht unterlassen, einen Umstand zu berühren, der sehr leicht eintritt und dann eine ähnliche Wirkung hervorbringen muss.

Wenn nämlich die Seite entweder nicht genau cylindrisch ist, sondern nach verschiedenen ihrer Querdimensionen von ungleicher Dicke, oder wenn sie als ein gespannter krummer Stab zu betrachten ist, so muss der Grundton verschieden ausfallen, je nachdem sie nach der einen oder andern ihrer Querrichtungen schwingt. Besonders das letztere tritt sehr leicht ein, indem die Saite, wenn man sie anhängt und ohne besondere Sorgfalt von der Rolle abzieht, leicht die Gestalt einer sehr gedehnten Spirale annimmt. Macht man dies mit recht starken Saiten und streicht sie mit dem Bogen, so bemerkt man bei sämmtlichen Tönen der Saite sehr deutliche Unterschiede, je nachdem man den Bogen in der einen oder andern Transversalrichtung führt. Man kann die Saite auch so abwickeln, dass sie einen sehr flachen Bogen bildet; auch in diesem Falle muss eine ähnliche Verschiedenheit eintreten und dann aus der schwankenden Höhe des Tones Unreinheit, sowie aus der Coexistenz zweier wenig verschiedenen Töne Schwebungen entspringen. Hiermit stimmt auch die Erfahrung der Instrumentenmacher überein, dass die Saiten beim Abwickeln von den Rollen möglichst gerade ausgestrichen werden müssen, und dass die unreintönenden Saiten verbessert werden, wenn man sie abnimmt und ausstreicht.*)

Die Möglichkeit der gleichzeitigen Schwingungen nach zwei verschiedenen Transversalrichtungen, woraus dann Stösse entstehn, so wie die Beschaffenheit der dann von den schwingenden Theilen beschriebenen Bahnen wird man sich leicht deutlich machen, wenn man sich an einen ähnlichen Fall bei Stäben erinnert.

W. Weber bemerkt in Schweigg. Jahrb. XVIII. 395, dass ein gerader, quadratisch prismatischer Stab keine Schwebungen hören lässt, wenn man gegen eine seiner Flächen stösst, dass diese aber

*) Etwas Anderes ist es mit dem Bullern gewisser Töne auf den Streichinstrumenten, welches von einem ungünstigen Zusammentreffen der Schwingungen der Saite mit denen des Resonanzkastens herzurühren scheint.

erscheinen, wenn man gegen eine Kante stösst. Dies erklärt sich leicht daraus, dass ein solcher Stab wegen kleiner Unterschiede der Dicke oder auch der Elasticität nicht genau einerlei Ton giebt, wenn er nach der einen oder nach der andern Querdimension schwingt, und dass diese beiden Töne gleichzeitig entstehn, wenn man die Kante anstösst. Man hat etwas ganz Aehnliches, wenn bei den von Savart beobachteten Sandanhäufungen longitudinalschwingender Stäbe eine Seitenfläche eines quadratischen Stabes einen Knoten mehr zeigt, als die anstossende Seite. (S. p. 64., Taf. I. Fig. 20.) Dass bei runden Stäben das Gleiche eintreten kann, sieht man aus den Sandanhäufungen in cylindrischen Röhren. Ueberlegt man aber, welche Bahnen die schwingenden Theile dabei beschreiben müssen, so überzeugt man sich leicht, dass aus den Schwingungen nach zwei gegen einander rechtwinkligen oder sonst geneigten Richtungen eine im Allgemeinen elliptische Bahn resultiren muss. Die Lage und die Länge der beiden Axen dieser Ellipse hängt von den Richtungen dieser beiderlei Schwingungen von ihren Amplituden und ihrem Gangunterschiede ab. Sind sie nun, wie wir sahen, nicht genau isochronisch, so ist dieser Gangunterschied veränderlich, und daher müssen sich auch die beiden Axen der Ellipsen veränderlich zeigen. Diese Erscheinung ist es, welche man so deutlich am Kaleidophon betrachten kann. Auch an Saiten sieht man bekanntlich oft dergleichen veränderliche elliptische Drehungen und diese weisen dann darauf hin, dass den verschiednen Transversalrichtungen verschiedene Schwingungszahlen entsprechen.

E. Fortpflanzung des Schalls im Wasser.

(Colladon Comptes rendus T. XIII. p. 439. Poggend. Ann. LIV. 130.)

Colladon, dessen frühere Beobachtungen über die Fortpflanzung des Schalls im Wasser bekannt sind, hat neuerdings abermals Versuche im Genfersee angestellt, woraus folgende Ergebnisse hervorzuheben sind.

Hört man den Schlag eines Hammers auf einen zum Theil in Wasser getauchten Körpers aus der Nähe mittelst eines hydroakustischen Apparates, wie ihn Colladon bei seinen früheren Versuchen (Ann. de Chim. et de Phys. XXXVI. Fig. 9. Poggend. Ann. XII. Taf. II. b. Fig. 9.) gebraucht hat, so unterscheidet man zwei Laute, von denen der erste, durch das Wasser anlangend kürzer ist, und weniger intensiv scheint, als der durch die Luft gehörte. In grösserem Abstande aber ist der erstre intensiver als der letztere, und bei sehr grossen Entfernungen bleibt jener noch hörbar, wenn der in der Luft fortgepflanzte Schall selbst bei nächtlicher Stille und ruhiger Luft schon aufgelöst hat, vernehmbar zu sein. Dieses Resultat, welches einer Angabe von Bonnycastle (l'Institut 1840. p. 25.) widerspricht, findet man auch bestätigt, wenn man eine Glocke abwechselnd über und unter Wasser mit gleicher Kraft anschlägt. Einen Antheil hieran hat es, dass die Töne in der Luft mit dem blossen Ohre gehört werden, die im Wasser aber durch den genannten Apparat verstärkt werden, ein Apparat, dessen verstärkende Kraft, wie Colladon fand, noch weit über das früher erreichte Maass gesteigert werden kann. — Hohe Töne sind unter Wasser leichter auf grosse Entfernungen zu hören.

Obgleich ein Körper, z. B. eine Glocke unter Wasser anhaltend, selbst mehrere Secunden forttönt, so sind doch die im Wasser fortgepflanzten und mit jenem Apparate wahrgenommenen Töne viel kürzer, als die in der Luft durchgelassenen. Einigen Einfluss hat aber hierauf der hydro-akustische Apparat, denn mit dem neuen, vollkommneren Apparate hörte Colladon das Nachklingen der Glocke noch auf grosse Entfernungen, wo sie mit dem früheren Instrument nicht zu hören war. Aber ungeachtet jener Kürze des Tons unterscheidet man doch mit Leichtigkeit nicht nur die Höhe, sondern auch den Klang des tönenden Körpers, so dass man oft dessen Natur und selbst einigermaassen seine Dimensionen erkennen kann. Das Geräusch einer unter Wasser rasselnden Kette ist so gut zu unterscheiden, dass man das Lichten eines Ankers auf 4—5000 Meter erkennen kann.*) — Ein Wasserfall und die Schaufeln eines Dampfschiffs von 100 und mehr Pferdekraft erzeugen unter Wasser nur ein schwaches Summen. Das Geräusch der letzteren gleicht bei 50 Meter Abstand dem Summen einer Biene und wird bei 1000 Meter nicht mehr deutlich gehört.

*) Nach Erfahrungen, die jeder Schwimmer zu machen oft Gelegenheit hat, ist der Klang eines in der Luft und im Wasser hörbaren Schalles doch oft sehr verschieden; z. B. klingt das Rauschen, wenn ein Andrer ins Wasser springt, dem unter Wasser befindlichen Ohre nur wie ein mässiges Zischen, und das Klopfen eines Hammers gegen einen im Wasser stehenden Pfahl viel spitzer und weniger dumpf als in der Luft.

Einer von den früheren Versuchen Colladon's schien zu zeigen, dass im Wasser die seitliche Ausbreitung oder Beugung des Schalles geringer sei, als in der Luft, indem eine Mauer, welche die gerade Linie zwischen dem Beobachter und der Glocke durchschneidet, den Schall im Wasser mehr schwächt, als in der Luft. Das Resultat, welches mit einer Folgerung der Theorie, wonach die Beugung bei grösserer Fortpflanzungsgeschwindigkeit geringer sein muss, übereinstimmt, wird indess durch eine neuere Beobachtung von Colladon nicht ganz bestätigt, indem ein Vorgebirge zwischen dem Beobachter und der Glocke keine ähnliche Wirkung hervorzubringen schien.

Da Colladon den Schall einer grossen Glocke auf 35000 Meter selbst mit dem kleineren Apparate hörte, so schliesst er, dass man mit kräftigen Apparaten auf Entfernungen von einigen hunderttausend Metern unter Wasser werde correspondiren können, zumal wo das Wasser dem Schall weniger Ausbreitung gestattet und ihn vielleicht durch Zurückwerfungen noch verstärkt.

Colladon suchte Echo's durch den vom Boden des Sees zurückgeworfenen Schall zu hören, konnte jedoch keine bemerken. Einige tausend Meter von der Glocke aber wurden wohl zwei starke Echo's gehört. Meistens hört man Echo's nur durch die vom Ufer zurückgeworfenen Schallwellen.

G. Gehörorgan.

(J. Müller Handb. der Physiol. des Menschen II. 418.)

Die im 3ten Bande des Repert. p. 95. erwähnten Versuche Müller's über die Leitung des Schalls im Wasser gestatten eine Anwendung auf das Gehörorgan.

Müller beobachtet mit verstopften Ohren, indem er den Schall aus dem Wasserbecken zum Ohre durch einen festen Conductor leitet, d. h. durch einen Holzstab oder eine Glasröhre, welche mit dem einen Ende in das Wasser getaucht, mit dem andern gegen den Stopfen im Ohre gehalten wird.

Mässig gespannte Membranen, welche bekanntlich sehr leicht Schwingungen aus der Luft annehmen und wieder an die Luft abgeben, befördern auch sehr den Uebergang des Schalles aus Luft in Wasser. Wurde eine einfussige Pfeife mit dem offnen Ende in Wasser getaucht und dann angeblasen, so wurde der Ton mittelst des

Conductors nur schwach gehört. War hingegen das Ende mit Schweinsblase zugebunden und so in Wasser getaucht, so wurde der Ton mit dem Conductor sehr stark gehört, besonders wenn dieser sich auf der verlängerten Richtung der Pfeife befand. (Hier bildet die Membran einen Theil der Pfeife und nimmt Theil an den stehenden Schwingungen; jedoch darf man wohl voraussetzen, dass auch die fortschreitenden Wellen eines in freier Luft tönenden Körpers an das Wasser durch eine über dasselbe gespannte Membran besser übergehn, als ohne diese Vermittlung.)

Der vorhergehende Versuch erläutert die Wirkung der beiden Fenster des Labyrinths, besonders des runden Fensters. Die des ovalen, sowie der Gehörknöchelchen und des Trommelfells ergiebt sich noch mehr aus den nachfolgenden Versuchen.

Auf die über die Pfeife lose ausgespannte Membran wurde ein Kork aufgeleimt, der dieselbe bis auf eine Linie vom Rande bedeckte. Wurde nun die Pfeife ins Wasser getaucht, so theilte sich der Ton in der Richtung der Pfeife dem Wasser stark mit. War dagegen die Pfeife mit einem Stopfen verschlossen und mit diesem Ende ins Wasser getaucht, so theilte sie dem letzteren ihre Schwingungen nur schwach mit.

Wurde auf das Ende der Pfeife a (Taf. I. Fig. 33.) eine Membran bb gespannt, auf deren Mitte ein kleines Korkstück c geleimt, an dieses in der verlängerten Richtung der Pfeife ein dünnes Holzstäbchen cd und senkrecht gegen dasselbe die Korkscheibe d gesetzt, so wurde der Ton der Pfeife dem Wasser in der gegen die Korkscheibe senkrechten Richtung sehr stark mitgetheilt, wenn auch nur das Ende des Stäbchen mit der Korkscheibe eingetaucht war.

Dasselbe war auch der Fall, wenn an die vorige Pfeife ein Rohr bbee (Fig. 34.) angeschoben wurde, mit einer zweiten Membran ee, auf welche die Korkscheibe d aufgeleimt war. Wurde die zweite Membran in das Wasser getaucht, so theilte sich diesem der Ton ebenso mit, wie im vorigen Falle.

Dieser Apparat ahmt die Wirkung nach, vermöge welcher die Gehörknöchelchen die Schwingung vom Trommelfell an das ovale Fenster übertragen. In dem folgenden Apparat ist der Bau der Trommelhöhle noch weiter nachgeahmt, indem die Stellvertreter des runden und des ovalen Fensters zugleich vorhanden sind. In ein Glasgefäss ffgg (Fig. 35.) ist oben die Pfeife a, unten die Korkplatte gg eingesetzt; in zwei Durchbohrungen dieser Platte sind die kurzen mit Membran überspannten Röhren d und e eingefügt, von denen die eine e das runde Fenster vorstellt, die andre, mit der Korkscheibe d und dem Stabe cd das ovale Fenster vertritt, indem der Stab anstatt der Gehörknöchelchen und die Membran bb anstatt des Trommelfells dient. Taucht man e und d in das Wasser, so kann man sich mit dem Conductor überzeugen, dass der Schall durch den Stab und das Fenster d viel stärker, als durch die Luft des Gefässes und das Fenster e in das Wasser übergeht. Dies bestätigt die Ansicht, dass auch in der natürlichen Trommelhöhle die Schallleitung vom Trommelfell aus weit mehr durch die Gehörknöchelchen zum ovalen, als durch die Luft der Trommelhöhle zum runden Fenster erfolgt. Die Hauptbestimmung des Trommelfells scheint demnach die zu sein, die Schwingungen der Luft, die sich ihm so leicht mittheilen, mittelst der Gehörknöchelchen an das Labyrinthwasser zu übertragen.

Die Ansicht Savart's, dass durch grössere Spannung des Trommelfells die Wirkung des Schalls auf das Gehör geschwächt werde, bestätigt Müller durch einen kleinen Apparat (Fig. 36.), bestehend in einer Röhre, deren eines, verengtes Ende ins Ohr gesteckt wird, während das andre mit einer Membran versehn ist, und mit einem hebelartig drückenden Stäbchen mehr oder weniger gespannt werden kann, in ähnlicher Weise wie bei Savart's Versuchen (Ann. de Chim. et de Phys. XXVI.) Wird dieser Apparat in das eine Ohr gesteckt, und das andre verstopft, so hört man jedes Geräusch viel stärker bei schlaffer Membran, als bei gespannter. Zugleich aber findet Müller in Uebereinstimmung mit den Beobachtungen Wollaston's (Phil. Trans. 1820.), und mit dem, was nach der Natur der Resonanz von Membranen erwartet werden muss, dass die verschiedene Spannung des (natürlichen) Trommelfells ungleich wirkt auf Schall von verschiedner Höhe. Wird das Trommelfell durch Verdichten oder Verdünnen der Luft der Trommelhöhle stärker gespannt, so wird das Organ taub für tiefere Töne und Laute, bleibt aber für höhere sehr empfindlich.

II. Tabelle der Schallgeschwindigkeiten.

Da die Geschwindigkeit, mit welcher sich der Schall in den Körpern fortpflanzt, in den meisten akustischen Rechnungen vorkommt, und durch einen Druckfehler in Lagerhielm's Zahlen veranlasst (S. Poggend. Ann. XIII. 411. 632.), mehrere unrichtig berechnete Werthe dieser Geschwindigkeit in Umlauf gekommen sind, so wird die nachstehende Tabelle hier nicht am unrechten Orte sein. Die Geschwindigkeit des Schalles in der Luft, zu 332 Meter oder 1022 Par. Fuss genommen, ist dabei als Einheit zum Grunde gelegt. Die Werthe für Gase sind aus Dulong's bekannten Untersuchungen (Ann. de Chim. et de Phys. XLI.) genommen; die für tropfbare Flüssigkeiten sind aus Colladon und Sturm's Bestimmungen der Zusammendrückbarkeit dieser Körper (ebend. XXXVI.) berechnet. Für die festen Körper habe ich die Zahlen nach Chladni, Savart, Lagerhielm und Tredgold zusammengestellt. Chladni's Zahlen, aus Longitudinaltönen berechnet (Akust. §. 95. §. 226.), scheinen sämmtlich zu hoch zu sein; wahrscheinlich war die Stimmung nach welcher er sie beobachtete tiefer, als er sie berechnete. Von Savart's Zahlen sind einige (Ann. de Chim. et de Phys. XXXVI. p. 90.) nach übereinstimmenden Ergebnissen aus Longitudinal- und Transversalschwingungen an Stäben bestimmt; einige andre (Ann. de Chim. et de Phys. LXV. p. 394. 397.) sind wahrscheinlich aus Longitudinalschwingungen abgeleitet. Die Zahlen nach Lagerhielm sind zum Theil aus Schwingungen, zum Theil aus der anderweitig gemessenen Elasticität berechnet. Tredgold (Practical Essay on the Strength of cast Iron Lond. 1824.) hat die Elasticität durch Biegen gemessen; ich habe seine Angaben der Modulhöhe den in der Tabelle enthaltenen Zahlen zum Grunde gelegt. Verschiedne andre dergleichen Untersuchungen geben ähnliche Resultate.

Fortpflanzungs-Geschwindigkeit des Schalls in gasförmigen Körpern nach Dulong.

Kohlensäure	0,786
Stickoxyd	0,787
Oelbildendes Gas	0,943
Sauerstoff	0,952
Luft	1,000
Kohlenoxyd	1,013
Wasserstoff	3,812

Geschwindigkeit des Schalles in tropfbarflüssigen Körpern nach Colladon und Sturm berechnet.

Alcohol	3,5
Quecksilber	3,7
Schwefelsäure	3,95
Wasser, luftfrei	4,22
Wasser, lufthaltig	4,30
Salpetersäure, spec. Gew. 1,403	4,50
Essigsäure	4,5

Die Zahl für Quecksilber ist von geringer Zuverlässigkeit, und müsste nach den von Cagniard-Latour beobachteten Tönen zu schliessen (Repert. III. 97.), viel kleiner sein.

Geschwindigkeit des Schalles in festen Körpern.

	Chladni	Savart	Lagerhielm	Tredgold
Blei [1])			4,2	2,0
Fischbein	6,7 ±			6,3
Zinn	7,5 ±			6,3
Portland-Kalkstein				6,7
Marmor				7,6
Silber [2])	9		8,6	
Glockengut				8,7
Nussbaumholz	10,5			
Taxusholz	10,5			
Messing [3])	11 +	10,6		8,2
Zink				11,0
Eichenholz	11 +			11,3
Pflaumenbaumholz	11 +			
Gebrannter Thon	10—12			
Kupfer [4])	12 —	11,5	11,6	
Gusseisen				12,5
Birnbaumholz	13			
Rothbüchen	13			
Ahorn	13			
Mahagoni	14			13,3
Ebenholz	14			
Erlen	14			
Rüstern	14			

	Chladni	Savart	Lagerhielm	Tredgold
Birken	14			
Weissbüchen	14			
Büchen		13,9		
Linden	15			
Kirschbaum	15			
Weiden	16			
Rothtanne				15,0
Kiefern	16			15,4
Eisen	17	15,1	15,4	14,3
Stahl	17	15,1		15,2
Glas [5])	17	15,5		
Weisstanne				15,6
Tannenholz	17 +	16,5		
Schiefer von Wales				18,9

Bemerkungen. [1]) Entweder Tredgold's oder Lagerhielm's Beobachtung für Blei muss fehlerhaft sein; wahrscheinlich hat entweder Jener die Grenze der vollkommnen Elasticität überschritten, oder Dieser sich um eine Octave geirrt.

[2]) Chladni's Silber war 15löthig.

[3]) Die Verschiedenheit der Zahlen beim Messing rührt wahrscheinlich daher, dass Chladni und Savart gezogenes, Tredgold gegossenes Messing hatte.

[4]) Für Kupfer giebt Savart Ann. de Chim. et de Phys. LXV. die Zahlen 11,1 bis 12,2.

[5]) Für Glas ebend. 11,9 bis 16,6.

Zweiter Abschnitt.

Die Lehre von der Elektricität,

(Zweiter Bericht)

bearbeitet von

P e t e r   R i e s s.

Der erste Bericht befindet sich im zweiten Bande d. Repertorium.

Der Asterisk * bei den Citaten zeigt die benutzte Quelle an.

Zweiter Abschnitt.

Die Lehre von der Elektricität.

Erklärungen.

Vertheilung und Induktion. Im ersten Berichte ist die in einem neutralen Körper durch Nähe eines elektrisirten Körpers hervorgerufene Elektricität, durch Vertheilung erregte oder inducirte Elektricität genannt worden. Es scheint indessen gerathen, in der Folge diese Erregung von ruhender Elektricität mit Vertheilung oder Influenz (franz. und engl. influence) zu bezeichnen, und das Wort Induktion (franz. und engl. induction) für die Erregung von momentanen Elektricitätsbewegungen durch die Nähe eines elektrischen Stromes zu gebrauchen. Wie in diesem Sinne bereits Volta-elektrische und Magneto-elektrische Induktion gebräuchlich sind, so wird hier von Electro-Induktion die Rede sein.

Elektrischer Strom. Wenn ein Körper elektrisirt wird, so werden einzelne Punkte desselben in der Zeit nach einander elektrisch. Geschieht diese successive Erregung nach Einer bestimmten Richtung hin, so wird sie mit dem Namen des elektrischen Stromes bezeichnet; wo von einem solchen die Rede ist, muss sogleich nach der Richtung desselben gefragt werden. Ein einfaches Beispiel des elektrischen Stromes giebt die Entladung der elektrischen Batterie, wo die Richtung des positiven Stromes (auch Strom ohne Beisatz), von der mit positiver Elektricität geladenen Belegung aus durch den Schliessungsdraht geht. Der elektrische Strom wird in seinen Wirkungen gemessen; es ist durchaus nothwendig, die Wirkung zu bestimmen, an welche das

Maass angelegt wird. Es soll hier überall die Erwärmung das Maass des Stromes abgeben. Wenn von zwei Strömen einer der stärkere genannt wird, so ist zu verstehen, dass derselbe, durch einen Draht von zu vernachlässigenden Dimensionen geleitet, diesen stärker erwärmen würde als der zweite.

Entladungszeit. Der elektrische Zustand ist vorübergehend, so dass also ein elektrischer Körper nach längerer oder kürzerer Zeit wieder unelektrisch erscheint. Ein Mittel den elektrischen Körper in den unelektrischen Zustand zurückzuführen, besteht darin, dass man ihn durch einen nicht elektrisirten Stoff entweder mit der Erde in Verbindung setzt, oder mit einem Körper, der eine der seinigen entgegengesetzte Elektricitätsart besitzt. Man sagt alsdann, dass der verbindende Stoff den elektrischen Körper entlade, und die Zeit, welche zwischen dem Augenblicke der Verbindung und dem vergeht, in welchem der Körper seine Elektricität verloren hat, heisst die Dauer der Entladung, die Entladungszeit.

Leitungsvermögen. Wenn ein elektrisirter Körper durch einen Stab von bestimmten Dimensionen entladen wird, wobei der Stab, von dem Einflusse des elektrischen Körpers entfernt gedacht, stets unelektrisch sein muss, so ist die Entladungszeit im Allgemeinen verschieden je nach dem Stoffe aus dem der Stab besteht. Man deutet auf diese Versuche, indem man den verschiedenen Stoffen eine verschiedene Fähigkeit zuschreibt, die Elektricität fortzuleiten, und sagt, dass ein Stoff ein grösseres oder geringeres elektrisches Leitungsvermögen besitzt, als ein anderer, wenn bei Anlegung desselben an einen elektrisirten Körper die Entladungszeit kleiner oder grösser ist. Die umgekehrten Werthe der Entladungszeiten, insofern diese nur von dem Stoffe des entladenden Körpers abhängen, werden daher ein Maass für das Leitungsvermögen der verschiedenen Stoffe abgeben. Die Stoffe, bei deren Anwendung die Entladungszeit unmerklich ist, heissen Leiter; die, bei welchen diese Zeit klein aber wahrnehmbar ist, Halbleiter, und endlich die Stoffe, welche nur bei längerer Anwendung eine Abnahme der Elektricität herbeiführen, Isolatoren der Elektricität. Man sieht, dass diese drei Gruppen nicht streng geschieden sein können und dass zwischen ihnen kein specifischer Unterschied statt findet. Die Entladungszeiten mit einiger Genauigkeit zu bestimmen und so die Körper nach ihrem Leitungsvermögen zu ordnen, ist nur bei den Halbleitern und Isolatoren möglich; bei den Leitern, deren Leitungsvermögen eben von dem grössten Interesse ist, hat eine solche direkte Bestimmung nicht gemacht werden können. Man hat sich daher bei den Leitern indirekter Bestimmungen bedient, bei welchen es rathsam erschien, statt der umgekehrten Werthe der Entladungszeiten die direkten Werthe zu gebrauchen und diese an eine bestimmte Vorstellung einer Eigenschaft der Materie zu knüpfen, die ich elektrische Verzögerungskraft genannt habe.

Elektrische Verzögerungskraft. Wenn eine elektrische Batterie durch einen Draht entladen wird, so bemerkt man an demselben eine bestimmte Erwärmung, die mit dem Stoffe des Drahtes variirt und muthmasslich von der Zeit abhängt, in welcher die Entladung geschieht. Es hat sich bei dieser Annahme gezeigt, dass nicht die ganze Entladungszeit von dem Stoffe des entladenden Leiters abhängt. Denkt man sich nämlich den Leiter von ganz vollkommenem Leitungsvermögen, so würde dennoch die Entladung eine endliche Dauer haben, während welcher die Elektricität durch die Endflächen des Leiters geht. Bei den wirklichen Stoffen wird diese Dauer noch vergrössert, die Entladung verzögert, durch eine Eigenschaft der Materie, die deshalb die Verzögerungskraft heisst. Diese Kraft wird durch die Verzögerung der Entladung gemessen, das heisst durch den Zuwachs der Entladungszeit, den der Stoff bei Dimensionen, die zur Einheit genommen werden, verursacht. Da das Leitungsvermögen nach der obigen Erklärung diesem Zuwachse der Entladungszeit umgekehrt proportional angenommen werden muss, so kann von der durch die Beobachtung der Erwärmung bestimmten Verzögerungskraft auf das Leitungsvermögen geschlossen werden. Bei der Bestimmung der Verzögerungskraft der Metalle wird das Platin zur Vergleichung gewählt und demselben die Verzögerungskraft 1 beigelegt.

Elektrischer Verzögerungswerth. Ausser von dem Stoffe des entladenden Drahtes hängt die Verzögerung der Entladung von den Dimensionen desselben ab. Der Zuwachs der Zeit einer bestimmten Entladung, den ein Draht verursacht, dividirt durch den Zeitzuwachs, den ein Platindraht von 1 Linie Länge und Radius verursachen würde, giebt den Verzögerungswerth jenes Drahtes. Aus dem algebraischen Ausdrucke dieses Werthes, der an seinem Orte gegeben werden wird, geht hervor, dass der Verzögerungswerth irgend eines Drahtes die Länge eines Platindrahts von 1 Linie Radius angiebt, der dieselbe Verzögerung einer Entladung hervorbringt wie der betrachtete Draht. Der merkwürdige Connex zwischen dem Verzögerungswerth eines Drahtes und der Erwärmung, die derselbe durch die Entladung erfährt, wird später zur Sprache gebracht werden.

Die indirekten Bestimmungen der Entladungszeit, der Verzögerungskraft und des Verzögerungswerthes, beruhen auf einer Hypothese; da aber diese Wörter ganz bestimmte algebraische Grössen in Formeln bedeuten, nach welchen die Erwärmung eines Drahts durch die elektrische Entladung berechnet werden kann, so werden die Bestimmungen ihren Werth behalten, wenn auch die Hypothese wesentlich verändert werden sollte.

Anmerkung. Ich habe in meinen Untersuchungen aus zwiefachem Grunde die Bezeichnung Verzögerungskraft gebraucht, obgleich für den umgekehrten Werth des Leitungsvermögens in der Lehre vom Galvanismus bereits das Wort Leitungswiderstand gebräuchlich war. Sollen diese Ausdrücke eine theoretische Bedeutung haben, so scheint mir Verzögerungskraft den Sinn besser zu treffen als Leitungswiderstand, sollen sie aber nur kurze Bezeichnungen algebraischer Grössen in bestimmten Formeln sein, so dürfte es zur Zeit keinen Nachtheil mit sich führen, numerische Werthe mit Hülfe der Erwärmung an der elektrischen Batterie ermittelt, durch die Bezeichnung von Werthen getrennt zu halten, die durch die magnetische Eigenschaft des galvanischen Schliessungsdrahts bestimmt worden sind.

A. Allgemeine Eigenschaften und Wirkungen der Elektricität.

Eigenschaften der Elektricität.

Theorie der Elektricität. Seit dem Versuche Cavallo's mit der Korkkugel in einer Rinne sind die mechanischen Wirkungen der Elektricität häufig beigebracht worden, um für oder gegen die Existenz von nur Einer Elektricität zu zeugen. Kennedy [1]) führt als experimentum crucis für das Vorhandenseyn nur Einer Elektricitätsart einen Versuch an, der schon von Singer [2]) zu gleichem Zwecke angegeben worden. Bringt man nämlich ein papiernes Flügelrad zwischen die Spitzen zweier Drähte, die mit Conductor und Reibzeug einer Elektrisirmaschine oder mit den Belegungen einer leydener Flasche verbunden sind, so kommt bei langsamer Entladung das Rad in Bewegung und die Richtung derselben soll immer von der positiven nach der negativen Drahtspitze gehen. Offenbar hängt diese Wirkung mit dem elektrischen Büschel zusammen; da ein solcher Büschel unter Umständen auch an einer negativen Spitze erzeugt werden kann, so wird sich das Rad an derselben alsdann unzweifelhaft in einer der angegebenen entgegengesetzten Richtung drehen. Kennedy führt noch die Durchbohrung einer Karte als Beweis für nur Eine Elektricitätsart an und geht dann zur Auseinandersetzung einer Theorie der Elektricität über, die aus einem weitläufigen Calcul hervorgegangen sein soll. Diese Theorie weicht darin von der Franklin-Aepinus'schen ab, dass keine Abstossung der elektrischen Theilchen unter sich angenommen und dass daher zur Erklärung der elektrischen Bewegungen die Abstossung der materiellen Theilchen unter sich nicht zu Hülfe genommen zu werden braucht. Nach dem Verfasser besteht die Wirkung eines elektrisirten Körpers allein darin, andere Körper anzuziehen, und zwar ist diese Anziehung desto stärker, je weniger Elektricität der anziehende und je mehr der angezogene Körper besitzt; die resultirende Anziehung zweier Körper wird demnach Null sein, wenn beide gleiche Elek-

[1]) Sturgeon Annals of Electricity * Vol. VI. p. 236.

[2]) Singer, Elemente der Elektricitätslehre * v. Müller S. 110.

tricitätsmengen besitzen, und zunehmen mit dem Unterschiede dieser Mengen. — Wenn auch die elektrischen Stellungen zweier Kugeln nach diesen Vorsätzen leicht abgeleitet werden, so bleibt das Hauptphänomen der Elektricität, die Vertheilung, gänzlich unerklärt. Doch sind solche Versuche, von der gewöhnlichen elektrischen Theorie abzugehen, immer beachtenswerth, und ich erinnere an einen schon vor längerer Zeit von Bigeon [1]) gemachten Versuch, der dem obigen, was die Erklärung der elektrischen Bewegungen betrifft, ähnlich ist.

Absolute Ladung der Materie. Wenn Elektricität in einem Körper zur Ruhe gekommen ist, so äussert derselbe nur auf seiner convexen Oberfläche elektrische Wirkungen, seine concave Oberfläche und seine Masse erscheinen gänzlich unelektrisch. Es war Franklin, der dies zuerst im Jahre 1753 und zwar wie immer auf die einfachste Weise experimentell nachwies. Er isolirte [2]) eine silberne Kanne, an deren äusserer Wandung ein Baumwollenflocken hing, und senkte in dieselbe eine 9 Fuss lange Metallkette, die mittels einer seidenen Schnur in die Höhe gezogen werden konnte. Als die Kanne elektrisirt worden, wurde der Flocken abgestossen, näherte sich der Kanne, als die Kette in die Höhe gezogen war, und nahm bei dem Hinablassen derselben wieder seine erste Stellung ein. Eine Korkkugel an einem Seidenfaden in das Innere der elektrisirten Kanne hinabgelassen, wurde nach dem Herausziehen gänzlich unelektrisch gefunden, ein Faktum, von dem Franklin den Grund nicht zu kennen, mit einer Freimüthigkeit gestand, die seitdem nur selten von Gelehrten geübt worden ist.

Priestley wiederholte diese Versuche auf Franklins Veranlassung und fand, dass ein Paar Korkkugeln, die in einem zinnernen Becher hingen, unbewegt blieben, wenn auch der Becher elektrisirt wurde, eine Erfahrnng, nach der er die Vermuthung ausspricht, dass die elektrische Kraft nach den Quadraten der Entfernung wirke. [3])

Beccaria fügte diesen Erscheinungen nichts Erhebliches hinzu, wenn nicht dafür gelten soll, dass er statt eines auch sonst nutzbaren Hausgeräthes zu den Versuchen ein eigenes Gefäss nahm, dem er den Namen des elektrischen Brunnens beilegte. [4])

---

[1]) Annales de Chimie * t. 38. p. 150.
[2]) Experiments and observ. 5th. ed. * p. 129.
[3]) History of Electr. Lond. 1767. * p. 732.
[4]) Elettricismo artific. Torin. 1772 * p. 185.

Achard endlich zeigte, dass ein Metallcylinder einem elektrisirten Körper ebensoviel Elektricität entzieht, wenn er hohl ist, und ein Gewicht von 15 Loth hat, als wenn er mit 5 Pfund Blei ausgegosseu worden. [1])

Ich habe diese historische Notiz vorangeschickt, da man zwar die hier genannten Versuche, nicht aber deren wirkliche Urheber in französischen und daher auch in deutschen Lehrbüchern zu finden gewohnt ist.

Die mathematische Behandlung der Elektricitätserscheinungen durch Poisson lehrte, dass von den hier bezeichneten Eigenschaften eines elektrisirten Körpers Rechenschaft gegeben werden kann, wenn man die beiden Elektricitäten als jedem Atom in gleicher Menge beigegebene Fluida betrachtet, deren vollkommen beweglichen Theilchen die gleichnamigen nach dem reciproken Quadrate der Entfernungen abstossen, die ungleichnamigen anziehen. Es folgte hieraus, dass ein elektrisirter Körper ebenso wirkt, als ob eins der beiden Fluida an seiner convexen Oberfläche in einer dünnen Schicht angehäuft worden, für deren Gestalt die Oberfläche des Körpers gleichsam den Boden des Gefässes abgiebt, ohne dass die materiellen Theile dieses Bodens (seine Natur, Dicke) irgend einen Einfluss auf die Elektricitätsschicht äussern. Es folgt ferner, dass bei den materiellen elektrisirten Theilchen keine Elektricität frei oder in andern Worten, dass von beiden Elektricitätsarten eine gleiche Menge in ihnen enthalten ist. Diese Annahme gilt überall nur für den Zustand des Gleichgewichts der elektrischen Kräfte und lässt ausserdem unentschieden, ob wir die präsumirten Fluida als für sich bestehend, oder als nothwendige Bedingung der Materie annehmen wollen. Diese letzte Frage ist neuerdings von Faraday wieder angeregt worden, der sie an die Spitze einer grösseren Arbeit über die Vertheilung stellt. Faraday verlangt, dass, wenn die elektrischen Fluida unabhängig von der Materie existirten, ein Körper durch und durch mit einem dieser Fluida müsse geladen werden können. (Exper. resear. 1168) [2]) Eine solche körperliche Ladung soll sich so zeigen, dass

[1]) Mém. de l'Acad. de Berlin 1780 ° p. 47.

[2]) Faraday's elektrische Untersuchungen sind sehr zweckmässig mit fortlaufenden Nummern versehen, die, unabhängig von der Theilung durch Kapitel und Paragraphe, jeden einzelnen Absatz des Textes bezeichnen und leicht aufgefunden werden. Die Abhandlungen befinden sich voll-

einem jeden beliebig gelegenen Punkte im Innern eines elektrisirten Körpers, Elektricität soll entzogen werden können. Da dies bereits bei den Leitern als nicht thunlich gezeigt war, so versuchte es Faraday bei den Nichtleitern. Gereinigtes Terpenthinöl wurde in ein isolirtes Metallgefäss gegossen und entweder letzteres oder ein in das Oel tauchender Draht elektrisirt (1172). Es konnte aber im Oel keine zurückgebliebene Elektricität nachgewiesen werden. Spuren von Elektricität fanden sich im Oel, wenn dasselbe in einem Glasgefässe durch einen Draht elektrisirt worden war. Um zu untersuschen, ob Luft durch und durch geladen werden könne, liess sich Faraday ein cubisches Zimmer von 12 Fuss Seite aus Latten bauen, die mit Drahtnetzen belegt, metallisch unter sich verbunden und dann mit Papier bekleidet waren (1173). Dies Zimmer, dessen Wände also von gutleitenden Flächen gebildet waren, wurde isolirt in einem grossen Raume aufgestellt; durch eine Wand desselben ging ein Glasrohr von 6 Fuss Länge, und in diesem ein dicker Metalldraht, der zu dem Conductor einer kräftigen Elektrisirmaschine führte. Da der Draht in das Innere des isolirten Zimmers hineinragte, so wurde beim Wirken der Elektrisirmaschine die Luft des Zimmers stark elektrisch. Als die Wände des Zimmers eine gute Ableitung erhielten, während die Luft im Innern elektrisirt wurde, fand sich gleich nachher in dem wieder isolirten Zimmer keine Spur von Elektricität vor. Ein empfindliches Goldblattelektrometer, das in dem Zimmer stand, während die Wände desselben auf das stärkste elektrisirt wurden, zeigte keine Divergenz. Faraday brachte in dem isolirten Zimmer längere Zeit zu und versuchte vergebens eine absolute Ladung der Luft zu entdecken; während die Wände so stark elektrisch waren, dass sie Funken und Feuerbüschel nach

---

ständig in den philosophical transactions; die ersten 14 Reihen, 1748 Nummern enthaltend, sind in einem Oktavbande unter dem Titel: Experimental researches in electricity, London 1839. erschienen. Die hier gebrauchten Nummern sind ferner zu finden, englisch:

Nummer 1161 bis 1748 phil. transact. for 1838.
- 1749 - 1795 - - - 1839.

Deutsch:

Nummer 1161 bis 1317. Poggendorff's Annalen. Bd. 46.
- 1318 - 1479. - - - 47.
- 1480 - 1666. - - - 48.
- 1667 - 1795. - - Ergänzungsband.

Aussen ausströmten, konnte innerhalb derselben an Elektrometern und mit Anwendung der Mittel, durch welche die Elektricität der Luft wahrnehmbar gemacht wird, kein Zeichen von Elektricität erlangt werden. Der Verfasser schliesst hieraus, dass Nichtleiter wie Leiter niemals bis jetzt eine absolute und unabhängige Ladung mit Einer Elektricitätsart erhalten haben und dass wahrscheinlich ein solcher Zustand der Materie unmöglich sey (1174). —

Es ist zu bemerken, dass diese Versnche, in so grossem Maassstabe sie angestellt sind, nichts lehren, was nicht schon den früheren oben bezeichneten Versuchen entnommen werden konnte. Elektricität, die in einem Körper zur Ruhe gekommen ist, bringt in den materiellen Theilen desselben keine Aenderung hervor, ihre Wirkungen sind an Bedingungen geknüpft, die nur die Form, nicht die materielle Beschaffenheit des Körpers betreffen. Diese, freilich sehr merkwürdige Eigenschaft der Elektricität, kann aber nicht auf die Vorstellung führen, dass die Materie selbst keine absolute elektrische Ladung annehme: man könnte mit gleichem Rechte das Gegentheil behaupten nach der Erfahrung, dass ein Körper durch Elektricität erwärmt, zersetzt, zerschmettert werden kann. Obgleich nämlich diese Effekte erst bei der Entladung der Elektricität eintreten, so wird derselben doch eine, wenn auch noch so kurz dauernde Ladung, vorangegangen seyn müssen. Denkt man sich ein materielles Theilchen in der Bahn einer elektrischen Entladung, und in diesem Theilchen beide Elektricitätsarten in gleicher Menge vorhanden, so wird nothwendig, damit ein Fortschreiten der Entladung möglich sey, eine von beiden Elektricitäten vermindert werden, und das Theilchen mit der andern Art geladen seyn müssen. Einen Querschnitt aber eines Körpers, aus solchen einseitig geladenen Theilchen bestehend, wird man wol durch und durch (bodily) geladen nennen können. Ich füge hinzu, dass solche Diskussionen, falls sie nicht einer Rechnung zur Darstellung der Phänomene zu Grunde liegen, mir von keinem Vortheil für die Elektricitätslehre zu sein scheinen, und dass daher die Frage über die absolute Ladung der Materie mit Elektricität füglich für jetzt dahingestellt bleiben kann.

Geschwindigkeit der Elektricität. Die schönen Versuche Wheatstone's über die Geschwindigkeit der Elektricität [1])

---

[1]) Repertorium Bd. 2. S. 16.

sind bisher nicht wiederholt worden; Ettrick[1]) hat sie zwar zu bestätigen gesucht, aber auf eine veränderte Weise ohne Anwendung eines Spiegels, da nach ihm ein solcher nicht absolut plan anzufertigen ist. Es ist zu bedauern, dass bedeutende Mühe und Kosten, wie es häufig bei den englischen Dilettanten geschieht, auch hier auf Versuche gewendet worden sind, die über den untersuchten Gegenstand keine Auskunft geben können. Folgendes mag die Versuchsart im Allgemeinen angeben. Ein Kreuz aus isolirendem und leitendem Stoffe in der Weise zusammengesetzt, wie aus dem Gebrauche klar wird, sey um eine vertikale Axe drehbar. Wenn das Kreuz an einer bestimmten Stelle ruht, erhalten seine horizontalen Arme nach einem kleinen Luftzwischenraume feste Verlängerungen. Dem einen Arme steht nämlich dann ein einzelner horizontaler Metallstab gegenüber, dem andern sind zwei parallele Metallstäbe gegenübergestellt. Beide Arme des Kreuzes und zwei von den festen Stäben bilden alsdann eine gerade Linie, während der dritte Stab dieser Linie mehr oder weniger genähert werden kann. Eine kleine leydener Flasche wurde durch die Arme des Kreuzes und einen über drei englische Meilen langen Kupferdraht ($\frac{1}{60}$ Zoll dick) in der Weise entladen, dass wenn man die Elektricität von der innern Belegung der Flasche verfolgt, sie folgenden Weg nehmen würde. Der einzeln stehende Metallstab; Luft; der eine Arm des Kreuzes; $1\frac{1}{2}$ Meile Draht; einer von den beiden parallelen Metallstäben; Luft; zweiter Arm des Kreuzes; $1\frac{1}{2}$ Meile Draht; äussere Belegung der Flasche. Der Entladungsfunke hat an zwei Stellen überzuspringen, die nicht mit dem Mittelpunkte des Kreuzes in grader Linie liegen können, wenn in der Zeit, in welcher derselbe durch $1\frac{1}{2}$ Meile Draht geht, das Kreuz seine Lage verändert hat. Der Verfasser gab durch eine Maschinerie, die 8 Männer in Bewegung setzen mussten, dem Kreuze eine Geschwindigkeit von 80 Umdrehungen in der Secunde, und fand dabei, dass wenn die beiden, an einer Seite des Kreuzes liegenden parallelen Metallstäbe mehr als $\frac{1}{10}$ Zoll von einander standen, der Funke immer an zwei diametralen Stellen erschien, dass dies aber nicht der Fall war, wenn die Stäbe die genannte Entfernung von einander hatten. Der Versuch ist wegen Wandelbarkeit des Räderwerkes nur zwei oder dreimal gemacht wor-

---

[1]) Sturgeon Annals. * vol. 2. p. 43.

den und man sieht ein, dass ein sehr geringes Schwanken des Kreuzes und seiner 9 Zoll vorspringenden Arme den beobachteten Erfolg hervorbringen konnte. Der Verfasser berechnet aus diesen Versuchen die Geschwindigkeit der Elektricität in dem von ihm angewandten Kupferdrahte auf 118752 englische Meilen in der Sekunde.

Gegenseitige Anziehung gleichnamiger Elektricität. Griffin [1]) hat folgende Versuche beschrieben, aus welchen er schliesst, dass zwei Portionen gleichnamiger Elektricität während ihrer Entladung sich anziehen. Ein Glascylinder, 2 Zoll weit, war an beiden Enden luftdicht geschlossen; durch den obern Deckel gingen isolirt zwei Drähte, die in Kugeln endigten, in den Cylinder; durch den untern Deckel ging 1 Draht in gleicher Weise, so dass die 3 Kugeln der Drähte innerhalb des Cylinders ein gleichschenkliges Dreieck bildeten. Jede der beiden Kugeln an der Basis dieses Dreiecks wurde mit der äussern Belegung einer besondern elektrischen Batterie verbunden, die inneren Belegungen der beiden Batterieen standen in Verbindung, so dass sie zugleich geladen und entladen werden konnten. Nachdem der Cylinder luftleer gemacht war, wurden die Batterieen durch den untern Deckel desselben entladen; es erschienen an der Basis des Dreiecks zwei Funken, die aber zusammenflossen, ehe sie die Spitze erreicht hatten. Der Verfasser meint, dass wenn Abstossung der bewegten gleichnamigen Elektricität Statt fände, der Weg jedes Funkens getrennt und nach aussen gekrümmt hätte erscheinen müssen. Ferner stellte der Verf. auf Visitenkarten die Enden dreier Drähte, von denen zwei mit den äussern, der dritte mit den innern Belegungen zweier Batterieen verbunden wurden. Der elektrische Schlag, indem er durch die drei Drähte über die Karte ging, hinterliess daselbst Spuren, aus deren Form der Verfasser gleichfalls auf Anziehung zweier gleichnamigen Elektricitätsmengen schliesst. Ich brauche kaum hinzuzufügen, dass diese Versuche wenig beweisend für die Behauptung sind.

Die beiden Elektricitäten verschieden schwer. Ein englischer Arzt, Laming, legte im Jahre 1838 der Pariser Akademie eine Abhandlung vor, in der gezeigt werden sollte, dass die Partikel gleichnamiger Elektricität sich anziehen, und dass diese

---

[1]) Sturgeon Annals* vol. III. p. 36.

Eigenschaft Ursache der allgemeinen Gravitation sei. Die Abhandlung blieb unberücksichtigt, wurde der Royal Society vorgelegt und erfuhr dort dasselbe Schicksal. Der Verfasser verliess hierauf seine Praxis, ging nach Frankreich, liess sich zur Prüfung seiner Ansicht einen Apparat verfertigen und beschrieb diesen, wie die damit angestellten Versuche in einer eigenen Schrift, von der Geoffroy-Saint-Hilaire Anzeige gemacht hat. [1])

Hiernach hat der Apparat den Zweck, die kleinen Gewichtsverschiedenheiten der beiden Elektricitätsarten zu wägen (de peser les inégalités différentielles de poids des deux fluides électriques) und die Wägungen bestätigen die Ansicht Lamings, dass es keine Zersetzung der Elektricität gebe, sondern nur Eine Materie, deren Wirkung idéo-attraction genannt wird (Idioattraction). Ausser dieser Kraft giebt es keine zweite in der Natur, weder eine anziehende noch eine abstossende. — Da mir die Abhandlung nicht vorliegt, so kann ich darüber nur noch folgende Notizen beibringen: Savart, Savary und Pouillet bildeten die Commission, welche die Abhandlung zurückwies; Geoffroy-St.-Hilaire hat vor vielen Jahren, während des Bombardements von Alexandrien, eine der obigen ähnliche Ansicht gefasst; Becquerel endlich soll die Versuche Lamings gesehen und das daraus gezogene Resultat für unbestreitbar erklärt haben.

Leitung der Elektricität.

Trockner Wasserdampf Nichtleiter. Schafhäutl [2]) bog die Enden einer 2 Zoll langen, $\frac{1}{4}$ Zoll weiten Glasröhre winkelrecht um und schmolz in das eine Ende einen dicken Platindraht ein. Es wurde sodann Wasser in die Röhre gegossen und so lange im Kochen erhalten, bis nur 2 Tropfen davon in der Röhre blieben, die, nachdem ein zweiter Platindraht hineingesteckt war, am offnen Ende schnell zugeschmolzen wurde. Die Enden der beiden Platindrähte standen in der Röhre $1\frac{1}{4}$ Zoll von einander entfernt. Die Röhre wurde in ein Sandbad neben ein Thermometer gelegt und zu verschiedenen Graden erwärmt, dann aber durch ihre Platindrähte zur Schliessung einer stark geladenen ley-

---

[1]) Comptes rendus 1839 1er Sem.* p. 830. 2e Sem. p. 10.

[2]) London, Edinburgh and Dublin philosophical Magazine* 3d Ser. vol. 18 p. 14.

dener Flasche gebraucht. Der Verfasser bemerkte die mit der Temperatur variirenden Entladungserscheinungen. Bei gewöhnlicher Temperatur entlud sich die Flasche mit einem garbenförmigen eigenthümlich zischenden Funken, wie dies bei Einschaltung eines feuchten Leiters in den Schliessungsdraht zu geschehen pflegt. Offenbar ging hier die Ladung über die feuchte innere Oberfläche der Glasröhre. Als die Röhre bis 250° F. erwärmt war, fand die Entladung der Flasche mit kaum merkbarem Geräusche und einem rothen Funken statt; als die Erwärmung auf 405 Grad gebracht war, trat die Entladung mit dem gewöhnlichen glänzenden Funken und starkem Knalle ein, und zugleich ging ein Funke durch den Zwischenraum in der Röhre, die jetzt ganz mit trocknem Wasserdampf erfüllt war. Der trockne heisse Wasserdampf ist daher wie jedes andere ausgetrocknete Gas, ein Nichtleiter der Elektricität. Die Versuche wurden mit gleichem Erfolge bei höheren Temperaturen wiederholt, bis bei 443 Grad die Röhre sprang. Besonders merkwürdig ist, dass der Entladungsfunke der Flasche, der in der Luft nur eine Weite von $\frac{1}{2}$ Zoll übersprang, durch $1\frac{1}{4}$ Zoll des Wassergases ging, obgleich dasselbe einen ungleich höhern Druck (bis 23 Atmosphären) als jenes, ausübte. Es ist dies eine Bestätigung der interessanten Harris'schen Versuche, die ich im zweiten Bande des Repert. S. 13 angeführt habe.

Elektricitätsleitung durch dünne Harzschichten. Munck af Rosenschöld giebt an, dass dünne Harzschichten, wie Schichten von Bernstein- oder Schellack-Firniss, oder von geschmolzenem Schellack oder Siegellack, zuweilen die Elektricität leiten und zwar auf doppelte Weise, entweder nach Art der flüssigen Leiter oder der festen. [1]) Dies wird aus folgenden Versuchen geschlossen. Eine Kupferplatte mit Harz überzogen wurde auf eine Zinkplatte gelegt und jede Platte an einem kupfernen Condensator geprüft, während die andere ableitend berührt war. Zuweilen gab der Condensator, wenn er von der Kupferplatte des zusammengesetzten Plattenpaars berührt war, negative Elektricität an und keine Elektricität bei Berührung mit der Zinkplatte. Alsdann schliesst der Verfasser, dass die Harzschicht am zusammengesetzten Paare sich wie ein fester Leiter verhalte. Oder der Condensator gab bei Berührung mit dem Kupfer keine oder sehr

---

[1]) Poggendorff Annalen* Bd. 43. S. 195.

schwache Elektricität, bei Berührung mit dem Zink aber starke negative Elektricität an, und dann soll das Harz die Rolle eines feuchten Leiters spielen. Von welchen Umständen das Verhalten der Harze (die also Isolatoren, Leiter der ersten oder der zweiten Klasse sein können) bei gewöhnlicher Temperatur abhänge, wurde nicht ausgemacht; eine erhöhte Temperatur ertheilt, wie bereits Jäger gezeigt hat, nicht leitenden Harzschichten die leitende Eigenschaft.

Rosenschöld überzog eine Platte von Zink und eine von Kupfer mit Schellack- oder Bernstein-Firniss; die auf einander gelegten Platten leiteten die Elektricität nicht, als sie aber erhitzt wurden, trat plötzlich Leitung ein und zwar im Augenblicke, wo die Firnissschichten anfingen an einander zu haften. War die Firnissschicht zwischen den Platten sehr dünn, so wurde sie durch die Hitze Leiter der ersten Klasse und behielt diese Eigenschaft nach der Erkaltung bei; war die Schicht dicker, so leitete sie bei Erwärmung oft als Leiter zweiter Klasse und wurde bei der Erkaltung wieder Isolator.

Wenn eine dünne Harzschicht zwischen Metallplatten nichtleitend war, so liess sie sich dadurch leitend machen, dass man Entladungen einer leydener Flasche durch sie gehen liess. Bisweilen war der Strom einer elektrischen (trocknen?) Säule hinreichend, eine Harzschicht leitend zu machen. Der Verfasser zeigt in mehreren Versuchen, dass sehr verschiedene Umstände die leitende Eigenschaft der Harze bedingen und modificiren, und dass daher für das Verhalten der harzigen Zwischenkörper keine allgemeinen Regeln gegeben werden können.

Kaffee und Chocolade Nichtleiter. Rousseau [1]) hat mittels seines Diagometers das elektrische Leitungsvermögen des gemahlenen Kaffees und der gepülverten Chocolade untersucht und diese Untersuchung als Prüfungsmittel der Reinheit dieser Substanzen angegeben. Die geröstete Kaffeebohne leitet die Elektricität, aber zu Pnlver gemahlen isolirt sie dieselbe; das Pulver wird aber wieder leitend, wenn es mit Cichorie gemischt wird. Die sogenannte Gesundheitschocolade, welche aus reinem Cacao besteht, isolirt die Elektricität, leitet sie aber, wenn sie mit einer Mehlart gemischt wird.

---

[1]) Compt. rend.* 1839 2e Sem. 701.

Dass Olivenöl die Elektricität viel vollkommener isolirt, als die übrigen (fetten) Oele, ist schon früher vom Verfasser angegeben worden, wonach er an seinem Instrumente eine Verfälschung des Olivenöls leicht entdeckt.

Leitungsvermögen von Mineralien. Hausmann und Henrici haben Versuche über das elektrische Leitungsvermögen von Mineralien in einer eigenen kleinen Schrift bekannt gemacht [1]). Sie beurtheilten dies Vermögen nach den Entladungserscheinungen und dem Residuum einer leydener Flasche, in deren Schliessungsbogen der zu untersuchende Körper eingeklemmt worden — ein Verfahren, das auch Pelletier [2]) früher angewandt hat und bei gehöriger Vorsicht eine allgemeine Bestimmung zulässt. Obgleich die Verfasser weder auf Dimension noch Temperatur noch Oberflächenzustand der Mineralien Rücksicht genommen und daher ihre Resultate gewiss mancher Berichtigung bedürfen, so ist doch die bedeutende Zahl von Bestimmungen bei der bisherigen dürftigen Behandlung des Gegenstandes eine erwünschte Gabe. Im Allgemeinen finden sich hier Pelletier's Angaben bestätigt, nur ist, im Widerspruch mit diesem Beobachter Realgar als Leiter, kohlensaures Bleioxyd als Nichtleiter angegeben. Die Verfasser heben folgende Schlusssätze hervor:

1) Sehr viele Mineralien, selbst Silicate und Salze sind Leiter der Elektricität. 2) Metalle und ihre Legirungen leiten alle. 3) Schwefelmetalle, wenn sie undurchsichtig und metallisch glänzend sind, leiten; aber mehr oder weniger durchsichtig, ohne Metallglanz (Blenden) leiten sie nicht. 4) Metalloxyde und deren Hydrate, wenig durchsichtig und metallglänzend leiten besser als andere, denen diese Kennzeichen fehlen. Doch ist Anatas ein sehr guter Leiter; auch undurchsichtige Silicate leiten. 5) Verwandte Mineralien haben oft verschiedenes Leitungsvermögen; so sind Diamant und Bernstein vollkommene Nichtleiter, Graphit und Resinasphalt gute Leiter. 6) Nahe verwandte Mineralien, wenn sie auch leiten, zeigen Verschiedenheit in der Zeit, in der sie die leydener Flasche entladen und in der Beschaffenheit des Funkens und des ihn begleitenden Geräusches. So Chromeisenstein und Magnetei-

---

[1]) Versuche über das elektrische Leitungsvermögen d. Mineralkörper, mitgetheilt in der 9ten Versammlung des Götting. bergmänn. Vereins*.

[2]) Repert. II. S. 24.

senstein, Pleonast und Gahnit. 7) Bei denselben Species haben doch Unterarten verschiedenes Leitungsvermögen, so Hornblende und Strahlstein. 8) Auch bei Varietäten findet dies statt; so giebt silberweisser Glimmer allmälige, sehr unvollständige Entladung ohne Funken, gleichgültig ob er parallel der Krystallaxe oder winkelrecht darauf im Schliessungsbogen angebracht ist; durch den tombakbraunen Glimmer aus Norwegen hingegen wird allmälige aber vollständige Entladung der Flasche bewirkt. 9) Ueber die Leitung in der Richtung der Krystallaxe und winkelrecht darauf wurden keine bestimmte Resultate gewonnen, doch scheint eine beobachtete Differenz mehr in einer Krystallabsonderung ihren Grund zu haben; so beim Malacolith, wo rechtwinklig gegen die Axe augenblickliche vollständige Entladung erfolgte, parallel derselben unvollkommene Entladung mit zirpendem Geräusch. 10) Die Mineralien vegetabilischen Ursprungs sind desto bessere Leiter, je vollkommener ihre Verkohlung ist; Anthracit ist der vollkommenste Leiter unter ihnen, Braunkohle der schlechteste.

Elektricitätsleitung des Glimmers nach verschiedener Richtung. Bringt man eine reine Glimmertafel zwischen zwei gegenüberstehende Spitzen im Schliessungsbogen der Batterie an, und bedient man sich verhältnissmässig geringer Ladungen, so gelingt es selten, den Glimmer an den Spitzen selbst zu durchbohren [1]). Fast immer geht die Elektricität auf dem Glimmerblatte eine längere Strecke fort und durchbohrt es an einer Stelle, die gewöhnlich schon ersichtlich eine geringere Continuität hat. Leichter gelingt es, den Glimmer an der Ansatzplatte zu durchbohren, wenn die Oberfläche desselben mit Olivenöl bestrichen worden, allein auch dann habe ich durch behutsame Verringerung der Ladung ein Fortgehen des Entladungsfunken auf der Fläche bis zu einer entfernten Durchbohrungsstelle erlangt. Die Elektricität geht dabei, wie die elektrischen Farbenstreifen (siehe den Artikel) bezeugen, durch die Masse des Glimmers, sie verändert bei diesem Umwege eine ungleich grössere Glimmermasse, als wenn sie in kürzester Entfernung von einer Ansatzspitze zur gegenüberstehenden, oft nur 0,01 Linie entfernten Spitze gegangen wäre. Wir schliessen hieraus, dass die Glimmermasse, welche in der Richtung winkelrecht auf die Blätter zu den bessten Isolatoren gehört, die wir

[1]) Poggendorff Annalen * Bd. 43. S. 83.

kennen, diese isolirende Eigenschaft in der Richtung des Blätterdurchgangs in bei Weitem geringerem Grade besitzt.

Elektrische Vertheilung.

Jeder Körper, dem man einen elektrisirten Körper nähert, erscheint bekanntlich in eigenthümlicher Weise elektrisirt, welche Elektrisirung der Vertheilung oder Influenz zugeschrieben und bei allen elektrischen Versuchen ins Spiel gezogen wird. Man suchte diese auffallende Wirkungsweise der Elektricität früher durch eine elektrische Atmosphäre zu erklären, die den zuerst elektrisirten Körper umgeben sollte, verliess später diese keinesweges genügende Annahme, und leitete aus der Erscheinung die allgemeine Eigenschaft der Elektricität ab, nach bestimmten Gesetzen in die Ferne zu wirken. Eine jede an einem Körper hervorgerufene Elektricität stört das elektrische Gleichgewicht eines neutralen beliebig gelegenen Körpers in der Art, dass sie die entgegengesetzte Elektricitätsart desselben anzieht, die gleichnamige abstösst. Dies ist das einfache Princip aller Vertheilungserscheinungen, das zu verlassen oder zu beschränken wir bis jetzt durch keine Erscheinung gezwungen werden. Ich habe dies zuvörderst ausgesprochen, um aus einer weitläufigen Abhandlung Faraday's über die elektrische Influenz [1]), nach den Experimenten abtheilend berichten zu können, lasse indess die theoretische Ansicht, zu deren Bestätigung die Experimente dienen sollen, hiernächst folgen.

Vertheilung eine Wirkung nächstliegender Theilchen. Faraday ging von der Zersetzung einer leitenden Substanz durch die in Bewegung gesetzte Elektricität aus, um die vertheilende Wirkung der ruhenden Elektricität in die Ferne zu bezweifeln. Er stellt demnach den Satz auf, dass die Vertheilung, durch welche ein elektrisirter Leiter einen entfernten neutralen Körper elektrisirt, eine Wirkung nächstliegender Theilchen des dazwischen liegenden Isolators, dass daher die elektrische Wirkung in die Ferne nur scheinbar sei und durch den Einfluss einer bisher dabei unbeachteten Substanz zu Stande komme (Exp. res. 1164). Am Schlusse der Abhandlung modificirt der Verfasser diese Annahme, und giebt eine Wirkung der Elektricität in die Ferne zu,

---

[1]) Die Abhandlung umfasst die 11te, 12te und 13te Reihe (No. 1161 bis 1616) der Exper. resear.

falls keine Substanz zwischen dem vertheilenden und dem durch Vertheilung erregten Körper liege. Nimmt man nach ihm eine positiv elektrisirte Partikel im Centrum eines Vacuums von 1 Zoll Durchmesser an, so wirkt dieselbe durch die Entfernung von $\frac{1}{2}$ Zoll auf alle Partikel, welche die innere Oberfläche der begränzenden Kugelschale bilden, nach dem umgekehrten Quadrate der Entfernung. Ist aber die Kugel mit einer isolirenden Materie ausgefüllt, so wirkt die elektrische Partikel nicht direkt auf die Kugelschale, sondern auf die Partikel der Materie die ihr zunächst liegen, indem sie alle ihre Kraft aufwendet, diese zu erregen, die negative Elektricität derselben gegen sich zu, die positive von sich ab zu richten. Diese elektrisirten Partikel wirken wieder auf die zunächstliegenden und so fort, bis die Kugelschale von $\frac{1}{2}$ Zoll Radius, die als sie ein Vacuum umschloss, direkt von der Partikel im Centrum elektrisirt wurde, von dieser Partikel nur indirekt durch Hülfe der zwischenliegenden Materie, aber ganz in der frühern Stärke elektrisirt ist (1616). Um diese indirekte Wirkung zu erklären, nimmt Faraday an, dass die kleinsten Theilchen jeder Materie, der leitenden wie der isolirenden, vollkommene Leiter der Elektricität sind, die durch ein ihnen nahe liegendes elektrisirtes Theilchen in geladenen Zustand versetzt werden (1669 und 70). Aber die Theilchen können auch durch Mittheilung elektrisch werden, indem von einem elektrisirten Theilchen die Elektricität successiv auf alle übrigen übergeht. Bei einigen Körpern geht diese Mittheilung von Theilchen zu Theilchen sehr leicht von statten, bei anderen schwerer und nur bei einer höhern Spannung der Elektricität. Der leichte Uebergang heisst Leitung und die Körper, welche sie schon bei schwachem Grade der elektrischen Spannung zeigen, heissen Leiter (1675). Wo der Uebergang des wirklich elektrischen Zustandes von einem Theilchen zum andern erschwert ist, tritt Isolation und hiermit Vertheilung ein, indem diese darin besteht, dass jedes Theilchen das nächstfolgende polarisirt und so eine mittelbare Fortpflanzung des elektrischen Zustandes von dem elektrisirten Theilchen zu einem entfernten Leiter durch die zwischenliegende Materie bewirkt. Die Vertheilung kann nur durch eine isolirende Materie hindurch geschehen, die der Verfasser daher ausschliesslich als diëlektrische bezeichnet (1678). Ein anschauliches Bild des präsumirten Vorganges im obigen Beispiel eines elektrisirten Theilchens im Mittelpunkt einer Kugelschale, von der dasselbe durch eine isolirende Substanz getrennt ist, wird erhalten, wenn man sich den Zwischenraum mit Terpenthinöl (das bekanntlich schlecht leitet) und feinen Schrotkörnen, die sich nicht berühren, ausgefüllt denkt. Die Schrotkörner erfahren hier von dem elektrisirten Theilchen eben die Wirkung, wie die kleinsten Theile eines isolirenden Mediums selbst (1679). Jeder dieser kleinsten Theile, welcher im Isolator als Eine leitende Masse polarisirt wird, ist der Complex aller Atome, die durch chemische Verwandschaft zur Bildung eines Molekuls zusammengehalten werden (1700). Daher lässt sich die leitende oder isolirende Eigenschaft eines Stoffs nicht aus seinen einfachen Bestandtheilen schliessen; so z. B. isoliren Bleioxyd, borsaures Bleioxyd, Flintglas sehr gut, obgleich sie einen grossen Theil leitender Substanz enthalten (1701). —

Dies sind die Sätze, in welchen Faraday seine Ansicht über die elektrische Vertheilung am klarsten ausspricht, es wird leicht sein, das Mangelhafte derselben zu bezeichnen. Man denke sich in dem oben gegebenen Bilde von dem positiv elektrisirten Centrum der mit Terpenthinöl und Schrot erfüllten Kugel eine Linie durch den Mittelpunkt des nächsten Schrotkorns gezogen, so wird nach bekannten Erfahrungen das Korn so elektrisirt, dass das innere Ende seines Durchmessers negativ, das äussere positiv elektrisch ist. Reiht man in der gezogenen Linie an das erste Schrotkorn ein zweites, so wird man sagen müssen, dass dies von den drei vorhandenen Elektricitätsmengen zugleich erregt werde, die der Reihe nach positiv, negativ, positiv sind, und alle Versuche der Art mit grossen Massen geben diese Ansicht als die wahrscheinlichste. Faraday nimmt an, dass die Kraft des primitiv elektrischen Theilchens ganz dazu aufgewendet wird, das erste Schrotkorn zu elektrisiren; er wird hierdurch gezwungen der negativen Elektricität dieses Korns (auch sonst die gebundene genannt) eine gleichfalls erschöpfte Kraft zuzuschreiben, damit die positive Elektricität des Schrotkorns übrigbleibe, um das nächstfolgende zu erregen. In der That findet sich eine Stelle, in welcher gesagt wird, dass die Elektricitäten der beiden Belegungen einer leydener Flasche gänzlich mit einander beschäftigt sind (entirely engaged to each other. 1682). Es ist also hier die Ansicht über die Unthätigkeit der gebundenen Elektricität stillschweigend als Grundsatz angenommen, eine Ansicht, die ich im vorigen Bericht als unrichtig aufzuzeigen suchte und auf die ich unten zurückkommen muss.

Würde sich auch das Mangelhafte dieser Ansicht nicht anderweitig herausstellen, so müsste dieselbe schon deshalb verworfen werden, dass Faraday von ihr ausgehend zu einer neuen Eigenschaft der elektrischen Vertheilung seine Zuflucht nehmen muss, nach welcher die Vertheilung auch in krummen Linien stattfinden kann.

Vertheilung in krummen Linien. Nach Faraday's Ansicht geschieht eine elektrische Vertheilung nur durch ein isolirendes (dïelektrisches) Medium hindurch; lässt man daher einen elektrisirten Körper auf einen neutralen wirken und bringt im Luftraum zwischen beiden eine Metallplatte an, so wird nach ihm die Vertheilung nur durch die Luft um den Contour der Platte herum zu Stande kommen. Diese Vertheilung in krummen Linien aufzuzeigen, war daher von besonderer Wichtigkeit für Faraday's Theorie und er hat darüber messende Versuche angestellt. — Als Elektrometer diente eine Coulomb'sche Torsionswage von 8 Zoll Durchmesser mit einem zur Aufhängung des Wagebalkens bestimmten Glasfaden von 20 Zoll Länge, und einer vergoldeten Markkugel von 0,3 Zoll Durchmesser am Wagebalken. Die feste Kugel der Wage, zugleich als Prüfungskugel dienend, bestand aus vergoldetem Erlenholz, sie konnte an einem Schellackstiel aus der Wage genommen und ohne Zeitverlust wieder genau an dieselbe Stelle gesetzt werden (1180 folgd.). Die Messungen geschahen in folgender Weise. Nachdem die bewegliche Kugel von der festen mittels Torsion in die Entfernung von 30° gebracht worden, erhielt sie eine willkührliche Menge Elektricität von derselben Art wie die zu untersuchende Elektricität. Die Prüfungskugel mit der zu untersuchenden Elektricität geladen, stiess die bewegliche Kugel ab, die durch Drehung des Glasfadens um eine Anzahl Grade, welche der Torsionskreis angab, wieder in die frühere Lage zurückgeführt wurde. Die beobachteten Torsionen des Fadens stehen somit im Verhältnisse der verschiedenen Elektricitätsmengen der Prüfungskugel. Um die willkührliche Elektricitätsmenge der schwebenden Kugel zu beurtheilen, wurde diese durch Berührung mit der anfänglich geladenen Prüfungskugel elektrisirt und die Drehung des Fadens, welche nöthig war, die Stellung von 30° der Kugeln gegen einander herbeizuführen unter der Rubrik „Abstossung der Kugeln" bemerkt. —

Faraday befestigte einen 7 Zoll langen Schellackcylinder von 0,9 Zoll Durchmesser auf einem Holzfusse und elektrisirte seine obere Hälfte durch Reiben mit warmen Flanell negativ. Auf die obere Fläche des Cylinders wurden Metallkörper (Kugeln, Scheiben) von mehr als 1 Zoll Durchmesser gelegt, und mit einer guten Ableitung versehen; nachdem die Prüfungskugel eine bestimmte Stelle dieser Körper berührt hatte, wurde sie in die Torsionswage gebracht. Es zeigte sich so an allen Stellen des aufgelegten Körpers und an über demselben gelegenen Punkten positive Elektricität, und zwar auch an solchen die nicht durch gerade Linien durch die Luft hindurch mit der elektrisirten Schellackfläche verbunden werden konnten. Als z. B. eine Messinghalbkugel 1,36 Zoll im Durchmesser auf den Schellackcylinder gelegt war (Fig. 1.), fanden sich folgende positive Elektricitätsmengen an den bezeichneten Stellen.

bei	i	112
	k	108
	l	65
	m	35
	n	87
	o	105
	p	98

An den Stellen n o p wurde die Prüfungskugel ableitend berührt. Von p an nach oben nahm die Elektricität fortwährend ab. Da nun nur von der Stelle i eine gerade Linie durch die Luft nach dem Schellackcylinder gezogen werden kann, so schloss Faraday, dass die Vertheilung an allen übrigen Stellen um die Ecke ging (1224). Dass die Elektricität des Cylinders durch die Metallmasse der Halbkugel hindurch vertheilend wirkte, hält F. für unstatthaft, er glaubt nur den einen Versuch dagegen anführen zu müssen, dass wenn der Schellackcylinder mit einer Messingscheibe von 2 Zoll Durchmesser bedeckt war, die Prüfungskugel auf der Mitte der Scheibe nicht geladen wurde, wohl aber über derselben und nahe am Rande der Scheibe (1221).

Ich übergehe die übrigen Versuche über die präsumirte Vertheilung in krummen Linien durch Luft wie durch flüssige und feste Isolatoren (1227 folg.), da ihnen, wie den eben angeführten, alle Beweiskraft mangelt und, was ich schon oben berührt habe, bei ihrer Deutung ein Umstand gänzlich vernachlässigt ist. Dies ist die Ladung des den Schellack deckenden, ableitend berührten, Metallkörpers mit positiver Elektricität, oder vielmehr, da diese

Ladung dem Verfasser bekannt war, die Wirkung dieser Elektricität auf die Prüfungskugel. Versuche der angeführten Art sind gar nicht so einfach, wie sie beim ersten Anblick erscheinen; wir haben in dem ersten der beigebrachten Versuche einen senkrecht stehenden, negativ elektrisirten Cylindermantel, auf demselben mit wagerechter Basis die positiv elektrisirte Oberfläche der Halbkugel, die noch dazu an verschiedenen Stellen sehr verschieden stark elektrisirt sein muss. Welches Resultat die vereinte Wirkung dieser beiden elektrisirten Flächen auf die ableitend berührte Prüfungskugel an den bezeichneten Stellen haben wird, ist bei den unüberwindlichen Schwierigkeiten der hierzu nöthigen Rechnung, a priori nicht numerisch zu bestimmen, wol aber lassen sich die erhaltenen Resultate mit den Principien dieser Rechnung vereinigen. Die gänzlich willkührliche Annahme, dass die Vertheilung nur durch nächstliegende Theilchen eines schlecht leitenden Mediums hindurch stattfinde, fällt daher von selbst, zumal da sie zugleich die Annahme der Wirkungslosigkeit der gebundenen Elektricität nothwendig macht, deren Unrichtigkeit sich faktisch aufzeigen lässt.

Eigenschaften der gebundenen Elektricität. Ich habe in dem ersten Berichte die Ansicht, dass die sogenannte gebundene Elektricität sich durch keine Eigenschaft von der freien unterscheide, durch Versuche zu befestigen gesucht, und werde hier die seitdem dagegen geäusserten Bedenken kürzer anführen, indem ich auf den frühern Artikel zurückweise.

Pfaff [1]) hat seine frühere Meinung über die gänzliche Wirkungslosigkeit der gebundenen Elektricität zurückgenommen; er vindicirt aber dieser Elektricität die Eigenschaft, ihr Propagationsvermögen verloren zu haben, während sie wie die freie Elektricität abstossend und anziehend nach Aussen wirkt. Es ist dies die Ansicht, die de Luc [2]) von der gebundenen Elektricität gefasst und Ohm [3]) wieder aufgenommen hat. Ich habe hiergegen bemerkt [4]), dass diese Eigenschaft der gebundenen Elektricität aus Versuchen geschlossen worden, in welchen von einer Propagation der Elektricität nicht die Rede sein kann. Es wird dies durch einen analogen Fall deutlich werden. Berührt man einen glühenden

[1]) Poggendorff's Annalen* Bd. 44. S. 332.
[2]) de Luc Neue Ideen über Meteorologie. Deutsch 1787* Bd. 1. S. 284.
[3]) Schweigger Journal für Chemie und Physik* Bd. 65. S. 142.
[4]) Poggendorff's Annalen* Bd. 44. S. 624.

Draht mit einem kalten Drahte, so nimmt die Temperatur des erstern ab und man schliesst daraus auf Wärmeleitung. Auf gleiche Weise sagt man von der Elektricität, dass sie abgeleitet werde, weil ein elektrisirter Körper seine Elektricität verliert, wenn er mit einem nicht elektrisirten Metallstabe berührt wird. Sollte aber im ersten Beispiele sich der glühende Draht über einer Flamme befinden, so würde der beschriebene Versuch nichts über Wärmeleitung entscheiden, da der hinzugeführte Draht glühend wird, ehe er den glühenden berührt. Ebenso wird der elektrische Versuch nichts über Propagationsvermögen der Elektricität aussagen, wenn der Körper durch Vertheilung mit einer Elektricitätsart geladen war, und der hinzugeführte Metallstab von dem vertheilend wirkenden Körper mit derselben Elektricitätsart geladen wird, ehe er den ersten berührt. Dies aber findet Statt in Ohm's und Pfaff's Versuchen. Es sind bei diesen Versuchen zwei sich berührende unabhängig von einander elektrisirte Körper im Spiel, und die Frage, wieviel Elektricität der eine dieser Körper nach der Trennung behalten werde, ist gänzlich unbestimmt. Es kann nach der relativen Grösse des Körpers, mit dem der durch Vertheilung elektrisirte Körper berührt wird, der Fall sein, dass die sogenannte gebundene Elektricität des letztern vermehrt, vermindert oder ungeändert erscheint. Man wird das Resultat eines solchen Versuchs am leichtesten übersehen, wenn man den berührten und den berührenden Körper zusammen betrachtet, und die Elektrisirung untersucht, die dieser zusammengesetzte Körper von dem ursprünglich elektrischen Körper erfährt. Alsdann lässt sich die Elektrisirung, die der erste durch Vertheilung elektrisirte Körper zurückbehält, im Allgemeinen ableiten. Diese zurückbleibende Elektrisirung in jedem Falle numerisch vorherzubestimmen, ist eine Aufgabe, die der Analysis und nicht der Physik zu stellen ist.

Knochenhauer[1]) hat die freie Wirksamkeit der gebundenen Elektricität wiederum gänzlich in Abrede gestellt; wenn nach ihm ein elektrischer Körper in einem neutralen Körper Elektricität bindet, so wirkt die gebundene Elektricität gar nicht, die bindende hingegen nur bis zur Fläche, auf der die gebundene Elektricität befindlich ist, und nicht über dieselbe hinaus. Er folgert dies aus einem Versuche, in welchem über einen negativ elektri-

[1]) Poggendorff's Annalen Bd. 47. S. 444.

sirten Harzkuchen in einiger Entfernung ein Stanniolblatt gestellt und ableitend berührt wurde. Elektrometerpendel, in irgend einer Entfernung über das Stanniolblatt gehalten, divergirten nicht, wol aber, wenn sie durch eine Spalte im Stanniol hindurch in den Raum zwischen dem Stanniolblatte und der Harzfläche gebracht worden waren. Der Verfasser fordert, dass, wenn die bindende wie die gebundene Elektricität frei wirkten, diese Elektricitäten in Einer, nicht aber in jeder beliebigen Entfernung über dem Staniolblatte sich das Gleichgewicht halten und daher keine Wirkung zeigen sollten. Ich habe auf diesen Einwand nicht geantwortet, weil zur Zeit, als derselbe gemacht wurde, Faraday's oben erwähnte Arbeit über die Vertheilung in krummen Linien in Deutschland bekannt war, und in dieser Abhandlung die gerechte Forderung Knochenhauers erfüllt wurde. Faraday hat nämlich über der leitenden Fläche, die einen elektrisirten Körper deckte, Elektricität und zwar bis zu einer gewissen Gränze zunehmende Electricität aufgezeigt, eine Erscheinung, die ganz natürlich aus der gleichzeitigen freien Wirkung der bindenden und gebundenen Elektricität folgt. Bemerkenswerth ist in Knochenhauer's Abhandlung die Erfahrung, dass isolirende wie leitende Stoffe einer Elektrisirung durch Vertheilung fähig sind. Als nämlich eine Glasplatte über den negativ elektrisirten Harzkuchen gehalten wurde, divergirten die darüber gestellten Elektrometerpendel nicht, als die Glasplatte aber gehoben wurde, zeigten sie Divergenz mit negativer Elektricität, die sich bald verlor. Wurde die Tafel nun wieder gesenkt, so divergirten die Pendel aufs Neue, aber mit positiver Elektricität. Man sieht hieraus, dass eine Glastafel wie eine Metalltafel von der elektrischen Harzfläche so elektrisirt wird, dass die untere Fläche positive, die obere negative Elektricität erhält, dass aber bei der isolirenden Tafel diese Elektrisirung erst nach längerer Zeit vollständig zu Stande kommt. Dasselbe lehrte die Erfahrung, dass ein Stab aus Glas oder Metall, zwischen die über der Harzfläche divergirenden Elektrometerpendel gehalten, die Divergenz derselben vermehrte; der untere Theil des Stabes, der den Pendeln zunächst stand, hatte, wie sie selbst, positive Elektricität durch Vertheilung von der Harzfläche erhalten. Fechner, [1]) obgleich bemerkend, dass das Irrthümliche der Annahme

[1]) Poggendorff's Annalen * Bd. 51. S. 321.

Knochenhauers theoretisch nachzuweisen wäre, hat dieselbe experimentell widerlegt, wodurch, wie zu erwarten stand, eine Bestätigung der Resultate Faradays erhalten worden ist. Fechner hat aber dabei überall auf die richtigen Prinzipien zur Erklärung dieser Erscheinungen hingewiesen. Der Hauptversuch, dem angeführten von Faraday und Knochenhauer ähnlich, wurde in folgender Weise angestellt. Zwei Metallscheiben von 9″ 4‴ Durchmesser wurden horizontal in 1 Zoll Entfernung über einander befestigt, die eine isolirte Scheibe erhielt positive Elektricität von einer leydener Flasche, die andre erhielt eine gute Ableitung; ein Probescheibchen wurde über die Mitte der durch Vertheilung elektrisirten Scheibe in verschiedenen Höhen gehalten, ableitend berührt und an einem Elektrometer mit trockener Säule (nach Fechners Einrichtung) geprüft. Das Scheibchen erwies sich bei allen Versuchen negativ elektrisch, aber nur schwach, wenn es die durch Vertheilung erregte Platte berührte, und am stärksten in der Entfernung von einigen Zollen über derselben. Ueber diese Entfernung der stärksten Wirkung hinaus nahm die Elektrisirung des Probescheibchens langsam ab, war aber noch 4 Fuss über der Platte merkbar. Auch wenn eine Metallplatte über den Knopf einer positiv geladenen leydener Flasche gehalten wurde, fand sich ein Probescheibchen über der Platte stets negativ geladen, obgleich dieses Scheibchen, wie bei Faraday's Versuchen, von keiner geraden Linie getroffen wurde, die man von einem Punkte der geladenen Flasche durch die Luft ziehen konnte, (wenn also, wie es der Verfasser kurz bezeichnet, das Scheibchen im elektrischen Schatten stand.) Fechner schliesst hiernach, dass die abstossenden und anziehenden Wirkungen der bindenden und sogenannten gebundenen Elektricität aus demselben Gesichtspunkte zu betrachten sind, wie die der freien Elektricität, und dass die gebundene Elektricität durch den Akt der Bindung mit keiner andern Eigenschaft begabt wird.

Ich glaube, dass nur mit dieser Ansicht eine klare Uebersicht der Elektricitätslehre gewonnen werden kann und habe sie deshalb bereits im ersten Berichte ausgesprochen [1]).

Im Verfolge seiner Abhandlung hat Fechner eine bedeutende Zahl von Vertheilungsversuchen beigebracht, von welchen folgende

---

[1]) Repertorium Bd. 2. S. 3. und 29.

die interessantesten sind. Eine positiv elektrisirte Messingkugel von 3 Zoll Durchmesser wirkte vertheilend auf eine Kupferscheibe 9'' 4''' im Durchmesser, 0''',35 dick, welche ihr normal gegenübergestellt war (so dass die Verbindungslinie der Centra beider Körper winkelrecht auf der Scheibe stand). Die Scheibe fand sich auf ihrer ganzen (von der Kugel abgewandten) Rückfläche und noch auf einem Theile der Vorderfläche positiv elektrisch. Da der übrige Theil der Vorderfläche negativ elektrisch war, so gab es auf derselben eine Zone, auf der das Probescheibchen keine Elektricität empfing. Bei 2 Zoll Abstand der Kugel von der Scheibe war diese Indifferenzzone ungefähr ½ Zoll von dem Rande der Scheibe entfernt. Als die Scheibe in der Mitte eine runde Oeffnung von einigen Linien Durchmesser hatte, fand sich dessen ungeachtet auf ihrer ganzen Rückseite positive Elektricität. Ein Zinkstreifen von 5'' 7''' Länge, 10''' Breite und 1''' Dicke wurde der positiv elektrisirten Kugel normal gegenübergestellt. Die ganze Rückfläche und ein Theil der Vorderfläche gegen die Enden des Streifens war positiv. Bei den Abständen 1 und 2 Zoll des Streifens von der Kugel lagen die Indifferenzlinien innerhalb des ersten Zolles vom Ende. Ein eiserner Cylinder, 12 Zoll lang, 4''',2 dick, wurde der elektrischen Kugel so gegenübergestellt, dass die Centrallinie auf der Axe des Cylinders winkelrecht stand. Der mittlere Theil der Vorder- und Rückfläche des Cylinders war negativ elektrisch, jede Fläche aber gegen das Ende zu positiv. Hier waren also auf jeder Fläche 2 Indifferenzstellen. Bei dem Abstande 1 Zoll des Cylinders von der Kugel lagen diese Stellen auf der Vorderfläche zwischen 2 und 3 Zoll vom Ende, an der Rückseite zwischen 1 und 2 Zoll. — Zwei Stahldrähte von 1''',8 Dicke, der eine 3 Zoll, der andere 12'' 3''',5 lang, wurden successiv der elektrischen Kugel in 2 Zoll Entfernung gegenübergestellt; der mittlere Theil der Rückfläche war bei dem kurzen Drahte positiv, bei dem langen negativ elektrisch. — Die Kugel wurde in einen Blech-Cylinder von 3'' 6''' Durchmesser, 2'' 8''' Höhe, 0,18 Linien Wanddicke gehängt, so dass also die Kugel (wie oben angegeben von 3 Zoll Durchmesser) in der nächsten Entfernung 3 Linien von dem Cylindermantel entfernt blieb und oben und unten 2 Linien hervorragte. Die ganze Aussenfläche des Mantels war positiv und ausserdem noch ein schmaler Ring am Rande der Innenfläche. —

Solche Versuche, die begreiflicher Weise einer unendlichen Abänderung fähig sind, haben, wie ich schon oben bemerkt, wenn erst das richtige Prinzip ihrer Erklärung festgestellt ist, mehr ein mathematisches als ein physikalisches Interesse, und sind als eine Einladung an gewandte Analysten zu betrachten, den schönen Untersuchungen Poisson's eine weitere Ausdehnung zu geben. —

Faraday (Exp. res. 1681—85) tadelt die Benennung freie und gebundene Elektricität, wenn damit eine verschiedene Wirkungsweise zweier Elektricitäten gemeint sei. Wenn ein elektrischer Körper durch Vertheilung Elektricität erregt, so sei die eine Elektricitätsart nicht freier oder gebundener als die andere. Ein durch Vertheilung wirkender Apparat könne so eingerichtet werden, dass er keine Wirkung von Elektricität zeige, weil die Elektricität die merkwürdige Eigenschaft besitze, in ihrer Wirkung begränzt zu sein (limited and exclusive). Die Elektricität auf einem isolirten Conductor, der in der Mitte eines Zimmers gestellt ist, verhalte sich gerade so zu den Zimmerwänden, wie die Elektricität der innern Belegung einer leydener Flasche zu der äussern Belegung. Wenn Elektricität merkbar gemacht wird, wo sie es vorher nicht war, so geschähe dies nur durch eine Ablenkung der vertheilenden Kraft von einer Richtung in die andere.

Man sieht, dass Faraday die volle elektrische Wirkung eines isolirten Conductors und die geschwächte der innern Belegung der Flasche aus dem Umstande erklärt, dass im ersten Falle sich der Experimentator in dem Medium selbst und der Richtung befindet, in welchen die Vertheilung geschieht, im letztern Falle hingegen ausserhalb des diëlektrischen Mediums. Hiermit wird also der vertheilten wie der vertheilenden Elektricität die Eigenschaft beigelegt, nur nach bestimmter Richtung hin und bis zu einer bestimmten Gränze ihre Wirkung zu äussern, und Faraday's Ansicht von der gebundenen Elektricität (die indess nicht ganz klar ausgesprochen ist) fällt mit der Knochenhauers zusammen, von welcher oben die Rede gewesen ist.

Verhalten der Isolatoren bei der Vertheilung. Faraday änderte den oben (Seite 130.) angeführten Versuch über Vertheilung in krummen Linien so ab, dass er die auf dem Schellack ruhende Metallkugel mit einer quadratischen Platte aus Schellack, Schwefel, Glas, borsaurem Bleioxyd, Spermaceti bedeckte, und verschiedene Stellen über der Platte mit der Probekugel der

Torsionswage untersuchte. Er fand hier die Kugel stärker elektrisch, als wenn die isolirende Platte fehlte und schloss daraus, dass die Isolatoren eine eigenthümliche verschiedene Fähigkeit besitzen, die elektrische Vertheilung durch sich hindurch zu vermitteln (Exp. res. 1229). Um diese verschiedene Fähigkeit, die er spezifisches Vertheilungsvermögen nannte, aufzuzeigen, construirte er später folgendes Instrument unter dem Namen Differential-Inductometer. (1307.) Drei Messingscheiben, 5 Zoll im Durchmesser, wurden auf Glasfüssen in gleichen Entfernungen mit vertikalen Flächen hinter einander aufgestellt, die mittlere war fest, jede der äusseren in einer Rinne verschiebbar. In einer Glasglocke waren isolirt zwei Stifte befestigt mit herabhängenden Goldblättchen und jeder Stift wurde durch einen Draht mit einer der äussern Scheiben verbunden. Theilte man nun der mittleren (festen) Scheibe schwache positive Elektricität mit, und berührte gleichzeitig die beiden äusseren Scheiben ableitend, so blieben die Goldblättchen unbewegt; nach Faraday's Ansicht, weil die elektrisirte Scheibe auf jede der beiden äussern Scheiben durch Luft hindurch vertheilend wirkte. Wurde aber eine $\frac{3}{4}$ Zoll dicke quadratische Schellackscheibe von 4 Zoll Seite zwischen die mittlere und eine der äussern Scheiben gehalten, so zogen sich die Goldblättchen an; zugleich wurde diese äussere Scheibe positiv elektrisch gefunden, während die andere, welche durch Luft von der mittleren getrennt war, negativ blieb. Faraday glaubt, (1253) dass nach der gewöhnlichen Annahme, die Einschaltung der Schellackplatte keine Aenderung in dem elektrischen Zustande der zunächst liegenden Scheibe hervorbringen könne, da dieser Zustand nur von der Entfernung dieser Scheibe von der elektrisirten abhänge; nach seiner Ansicht hingegen sey der Erfolg nothwendig, da die Vertheilung durch Schellack hindurch stärker als die durch Luft wäre. Hiergegen ist zu bemerken, dass die Schellackscheibe durch Vertheilung elektrisirt wird, und die äussere zunächstliegende Metall-Scheibe also nach der Einschaltung von 3 Portionen Elektricität, die in verschiedener Entfernung liegen, erregt wird. Knochenhauer hat die Elektrisirung von isolirenden Platten experimentell aufgezeigt [1]), indem er über der horizontalen Messingplatte eines Bohnenbergerschen Electroscops eine zweite Mes-

[1]) Poggendorff's Annalen * Bd. 51. S. 125.

singplatte in einiger Entfernung befestigte. Er theilte der obern Platte positive Elektricität mit, und berührte die untere Platte ableitend, so dass das Goldblatt des Elektroscops unbewegt blieb. Brachte er aber nun eine 6½ Linie dicke Schellackplatte in den zwischen den Platten befindlichen Luftraum, so zeigte das Goldblatt positive Elektricität an, und zwar wurden die Anzeigen stärker, wenn die isolirende Platte nach unten bewegt wurde. Ganz wie die Schellackplatte verhielt sich eine schwachleitende Platte, eine Pappschachtel, von der mit Gewissheit anzunehmen ist, dass sie durch die elektrische Messingscheibe auf der obern Fläche negativ, auf der untern positiv durch Vertheilung geladen worden war. — Der Faraday'sche Versuch wird verwickelter, wenn die Schellackscheibe, anstatt frei zwischen der vertheilten und vertheilenden Messingscheibe zu stehen, beide Scheiben in ganzer Ausdehnung berührt, wo denn ein Theil der Elektricität von der elektrisirten Scheibe auf die Oberfläche des Schellacks übergeht. Gerade dieser verwickelte Fall, der theoretisch von geringer Bedeutnng ist, hat für die Praxis das meiste Interesse, da dann die beiden durch die Schellackplatte getrennten Metallscheiben der leydener Flasche ganz analog sind. Faraday hat seine messenden Versuche über das spezifische Vertheilungsvermögen der Isolatoren in dieser Form angestellt, und dieselben können für eine experimentelle Lösung der Frage gelten, eine wie starke Ladung eine leydener Flasche erlaube, wenn das Glas derselben mit einer andern isolirenden Substanz vertauscht wird. Ich werde zuerst die merkwürdigen Versuche Faraday's aufführen und dann angeben, welche Bedeutung die gewonnenen numerischen Werthe haben. —

Vertheilungsflasche und rückhaltige Ladung derselben. Der angewandte Apparat ist in den Exp. res. 1188 etc. beschrieben und leicht erkennbar (siehe Fig. 2.) als eine leydener Flasche, deren isolirender Zwischenkörper nach Belieben gewechselt werden kann. Die hohle Messingkugel h, von 2,33 Zoll Durchmesser, ist mittels eines Drahtes, der sich in der Kugel B endigt, und durch den Schellackcylinder ll isolirt ist, in der Mitte der Hohlkugel aa befestigt. Die Kugel aa von 3,57 Zoll Durchmesser besteht aus zwei Halbkugeln, die luftdicht zusammengeschraubt werden können, und setzt unterhalb in das mit einem Hahne d versehene Metallstück fort, welches auf eine Luftpumpe geschraubt werden kann. Die innere Kugel hat bei n eine kleine Oeffnung, so dass sie exantlirt und zugleich mit dem Raume o zwischen beiden Kugeln mit einer Gasart gefüllt werden kann. Verschiedene Vorsichtsmassregeln bei dem Gebrauche dieser Flasche sind Exp. res. 1199 etc. angegeben. Hauptsächlich ist auf die Reinheit der Oberfläche der Schellackmasse l l zu sehen, zu welchem Ende dieselbe mit einem seidenen Tuche abgewischt werden muss. Damit sie aber hierdurch nicht elektrisch werde, ist es nothwendig, sie während des Reinigens anzuhauchen, ein Verfahren, das überhaupt anzuwenden ist, wenn ein Isolator gereinigt oder von einer elektrischen Ladung befreit werden soll. (1203) Faraday bemerkte, dass wenn der Zwischenraum an der unteren Halbkugel der Vertheilungsflasche mit Schellack, Glas u. s. w. ausgefüllt war, die geladene Flasche einige Zeit nach der Entladung wiederum auf beiden Belegungen Elektricität zeigte, wie dies bei der gewöhnlichen leydner Flasche bekannt ist. Die rückhaltige Ladung war bei Anwendung des Spermaceti am stärksten, schwächer bei Schellack, bei Glas und Schwefel, und trat gar nicht ein, als nur Luft zwischen den Kugeln befindlich war. Faraday erklärt diese Ladung durch das Eindringen der Elektricität in den Isolator und das spätere Zurücktreten derselben in die metallischen Belegungen (1245), wozu indess eine längere Zeit nöthig sey, und schliesst hieraus, dass selbst die bessten starren Isolatoren, wie Schellack, Glas und Schwefel in einem gewissen Grade leitend sind, so dass Elektricität in ihre Masse eindringen kann (1247). Diese Aeusserung, obgleich nur Bekanntes enthaltend, ist an dieser Stelle merkwürdig, wie sich später zeigen wird.

Specifisches elektrisches Vertheilungsvermögen der Isolatoren. Faraday benutzte zwei genau gleich verfertigte Vertheilungsflaschen, und prüfte ihren elektrischen Zustand, indem er eine Probekugel an die oberste Stelle der Kugel B (Fig. 2.) anlegte und dann in die Torsionswage brachte. Eine von beiden Vertheilungsflaschen wurde geladen und ihre Elektricität gemessen; durch Verbindung der Kugeln B an beiden Flaschen wurde diese Ladung zwischen ihnen getheilt und sodann die Elektricität jeder Flasche bestimmt. Man sieht, dass in jedem Falle, wenn man vom Residuum absieht, beide Flaschen nach der Theilung der Ladung die Probekugel mit gleicher Elektricitätsmenge laden mussten, dass diese Menge aber nur dann die Hälfte der an der anfänglich geladenen Flasche erhaltenen Menge sein konnte, wenn beide Flaschen denselben Zwischenkörper in dem Raume o o enthielten. Dies zeigte sich genau genug, als Luft in beiden Zwischenräumen befindlich war (Exp. res. 1208). Enthielt aber eine Flasche einen starren Isolator als Zwischenkörper, so war die nach der Theilung gefundene Elektricitätsmenge nicht die Hälfte der vor der Theilung ermittelten. War die ganz mit Luft erfüllte Flasche anfänglich geladen, so gab sie bei der Theilung der Flasche mit starrem Zwischenkörper mehr als die Hälfte ihrer Elektricität ab. Nach Faraday's Meinung rührt dies davon her, dass die starre Substanz die Vertheilung mit grösserer Leichtigkeit durch sich hindurch geschehen liess, als die Luft, und das spezifische Vertheilungsvermögen der Substanz soll sich zu dem der Luft verhalten, wie der Verlust an Elektricität in der Luftflasche zu der Elektricität, welche die andere Flasche nach der Theilung wirklich zeigte. Es wird diese Berechnung im nächsten Beispiele deutlicher, und die Bedeutung des erhaltenen Zahlenwerthes in der Schlussbemerkung näher angegeben werden.

Specifisches Vertheilungsvermögen des Schellacks. (1255.) In die untere Halbkugel der einen Vertheilungsflasche wurde eine dicke halbkugelförmige Schale von reinem Schellack gelegt, so dass der untere Theil des Zwischenraums o o (Fig. 2.) fast ganz ausgefüllt war. Die andere Flasche blieb mit Luft gefüllt und wurde geladen. Nachdem die Ladung gemessen war, wurde sie zwischen beide Flaschen getheilt, und die Elektricität an der Kugel jeder Flasche bestimmt. Folgende sind die Messungen an der Torsionswage, die in der, Seite 130. angegebenen Weise erhalten wurden.

	Flasche I. Schellack.	Flasche II. Luft.	
	(Abstossung der Kugeln 225°.)		
		304	
		297	
	Ladung getheilt.		
	113		
		121	
nach der Entladung	0		
		7	nach der Entladung.

Die Luftflasche hatte vor der Theilung eine Elektricitätsmenge die durch 297 ausgedrückt wird, da aber später nach der Entladung noch 7° erhalten wurden, so wird für die theilbare Ladung 290 genommen. Nach der Theilung der Elektricität wurde in Flasche I. 113, in Flasche II. 121 gefunden; von der letzten Zahl muss 7 abgezogen werden, da dies die Ladung war, welche die Probekugel, (durch Wirkung des obern Schellackcylinders am Apparate) nach der Entladung der Flasche zeigte; beide Flaschen hatten also nahe gleichwirkende Elektricitätsmengen. Die Luftflasche hatte durch Theilung 290—114 oder 176 verloren, während die Schellackflasche dadurch nur 113 gewonnen hatte. Hiernach verhält sich das spezifische Vertheilungsvermögen der Schellackflasche zu dem der Luftflasche 176 : 113 oder wie 1,55 zu 1.

Ein zweiter Versuch wurde so angestellt, dass die Schellackflasche zuerst geladen wurde.

	Flasche I. Schellack.	Flasche II. Luft.	
	215		
	204		
	Ladung getheilt.		
		118	
	118		
		0	nach der Entladung.
nach der Entladung	0		

Hier ist die ganze Ladung 204, der Verlust der Schellackflasche 86, der Gewinn der Luftflasche 118. Das specifische Vertheilungsvermögen des ersten Apparates verhält sich zu dem des zweiten wie 118 zu 86 oder wie 1,37 zu 1.

Faraday hat diese Versuche öfter wiederholt, und da er die Möglichkeit von fremden leitenden Theilen im Schellack ausschliessen wollte, auch mit einer Halbkugel aus Schellack, der aus einer filtrirten Lösung des Lacks in Weingeist erhalten war. Es fand sich als Mittel aller Versuche das specifische Vertheilungsvermögen des Schellackapparats zu dem des Luftapparats 1,5 zu 1. Da die Schellackflasche nur zur Hälfte mit Schellack ausgefüllt war, in der andern Hälfte Luft enthielt, so muss von jedem Werthe des Vertheilungsvermögens 0,5 abgezogen werden. Hiernach wird das specifische Vertheilungsvermögen des Schellacks zu dem der Luft im Verhältnisse 2 zu 1 stehen.

Specifisches Vertheilungsvermögen des Glases und Schwefels. Eine 0,4 Zoll dicke halbkugelförmige Schale aus Flintglas wurde in den Raum o o der einen Flasche gelegt, der aber, da er 0,62 Zoll hoch war, nur zu $\frac{2}{3}$ dadurch ausgefüllt wurde. Es fand sich das specifische Vertheilungsvermögen des Glasapparats zu dem des Luftapparats im Mittel 1,38, so dass das specifische Vertheilungsvermögen des Glases gegen Luft von $\frac{1}{2}$ mal grösserer Dicke durch 1,76 ausgedrückt wird (1274). Mit einer halbkugelförmigen Schale von Schwefel, die den Zwischenraum o o genau ausfüllte, fand Faraday das Vertheilungsvermögen des Apparats gegen das des mit Luft erfüllten 1,62, somit das Vertheilungsvermögen des Schwefels gegen Luft 2,24. Diese Versuche mit Schwefel hält der Verfasser für die untadelhaftesten. (1277.) Die Versuche mit Wallrath, die für den mit demselben gefüllten Apparat ein specifisches Vertheilungsvermögen 1,3 bis 1,6 gaben, konnten wegen der guten Leitung des Wallraths nicht genau sein (1279). Eben so konnten mit rectificirtem Terpenthinöl und Steinöl keine scharfen Resultate erhalten werden, doch ergab sich, dass beide Flüssigkeiten, die gute Isolatoren sind, ein grösseres Vertheilungsvermögen als Luft besitzen (1281).

Specifisches Vertheilungsvermögen der Luft und der Gase. Eine Vertheilungsflasche wurde mit dem untern Theile auf die Luftpumpe geschraubt, geladen und exantlirt, ihr elektrischer Zustand aber vor und nach der Exantlirung geprüft. Es fand sich:

bei	Druck	von	30	Zoll	elektrische	Ladung	88
=	=	=	—	=	=	=	87
=	=	=	14	=	=	=	87
=	=	=	30	=	=	=	86
=	=	=	3,4	=	=	=	81
=	=	=	30	=	=	=	81

Bei einem ähnlichen Versuche wurde eine schwächere elektrische Ladung angewendet, um dieselbe aber genauer messen zu können, der Normalabstand der Kugeln der Torsionswage nur 15° angenommen. Es fand sich bei einem Druck von 1,9 Zoll die Ladung 29 und ebenso, als durch Zulassen von Luft der Druck von 30 Zoll wiederhergestellt war. Die Vertheilung ist also dieselbe in Luft von grösserer oder geringerer Dichtigkeit, nur findet in der dünnen Luft die Entladung eines Theils der angesammelten Elektricität statt. Ebenso ist die Vertheilung in kalter und heisser in trockner und feuchter Luft gleich. (1289.)

In 25 Versuchen wurden die beiden Flaschen mit je zwei der folgenden Gase gefüllt: Sauerstoff, Stickstoff, Wasserstoff, Kohlensäure, ölbildendes Gas, Salpetergas, schweflige Säure, Ammoniak, Fluorkieselgas, Arsenwasserstoff, Schwefelwasserstoff, Stickstoffoxydul, Kohlenoxyd, Chlorwasserstoff. (1290.) Ueberall wurde das specifische Vertheilungsvermögen der beiden Flaschen merklich gleich gefunden. Bemerkenswerth ist, dass alle Gase, wenn sie gut ausgetrocknet waren, vollkommene Isolatoren der Elektricität sind; bei Chlor und Ammoniak wurde Leitung bemerkt, sie rührte aber von einer Einwirkung des Gases auf den Schellack am obern Theile des Apparates her, dessen Oberfläche dadurch leitend wurde und die Elektricität von der äussern zur innern Kugel überführte.

Specifisches Vertheilungsvermögen der Krystalle nach verschiedener Richtung. Um einen Unterschied in dem Vertheilungsvermögen der Krystalle nach verschiedener Richtung zu finden, wandte Faraday folgendes Verfahren an: Eine Messingkugel 0,73 Zoll im Durchmesser wurde durch metallische Verbindung mit einer grossen elektrischen Batterie längere Zeit in gleichem elektrischen Zustande erhalten. Aus dem zu untersuchenden Krystalle wurde ein Würfel geschnitten, so dass die optische Axe winkelrecht auf 2 Flächen desselben stand. Indess eine Würfelfläche an die elektrisirte Kugel angelegt war, wurde auf die gegenüberstehende Fläche die Probekugel der Torsionswage gesetzt, ableitend berührt und sodann in die Wage gebracht. Die unmittelbare Berührung der Krystallflächen, die ausserdem mit Schellackfirniss überzogen waren, wurde durch Schellackstücke, die auf den beiden angewandten Metallkugeln befestigt waren, verhindert (Exp. res. 1690). Die elektrische Vertheilung auf die Probekugel wurde in verschiedenen Stellungen des Krystalls versucht, bei welchen die Verbindungslinie der beiden Metallkugeln entweder parallel der optischen Axe oder winkelrecht auf ihr war. Ein Bergkrystall, aus dem ein Würfel von 0,7 Zoll Seite geschnitten war, gab im Mittel aus 197 Versuchen die Vertheilung in der optischen Axe 100, in den beiden winkelrechten Richtungen 93,59 und 93,31. (1692.) Andere Exemplare des Krystalls gaben indess diese Unterschiede nicht. Es wurden hierauf

Würfel aus Doppelspath angewendet, der eine von 0,5 Zoll Seite gab 100 für die Vertheilung in der Axe, 98,6 und 95,7 in den beiden Querrichtungen. Der andere Würfel von 0,8 Zoll Seite zeigte hingegen 100 für Vertheilung in der Axe, 101,7 und 101,8 in den Richtungen winkelrecht darauf (1695). Hiernach sind die gefundenen Unterschiede in der Vertheilung nicht von der Krystallisation abhängig und müssen anderen, zufälligen Umständen (Rissen u. s. w.) zugeschrieben werden.

Bemerkung über Faraday's Untersuchung des specifischen Vertheilungsvermögens. Fassen wir das Resultat dieser mühevollen Untersuchung zusammen, so lässt es sich am klarsten so aussprechen: Eine elektrisirte leitende Fläche erregt in einer nahestehenden nicht isolirten Fläche eine gewisse Menge entgegengesetzter Elektricität, welche Menge nicht allein von der Entfernung der beiden Flächen, sondern im Allgemeinen auch von dem isolirenden Stoffe abhängig ist, der den Raum zwischen ihnen ausfüllt. Ist dieser Stoff trocken und luftförmig, so ist die erregte Elektricitätsmenge überall dieselbe, ist er hingegen starr, so ist sie grösser, und zwar verschieden nach den einzelnen Isolatoren. Da, um so grösser die erregte Elektricitätsmenge ist, um so weniger Elektricität der ursprünglich elektrisirten Fläche von einem dritten Körper entzogen werden kann, so lässt sich dies auch so ausdrücken, dass je nach dem Stoffe der Zwischenplatte die isolirte Fläche eine kleinere oder grössere Ansammlung von Elektricität erlaubt. Dies Resultat ist nicht neu und schon zur Zeit bekannt gewesen, als man weniger mit einer wissenschaftlichen Bearbeitung der Elektricitätslehre, als mit der Anfertigung kräftiger Apparate beschäftigt war. Es wurde stets bei Anfertigung der leydener Flasche und der Franklinschen Tafel nicht nur auf die Dicke des Glases sondern auch auf die Beschaffenheit desselben gesehen. Cuthbertson bemerkt ausdrücklich, dass die verschiedenen Arten des weissen Glases, und noch viel mehr die des grünen Glases bei gleicher Oberfläche und Dicke ganz verschiedene Mengen von Elektricität bedürfen, um gleich stark geladen zu werden. Er construirte zwei Flaschen aus gleich dickem Glase, die beide, nach der Zahl der zu ihrer Ladung nöthigen Umdrehungen der Maschine zu schliessen, ein gleiches Ladungsvermögen besassen, obgleich die Belegung der einen ein Drittheil kleiner war als die der andern. [1]) Nicholson verfertigte eine Batterie aus Glimmerplatten, weil die Capacität des Glimmers für Elektricität grösser als die des Glases sei [2]). Jäger setzte in einer eigenen Abhandlung die verschiedene Wirksamkeit des Condensators, je nach der Beschaffenheit der isolirenden Zwischenschicht, auseinander und erklärte dieselbe aus einer verschiedenen Durchdringlichkeit der Isolatoren für Elektricität [3]). Es ist also mit Ladungsvermögen, Capacität für Elektricität, Durchdringlichkeit für Elektricität dieselbe Eigenschaft der Isolatoren früher bezeichnet gewesen, die Faraday specifisches elektrisches Vertheilungsvermögen genannt hat. Diese Eigenschaft ist offenbar nichts Anderes als das Leitungsvermögen der Isolatoren in dem speziellen Falle der Ladung, welche entgegengesetzte Elektricitätsarten auf nahestehenden Flächen desselben Körpers anhäuft. Merkwürdigerweise hat Faraday selbst dies Leitungsvermögen der Isolatoren bei der Ladung gefunden, wie oben bei der rückhaltigen Ladung bemerkt worden ist.

Was die numerischen Werthe des specifischen Vertheilungsvermögens betrifft, so ergiebt folgende Rechnung, dass ihnen der Ausdruck zu Grunde liegt, den man zur Berechnung der condensirenden Kraft eines durch Vertheilung wirkenden Apparats gebraucht. Es sey Faraday's Vertheilungsflasche I. ursprünglich geladen, und gebe der Probekugel die Elektricitätsmenge a ab; nachdem die Theilung der Ladung zwischen beiden Flaschen geschehen ist, erhalte die Probekugel von I. die Elektricitätsmenge a', von II. die Menge b. Nach Faraday ist dann $a - a'$ Verlust der Flasche I., b Gewinn der Flasche II. und $\frac{a - a'}{b}$ ist das Verhältniss des specifischen Vertheilungsvermögens der zweiten Flasche zu dem der ersten. Wenn der innern isolirten Fläche jeder Flasche Elektricität mitgetheilt wird, so erregt diese in der äussern nicht isolirten Fläche eine geringere Menge entgegengesetzter Elektricität; das Verhältniss dieser erregten Menge zur gegebenen sei in der Flasche I. $= m$, in der Flasche II. $= m_1$. Erhält Flasche I. die Elektricitätsmenge E so giebt sie nach bekannten Gesetzen der Probekugel eine Elektricitätsmenge ab, die proportional $(1 - m^2)$ E

---

[1]) Gilbert, Annalen der Physik. * Bd. 3. S. 27.
[2]) Ebendas. * Bd. 23. S. 274.
[3]) Ebendas. * Bd. 52. S. 90. flg.

ist oder $(1-m^2)E = a$. Die Flasche II. erhalte von der ersten Flasche die Elektricitätsmenge E_1, so hat man auf gleiche Weise $(1-m_1^2)E_1 = b$ und ferner noch

$$(1-m^2)(E-E_1) = a'$$

Eliminirt man aus diesen drei Gleichungen die unbekannten Elektricitätsmengen E und E_1, so erhält man

$$\frac{a-a'}{b} = \frac{1-m^2}{1-m_1^2} = \frac{\frac{1}{1-m_1^2}}{\frac{1}{1-m^2}}$$

Zähler und Nenner des zuletzt geschriebenen Bruches drücken die condensirende Kraft der zugehörigen Flasche aus, denn eine Fläche die alleinstehend die Elektricitätsmenge 1 aufzunehmen vermag, wird, wenn sie in einer nahestehenden Fläche die Elektricität m erregt, die Menge $\frac{1}{1-m^2}$, aufnehmen können. Hiernach wird man also die Angaben Faraday's über das Vertheilungsvermögen zu deuten haben; die Angabe z. B., das specifische Vertheilungsvermögen des Schellacks verhalte sich zu dem der Luft wie 2 zu 1, sagt aus, dass eine leydener Flasche, ein Condensator, mit Schellack als Zwischenlage noch einmal so viel Elektricität aufnehmen könne, als wenn der Schellack durch Luft ersetzt wäre. Es muss auffallen, dass mit so grosser Mühe ungefähre Werthe der Function $\frac{1}{1-m^2}$ aufgesucht worden sind, da viel leichter und genauer mit der Probekugel Verhältnisse der Grösse m gefunden werden können und diese selbst in viel näherer Beziehung zu der angenommenen Eigenschaft der Isolatoren steht. Einen genauen Ausdruck des verschiedenen Ladungsvermögens wird zwar auch m nicht liefern können, da diese Grösse mit von der Beschaffenheit der Oberfläche des Isolators abhängt, die bei allen Isolatoren nicht von gleicher Beschaffenheit hergestellt werden kann. Der beschwerliche Umweg, den Faraday bei der Hauptuntersuchung genommen hat, ist bei dem späteren oben angeführten Zusatz über das Vertheilungsvermögen der Krystalle vermieden worden, in welchem die einfache gebräuchliche Methode zur Bestimmung von m angewandt worden ist.

Ladungserscheinungen.

Elektrische Ladung von Halbleitern. Munck af Rosenschöld [1]) hat auf die Ladung aufmerksam gemacht, welche Halbleiter der Elektricität zeigen, wie Kohle, Manganhyperoxyd, Eisenoxyd, gelbes Quecksilberoxyd, rother Zinnober, feuchte organische Stoffe, Alkohol u. s. w., wenn sie einige Zeit an den Conductor einer Elektrisirmaschine gebracht werden. Die meisten dieser Stoffe müssen dazu gepulvert und in Röhren eingeschlossen werden; das Schwefelantimon hingegen zeigt in ganzen Stücken die Ladung sehr gut. Der Verfasser nahm ein Stäbchen Schwefelantimon von 3 Zoll Länge und hielt ein Ende desselben einige Zeit lang an den positiv elektrischen Conductor einer fortwährend thätigen Elektrisirmaschine. Prüfte er das Stäbchen sodann an einem Elektrometer, so zeigte das an den Conductor gehaltene Ende positive, das andere Ende negative Elektricität. Es ist indess immer nöthig, bei Prüfung des einen Endes das andere ableitend zu berühren. Diese Elektricitäten zeigen sich in abnehmender Stärke nach mehreren Stunden und selbst nach einem Tage, nur muss verhütet werden, dass nicht die Enden des Stäbchens durch einen guten Leiter verbunden sind, wodurch die Ladung in kürzerer Zeit verschwindet. Zerbricht man die elektrisirte Antimonstange in mehrere Stücke, so zeigt jedes Stück, wenn es nur nicht zu kurz ist, Eigenschaften wie die ganze Stange. Dieselben Erscheinungen lassen sich an aufgeschichteten Papierscheiben hervorbringen, an Papierstreifen und am besten an Säulen aus Metallpapierscheiben und an Metallplatten die durch eine dünne Harzschicht getrennt sind. Man kann daher trocknen elektrischen Säulen, die unwirksam geworden sind, auf kurze Zeit den Schein der Wirksamkeit geben, indem man Elektricität von einer kräftigen Elektrisirmaschine durch sie hindurch strömen lässt. Der Verfasser glaubt, dass diese Erscheinungen nicht durch eine gewöhnliche elektrische Ladung zu erklären sind und stellt den Satz auf: Ein elektrischer Strom der durch einen Leiter geht, erweckt in demselben das Bestreben, die Differenzen der elektrischen Kräfte, die durch den Strom hervorgerufen werden, zu behalten.

Elektrische Ladung einer einfachen galvanischen

[1]) Poggendorff Annalen * Bd. 43. S. 217.

Kette. Munck af Rosenschöld[1]) legte auf eine 5zöllige Kupferscheibe ein in Chlorzink getränktes Papier und erhitzte die Platte über einer Lampe bis zur Trockenheit des Papiers; es wurde sodann eine Zinkscheibe auf das Papier gelegt und mittels einer hölzernen Schraube angedrückt. Diese einfache Kette gab eine nicht unbedeutende Ablenkung der Magnetnadel am Multiplicator; sie wurde lange Zeit geschlossen gehalten, dann geöffnet und jede Platte derselben in ihrer Lage an einem kupfernen Condensator auf Elektricität geprüft. Hierbei legte der Verfasser die den Condensator nicht berührende Platte auf eine feuchte Pappscheibe, die er in der Hand hielt; es wurden in einer Reihe kurz hinter einander angestellter Prüfungen folgende Divergenzen am Strohhalmelektrometer erhalten:

Mit dem Condensator in Berührung	
Zinkplatte	Kupferplatte
3°	20
8	16½
15½	8½
18½	6½
21½	2½
22½	1½

Die Divergenzen geschahen alle mit negativer Elektricität, so dass also in der beschriebenen Kette das Kupfer negativ, das Zink positiv elektrisch gewesen sein muss. Da diese Elektricitäten, wie man sieht, nach dem Oeffnen der Kette sehr schnell abnehmen, so können sie nur durch Ladung während des Geschlossenseins der Kette entstanden sein. In einem folgenden Versuche wurde die Kette nach jeder einzelnen Prüfung am Condensator geschlossen, und ihre Wirkung auf die Magnetnadel des Multiplicators beobachtet; diese Wirkung, welche durch die vorhergehende lange Schliessung sehr geschwächt war, zeigte sich fortwährend im Zunehmen. Die Kette konnte auch, statt durch Schliessen, auf die Weise geladen werden, dass man den galvanischen Strom einer aus 3 (mit Salmiaklösung erregten) Plattenpaaren bestehenden Säule durch dieselbe leitete, wonach die Elektricität der Kupferplatte besonders stark erschien. An dem Conductor einer Elektrisirmaschine konnte die einfache Kette nicht geladen werden, so lange sie in

[1]) Poggendorff Annalen* Bd. 43. S. 446.

dem Zustande war, dass sie auf den Multiplicator wirkte, wol aber nahm sie eine Ladung an, wenn sie sehr stark ausgetrocknet war. In Betreff der Schlüsse die der Verfasser aus diesen Versuchen über die Wirkungsabnahme der voltaischen Kette zieht, muss ich auf seine Abhandlung verweisen.

Galvanische Ladung von Drähten durch den elektrischen Schlag. Mit der elektrischen Ladung von Halbleitern scheint die galvanische Ladung im Zusammenhange zu stehen, die Henrici [1]) an Metalldrähten bemerkt hat, welche in eine Flüssigkeit tauchend dem Schlage einer leydener Flasche ausgesetzt worden sind. Zur Anstellung der Versuche wird eine 12 Millimeter weite Glasröhre, in die an beiden Enden ein Platindraht hineinragt, in die Schliessung einer leydener Flasche und zugleich in die eines empfindlichen Multiplicators mit Doppelnadel gebracht. Wird ein bewegliches Drahtstück, das mit einem Ende in eine Schale mit Quecksilber taucht, aus dem Quecksilber gezogen, so sind beide Verbindungen unterbrochen, lässt man den Draht fallen, so kommt sein Ende einem Fortsatze der innern Belegung der Flasche nahe und entladet diese; indem dies Ende in das Quecksilber fällt, stellt es die Schliessung des Multiplicators her. Nachdem also die in der Glasröhre befindliche Flüssigkeit den elektrischen Strom der Flasche geleitet hat, dient sie als Leiter eines galvanischen Stroms, der durch Ablenkung der Doppelnadel des Multiplicators angezeigt wird. Alle Ablenkungen die Henrici beobachtet hat, geschahen in der Richtung, dass der galvanische Strom, wie er in der Röhre gedacht wird, dem elektrischen Strom in derselben entgegengesetzt ist, das heisst, dass dasjenige Ende der Röhre, welches von der Flasche zuerst positive Elektricität empfängt, dem Multiplicator positive Elektricität abgiebt. Es ist dies gerade derselbe Fall in den oben beschriebenen Versuchen am Condensator von Munck af Rosenschöld. — Henrici hat die Glasröhre mit vielen verschiedenen Flüssigkeiten gefüllt und nachdem er den Schlag einer stets zu demselben Grade (mit Hülfe einer Maassflasche) geladenen Flasche hindurchgehen gelassen, die Ablenkungen der Magnetnadel beobachtet. Die stärksten Ablenkungen erhielt er bei Füllung der Röhre mit einer Lösung von Jodkalium und von concentrirter Salzsäure, die schwächste bei Anwendung von Schneewasser oder

[1]) Poggendorff Annalen* Bd. 46. S. 585.

Alcohol. Aus der verschiedenen Polarisirung der Drähte in verschiedenen Flüssigkeiten schliesst der Verfasser, dass diese Polarisirung von einer durch die strömende Elektricität veranlassten Wirkung der Flüssigkeit auf die Oberfläche der Drähte herrühre. Die Ablenkung stieg mit der Ladung der Flasche wie die folgende Reihe zeigt, die mit Jodkaliumlösung erhalten wurde.

Stärke der Ladung	1	2	3	4	5	6	7	8
Ablenkung der Nadel	5	11,5	17	23	29	35	41	47.

Der Verfasser überzeugte sich, dass nicht etwa Erwärmung der Platindrähte die Ablenkung veranlasste, und dass wirklich die Drähte selbst geladen waren. Als er nämlich statt der Glasröhre einen Glaskasten anwandte, in den die Drähte lose eingehängt wurden, und dieselben, nachdem sie den elektrischen Schlag empfangen hatten, in einen andern mit Flüssigkeit gefüllten Kasten hängte, erhielt er dieselbe Ablenkung wie früher, nicht aber wenn er in dem ersten Kasten die von der Elektricität getroffenen Drähte mit neuen vertauschte. Blieben die Drähte in der Flüssigkeit, so verschwand ihre Ladung in 1½ Minute gänzlich, wurden sie hingegen gleich nach der Entladung herausgenommen und abgetrocknet, so zeigten sie sich noch nach 1 Stunde polarisch. Auch Kupferdrähte konnten in gleicher Weise wie die Platindrähte geladen werden, nur in geringerer Stärke. Mit Hülfe eines Elektroscops wurde in der Flüssigkeit, die den Schlag geleitet hatte, freie Elektricität gefunden. Es ist übrigens zur Ladung von Drähten nothwendig, dass sie durch einen schlechten Leiter (Flüssigkeit, Papier) getrennt sind, da weder Henrici noch Rosenschöld in einem ganz metallischen Schliessungsbogen Polarität bemerkt hat. —

In einem folgenden Aufsatze[1]) stellt Henrici die Ladung der Drähte wieder in Abrede und betrachtet die Erscheinung als eine secundäre, herrührend von der elektrischen Zersetzung der zwischen den Drähten befindlichen Flüssigkeit und dem zwischen den abgeschiedenen Stoffen und der Flüssigkeit erregten galvanischen Strome. Folgende Versuche mit Maschinenelektricität werden zur Stütze dieser Ansicht beigebracht. Auf Reaktionspapieren, die mit Jodkaliumlösung befeuchtet waren, wurden zwei Platinspitzen in einige Entfernung von einander gestellt, von welchen die eine zum Conductor einer Elektrisirmaschine, die andere zu einer Ableitung

---

[1]) Poggendorff Annalen * Bd. 47. S. 431.

führte. Nachdem durch das Spiel der Maschine die Zersetzung des Jodkalium auf dem Papier statt gefunden, wurden die Spitzen mit einem Multiplicator verbunden und zeigten hier einen galvanischen Strom an, der auf dem Papiere von der ableitenden Spitze zu der zuleitenden ging. Dieser Strom trat auch noch dann ein, wenn die zur Zersetzung gebrauchten Platinspitzen mit neuen vertauscht wurden, nicht aber wenn die ersten Spitzen auf ein anderes Papier gesetzt wurden, das mit Jodkaliumlösung befeuchtet war. In einem andern Versuche liess der Verfasser die Platinspitzen 1 Millimeter über dem Papiere stehen, auch hier erfolgte Zersetzung durch die ausströmende Elektricität, und der galvanische Strom wurde sichtbar, als die Spitzen nachher auf das Papier gesetzt und mit dem Multiplicator verbunden waren. Diese Versuche zeigen, dass Papierstreifen wie Platindrähte polarisirt werden können, berechtigen aber nicht zu dem Schlusse, den der Verfasser aus ihnen zieht, um eine jede Polarisirung durch Elektricität zu leugnen.

B. Eigenschaften und Wirkungen der elektrischen Entladung.

I. Entladung am einfachen Conductor.

Schlagweite des einfachen Conductors in verschiedenen Gasen. Die Schlagweite des einfachen Conductors wie der Batterie bleibt für eine bestimmte elektrische Ladung nicht mehr dieselbe, wenn die Entladung statt durch Luft durch eine andere Gasart hindurch statt findet. Wenn daher der unveränderte Zwischenraum zwischen zwei Leitern, welche die Entladung vermitteln, mit verschiedenen Gasarten ausgefüllt wird, so ist im Allgemeinen eine verschiedene Elektricitätsmenge nöthig, um die Entladung möglich zu machen. Dies ist zwar bekannt, aber noch nicht mit genauen Messungen belegt.

Faraday hat solche Messungen angestellt (Experim. resear. 1381 folgd.), aber auf eine zu complicirte Weise, um ein scharfes Resultat zu erhalten. Ein solches würde überhaupt nur von Batterieversuchen zu erwarten sein, bei welchen die Ansammlung der

Elektricität langsamer und regelmässiger von Statten geht, als auf dem einfachen Conductor der Maschine. Faraday verschloss ein Glasgefäss a (Fig. 3.) mit einem Metall-Boden g, der in eine Röhre mit dem Hahn f fortsetzte, und mit dem Deckel b, durch den ein Draht in einer Stopfbüchse hindurchging. An diesem Drahte befand sich im Gefässe eine Metall-Kugel s von 0,93 Zoll Durchmesser, der eine Kugel l von 2,02 Zoll Durchmesser gegenüberstand in der festen Entfernung von 0,62 Zoll. Neben diesem Apparate waren zwei Metallkugeln L und S (0,96 und 1,95 Zoll Durchmesser) auf Glasständern isolirt und an den verschiebbaren Drähten m und k befestigt. Die Kugeln s und S wurden durch Drähte mit dem Conductor einer Elektrisirmaschine verbunden, die Kugeln l und L mit einer Ableitungskette. Wurde daher der Conductor n geladen, so hatte der Funke zwei Wege um zur Ableitungskette überzuspringen, entweder durch den unveränderten Zwischenraum v im Glasgefäss, oder durch den veränderlichen u in der Luft. Nachdem das Glasgefäss exantlirt und mit einem Gase gefüllt war, wurden die freistehenden Kugeln L und S so weit entfernt, dass die Funken bei Ladung des Conductors nur im Gefässe übersprangen. Die freistehenden Kugeln wurden sodann allmälig einander genähert; die letzte Entfernung derselben, bei welcher noch alle Funken im Gefässe übersprangen, ist unter „grösste Entfernung“ angegeben. Bei grösserer Näherung der Kugeln gingen die Funken theils im Gefässe, theils in der Luft über, bis eine Entfernung erreicht wurde (als „kleinste Entfernung“ angegeben), bei welcher sie nur in der Luft übersprangen. Da die Elektricitätsmengen, welche in der Luft zwischen den Kugeln überspringen, proportional den Entfernungen dieser Kugeln sind, so kann aus diesen Entfernungen die Elektricitätsmenge beurtheilt werden, welche nöthig ist, um den constanten Zwischenraum im Glasgefässe, der mit einem Gase gefüllt ist, zu überspringen. Die „grösste Entfernung“ giebt eine Elektricitätsmenge an die grösser, die „kleinste Entfernung“ eine die kleiner ist als die gesuchte, das Mittel beider wird diese daher im Allgemeinen beurtheilen lassen. Der bedeutende Unterschied beider Entfernungen in der folgenden Tabelle ist der Unvollkommenheit der Methode zuzuschreiben. Die angewandten Gase sind gut ausgetrocknet gewesen, die Entfernung ist in pariser Zollen angegeben.

Bei positiver Ladung des Conductors

im Gefässe	kleinste Entfernung	grösste Entfernung	Mittel
Chlorwasserstoffgas	0,89	1,32	1,105
Oelbildendes Gas	0,64	0,86	0,750
Luft	0,60	0,79	0,695
Kohlensäure	0,56	0,72	0,640
Stickstoff	0,55	0,68	0,615
Sauerstoff	0,41	0,60	0,505
Steinkohlengas	0,37	0,61	0,490
Wasserstoff	0,30	0,44	0,370

Die letzte Spalte giebt eine Uebersicht der ungefähren Verhältnisse der Elektricitätsmengen, welche nöthig sind um zwischen zwei festen Leitern je nach dem den Zwischenraum ausfüllenden Gase eine Entladung zu bewirken; die Schlagweite einer und derselben Elektricitätsmenge wird daher das umgekehrte Verhältniss beobachten. Ein mit bestimmter Elektricitätmenge geladener Conductor wird z. B. die grösste Schlagweite haben (die längsten Funken geben), wenn er mit Wasserstoffgas und die kleinste, wenn er mit ölbildendem- oder Chlorwasserstoff-Gas umgeben ist. Die obigen Versuche wurden mit negativer Elektricität wiederholt.

Bei negativer Ladung des Conductors

im Gefässe	kleinste Entfernung	grösste Entfernung	Mittel
Oelbildendes Gas	0,67	0,77	0,73
Chlorwasserstoff	0,67	0,75	0,72
Stickstoff	0,59	0,70	0,64
Luft	0,59	0,68	0,63
Kohlensäure	0,58	0,60	0,59
Steinkohlengas	0,47	0,58	0,52
Sauerstoff	0,50	0,52	0,51
Wasserstoff	0,25	0,30	0,27

Hier wie in der ersten Tafel sind die Gase nach abnehmender Elektricitätsmenge, die sie zur Durchbrechung verlangen, geordnet und man sieht, dass die Reihen für positive und negative Elektricität merklich übereinstimmen. Da alle Gase gut ausgetrocknet bei gleichem Drucke und derselben Temperatur angewandt wurden, und sich dieselben nicht nach Verhältniss ihrer Dichtigkeit gruppiren (wie z. B. Sauerstoffgas, obgleich schwerer als ölbildendes Gas, eine geringere Elektricitätsmenge verlangt als letzteres), so nimmt Faraday ein eignes Beschränkungsvermögen (restraining power) der Gase an (1395), das er von dem Leitungsvermögen aus dem unhaltbaren Grunde trennt, weil er keinen Unterschied in dem Vertheilungsvermögen der Gase gefunden hatte. — Der Verfasser macht noch darauf aufmerksam (1393), dass der Unterschied der grössten und kleinsten Entfernung, das Intervall also, um welches die freistehenden Kugeln einander genähert werden können, ohne das Erscheinen des Funkens auf eine bestimmte Stelle zu beschränken, viel grösser ist bei positiver als bei negativer Ladung des Conductors. Es findet sich nämlich dieser Unterschied bei den verschiedenen Gasen folgendermassen:

Unterschied der grössten und kleinsten Entfernung bei:

	positiver Ladung	negativer Ladung
Luft	0,19	0,09
Sauerstoff	0,19	0,02
Stickstoff	0,13	0,11
Wasserstoff	0,14	0,05
Kohlensäure	0,16	0,02
Oelbildendes Gas	0,22	0,08
Steinkohlengas	0,24	0,12
Salzsäuregas	0,43	0,08

Es ist indess zu bemerken, dass nach des Verfassers Angabe die Versuche mit positiver und negativer Ladung in kurzer Zeit hinter einander angestellt worden sind, wo eine vorwaltende positive Ladung der Luft des Zimmers leicht zu solchen Unterschieden Anlass geben konnte. —

Aehnliche Versuche wie die beschriebenen über das Leitungsvermögen der Gase hat Faraday später mit einem anderen Apparate angestellt (1507), er hält die spätern Versuche aber für weniger genau als die frühern, und räth bei Wiederholung derselben die Gase statt in Glas- in Metall-Gefässen einzuschliessen, um der Ladung des Glases zu entgehen.

Länge des Funkens nach den Entladungsflächen. Becquerel[1]) mass die Länge der Funken die von einer Nairneschen Elektrisirmaschine zwischen zwei ungleich grossen Kugeln (75 und 18 Millimeter Durchmesser) erhalten wurden. Als die grosse Kugel mit dem negativen Conductor, die kleine mit dem positiven Conductor der Maschine verbunden war, konnten Fun-

[1]) Becquerel Traité de l'électricité* t. V. 2. p. 151.

ken von 65, als hingegen die Kugeln ihren Platz getauscht hatten, von nur 29 Millimetern Länge gezogen werden. — Die grosse Kugel wurde mit dem positiven Conductor einer andern kräftigeren Maschine verbunden, die kleine zur Erde abgeleitet, die Funken waren nur 45, in entgegengesetzter Stellung der Kugeln aber 125 Millimeter lang. Ein parabolischer Spiegel der Kugel des Conductors gegenübergestellt erhielt Funken von 300 Millimetern. — Diese Versuche berechtigen nicht zu dem allgemeinen Schlusse, den Becquerel aus ihnen zieht, dass nämlich wenn man elektrische Funken zwischen zwei ungleich grossen Kugeln überspringen lässt, die Funken viel länger erhalten werden, wenn die kleinere Kugel positiv, die grössere negativ ist, als im entgegengesetzten Falle. Es ist nämlich die Länge der Funken, ausser von der Form der Entladungsflächen, abhängig von der Menge der angesammelten Elektricität und daher von der ganzen Gestalt des Conductors der Maschine und der absoluten Grösse der mit demselben verbundenen Kugeln. Eine je grössere Ansammlung von Elektricität ein Conductor gestattet, desto länger sind die Funken, die man aus ihm ziehen kann, ohne dass dabei die Art der Elektricität, mit der er geladen ist, in Betracht käme. Pfaff und ich selbst haben die längsten Funken sowohl bei positiver als negativer Elektrisirung erhalten, wenn ein ausgedehnter Conductor mit einer Kugel endigte, der eine viel grössere Kugel oder eine Metallplatte entgegengestellt wurde. [1]) Dass an den Elektrisirmaschinen die Funken bei negativer Elektrisirung kürzer sind als bei positiver, rührt davon her, däss in dem ersten Falle der Conductor eine der Ansammlung der Elektricität ungünstigere Gestaltung erhält; wo die Stellung der elektrisirten Flächen stets dieselbe ist, wie bei der elektrischen Batterie, findet man auch die Schlagweite ganz unabhängig von der in die Batterie geführten Elektricitätsart.

Licht des elektrischen Funkens. Becquerel [2]) verband zwei Metallkugeln von gleichem Durchmesser mit Einsauger und Reibzeug einer isolirten Nairneschen Elektrisirmaschine. Als die Kugeln 2 oder 3 Linien von einander entfernt waren, bemerkte er in den zwischen ihnen überspringenden Funken drei unterscheidbare Stellen, eine sehr helle an der negativen Kugel, eine

---

[1]) Repertorium* Bd. II. S. 43.
[2]) Traité de l'électricité* t. V. 2. p. 143.

weniger helle an der positiven und zwischen ihnen eine dunkle violette Stelle. Als die Kugeln weiter entfernt wurden, theilte sich die helle negative Stelle in zwei Theile, so dass der Funke aus 2 hellen und 3 dunkeln Stücken zu bestehen schien. Wurden die Kugeln noch weiter entfernt, so näherte sich der innere helle Theil der negativen Seite dem der positiven und verband sich zuletzt mit demselben. Alsdann blieb an der negativen Seite nur eine schwache Helle und eine sehr starke an der positiven Seite. — Eine ausführlichere Untersuchung der Lichtgestalten des Funkens folgt unten bei Faraday's Abhandlung über die elektrische Entladung.

Elektrische Funken in Gasarten. Als Faraday elektrische Funken zwischen zwei Messingkugeln durch verschiedene Gasarten schlagen liess, bemerkte er Folgendes (Experim. resear. 1422). In Luft leuchten die Funken mit intensivem bläulichen Lichte und zeigen dunkle Stellen, wenn die übergehende Elektricitätsmenge gering ist. In Stickstoffgas haben sie eine bestimmtere blaue oder purpurne Farbe als in Luft und bringen einen stärkern Schall hervor. In Sauerstoffgas sind sie weisser aber weniger glänzend als in Luft. In Wasserstoffgas geben die Funken wenig Geräusch und sind hochroth; doch verschwindet diese Farbe, wenn die Gasmasse verdünnt wird. In Kohlensäure war die Farbe des Funkens grünlich, die Gestalt merkwürdig unregelmässig. In Salzsäuregas war der Funke weiss, durchaus glänzend ohne jene dunkeln Stellen, die in andern Gasen bemerkt werden. In Kohlensäure war der Funke zuweilen roth statt grün, zuweilen zeigt er beide Farben zugleich, wie wenn er aus verschiedenen Stücken zusammengesetzt wäre. Faraday sieht in dieser verschiedenen Beschaffenheit des Funkens eine direkte Beziehung der Elektricität zu dem Mittel das sie durchbricht, und keine secundäre Verbrennungserscheinung (1423).

Wärmestralung des Funkens. Zur Untersuchung ob der elektrische Funke Wärme ausstrale, liess der jüngere Becquerel[1]) in 2 Centimeter Entfernung von der geschwärzten Oberfläche einer thermoëlektrischen Säule elektrische Funken von einer Batterie überschlagen, bemerkte aber keine Wirkung an der Multiplicatornadel. Da ein rothglühendes Eisen, schnell der Säule vorüberge-

---

[1]) Compt. rendus t. VIII. p. 334. Poggend. Annalen * Bd. 49 S. 574.

führt nur eine Ablenkung von 3° hervorbrachte und Platindraht, durch den elektrischen Schlag verflüchtigt, ebenfalls nur eine geringe Ablenkung verursachte, so vermuthet der Verfasser ganz richtig, dass der mangelnde Erfolg im ersten Versuche von der zu kurzen Dauer des elektrischen Funkens herrühre. Wie er sich zu dem Schlusse berechtigt glauben kann, dass die Erregung von Phosphorescenz durch den elektrischen Funken durch eine Stralung eigenthümlicher und anderer Art, als die die Wärmeempfindung erzeugende, hervorgebracht werde, ist nicht einzusehen.

Der elektrische Lichtbüschel. Faraday, der den elektrischen Entladungserscheinungen zur Unterstützung seiner Ansicht über die Vertheilung mit besonderer Aufmerksamkeit gefolgt ist, hat dem elektrischen Lichtbüschel einen längern Abschnitt gewidmet (Experim. resear. 1425. folgd.), dem ich Folgendes entnehme. — Der Lichtbüschel wird leicht hervorgebracht, wenn man den positiv elektrisirten Conductor einer Elektrisirmaschine durch einen dicken am Ende abgerundeten Draht verlängert, oder wenn man einen ähnlichen Draht einem negativ elektrisirten Conductor nahe bringt. Der Büschel ist aus einzelnen leuchtenden Entladungen zusammengesetzt, die durch Wheatstones rotirenden Spiegel, ja schon durch eine schnelle Bewegung des Auges erkannt werden, und das ihn begleitende Geräusch, welches zuweilen einen musikalischen Ton bildet, entsteht aus den einzelnen in bestimmten Intervallen folgenden Entladungsschlägen. Geschehen diese kleinen Entladungen zwischen Conductor und Luft, so sind sie seltener und werden häufiger, wenn man dem Büschel die Hand entgegenhält, wobei deshalb der begleitende Ton an Höhe zunimmt (1431). Die elektrischen Büschel werden sehr leicht und schön in verdünnter Luft und in Gasarten erzeugt, Faraday hat sie indess auch in einem dichten Medium, in Terpenthinöl erhalten, obgleich nur schwierig und in geringer Ausdehnung (1452). Als Büschel an sehr verschiedenen Stoffen hervorgebracht wurden (Holz, Karte, Kohle, Salpeter, Citronensäure, Kleesäure, Bleioxyd, Chlorblei, kohlensaures Kali, Aetzkali, Kalilösung, Schwefelsäure, Schwefel, Schwefelantimon, Hämatit), konnte kein Unterschied in der Form der Erscheinung bemerkt werden (1454).

Lichtbüschel in verschiedenen Gasen. Faraday hat elektrische Lichtbüschel in Gasen bei verschiedener Dichte derselben hervorgebracht, und giebt Folgendes an (1456 folgd.). In Luft ist der Büschel leicht zu erhalten, er ist von Purpurfarbe und breitet sich bei Verdünnung der Luft mit starkem ins Rosenrothe spielendem Lichte aus. In Sauerstoff ist derselbe matt weisslich und kurz, selbst bei Verdünnung des Gases von geringer Ausdehnung. Stickstoffgas giebt den Büschel leichter und schöner als irgend ein Gas, bei der Verdünnung wird er ausnehmend gross und glänzend. Wasserstoffgas giebt ihn grünlich und ziemlich ausgebreitet, in dem verdünnten Gase sind die Verzweigungen sehr schön, aber der Glanz matt, sammetartig. In Steinkohlengas ist der Büschel schwer zu erzeugen, kurz und kräftig, funkenartig, gewöhnlich von grüner Farbe. Er zeigt sich an der positiven und negativen Fläche mit einem dunkeln Zwischenraume; in verdünntem Gase ist die Form besser aber der Glanz schwach. In Kohlensäure ist der Büschel sehr beschränkt, nach Verdünnung grünlich oder purpurfarben mit schwachem Lichte. In Salzsäuregas ist der Büschel sehr schwer zu erhalten. Nachdem durch Entfernung der elektrisirten Leiter von einander die Funken aufgehört haben, tritt eine dunkle Entladung ein, die nur plötzlich durch wenige Büschel unterbrochen wird. Nach Verdünnung des Gases bildet sich der Büschel leichter, ist aber stets klein, schwachleuchtend und an der positiven und negativen Fläche gleich. Bei starker Verdünnung sind die Verzweigungen von blassbläulicher Farbe. Der Verfasser bemerkt, dass die Eigenthümlichkeit des Stickstoffgases, sehr lange Verästelungen des Büschels zu gestatten, bei den Meteoren in der Atmosphäre, die zu $\frac{4}{5}$ aus diesem Gase besteht, von grosser Wichtigkeit sei.

P o s i t i v und n e g a t i v elektrische Lichterscheinungen. So sollen Lichterscheinungen unterschieden werden, die an einem mit positiver oder negativer Elektricität geladenen Leiter stattfinden. F a r a d a y (Exper. res. 1465 folgd.) hat hierüber eine grosse Anzahl von Versuchen angestellt, aus welchen ich die minder bekannten heraushebe. Der Lichtbüschel, obgleich beiden Elektricitätsarten eigen, ist in der Luft viel leichter und ausgedehnter positiv als negativ zu erhalten. Hält man daher einer grossen negativ elektrisirten Kugel eine Spitze entgegen, so erscheint in einer gewissen Nähe der Büschel an der Spitze, nicht aber wenn die Kugel positiv elektrisch war, in welchem Falle sich nur der Stern an der Spitze zeigt. Bei einem vom Conductor einer Elektrisirmaschine ausgehenden abgerundeten Drahte konnte je nach der Ladung des Conductors der positive wie der negative Büschel erhalten werden. Faraday fand, dass der negative kürzer und zusammengedrängter war als der positive, und aus viel (7 bis 8mal) schneller auf einander folgenden Entladungen bestand. Der positive Büschel liess sich durch beschleunigtes Drehen der Maschine in ein Glimmen verwandeln, der negative nicht (1468). Wurde dem negativen Büschel das abgerundete Ende eines dünnen Drahts entgegengehalten, so erschien an diesem der positive Büschel, und der negative zog sich sichtlich zusammen. Bei Anwendung eines sehr dünnen Drahts konnten beide Büschel von ganz gleichem Ansehen erhalten werden (1470). Die Form des positiven und negativen Büschels an demselben Leiter ist verschieden in verschiedenen Gasarten. Faraday füllte eine Glaskugel von 7 Zoll Durchmesser, in der zwei Messingstäbe von $\frac{1}{4}$ Zoll Dicke einander gegenüberstanden, mit einem Gase und erzeugte die Büschel durch Verbindung des einen Stabes mit dem Conductor der Maschine, der bald positiv bald negativ elektrisirt wurde. Der positive Büschel war im Allgemeinen grösser und ausgedehnter als der negative; am grössten erschien er in Stickstoffgas und Luft, geringer in Kohlensäure-, Salzsäure-, Steinkohlengas, am kleinsten und dem negativen gleich in Sauerstoff. Der negative Büschel ist weniger veränderlich und überall fast von derselben Ausdehnung (1476).

Funken vom positiven und negativen Conductor. Faraday verband den Conductor einer Cylindermaschine durch einen 0,2 Zoll dicken Draht mit einer Metall-Kugel von 2 Zoll Durchmesser, der eine Kugel von 0,25 Zoll Durchmesser, die eine gute Ableitung hatte, messbar genähert werden konnte. Bei positiver Ladung des Conductors zeigten sich Funken bis zu einer Entfernung von 0,49 Zoll der Kugeln, von 0,52 an negative Büschel. Bei negativer Ladung des Conductors erschienen Funken bis 1,15 Zoll Entfernung, von 1,65 an positive Büschel. Hier war die direkt geladene Kugel die grössere; als nun die Kugeln vertauscht wurden, so dass die kleinere die direkte Ladung empfing, zeigten sich bei positiver Ladung Funken bis 0,67 Entfernung, positive Büschel von 0,72 an, bei negativer Ladung Funken bis 0,40, negative Büschel von 0,44 an (1487). Aehnliche Versuche wurden auch in Gasen angestellt (1518).

Es ist hierbei nicht zu übersehen, dass der Conductor der Maschine ein ganz anderer ist, wenn er zur Aufnahme von positiver Elektricität, als wenn er zu der von negativer dient, und daher in jedem Falle eine andere Ansammlung von Elektricität erlaubt. Der Verfasser richtete nun mit zwei Gabelentladern einen doppelten Entladungsweg vor, wie aus der Fig. 4. deutlich ist. Die grossen Kugeln A und D hatten 2, die kleineren B und C 0,25 Zoll Durchmesser. Der Metallstab L wurde mit dem Conductor einer Elektrisirmaschine, der Stiel R mit einer guten Ableitung verbunden. Als L positiv elektrisirt war und die Entfernung der Kugelpaare 0,9 Zoll betrug, geschah die Entladung nur bei n durch positive Büschel, bei negativer Ladung ebenfalls bei n durch negative Büschel. Dies geschah noch, als die Zwischenräume n und o nur 0,6 Zoll betrugen. Als der Zwischenraum n = 0,79, der bei o = 0,58 Zoll gemacht war, trat bei positiver Ladung die Entladung gleichgültig an beiden Stellen ein, bei negativer Ladung hingegen häufiger an der Stelle n (1497). Diese Versuche sind eine nothwendige Folge von der bekannten Erfahrung, dass an einem unsymmetrischen Körper sich die Elektricität an dem kleineren Ende stärker anhäuft als an dem andern; Faraday hält diese Erklärung aber für ungenügend (1503). Aehnliche Versuche, wie hier in Luft, hat der Verfasser in Gasen angestellt, zu welchem Ende die Gabelentlader in eine Glasglocke eingeschlossen wurden (1506).

Das elektrische Glimmen. Fortdauerndes Ausströmen von Elektricität aus einem Conductor erzeugt ein ruhig glimmendes Licht, das, weil es am leichtesten an Spitzen hervorzubringen ist, Spitzenlicht genannt worden ist. Es lässt sich indess bei sehr kräftigen Maschinen auch an stumpfen Enden, und bei Verdünnung der Luft auch an ausgedehnten Flächen hervorbringen. Faraday (Exp. research. 1529) sah auf einer positiv elektrisirten Messingkugel von 2½ Zoll Durchmesser, einen Raum von 2 Zoll Durchmesser mit dem glimmenden Lichte bedeckt, als die Luft um die Kugel nur einen Druck von 4,4 Zoll hatte. Eben so leicht erhielt er unter der Glocke der Luftpumpe das Glimmen an einer negativ elektrisirten Fläche, schwerer aber unter gewöhnlichem Luftdruck. Das Glimmen zeigt sich in allen Gasen, es ist überall mit einem Luftstrom begleitet, der gewöhnlich von dem glimmenden Leiter ab, zuweilen aber auch auf ihn zu gerichtet ist (1535). Da das Glimmen eine fortdauernde Entladung des Conductors, der Lichtbüschel und Funke eine intermittirende verlangt, so lassen sich durch Abänderung der Umstände an derselben Fläche diese drei Erscheinungen beobachten. Das abgerundete Ende eines 0,3 Zoll dicken Drahtes an dem Conductor zeigte bei starkem Drehen der Maschine das Glimmen, das durch Gegenhalten der Hand in einen Büschel überging; als die Maschine schwächer gedreht wurde, erschienen Lichtbüschel, die durch Gegenhalten einer feinen Spitze wieder in Glimmen verwandelt wurden (1540). Wenn das Ende eines Drahtes, an dem das Glimmen statt findet, fettig gemacht wird, so entstehen sogleich Lichtbüschel An einer Kugel mit hervorragender Spitze, die mehr oder weniger in die erste hineingeschoben werden kann, lassen sich leicht Glimmen, Lichtbüschel und Funken nach Belieben erzeugen (1541).

Dunkle Entladung. Faraday hat von den leuchtenden Entladungen, die er die zerreissenden (disruptive) nennt, die dunkle und fortführende Entladung unterschieden, die mit jenen verbunden sein können. Die dunkle Entladung schliesst er aus folgendem Versuche (1544). Zwei Messingstäbe, 0,3 Zoll dick, wurden in einer exantlirten Glaskugel bis zur Berührung der Enden genähert, und, während Elektricität von einer Maschine durch sie hindurchströmte, von einander getrennt. Im Augenblicke der Trennung zeigte sich am Ende des negativen (zur Erde abgeleiteten) Stabes das Glimmen, während das positive Ende dunkel blieb. Bei weiterer Entfernung der Stäbe erschien am positiven Ende ein purpurner Streifen, der auf den negativ glimmenden Stab zuging, sich niemals aber bis zu demselben erstreckte. Der zwischen beiden Lichterscheinungen befindliche dunkle Fleck, ungefähr $\frac{1}{16}$ Zoll lang, behielt seine Lage gegen das negative Ende unverändert bei. Der Effekt war derselbe, wenn der eine Stab durch direkte Ladung negativ gemacht worden war. Mit zwei in einer Glocke einander gegenüberstehenden Kugeln wurde dasselbe bemerkt mit dem charakteristischen dunkeln Raume zwischen den beiden Lichterscheinungen. Die von Andern bemerkten dunkeln Stellen in langen Funken, die durch Luft überspringen, scheinen dem Verfasser dasselbe zu beweisen, eine elektrische Entladung nämlich durch einen dunkeln Raum hindurch. Diese dunkle Entladung konnte auch in Gasarten erzeugt werden. Zwei zugerundete Messingdrähte wurden in einer mit Salzsäuregas unter 6,5 Zoll Druck gefüllten Glocke einen Zoll von einander befestigt. Als auf den einen Draht von der Maschine fortwährend Funken schlugen, erschien an beiden Enden in der Glocke ein Glimmen und ein dunkler Raum in der Mitte zwischen ihnen (1554). In Steinkohlengas war die dunkle Stelle $\frac{1}{2}$ Zoll lang, bei einem Abstande der Leiter von einem Zoll. In diesem Gase zeigen auch Funken häufig dunkle Stellen (1557). In Stickstoffgas geschah die Entladung zwischen Kugeln verschiedener Grösse in der Weise, dass an der kleineren negativen Kugel ein Büschel, an der grösseren positiven ein heller Schein und zwischen beiden ein dunkler Raum erschien (1559). Dunkle Entladung durch Luft hindurch ist zwar leicht zu erhalten, wird aber vom Verfasser zur folgenden Entladungsart gezogen.

Fortführende Entladung. Diese Art der Entladung ist nur in luftförmigen oder flüssigen Medien möglich, sie besteht in einem Elektrisiren der nächsten Theilchen des Mediums und in einer Fortbewegung derselben (Exp. res. 1562). Ein bekanntes Beispiel dieser Entladung ist die Luftströmung an einem elektrisirten Conductor, die mit dem Namen des elektrischen Windes bezeichnet wird. Die fortführende Entladung wird besonders leicht durch Spitzen hervorgebracht, da an diesen die Kraft, mit der die elektrisirten Lufttheilchen fortgestossen werden, am grössten ist (1573). Man kann sich mit gleichem Erfolge hierzu der Flüssigkeiten bedienen, welche die Elektricität leiten. Faraday brachte einen Quecksilbertropfen an das amalgamirte Ende eines von dem Conductor der Maschine herabgehenden Messingdrahts; beim Elektrisiren desselben wurde sein unteres Ende spitz und zeigte Glimmen mit herabwärts gehendem Luftstrom (1581). Ein Chlorcalciumtropfen auf gleiche Weise elektrisirt bildete einen von einem starken Winde begleiteten Kegel, der an seiner nach unten gerichteten Spitze Glimmen oder Büschel zeigte (1583); im ersten Falle war die Oberfläche der Flüssigkeit glatt, im zweiten gekräuselt. Am besten erhielt man diese Erscheinungen an einer am Conductor der Elektrisirmaschine befestigten Kugel, die mit Gummiwasser oder Syrup benetzt war. Bei langsamem Drehen der Maschine bildete sich ein grosser conischer Tropfen mit concaven Seiten, dessen Spitze Glimmen mit so starkem Winde zeigte, dass eine darunter gehaltene Wasserfläche eingedrückt wurde. Bei stärkerer Elektrisirung wurde ein Theil des Tropfens fortgetrieben, der zurückbleibende Theil spitzte sich zu und zeigte mit wechselnder Verkürzung und Verlängerung Lichtbüschel. Eine Wasserfläche unter den Tropfen gebracht, wurde nicht mehr eingedrückt, ja sogar gehoben, wenn sie in solcher Entfernung stand, dass Funken überschlugen (1584). Bei Tropfen gutleitender Flüssigkeiten ist die Kegelform des Tropfens grösstentheils Folge des erzeugten Luftstromes, eine Spitze unter einen solchen Tropfen gehalten, hebt den Wind auf und drückt die Spitze des Kegels zurück. Merkwürdig ist, dass die negative Elektricität einen grösseren Kegel bildet als die positive, derselbe lässt weniger Flüssigkeit von sich forttreiben, er giebt schwerer Funken und wird von einer entgegengehaltenen Spitze weniger verändert. Dies ist so auffallend, dass Faraday einen Gummitropfen zur Unterscheidung von positiven und negativen Entladungen anzuwendeu räth (1593). Besteht der Tropfen aus einem schlechten Leiter, aus Terpenthinöl, geschmolzenem Siegellack, so wird er durch die Elektrisirung in Fäden ausgezogen und fortgeführt. Hier bedingt nicht der Wind allein den Effekt, sondern die fortführende Entladung findet innerhalb des Tropfens selbst statt (1594). In Terpenthinöl lassen sich die durch Elektricität erzeugten Ströme sehr gut beobachten; man giesst hierzu das Oel in ein Gefäss mit Quecksilber, das durch einen Draht eine Ableitung nach der Erde hat. Taucht man in das Oel eine amalgamirte Messingkugel mit daranhaftendem Quecksilbertropfen, so wird dieser bei der Elektrisirung sehr spitz und sogar zu Fäden ausgesponnen (1597). Hebt man die elektrisirte Kugel über das Niveau des Oels, so wird ein Theil des Oels mit in die Höhe gehoben, wobei bemerkt wurde, dass die gehobene Säule viel höher und breiter ist, wenn die Kugel positiv, als wenn sie negativ elektrisirt worden ist (1600).

Ein Draht durch elektrische Entladung leuchtend. Henry [1]) hat den bekannten Versuch Van Marums, einen langen dünnen Drath durch die elektrische Entladung leuchtend zu machen, mit einer Nairneschen Cylindermaschine von 7 Zoll Durchmesser wiederholt. Er setzte an den ersten Conductor der Maschine eine 1füssige Kugel und spannte einen langen dünnen Drath zwischen zwei anderen Kugeln aus (von welchen wahrscheinlich die eine isolirt, die andere mit der Erde in Verbindung gesetzt war). Indem er auf die isolirte Kugel einen Funken vom Conductor schlagen liess, wurde der Drath, wenn er auch noch so lang war, leuchtend mit senkrecht von dem Drahte ausfahrenden

[1]) l'Institut 1838. p. 179. Poggendorff Annalen * Bd. 43. S. 413.

Strahlen. War der Draht umgebogen, so dass er in zwei parallelen Längen lief, so wurde nur die Aussenseite desselben leuchtend, war er Zförmig gekrümmt, so leuchteten nur die parallelen Arme. Als der Draht endlich zu einer flachen Spirale aufgewunden war, zeigte sich das Licht nur in der längsten Spire, dort aber sehr lebhaft.

Phosphorescenz durch elektrische Funken. Die folgenden Versuche, obgleich mit dem Entladungsfunken einer Batterie angestellt, sind, als dem elektrischen Lichte im Allgemeinen zugehörig, am passendsten gleich hier mitzutheilen.

Becquerel[1]) stellte eine Schale mit wohlausgeglühten Austerschalen den Kugeln eines Henleyschen Ausladers nahe, und liess den Entladungsfunken einer Batterie von 18 Flaschen, die stets zu demselben Grade geladen war, zwischen den Kugeln überspringen. Die Austerschalen wurden phosphorescirend, und zwar desto stärker, je näher sie den Funken lagen und von je mehr Funken sie bestralt waren. Als er die Schalen mit weissem sehr durchsichtigen Glase bedeckte, wurden sie durch die Funken desto weniger leuchtend, je dicker das Glas war. Ein violettes Glas verhielt sich wie das farblose, aber ein rothes oder gelbgrünes gleicher Dicke hinderte jede Spur von Phosphorescenz. Der Verfasser hat den Gegenstand in Gemeinschaft mit Biot[2]) wieder aufgenommen, wobei neuere und interessantere Resultate gewonnen wurden. Die Austerschalen wurden mit einer Platte bedeckt, die aus einem 3,65 Millimeter dicken Glase und einer 5,9 Mm. dicken Bergkrystallplatte zusammengesetzt war; die Phosphorescenz zeigte sich sehr stark unter dem Bergkrystall, obgleich sie unter dem Glase, wegen zu grosser Entfernung der bestralenden Funken, nicht merklich war. Als der Versuch mit einer senkrecht gegen die Axe geschnittenen Bergkrystallplatte von 41,2 Mm. Dicke wiederholt wurde, zeigte sich noch ihre Ueberlegenheit über die Glasplatte, obgleich letztere bedeutend durchsichtiger war. Eine senkrecht gegen die Axe geschnittene Platte aus Rauchtopas von 21,7 Mm. Dicke liess die Austerschalen, die sie bedeckte, durch den elektrischen Funken viel stärker phosphoresciren, als die Glasplatte von 3,5 Mm. Dicke. Es folgt hieraus, dass durchsichtige Körper

---

[1]) Comptes rendus VIII. p. 216. Poggend. Annal. * Bd. 49. S. 543.

[2]) Compt. rend. VIII. 223. Poggend. Annal. * Bd. 49. S. 549.

die Eigenschaft des elektrischen Funkens, durch Strahlung Phosphorescenz zu erregen, zwar schwächen, aber in einem andern Verhältnisse, als sie das Licht schwächen, wie dies bereits für die Wärmestralung bewiesen ist. Noch durchgänglicher für die elektrische Phosphorescirung als der Bergkrystall ist der krystallisirte Gyps. Unter einer klaren Gypsplatte von 7,6 Millimeter Dicke wurden die Austerschalen sehr schön leuchtend, obgleich sie gleichzeitig unter einer Glasplatte dunkel blieben. Eine andere interessante Erfahrung ist das Verbreiten der Phosphorescenz von einer Stelle zur andern. Als die Verfasser die Austerschalen mit einer durchlöcherten Pappe bedeckten, erschien nach dem Bestralen mit dem elektrischen Funken nur ein kleiner Kreis der Substanz leuchtend, nach und nach verbreitete sich der Lichtschein über andere Theile der Fläche, und bedeckte sie gänzlich, ehe er verlosch.

Der junge Becquerel [1]) hat die bekannte Erfahrung, dass die künstlichen Phosphore (Schwefel-Calcium oder -Baryum) durch elektrisches Licht leuchtend werden, unter der Campane einer Luftpumpe wiederholt, und gefunden, dass dies Leuchten desto stärker, je dichter die Luft unter der Campane ist. Es ist dies eine Folge der nach der Dichtigkeit der Luft verschiedenen Lichtstärke des Funkens, denn wenn nur der Phosphor unter der Campane lag, die Funken aber in freier Luft erzeugt wurden, so war die Phosphorescenz unabhängig von der Luftverdünnung.

Verdampfung durch Elektricität befördert. Nollet [2]) und Beccaria [3]) haben durch Wägung von verdampfendem Wasser gefunden, dass diese Verdampfung durch Elektrisirung des Wassers vermehrt wird. Peltier [4]) hat dies durch neue Versuche bestätigt. Wasser in einem Platintiegel, dessen Rand mit einem Glasringe bedeckt war, wurde zu 80 bis 90° C, erwärmt; die Dampfwolke über demselben vergrösserte sich sichtlich, als eine 9 Linien im Durchmesser haltende Kupferkugel ungefähr 3 Linien über dem Tiegel befestigt und durch Verbindung mit dem Conductor einer Elektrisirmaschine fortdauernd elektrisch erhalten wurde. Durch Anwendung eines Drahtbündels statt der Kugel

---

[1]) Annales de Chimie * t. 71. p. 36. Poggend. Annal. Bd. 48. S. 540.

[2]) Recherches s. l. causes des phén. él. 1749. p. 315.

[3]) Elettricismo artificiale * 1772. p. 274.

[4]) Observations sur les trombes. * 1841. p. 79.

wurde die Dampfmenge ungefähr verdreifacht. Hierbei wirkte aber der von der Elektricität erzeugte Luftstrom mit, dessen Einfluss der Verfasser folgendermassen zu bestimmen suchte. Er brachte rings um den Platintiegel Seidenfäden an, aus deren Bewegung der Luftstrom beurtheilt wurde, den ein kleines rotirendes Flügelrad über die Wasserfläche hintrieb. Wenn aber die auf diese Weise erzeugte Luftbewegung bei Weitem stärker war als die durch das elektrisirte Drahtbündel hervorgebrachte, so war dennoch die Verdampfung des Wassers geringer. — Um den Einfluss der Elektrisirung auf die Verdampfung bei niederen Temperaturgraden zu zeigen, bediente sich Peltier eines Apparats, den er ausserdem als das empfindlichste Hygrometer empfiehlt. Drei thermoëlektrische Paare (aus Wismuth- und Antimonstäbchen) wurden so mit einander verbunden, dass sie einen Dreifuss bildeten, dessen untere Löthungen auf einer constanten Temperatur gehalten wurden, während die oberen einen mit Wasser gefüllten Platintiegel eng umfassten. Die freien Enden dieser dreipaarigen thermoëlektrischen Säule gingen zu einem Multiplicator von 40 Windungen, der die Erkaltung der obern Löthstellen und somit, da diese von der Verdampfung abhängt, den hygrometrischen Zustand der Luft anzeigte. Zu elektrischen Versuchen wurde statt des Platintiegels eine Glasschale genommen, deren Boden durchbohrt war und hierdurch eine Verbindung des in ihr befindlichen Wassers mit einem ableitenden Drahte gestattete. Die früher erwähnte mit dem Conduktor des Maschine verbundene Kugel wurde über der Schale befestigt; man wartete eine feste Ablenkung der Magnetnadel des Multiplicators ab, die der freiwilligen Verdampfung des Wassers entsprach, und elektrisirte sodann die Kugel, wodurch sogleich eine weitere Ablenkung der Nadel durch verstärkte Verdampfung des Wassers bewirkt wurde. Diese Einrichtung hatte den Nachtheil, dass in den meisten Fällen die Nadel durch die freiwillige Verdampfung schon so weit abgelenkt wurde, dass sie für die künstliche Verdampfung zu wenig empfindlich blieb. Der Verfasser bog daher die Stäbe der thermoëlektrischen Paare in die Form eines sehr geöffneten U, so dass alle Löthstellen nach oben zu liegen kamen und bildete zwei Dreizacke, von welchen ein jeder einen mit Wasser gefüllten Platintiegel eng umschloss. Die freiwillige Verdampfung, welche bei beiden Wasserflächen gleich war, konnte hier keine oder doch nur eine sehr geringe Ablenkung der Multiplicatornadel hervorbringen, Indem nun über den einen Tiegel das Flügelrad, über den andern die Kupferkugel gestellt war, konnte der Einfluss der Luftströmung auf die Verdampfung gegen den der Elektrisirung abgewägt werden, und es ergab sich, dass die künstliche Luftströmung durch das Flügelrad ungefähr 10mal so stark sein musste, als die durch die Elektrisirung hervorgebrachte Luftströmung, um die Verdampfung in beiden Tiegeln gleich zu machen. Dass die durch Elektrisirung vermehrte Verdampfung von gleicher Art sei wie die freiwillige, und nicht etwa ein Mitfortreissen von Wassertheilchen bedinge, wnrde so ausgemacht, dass mit Lackmus gefärbte Papierstückchen um den Tiegel und auf die über ihm stehende Kugel gelegt wurden. Obgleich das Wasser im Tiegel durch Schwefelsäure sauer gemacht war, brachte die durch Elektrisirung der Kugel vermehrte Verdampfung keine Röthung des Reaktionspapiers hervor.

Einfluss der Elektricität auf die Gährung. Black[1]) zeigt an, dass während eines gewitterhaften Wetters die Gährung des Bieres aufhöre und die Flüssigkeit leicht in saure Gährung übergehe. Dies geschehe besonders, wenn die Kufe mit dem gährenden Biere auf feuchtem Boden steht; man könne diese nachtheilige Einwirkung der Elektricität verhindern, indem man das Gefäss auf Füsse von gedörrtem Holze, uud diese auf Steinblöcke stellt.

II. Entladung der elektrischen Batterie.

Schlagweite unabhängig von der Natur des Schliessungsbogens. Im zweiten Bande des Repertoriums Seite 41 ist gezeigt worden, dass die Schlagweite der elektrischen Batterie der Dichtigkeit der in ihr angehäuften Elektricität proportional ist. Bezeichnet man die Oberfläche der Batterie mit s, die in ihr befindliche Elektricitätsmenge mit q, endlich mit d die Schlagweite, das heisst die kleinste Entfernung des freien Endes des Schliessungsbogens von dem metallischen Fortsatze der innern Belegung im Augenblicke der Entladung, so hat man $d = b\frac{q}{s}$. In diesem Ausdrucke giebt die Constante b die Schlagweite für die zur Ein-

[1]) l'Institut * 1838. p. 227.

heit gewählte Ladung der Batterie an und ist selbst veränderlich mit der Gestalt und gegenseitigen Stellung der beiden Metallflächen, zwischen welchen der Entladungsfunken auftritt. Ueber die Aenderung der Schlagweite mit veränderter Beschaffenheit des Schliessungsbogens lagen bisher Versuche vor, welche zu beweisen schienen, dass die Schlagweite unter sonst gleichen Umständen desto geringer sei, je schlechter leitend der Schliessungsbogen ist. Ich habe über diesen Gegenstand eine neue Untersuchung angestellt und dieselbe über verwandte Fragen ausgedehnt[1]). Auf die Zapfen des Funkenmikrometers (s. Apparate) wurden die Kugeln aufgesteckt; ich verband den einen Zapfen durch einen kurzen Drath mit der innern Belegung der Batterie, den andern mit dem ersten Arme eines Henleyschen Ausladers, von dessen zweitem Arme ein 8 Zoll langer, $\frac{1}{2}$ Linie dicker Kupferdrath unmittelbar zur äussern Belegung der Batterie führte. Die Arme wurden mit einander verbunden, entweder durch einen 4 Linien langen, $\frac{1}{2}$ Linie dicken Kupferdraht, oder durch einen 102 Zoll langen, 0,052 Linie dicken Platindraht, oder endlich durch eine mit Wasser gefüllte Glasröhre von 8,3 Zoll Länge und 4,5 Linien Dicke. Je nach diesen Einschaltungen bot der Schliessungsbogen der Elektricität eine sehr vollkommene, eine metallisch unvollkommene, oder eine nasse sehr unvollkommene Leitung. Nach jeder Einschaltung wurden 9 verschiedene Versuche angestellt, indem bei bestimmter Zahl der Batterieflaschen und bei bestimmter Entfernung der Kugeln des Funkenmikrometers, die Batterie geladen und die Zahl der Funken beobachtet wurde, die bis zur Entladung der Batterie durch den gemessenen Zwischenraum, an der Maassflasche übersprangen. Es war daher bei jedem Versuche d, q und s in der obigen Formel gegeben, wonach b berechnet werden konnte. Der mittlere Werth für b fand sich genau derselbe, welche von den angegebenen Einschaltungen auch in dem Schliessungsbogen gewesen sein mochte. Es folgt hieraus, dass die Schlagweite der elektrischen Batterie gänzlich unabhängig von der Beschaffenheit des Schliessungsbogens ist.

In der Schlagweite vernichtete Elektricitätsmenge. Bei der Entladung in der Schlagweite verschwindet nicht die ganze in der Batterie befindliche Elektricitätsmenge, es bleibt ein Theil

---

[1]) Poggendorff's Annalen * Bd. 53. S. 1.

darin zurück. Um die verschwundene Elektricitätsmenge bei verschiedener Beschaffenheit des Schliessungsbogens zu bestimmen, lud ich die Batterie, deren Schliessungsbogen die frühere Einrichtung besass, bis zur Entladung; lud sie aufs Neue und zählte die Funken der Maassflasche bis zu der folgenden Entladung. Hierdurch wurde die bei der ersten Entladung verschwundene Elektricitätsmenge direkt bestimmt, und es ergab sich zuvörderst, dass dieselbe stets denselben Theil der Ladung ausmache, wie verschieden auch durch Aenderung der benutzten Flaschenzahl oder der Schlagweite die anfängliche Ladung gemacht worden war. Es wurden hierauf zwei Versuchsreihen angestellt, bei welchen successiv ein 4 Linien langer, $\frac{1}{2}$ Linie dicker Kupferdrath und ein 102 Zoll langer, 0,052 Linie dicker Platindrath im Schliessungsbogen befindlich war. Die Einschaltung des letzten Draths veränderte die Wirkung der Batterieentladung in eben der Weise, wie es eine Verlängerung des 4 Linien langen Kupferdrahtes bis 5017 Fuss gethan haben würde. Die in der Schlagweite verschwundene Elektricitätsmenge fand sich dessenungeachtet in beiden Versuchsreihen dieselbe, woraus folgt: Die Elektricitätsmenge, welche bei der Entladung der Batterie in der Schlagweite verschwindet, ist merklich dieselbe, der Schliessungsbogen mag aus besser oder schlechter leitenden Metalldrählen zusammengesetzt sein.

Die verschwundene Elektricitätsmenge betrug in den aufgeführten Versuchen $\frac{1}{13}$ der ganzen Ladung; es war zu untersuchen, ob dies Verhältniss dasselbe bleiben werde, wenn die Schlagweite durch Aenderung der Entladungsflächen geändert würde. Es wurden deshalb statt der Kugeln Messingscheiben von $8\frac{1}{6}$ Linien Durchmesser auf die Zapfen des Funkenmikrometers gesetzt, wodurch die Schlagweite im Verhältniss 55 zu 62 vergrössert war; das Verhältniss der in der Schlagweire verschwundenen Elektricitätsmenge zur ganzen Ladung fand sich sehr nahe dem früheren gleich. Ich brachte ferner im Schliessungsbogen eine Unterbrechung von 0,3 Linie an, wo der Entladungsfunke zwischen Kugeln überspringen musste, nachdem er durch die veränderliche Entfernung zwischen den Kugeln des Mikrometers gegangen war. Durch diese Einrichtung war die Schlagweite im Verhältnisse 55 zu 48 vermindert, aber das Verhältniss der verschwundenen Elektricitätsmenge zur Ladung blieb merklich das frühere. Hiernach lässt sich schliessen, dass das Verhältniss der in der Schlagweite verschwundenen

Elektricitätsmenge zur ganzen Ladung der Batterie nicht gestört wird, wenn auch die Kugeln, zwischen welchen der Entladungsfunke entsteht, von verschiedener Grösse gewählt werden, und dass dies Verhältniss, bei der zu den beschriebeuen Versuchen gebrauchten Batterie, wenn diese mit einem metallischen Schliessungsbogen durch Annäherung zweier Kugeln entladen wird, nahe $\frac{11}{13}$ betrage. — Es ist wahrscheinlich, dass dieser Werth mit der Beschaffenheit des Glases, aus dem die Batterieflaschen bestehen, veränderlich sein wird.

Erfolg bei dem gewöhnlichen Entladungsverfahren. Aus diesen Versuchen lässt sich der Vorgang leicht bestimmen bei dem gewöhnlichen Entladungsverfahren, wo eine Kugel am freien Ende des Schliessungsbogens einer mit der innern Belegung der Batterie verbundenen Kugel bis zur Berührung genähert wird. Wenn die bewegliche Kugel in eine Entfernung von der festen gekommen ist, die durch die Ladung der Batterie bestimmt wird, so tritt eine Entladung ein, bei welcher $\frac{11}{13}$ der Ladung verschwinden; es sei diese Entfernung d. Die bewegliche Kugel wird sich sodann der festen nähern ohne Entladung, die erst in der Entferuung $\frac{2}{13}$d statt finden kann, bei welcher $\frac{11}{13} \cdot \frac{2}{13}$ oder ungefähr $\frac{3}{23}$ der anfänglichen Ladung verschwinden. Die Kugel erhält dann in der Entfernung $(\frac{2}{13})^2$d, die Entladung von $\frac{11}{13}(\frac{2}{13})^2$ oder ungefähr $\frac{15}{749}$ der anfänglichen Ladung und so fort. Die bewegliche Kugel ist während der einzelnen Entladungen als ruhend angenommen, da die Ausgleichung der Elektricität mit einer Geschwindigkeit geschieht, die in keinem Verhältnisse zu der der entladenden Kugel steht, mag diese durch die Hand oder einen Mechanismus in Bewegung gesetzt sein. Man kann durch das Funkenmikrometer diese aufeinander folgenden Entladungen einzeln erhalten, aber bei den im Allgemeinen geringen Werthen der Schlagweite d werden selten mehr als 3 Entladungen beobachtet werden können. Beträgt z. B. eine Schlagweite 1½ Linie, so treten, wenn die Kugeln des Funkenmikrometers fortwährend genähert werden, die Entladungen ein in den Entfernungen

1,5 0,23 0,035 0,0055 einer pariser Linie,

bei welchen schon die dritte Entfernung nicht mehr von der Berührung der Kugeln zu unterscheiden ist. — Bei dem gewöhnlichen Entladungsverfahren mit einer beweglichen Kugel wird also der Schliessungsbogen ergriffen von mehren Entladungen, die in einer geraumen messbaren Zeit hinter einander folgen, der Zeit nämlich, welche die Kugel gebraucht, um von einer Entfernung in die nächstfolgende zu gelangen.

Erfolg bei der Entladung in der Schlagweite. Ich liess die Batterie sich zwischen den Kugeln des Funkenmikrometers entladen, und bestimmte die in der Schlagweite verschwundene Elektricitätsmenge, nachdem eine mit Wasser gefüllte Glasröhre von 8,3 Zoll Länge, 4,5 Linie Dicke in den Schliessungsbogen eingeschaltet war. Obgleich, wie oben angeführt worden ist, die Schlagweite ganz dieselbe war, wie bei ganz metallischem Schliessungsbogen, so fand diese Gleichheit nicht statt in Bezug auf die bei der Entladung verschwundene Elektricitätsmenge. Diese Menge betrug bei metallischem Schliessungsbogen $\frac{11}{13}$ der Ladung, so dass $\frac{2}{13}$ davon in der Batterie zurückblieben; bei Einschaltung der Wassersäule betrug sie nur $\frac{5}{6}$ und es blieb daher eine mehr als doppelt so grosse Elektricitätsmenge zurück. Wie die Gleichheit der Schlagweite und ihre Veränderung mit den Entladungsflächen zeigt, wird die Entladung überall durch den elektrischen Zustand der Kugeln bestimmt, zwischen welchen der Funke übergeht; würde nun mit demselben die ganze der Entladung fähige Elektricitätsmenge verschwinden, so müsste der Rückstand an Elektricität überall derselbe sein. Da dies nicht der Fall ist, so folgt: Bei der Entladung der Batterie in der Schlagweite wird die Elektricität derselben successiv vernichtet.

Diese successive Vernichtung des grössten Theils der angesammelten Elektricitätsmenge ist dadurch erklärlich, dass die Schlagweite einer bestimmten elektrischen Ladung vergrössert wird durch Verdünnung der Luft, die der Funke durchbricht. Ist nämlich der kleinste Theil der zu entladenden Elektricitätsmenge verschwunden, so würde, wenn die Dichtigkeit der Luft zwischen den Kugeln dieselbe geblieben wäre, eine kleinere Entfernung der Kugeln nöthig sein, um die folgende Entladung zu erlauben. Wird hingegen, wie man zugeben muss, die Luft zwischen den Kugeln durch den ersten Funken verdünnt, so kann der zweite Funke übergehen und da dieser wiederum eine Verdünnung bewirkt, der dritte und so fort bis die Ladung der Batterie so schwach geworden ist, dass der Uebergang der Elektricität in der constanten Entfernung der Kugeln nicht mehr stattfinden kann. Hat die Entladung aufgehört, so dass zwischen den Kugeln wieder Luft von der gewöhnlichen Dichtigkeit befindlich ist, so wird eine Entladung erst wieder bei einer bedeutend kleinern Entfernung der Kugeln eintreten können. Bei einer gewissen Ladung muss, z. B. wenn der Schliessungsbogen ganz metallisch ist, die Entfernung der Kugeln von 1,5 auf 0,23, und wenn eine Wassersäule die Schliessung unterbricht, von 1,5 auf 0,56 Linie vermindert werden, um die neue Entladung herbeizuführen. Die Ungleichheit der Elektricitätsrückstände in diesen beiden Fällen und die Wirkung der eingeschalteten Wassersäule führt auf den Mechanismus der Entladung selbst, von dem sich folgende Vorstellung als die wahrscheinlichste herausstellt.

Mechanismus der elektrischen Entladung. Der vollkommene Ladungszustand der Batterie besteht darin, dass ihre beiden Belegungen Elektricität verschiedener Art enthalten, deren Mengen ein bestimmtes (von Dicke und Beschaffenheit des zu den Flaschen gebrauchten Glases abhängiges) Verhältniss zu einander haben. Bei der Ladung oder der, durch successive Berührung der beiden Belegungen erfolgenden, Entladung ist dies Verhältniss stets dasselbe, und die Batterie geht auf- oder absteigend durch verschieden starke aber gleich vollkommene Ladungen hindurch, wobei jeder Ladung eine Schlagweite zukommt, die der angesammelten Elektricitätsmenge proportional ist. Anders verhält es sich bei der Entladung durch den Schliessungsbogen. Indem Elektricität von der innern Belegung zur äussern übergeht, verschwindet auf jeder der beiden Belegungen genau dieselbe Elektricitätsmenge, das Verhältniss der beiden Mengen kann nicht fortbestehen, und die Batterie geht in einen Zustand unvollkommener Ladung über, der sich dem Zustande der einzeln stehenden elektrisirten Fläche nähert. Hierbei nimmt die Schlagweite in geringerem Verhältnisse ab, als die Menge der in der Batterie befindlichen Elektricität. Man übersieht leicht, dass wenn anfänglich die Elektricitätsmenge der innern Belegung der Batterie 1, die der äussern m war (so dass das Verhältniss m die vollkommene Ladung bedingt), im Augenblicke wo die Quantität p von der innern Belegung verschwunden ist, die Schlagweite im Falle des vollkommenen Ladungszustandes im Verhältnisse $(1-p)$, für den unvollkommenen Ladungszustand nur im Verhältnisse $\left(1-\frac{p}{1+m}\right)$ abgenommen haben muss. Wäre es möglich die Batterie und den Schliessungsbogen vollkommen zu isoliren, so würde, unabhängig von der Beschaffenheit des Schliessungsbogens, nur die letztere, geringere Abnahme stattfinden können. Da der Apparat aber nothwendig von fremden Körpern gestützt ist, so tritt während der Entladung eine Aenderung seines elektrischen Zustandes ein, indem die äussere Belegung von den fremden Körpern die Elektricität aufnimmt, die sie zur Herstellung des Verhältnisses m bedarf. Hierdurch nimmt die Schlagweite der auf der innern Belegung angesammelten Elektricität schneller ab, als es ohne diese Rückkehr der Batterie in den vollkommenen Ladungszustand der Fall sein würde. Die Zeit in der die äussere Belegung Elektricität von den umgebenden Körpern aufnimmt, muss sehr gross sein gegen die, in welcher die Entladung durch sehr lange und dünne Metalldrähte fortschreitet, da sich kein merklicher Unterschied in der verschwundenen Elektricitätsmenge fand, bei der oben erwähnten Anwendung des kurzen Kupferdrahts und des langen Platindrahts. Wol aber kommt diese Zeit in Betracht, wenn das Fortschreiten der Entladung im Schliessungsbogen durch eine eingeschaltete Wassersäule verlangsamt ist, die Batterie kann sodann in den vollkommenen Ladungszustand zurücktreten, ehe die sonst durch die Schlagweite bedingte Elektricitätsmenge von der innern Belegung gänzlich verschwunden ist. Hiermit erklärt sich der oben angeführte Fall, dass eine gewisse Elektricitätsmenge bei Einschaltung der Wassersäule nicht mehr den Luftraum zwischen den Kugeln durchbrechen konnte, obgleich durch denselben eine viel kleinere Menge hindurchging, wenn der Schliessungsbogen ganz metallisch war. Offenbar befand sich die grössere Elektricitätsmenge in dem Zustande einer viel vollkommenern Ladung, als die kleinere. — Da man sich bisher die Entladung der Batterie durch ein Uebergehen der anfänglichen Ladung zu schwächern aber vollkommenen Ladungen veranschaulicht hat, so ist es nöthig, den Satz herauszuheben: Von dem ersten Momente der Batterieentladung an ist die Bedingung der vollkommenen Ladung aufgehoben, das bestimmte Verhältniss nämlich der Elektricitätsmengen beider Belegungen.

Begleitende Entladungserscheinungen. Dass Funke und Knall bei der Entladung der Batterie der Stärke nach bedeutend variiren mit der Ladung und der Beschaffenheit des Schliessungsbogens, ist seit lange bekannt, es wurde aber eine direkte Beziehung dieser Erscheinungen zu der Schlagweite angenommen, welche nicht stattfindet. Ich habe mich überzeugt, dass Funke und Knall von der empfindlichsten Stärke bis zu einer kaum merklichen Grösse abnehmen kann, ohne dass die Schlagweite im geringsten verändert würde. Die begleitenden Entladungserscheinungen hangen aber mit einer anderen beobachteten Wirkung der Entladung zusammen, mit der Erwärmung nämlich eines constanten Drahtes im Schliessungsbogen. Fast überall wo diese Erwärmung gegen eine früher beobachtete geschwächt oder verstärkt erscheint, ist auch die Stärke von Funke und Knall in gleicher Weise verändert und ein geübtes Ohr vermag schon eine geringe Aenderung des Schliessungsbogens an der Entladung zu erkennen. Ausnahmen hiervon, wo nämlich ein starker Entladungsknall einer schwachen Erwärmung entspricht, finden dann statt, wenn die Entladung einen Theil des Schliessungsbogens (ein darin befindliches Karten-, Glas-, Glimmerblatt) verletzt. Ein merkwürdiges Beispiel zu der angegebenen Analogie ist folgendes: Wird neben dem Schliessungsdrahte der Batterie ein ihm paralleler Draht ausgespannt, dessen Enden durch ein kurzes Stück Kupferdraht verbunden sind, so ist die durch die Entladung im Hauptdrahte hervorgebrachte Erwärmung ebenso gross wie ohne Nebendraht, wird aber statt des Kupferdrahts ein langer und dünner Platindraht genommen, so ist die Erwärmung bedeutend verringert (vergl. Nebenstrom Abtheil. f.). Auch in diesen Fällen entspricht die Stärke des Funkens und Knalles bei der Entladung der der Erwärmung im Schliessungsdraht. Es ist deshalb zur fernern Untersuchung zu beachten: Bei der Entladung der Batterie durch Luft hindurch variirt die Stärke des Funkens und Knalles gleichmässig mit der Erwärmung eines constanten Drahts im Schliessungsbogen. [1])

Schlagweite der Flasche durch eine vorhergehende Entladung verändert. Faraday hat diese Aenderung durch einen complicirten Versuch aufgezeigt, aus dem er schloss, dass

---

[1]) Dieser Satz kann bei Untersuchung der Natur des elektrischen Lichtes überhaupt nützlich werden, welche de la Rive ganz neuerlich wieder zur Sprache gebracht hat (Erdmann und Marchand Journal f. prakt. Chemie* Bd. 24. S. 414.). Der Verfasser neigt sich zur Ansicht Priestley's, nach welcher der elektrische Funke aus losgerissenen glühenden Metalltheilchen besteht, und spricht die Vermuthung aus, dass, während Licht und Wärme im stralenden Zustande unabhängig von wägbaren Stoffen sich manifestiren, die Elektricität niemals isolirt auftrete, sondern immer einen materiellen Träger verlange.

eine Luftschicht, durch die eine elektrische Entladung gegangen ist, eine gleich darauf folgende Entladung leichter zulässt, und dass daher bei der leydener Flasche der Anfang der Entladung den Fortgang derselben begünstigt (Experimental researches 1418). Ich selbst habe später dieselbe Folgerung aus messenden Versuchen über die Schlagweite der Batterie gezogen (siehe oben Seite 172). Faraday's Versuch ist folgender (1417). Die Knöpfe zweier gleichen leydener Flaschen, die auf einer metallischen Unterlage stehen, setzen in horizontale an den Enden abgerundete Messingstäbe na und ob fort (Fig. 5.), welchen gegenüber eine grosse Kugel c nebst Draht und Kugel d isolirt aufgestellt ist. Die beiden Flaschen wurden zu gleicher Stärke geladen, da während der Ladung na und ob durch einen Querstab verbunden waren. Die Flaschen wurden entladen, indem man eine Kugel e, die durch einen Draht mit ihren äussern Belegungen communicirte, der Kugel d näherte. Nach Maassgabe der Entfernung der Enden n o von einander und von der Kugel c fand die Entladung in zwiefacher Weise statt; entweder ging von n und o gleichzeitig ein besonderer Funke zur Kugel c, oder es ging ein Funke zwischen beiden Stäben über und von einem Stabe zur grossen Kugel. Bei Versuchen mit der letzten, einfachen Entladung ging der Funke von o nach n und von n nach c durch eine Luftschicht von $\frac{1}{2}$ mal grösserer Dicke, als die Luftschicht zwischen o und c hatte. Hierbei konnte, selbst mit Hülfe von Wheatstones rotirendem Spiegel, der Funke zwischen n und c nicht als ein doppelter erkannt werden. Der Verfasser nimmt daher an (was auch theoretisch das einzig Wahrscheinliche ist), dass zuerst eine Entladung der zu na gehörigen Flasche eintrat und nachfolgend die Flasche an ob entladen wurde. Diese Flasche, die sonst die Schlagweite oc gehabt hätte, hat die um $\frac{1}{2}$ mal grössere Schlagweite onc, nachdem in der Luftstrecke on eine elektrische Entladung vorangegangen war.

III. Wirkungen der Batterie-Entladung.

a. Mechanische Wirkung und Magnetisirung.

Verkürzung von Drähten durch die Entladung. Die seit lange bekannte Erfahrung, dass Metalldrähte, durch die man eine stark geladene elektrische Batterie wiederholt entladet, dauernd verkürzt werden, ist von dem jüngern Becquerel[1]) wieder aufgenommen worden. Derselbe giebt an, dass die mittlere Verkürzung dünner Platindrähte durch gleich starke Entladungsschläge im umgekehrten Verhältnisse der Durchmesser der Drähte stehe; ein Resultat das keine allgemeine Gültigkeit haben kann, da der Verfasser weder die Spannung des Drahtes noch die Veränderung des Entladungsstromes durch den veränderten Schliessungsbogen beachtet hat. Nach ihm ist die Verkürzung dieselbe, wenn auch die Luft, die den Draht umgiebt, verschiedene Dichte hat. Zuletzt bemerkt der Verfasser die wellenförmigen Einbiegungen dünner Drähte, die lose liegend einen elektrischen Schlag geleitet haben — eine Erscheinung auf die ich bereits vor mehreren Jahren aufmerksam gemacht habe. [2])

Momentane Verkürzung von Metallröhren. Diese angebliche Verkürzung mag hier mit aufgeführt werden, obgleich dabei galvanische Elektricität angewendet worden ist. Doppler[3]) brachte eine 3 Fuss lange messingene Röhre zwischen die Fühlhebel des Comparators der Wiener polytechnischen Schule und liess durch sie den galvanischen Strom eines einfachen Plattenpaares gehen. Der Fühlhebel zeigte eine Verkürzung der Röhre, die mit steigender elektrischer Spannung (?) wuchs, und beim Oeffnen der Kette aufhörte, indem die Röhre wieder an Länge zunahm. — Da eine solche Verkürzung nicht unwahrscheinlich, das wirkliche Aufzeigen derselben von grossem Interesse ist, so habe ich den Versuch mit Sorgfalt wiederholt. Ich befestigte eine Messingröhre von 23¾ Zoll Länge, 6⅛ Linien Dicke am einen Ende, liess sie auf einer Friktionsrolle ruhen und verlängerte sie am andern Ende durch ein Glasstäbchen, das gegen den Angriffspunkt eines Repsoldschen Fühlniveaus (von Oertling gefertigt) drückte. Die Vorrichtung war so empfindlich, dass die Wärme der Hand in Zollweite über der Röhre hinreichte, die Luftblase des Niveaus durch die Eintheilung zu treiben. Die Messingröhre hatte an den Enden Haken, in weite Quecksilbernäpfe tauchend, die mit einem Calorimotor verbunden waren. Ich habe indess niemals eine Verkürzung der Röhre bemerken können; es trat jedesmal beim

---

[1]) Annales de Chimie* t. 71. p. 44. Poggend. Ann. Bd. 48. S. 548.
[2]) Poggendorff Annalen Bd. 40. S. 340.
[3]) Baumgartner Zeitschrift f. Phys.* Bd. V. S. 342.

Schliessen der Kette eine Verlängerung derselben ein, die so bedeutend war, dass die Mikrometerschraube des Niveaus bewegt werden musste. Die angegebene Verkürzung einer Röhre durch den galvanischen Strom muss deshalb in Frage gestellt bleiben; wahrscheinlich wird sie überall durch die Wärmeentwicklung, die eine Verlängerung erzeugt, versteckt und überwogen.

Regelmässige Zerstreuung von Pulvern durch die Entladung. Abria [1]) hat die Bemerkung gemacht, dass, wenn der elektrische Entladungsfunke in einiger Höhe über eine Tafel schlägt, die mit zart gepülverter Kreide bestreut ist, feine Linien in dem Pulver entstehen, die sich regelmässig gegen die Projektion des Weges gruppiren, den der Funke genommen. Es wurden zu dem Versuche die mit Spitzen versehenen Arme eines allgemeinen Ausladers 15 Millimeter von einander gerückt; darunter in 30 Millimeter Entfernung befand sich eine mit gesiebter Kreide bedeckte Metallplatte. Nachdem eine stark geladene leydener Flasche einigemal durch den Auslader entladen war, zeigten sich die Linien in dem Kreidepulver in einer Ausdehnung von 15 Centimeter zu beiden Seiten der Spitzen. Andere Entfernungen der Spitzen von der Platte geben die Linien in anderer Ausdehnung. Sie bildeten sich in gleicher Weise in verschiedenen Pulvern und auf den verschiedensten Unterlagen, wie Holz, Glas, Metall; nur mussten, je dichter das angewandte Pulver war, desto mehr und desto stärkere Entladungen zur Erzeugung der Erscheinung gebraucht werden. Auch in Gasarten und bei verdünnter Luft bildeten sich die Linien, aber mit Kreidepulver nur, wenn der Luftdruck über 5 Millimeter war, mit kohlensaurer Magnesia hingegen noch bei einem Drucke von 2 Millimeter. Der Verfasser schloss hieraus, dass das Phänomen von einer Luftbewegung herrühre, welche durch die elektrische Explosion erzeugt wurde, und er brachte dasselbe daher auch mit andern plötzlichen Explosionen hervor. Die Linien zeigten sich nämlich in gleicher Art, als Seifenblasen mit Knallluft gefüllt über einer mit Staub bedeckten Marmortafel entzündet wurden. Die übrigen beigebrachten Versuche betreffen die mechanische Erklärung der Erscheinung. —

Zu derselben Klasse von Erscheinungen gehört eine Beobachtung Lichtenberg's, die er als ein elektrisches Phänomen, das

---

[1]) Annales de Chimie* t. 74. p. 186. Poggend. Ann. Bd. 53. S. 589.

er sich noch nicht recht erklären könne, mitgetheilt hat.[1]) An einem Morgen, schreibt Lichtenberg an Georg Forster, da wir gerade den Abend vorher sehr stark mit Seifenblasen und der Geschwindpistole geschossen, aber nicht viel elektrisirt hatten, fand ich, dass der Harzstaub und das Semen Lycopodii, wovon die grosse, mit grünem Wachstuch überzogene, Tafel ziemlich voll lag, um Alles, was auf derselben herumstand, in die schönsten Figuren angeschossen war, wenn ich so reden darf. Der Staub formirte positive Sonnen um Recipienten, andere Gläser, Schachteln, metallene Körper und Röhren, und was sonst auf der Tafel stand und lag. An einigen Stellen, wo nichts stand, hatte sich der Staub in sehr regelmässige Formen angelegt, die dem Chagrin nicht unähnlich sahen. Allein dies ist die Sache noch nicht halb. Von ungefähr bemerkte ich, dass Stückchen von Barometerröhren, die unter der an der Wand hängenden schwarzen Tafel lagen, auf welcher ich in meinen Stunden zu schreiben pflege, den Staub der beim Abwischen oder Schreiben herabgefallenen Kreide in eben solche Figuren um sich herumgelegt hatten. Ja, als ich endlich einen kleinen, gleich bei der schwarzen Tafel stehenden Schrank, dessen Thüre nur aus einer mit Oelfarbe angestrichenen Leinewand besteht, öffnete, fand ich, dass auch da um einige Gläser herum der eingedrungene Stubenstaub Sonnen formirt hatte. Was ist dieses? Sind die Gläser oder das Wachstuch durch die heftige Erschütterung der eingeschlossenen Luft beim Schliessen elektrisch geworden?

Stanniol mehrfach durchbohrt. Osann[2]) hat darauf aufmerksam gemacht, dass wenn ein Stanniolblatt von Elektricität durchbohrt wird, dies gewöhnlich in 2 Löchern geschieht, die bei starkem Schlage bis 1 Linie von einander entfernt sind. Der Verfasser schliesst hieraus, dass der elektrische Funke aus zwei gesonderten entgegengesetzt elektrischen Funken bestehe, die sich nur, wo der Fortgang der Elektricität erschwert ist, wie bei Durchbohrung eines Kartenblatts, in ein Ganzes vereinigen.

Magnetisirung durch mechanische Wirkung der Entladung. Peltier[3]) hat die bekannten Versuche wiederholt über das Magnetischwerden von Stahlnadeln durch elektrische Schläge

[1]) Vermischte Schriften herausgeg. von Lichtenberg und Kries* Gött. 1804. Bd. 8. S. 247.

[2]) Erdmann Journal f. prakt. Chem.* Bd. 12. S. 242.

[3]) l'Institut 1838* p. 34.

die durch sie der Länge nach hindurchgehen. Er hat bestätigt, dass die Elektricität hier nur mechanisch wirke (wie die Torsion oder ein Hammerschlag), indem sie die Coërcitivkraft des Stahls erhöht, der hiernach den Magnetismus der Lage festzuhalten im Stande ist.

Magnetisirung durch Elektricität in einer luftleeren Röhre. Nach Arago's[1]) Bemerkung hat Savary schon vor langer Zeit folgenden Versuch gemacht. Eine luftleere Glasröhre und ein ebenso dicker Messingstab wurden in den Schliessungsbogen einer Batterie gebracht. Stahlnadeln über der Röhre und dem Stabe in gleicher Entfernung liegend, wurden durch die Entladung gleich stark magnetisch. Die hieraus gezogene Folgerung, dass der elekrische Strom ohne materiellen Träger Magnetismus erregen könne, ist nicht streng.

Savary's Versuche über die periodisch verschieden gerichtete Magnetisirung von Stahlnadeln in einer Drahtschraube, durch welche zunehmende Ladungen einer Batterie hindurchgehen, habe ich wiederholt und vollkommen bestätigt gefunden.[2])

b. Chemische Wirkung der Entladung.

Veränderung der Oberfläche von Glas, Glimmer u. s. w. durch die Entladung. Elektrische Hauchfiguren. Ich habe hierüber folgende Erfahrungen grmacht.[3]) Eine Spiegelglasplatte sorgfältig gereinigt und erwärmt, so dass sie sich am Elektrometer nach allen Richtungen als vollkommen isolirend erwies, wurde zwischen zwei im Schliessungsbogen der Batterie befindliche Spitzen gebracht. Als bei der Entladung der Batterie ein Funke über beide Oberflächen des Glases bis zum Rande gegangen war, liess dieser daselbst die bekannten matten Spuren zurück, in welchen eine Verletzung der Glasmasse deutlich ist. Am Elektrometer geprüft, zeigten sich diese Spuren leitend, aber ausserdem waren noch andere Stellen der Glasfläche leitend geworden, die vollkommen spiegelnd keine Veränderung im Ansehen erlitten hatten. Alle diese leitenden Stellen konnten durch Anhauchen der Glasplatte sichtbar gemacht werden, indem der Hauch auf denselben nicht condensirt wurde; es entstanden auf benetztem Grunde

---

[1]) Compt. rend. t. VII. p. 1061. Poggend. Annalen * Bd. 46. S. 489.
[2]) Poggendorff's Annalen * Bd. 47. S. 59.
[3]) Poggendorff's Annalen * Bd. 43. S. 84.

Zeichnungen unbenetzter mannigfach verschlungener Linien und Verästelungen, die ich mit dem Namen: elektrische Hauchfiguren, belegt habe. Leichter und bei Weitem schöner werden die Hauchfiguren auf dünnen Glimmerplatten erzeugt, bei welchen nicht einmal eine vollständige Entladung der Batterie durch einen Funken nöthig ist; bläuliche Lichtbüschel, die von den Ansatzspitzen auf die Glimmerflächen übergehen, genügen. Man erhält hier sehr zierlich gestellte, dem Hirschgeweih ähnliche Verzweigungen, die oft auf das regelmässigste von der Peripherie eines Kreises ausgehen. Die Glimmerfläche isolirt, auch nach der elektrischen Einwirkung, die Elektricität nach allen Richtungen.

Man könnte geneigt sein die elektrischen Hauchfiguren einer sehr kleinen, durch die Entladung auf Glas und Glimmer geführten und daselbst haftenden Elektricitätsmenge zuzuschreiben, allein hiergegen spricht, dass die Figuren auf beiden entgegengesetzten Flächen der gebrauchten Platte von durchaus derselben Art sind, dass sie ferner wesentlich dieselben sind, die Batterie mag mit positiver oder negativer Elektricität geladen sein, und endlich dass sie sich lange Zeit conserviren lassen. Ich habe Glimmerplatten Stunden lang unter Druck zwischen Stanniolblättern liegen lassen, ohne dass ihre Hauchfiguren verändert worden. Freilich erscheinen die Figuren kurze Zeit nach der elektrischen Einwirkung am schönsten, indem dann die Zeichnung spiegelhell auf dem benetzten Grunde steht; schon nach einem Tage wurden gewöhnlich die Figuren benetzt, aber viel weniger als der Grund, und in dieser Gestalt lassen sie sich Jahre lang aufbewahren. Ich besitze Glimmerplatten, die heut, mehr als vier Jahre nachdem sie der Entladung ausgesetzt worden, die Hauchfiguren in ganz bestimmten Umrissen zeigen. Es liesse sich annehmen, dass die Figuren durch Metalltheilchen gebildet würden, die durch den Funken von den messingenen Ansatzspitzen losgerissen und auf den Glimmer verbreitet sind, wenn nicht das gänzlich unveränderte Ansehen der Glas- und Glimmerfläche und die isolirende Eigenschaft der letztern dies unwahrscheinlich machte. Gegen beide Erklärungen spricht aber noch der merkwürdige Umstand, dass sich Hauchfiguren, obgleich von anderer Form, auch auf hellpolirten Metallflächen bilden. Ich liess von einer Spitze Entladungsfunken auf gold- oder silberplattirte Kupferbleche schlagen, die daselbst einen schwachen Fleck zurückliessen. Angehaucht zeigte sich dieser Fleck in einem, mehrere Linien breiten völlig unbenetztem Kreise, der von mehr und minder benetzten Kreisen umgeben war. Hiernach ist es für jetzt wahrscheinlich, dass die Elektricität, indem sie über die Oberfläche von Körpern hinweggeht, dieselbe so verändere, dass ihre Netzbarkeit verloren geht; ich hoffe indess, diesen Gegenstand bei Gelegenheit einer genauern Untersuchung unterwerfen zu können. Zu beachten ist, dass nach Degen [1]) Glasröhren, welche vom Wasser nicht genetzt werden, die Elektricität gut leiten, während sie dieselbe isoliren, nachdem man ihnen durch Erhitzen die Netzbarkeit wiedergegeben hat. Ferner folgender Versuch, dessen Urheber nicht angegeben ist [2]): Man zeichne an einem kalten Wintertage auf einer recht trockenen Fensterscheibe in einem warmen Zimmer eine Figur mit der Kugel einer geladenen leydener Flasche und lasse von einer Schale kochenden Wassers die Dämpfe gegen die Scheibe fahren. Sobald dieselbe gefroren ist, zeigt sich die Figur in den gefrornen Dämpfen und ist verschieden, je nachdem man positive oder negative Elektricität dazu angewandt hat.

Veränderung einer isolirenden Masse durch die Entladung. Elektrische Farbenstreifen. Indem die elektrische Entladung über eine isolirende Glasfläche fortgeht, dringt sie in einiger Tiefe in dieselbe ein und verändert die Glasmasse sichtbar in den bekannten matten Spuren, die einem mechanischen Angriffe des Glases durch Sand ähnlich sehen. Diese Aenderung rührt von einer Ausscheidung des Kali her, wie Simon [3]) schon vor langer Zeit nachgewiesen hat und wie sich auch dadurch zeigt, dass die Spuren einige Zeit nach dem Versuche sichtbarer sind, als gleich nachher. Eine unzweideutigere und regelmässigere Aenderung der Masse habe ich bei besondern Glassorten und bei dem Glimmer gefunden [4]). Bringt man eine Glimmerplatte zwischen Spitzen in dem Schliessungsbogen an, so geht, wenn man mässige Ladungen der Batterie anwendet, der Entladungsfunke über die Glimmerfläche von der Ansatzstelle bis zu einer minder dichten Stelle oder auch bis zum Rande derselben, und hinterlässt daselbst sehr regelmässige zierliche Spuren. Von der Ansatzstelle geht auf

[1]) Poggendorff Annalen * Bd. 38. S. 454.
[2]) Saxtorph Elektricitätslehre * Bd. 1. S. 488.
[3]) Gilbert Annalen * Bd. 30. S. 57.
[4]) Poggendorff Annalen Bd. 43. S. 85.

beiden Flächen des Glimmers continuirlich und in gleicher Breite ein geschlängelter Streifen bis zur Durchbohrungsstelle, der im durchfallenden Lichte hellgrau gefärbt ist. Im schief auffallenden Lichte erscheint jeder Streifen als ein sehr zierlich gefärbtes Band. Dasselbe ist stets von zwei scharf gezeichneten dunkeln Linien eingefasst, auf welche zu jeder Seite eine helle spiegelnde Franse folgt. Der innere Theil des Bandes, der zwischen diesen hellen Fransen liegt, ist nicht immer gleich vollkommen ausgebildet, und zeigt verwischte Zonen von gelber, blauer, rother und grüner Färbung. In den deutlichsten Exemplaren folgt auf die helle Franse eine rothe, dann eine glänzend grüne; die Mitte des Bandes ist immer dunkel. Es folgt hieraus, dass die Elektricität, indem sie in die Glimmermasse eindringt, dieselbe auf constante regelmässige Weise verändert, und zwar von der Mitte des Bandes nach den Rändern in abnehmender Tiefe. Diese farbigen Bänder, die ich: elektrische Farbenstreifen genannt habe, sind wesentlich dieselben auf beiden Flächen des Glimmers, wie die Hauchfiguren, und unabhängig von der Elektricitätsart, mit der die Batterie geladen ist. Minder schön, als auf Glimmer, lassen sich die Farbenstreifen auf Glas darstellen, das zufällig oder durch künstliche Behandlung an seiner Oberfläche die Elektricität leitet. Das stark alkalische französische Glas leitet, selbst wenn es erwärmt worden, die Elektricität sehr gut, und auf diesem lassen sich elektrische Farbenstreifen darstellen, die von den matten Spuren auf isolirendem harten Glase gänzlich verschieden sind. Die Streifen sind durchaus glatt und gefärbt, sie sind breiter als die auf dem Glimmer, und die Folge der Farben ist eine andere, unter der Lupe zeigen sich die Fransen weniger bestimmt in Zeichnung und Färbung. Selbst durch heisse Salpetersäure werden diese Streifen nicht verändert. Es ist hiernach erwiesen, dass Elektricität, die durch die Masse des Glases und Glimmers geht, dieselbe in sehr constanter Weise verändert.

Ettrick[1]) hat bemerkt, dass wenn eine leydener Flasche sich selbst so entladet, oder absichtlich so entladen wird, dass die Elektricität über die unbelegte Glasfläche geht, daselbst zuweilen Zickzacklinien zurückbleiben, die bei näherer Betrachtung in der ganzen Länge doppelt erscheinen. Er hält dies für einen

---

[1]) Sturgeon Annals of electr. * v. II. p. 39.

Beweis der Existenz von zwei Elektricitätsarten, von welchen eine jede eine Linie auf dem Glase zeichne. Unzweifelhaft bestanden die Flaschen aus weichem Glase, in das, wie so eben gesagt worden, die Elektricität eindringt und Farbenstreifen zurücklässt, die von zwei dunkeln Linien eingefasst sind.

Zersetzung des Wassers. Die Zerlegung des Wassers durch Elektricität ist neuerdings wieder von Goodman [1]) versucht worden, und zwar auf die bekannte Weise, dass durch feine in Glas eingelassene Platinspitzen im Wasserzersetzungsapparat wiederholte Entladungen einer leydener Flasche hindurchgeleitet werden. Die eine Spitze war mit der äusseren Belegung der Flasche oder einer belegten Glimmertafel verbunden, die andere durch einen Drath der innern Belegung metallisch nahe gebracht worden. An jeder Spitze wurden die beiden Gasarten des Wassers erhalten, welches der Verfasser ganz analog der Zerlegung desselben an der Voltaischen Säule hält, da nach ihm jede Zersetzungsspitze bei der elektrischen Entladung positiv und negativ elektrisch wird. Als Curiosum ist anzuführen, dass in dem übermässig gedehnten Aufsatze zwar nicht die (unzweifelhaft elektrische) Zerlegung des Wassers, dagegen aber die des holländischen Physikers A. Paets van Troostwyck dargethan ist, der daselbst in zwei Männer zerfällt. Der Fehler ist indess nicht neu. Er ist mir zuerst in den ältern Annales de Chimie, t. 26. p. 310. vorgekommen, wo er im Titel einer Abhandlung vielleicht nur als Druckfehler steht. Weniger zu entschuldigen ist er in der Encyclopaedia metropolitana, London 1830. vol. 2. p. 110., wo die elektrische Wasserzersetzung wörtlich den drei Physikern Paets, Van Troostwyck und Deimann zugeschrieben wird.

In einem folgenden Aufsatze [2]) bedient sich Goodman einer eigens umständlich construirten Tafelbatterie, deren Nutzen mir nicht klar geworden ist. Es wurden nämlich auf einer horizontalen Glasaxe sechs Glasscheiben in einiger Entfernung von einander befestigt und den beiden Flächen der Scheiben Metallplatten möglichst nahe gestellt. Die Metallplatten, welche gleichgelegenen Flächen der Glasscheiben entsprachen, wurden durch Verbindung mit dem Conductor einer Elektrisirmaschine positiv elektrisirt (ei-

---

[1]) Sturgeon Annal. of El. * v. VI. p. 1.

[2]) Sturg. Ann. of El. * v. VI. p. 97.

gentlich wurden nur zwei dieser Platten von dem Conductor unmittelbar, die übrigen Platten aber von diesen beiden par cascade geladen). Man sieht, dass der Theil jeder Glasscheibe, der sich zwischen den Metallplatten befand, eine Franklinsche Tafel darstellte und auf entgegengesetzten Flächen entgegengesetzte Elektricitätsarten erhielt. Indem man nun die Scheiben um die horizontale Axe drehte, wurden ihre positiv geladenen Flächen dicht bei Metallkämmen vorbeigeführt, die sie wieder entluden, und da die Metallplatten durch eine fortwährend wirksame Elektrisirmaschine elektrisirt blieben, so wurden die Metallkämme fortwährend mit positiver Elektricität versehen, die zu einem einzigen Drahte geleitet wurden, dessen Spitze den positiven Pol des Zersetzungsapparates bildete. Alle negative Elektricität führenden Metallplatten wurden mit einem zweiten Drahte verbunden, der den negativen Pol bildete. Die Absicht war, durch diese Vorrichtung einen möglichst continuirlichen elektrischen Strom zu erlangen, der eben so gut durch die Metallkämme an der Scheibe der Elektrisirmaschine oder durch fortdauernde Entladung einer fortwährend geladenen Flaschen-Batterie mittels solcher Kämme zu Stande gebracht werden kann. Als der Verfasser die Tafelbatterie durch zwei sehr dünne bis auf die Spitzen mit Glas bedeckte Platindrähte auf Wasser wirken liess, erhielt er durch eine zwei Stunden lang fortgesetzte Wirkung (es wurde hierbei eine Dampfmaschine zur Drehung gebraucht) an der negativen Polspitze in einer Gasröhre eine Gasblase von $\frac{1}{8}$ Zoll Länge (andere Dimensionen sind nicht angegeben), die durch wiederholt durchschlagende Funken nicht zersetzt und erst vermindert wurde, als man atmosphärische Luft hinzumischte. Als der Verfasser seine Batterie fortliess und den Strom der Elektrisirmaschine selbst 2 Stunden lang durch das Wasser gehen liess, erhielt er gleichfalls in der Gasröhre des negativen Pols eine Gasblase von $\frac{1}{8}$ Zoll Länge. Da er das auf die letzte Weise erhaltene Gas nicht für reines Wasserstoffgas hält, so mag mir der Zweifel erlaubt sein, ob das auf die erste Weise erhaltene ein solches gewesen, und ob durch diese mühseligen, kostspieligen Versuche die Frage über die Zersetzung des Wassers durch Elektricität wesentlich gefördert sei. Der Verfasser hat auch mittels Platindrähte ohne Glashülle Elektricität durch Wasser geleitet und den negativen Draht sich mit doppelt so vielem Gase bedecken gesehen, als den positiven.

Entzündung des Phosphors. Böttger[1]) fand, als er Phosphor durch den Funken einer leydener Flasche entzünden wollte, folgende Eigenthümlichkeiten. Wird die Flasche so entladen, dass das eine Ende des Ausladestabes auf den Phosphor, der mit der äussern Belegung metallisch verbunden ist, gelegt und das andere dem Knopf der Flasche genähert wird, so wird der Phosphor zerstreut, aber nicht entzündet. Um ihn zu entzünden, muss das eine Ende des isolirten Ausladestabes an den Knopf der Flasche angelegt und der Entladungfunke am andern Ende, wo sich der Phosphor befindet, erzeugt werden. Man kann den Phosphor am Ende des Ausladers, der einen Fortsatz der innern Belegung der Flasche bildet, oder auch an einem Fortsatze der äussern Belegung befestigen. Hier fand aber ein Unterschied je nach der Art der Elektricität der Flasche statt. War die Flasche mit positiver Elektricität geladen, so wurde der Phosphor nur dann entzündet, wenn er am Fortsatze der äussern Belegung befestigt war, hatte man sie aber mit negativer Elektricität geladen, nur in dem Falle, wenn er an dem Auslader befestigt war. Dieser Unterschied fand jedoch nur bei voller Ladung der Flasche statt, nicht aber, wenn dieselbe sehr schwach geladen war, wo Phosphor in gleicher Lage durch positive wie negative Elektricität entzündet wurde.

Es ist hierbei zu erinnern, dass Entzündungen, wie chemische Zersetzungen erst in einer längern Zeit zu Stande kommen, und dass man sich daher seit lange zur Entzündung des Schiesspulvers Phosphors, Schwammes, sehr schwacher elektrischer Ladungen, oder starker, die durch einen Halbleiter verzögert wurden, bedient hat. Was das verschiedene Verhalten der beiden Elektricitätsarten betrifft, die in der Flasche angehäuft wurden, so ist zu bemerken, dass schon vor langer Zeit Bohnenberger das Entzünden von Phosphor durch negative Elektricität bestritten, Saxtorph aber dasselbe leicht bewerkstelligt hat. [2])

Entstehung des elektrischen Geruches. Das Ozon. Der Ursprung des starken eigenthümlichen Geruches, der bei dem Ausströmen der Elektricität merkbar wird, ist sehr räthselhaft; Schönbein [3]) hat aus Versuchen geschlossen, dass derselbe durch

[1]) Sturgeon Annals of Electr. * vol. III. p. 315. Böttger Beiträge zur Physik und Chemie. 1. Heft.

[2]) Saxtorph Elektricitätslehre * Bd. 1. S. 387.

[3]) Poggendorff Ann.* Bd. 50. S. 616.

Zerlegung der Luft oder des Wassers entstehe, (wie dies schon Franklin [1]) vermuthet hat) und einem eigenen Stoffe, den er Ozon nennt, zukomme. Schönbein machte nämlich die höchst merkwürdige Erfahrung, dass sich bei Zersetzung des Wassers durch den galvanischen Strom ein Geruch entwickelt, der dem längst bekannten elektrischen Geruche vollkommen ähnlich ist. Es ist diese Aehnlichkeit, wie ich aus eigener Erfahrung bezeugen kann, unverkennbar. Dieser Geruch begleitet das entwickelte Sauerstoffgas, entsteht aber nur an Platin oder Gold (an Eisen nicht) und kann mit dem Sauerstoff oder den gemengten Gasen aufgefangen und aufbewahrt werden. Indess entsteht der Geruch nur dann, wenn das zu zersetzende Wasser versetzt ist mit einer der folgenden Substanzen: chemisch reine, gewöhnliche rauchende Schwefelsäure, Phosphorsäure, chemisch reine Salpetersäure, schwefelsaures Natron, phosphorsaures Kali, salpetersaures Kali. Nimmt man zur Zersetzung wässrige Lösungen von Chloriden, Jodiden, schwefelsaurem Eisenoxydul, concentrirter oder gewöhnlicher Salpetersäure, so wird der Geruch nicht erhalten. Ebenso fehlt derselbe, wenn man den Flüssigkeiten, deren Zersetzung ihn sonst giebt, eine geringe Menge zusetzt von salpetrichter Säure, rauchender Salpetersäure, schwefelsaurem Eisenoxydul, Eisenchlorür, Zinnchlorür, oder wenn man die Flüssigkeiten während der Zersetzung stark erwärmt. Hat man das riechende Prinzip mit dem Gase in einer Flasche, so wird es zerstört durch hineingeworfenes Kohlenpulver, durch Eisen-, Zinn-, Zink-, Bleifeilicht, gepulvertes Arsenik, Wismuth, Antimon, oder Quecksilber, durch erhitztes Platin oder Gold, durch eine wässrige Lösung von Eisen- und Zinnchlorür, schwefelsaurem Eisenoxydul, durch salpetrichte Säure und rauchende Salpetersäure. Das Ozon hat das Vermögen, einige Metalle, Platin, Gold, Kupfer u. s. w. negativ zu polarisiren. Als Schönbein nämlich von zwei Platinstreifen, die in gesäuertes Wasser gestellt, an einem Multiplicator von 2000 Windungen keine Ablenkung der Magnetnadel hervorbrachten, den einen Streifen, nachdem er trocken war, in eine Flasche mit riechendem Sauerstoffgas hielt und den Versuch am Multiplicator wiederholte, so erhielt er eine Ablenkung von 180°, und zwar verhielt sich der dem Ozon ausgesetzte Platinstreifen negativ gegen das andere Pla-

---

[1]) Experim. and observations * 5th. edit. p. 84.

tin. Nicht riechendes Sauerstoffgas bringt diese Polarität nicht hervor. Die Polarität des Platins dauert einige Zeit fort, wird aber sogleich vernichtet durch Eintauchung des Metalls in Wasserstoffgas. Der Verfasser ging sodann zu Versuchen an der Elektrisirmaschine über. Ein Platinstreifen einer Spitze gegenüber gehalten, die sich auf dem positiv oder negativ elektrisirten Conductor der Maschine befand, wurde stark negativ polarisirt, seine Polarität konnte durch Erhitzung oder durch Wasserstoffgas sogleich zerstört werden. Erhitztes oder mit Wasser befeuchtetes Platin nahm keine Polarität an. Wurde die, Elektricität ausströmende Spitze erhitzt oder mit nassem Papier bedeckt, so polarisirte sie eine entgegengehaltene Platinplatte nicht, aber sie entwickelte auch den elektrischen Geruch nicht. Eine Platinplatte unmittelbar auf den elektrischen Conductor gelegt, erhielt keine Polarisation. Auch den Geruch, der beim Einschlagen des Blitzes bemerkt und und häufig als Schwefelgeruch angegeben wird, schreibt der Verfasser dem Ozon zu und sucht zuletzt mit chemischen Gründen darzuthun, dass dies riechende Prinzip ein dem Brom und Chlor ähnlicher Körper, und mit Wasserstoff verbunden, im Wasser in sehr geringer Menge vorhanden sei.

Hiergegen hat sich de la Rive [1]) mit Gründen erklärt und den elektrischen Geruch von sehr zarten Theilchen eines Metalloxydes hergeleitet, das am positiven Pol gebildet und durch die elektrische Entladung losgerissen wird. Ist der elektrische Strom schwach, so geschehe das Losreissen nicht und der Geruch bleibe aus. Der Verfasser zersetzte Wasser durch eine schwache voltaische Kette und fand keinen Geruch, als der Platindrath des positiven Pols in grosser Ausdehnung in das zu zersetzende Wasser reichte; war derselbe aber bis auf wenige Punkte mit Siegellack bedeckt, so wurde ein sehr starker Geruch entwickelt. Bei dem Geruch am Conductor der Elektrisirmaschine beruft sich der Verfasser auf Priestley's Versuche, nach welchen der elektrische Funke mit Metalltheilen beladen sey; diese Theile würden vom Wasser aufgefangen, daher ein Bedecken des Conductors mit feuchtem Papier den Geruch hindert. Auch fand er den Geruch, wenn auch nur wenig, verschieden, je nachdem er ihn an Platin, Gold oder Silber entwickelte. Die negative Polarität einer Platinplatte durch Ein-

---

[1]) Poggendorff Annalen * Bd. 54. S. 402.

senkung derselben in das mit riechendem Prinzip beladene Sauerstoffgas erklärt sich leicht durch Ablagerung der Oxydtheilchen auf der Platte.

c. Thermische Wirkung der Entladung.

Die Erwärmung, welche durch die elektrische Entladung in einem continuirlichen Metalldrahte hervorgebracht wird, ist von mir einer lange fortgesetzten Untersuchung unterworfen worden, von welcher ein kleiner Theil bereits im zweiten Bande des Repertoriums Seite 55 mitgetheilt ist. Ich habe dabei den empirischen Standpunkt streng festgehalten, und ohne durch eine von den magnetischen Wirkungen der galvanischen Kette hergeholten Analogie mir den Weg zu verkürzen, bin ich den Aenderungen der Erscheinung Schritt für Schritt gefolgt, wodurch ich den mannigfachen Irrthümern meiner wenigen Vorgänger zu entgehen hoffen durfte. Die einzelnen Resultate der verschiedenartigen Versuche habe ich durch algebraische Bezeichnung dargestellt, und dieselben zuletzt in einen einzigen Ausdruck vereinigt, wodurch die Untersuchung übersichtlich und dem Verständniss leicht zugänglich geworden ist. Empirische Formeln haben noch ausserdem den Vortheil, dass sie von Nutzen bleiben, wenn auch die hypothetische Bedeutung, die einzelnen Theilen derselben gegeben werden musste, verlassen und von einer andern verdrängt worden ist. Dies auszusprechen, bin ich durch die laut gewordene Meinung veranlasst, dass der häufige Gebrauch algebraischer Zeichen dem Verständniss und der Verbreitung meiner Arbeit über die elektrische Wärmeerregung hinderlich sey. Es ist freilich Thatsache, dass von dieser Untersuchung, auf die ich einigen Werth lege, bisher kein vollständiger und genügender Auszug gegeben worden ist. [1])

---

[1]) Ich kann nicht umhin, als Beleg hierzu das Neue Gehlersche physik. Wörterbuch anzuführen, in dessen 10tem Bande S. 405 von Muncke nicht einmal meine für die Wärmeerregung aufgestellte Grundformel und deren Bedeutung richtig und verständlich angegeben ist. Dass algebraische Zeichen und deren Bedeutung sorgfältig und getreu nach der Quelle mitgetheilt werden, ist doch wol die geringste Forderung, die man an einen Artikel jenes voluminösen Werkes machen kann.

Elektrische Wärmeerregung in einem continuirlichen Drahte.

Wenn eine bis zu einem bestimmten Grade geladene elektrische Batterie durch einen Schliessungsbogen entladen wird, in dem sich mehrere dünne Metalldrähte verschiedener Art befinden, so bemerkt man in jedem dieser Drähte gleich nach der Entladung eine Erwärmung. Eine oberflächliche Beobachtung zeigt, dass die Erwärmung verschieden ist in jedem Drahte von verschiedener Natur oder andern Dimensionen, und dass ferner die Erwärmung aller Drähte eine Aenderung erleidet, wenn ein neues Drathstück zu ihnen hinzugesetzt, der Schliessungsbogen also verändert wird. Eine genaue Untersuchung dieser Erscheinung wird daher in zwei wesentlich geschiedene Theile zerfallen; in dem ersten lässt man den ganzen Apparat, das heisst Batterie, Ladung und Schliessungsbogen unverändert, und untersucht die Erwärmung verschiedener Drähte, die sich gleichzeitig im Schliessungsbogen befinden; in dem andern Theile bleibt der untersuchte Drath constant, aber der Apparat selbst wird verändert. Folgende Grössen können bei dieser Untersuchung unabhängig von einander verändert werden, denen ich zugleich die Buchstaben beisetze, mit welchen sie in den zu bildenden Formeln bezeichnet werden sollen.

Oberfläche der Batterie (Anzahl der gebrauchten Flaschen)	s
Elektricitätsmenge auf ihrer innern Belegung	q
Des untersuchten Drahtes im Schliessungsbogen	
Länge in pariser Linien	l
Halbmesser	r
Verzögerungskraft seines Metalles	x'
Des zum Schliessungsbogen hinzugesetzten Drahtes	
Länge	λ
Halbmesser	ϱ
Verzögerungskraft seines Metalles	x

Ausserdem soll die Temperaturerhöhung des untersuchten Drahtes in Centesimalgraden mit T, die beobachtete Verrückung des Index im Luftthermometer mit ϑ, und die im Drath freigewordene Wärmemenge mit W bezeichnet werden. Der Buchstabe a soll für eine durch Versuche zu bestimmende Constante gebraucht werden, deren Bedeutung zwar in jeder Formel verschieden aber sogleich ersichtlich ist.

Ich werde den Einfluss, den die veränderlichen Grössen auf die Erwärmung eines Drahtes im Schliessungsbogen haben, in der Ordnung mittheilen, in welcher derselbe experimentell bestimmt worden ist und zuletzt erst die einzelnen Resultate zusammenstellen.

Elektrische Erwärmung nach Oberfläche der Batterie und Elektricitätsmenge. [1]) Ein dünner Platindrath, in der Kugel eines elektrischen Luftthermometers befindlich, wurde in den Schliessungsbogen einer Batterie gebracht, deren Flaschenzahl (jede Flasche hatte 1½ quadr. Fuss innere Belegung) von 2 bis 25 geändert werden konnte. Die in die Batterie geführte Elektricitätsmenge, an den Funken der Maassflasche gezählt, wurde dabei von 2 bis 20 geändert; die Erwärmung des Platindraths zeigte sich überall proportional dem Produkte der Quantität in die Dichtigkeit der angehäuften Elektricität. Also $T = a\frac{q^2}{s}$ oder, da hier die Verrückung des Index im Thermometer der Erwärmung proportional ist, $\vartheta = a\frac{q^2}{s}$. Da alle spätern Resultate über elektrische Erwärmung, die allgemein gelten sollen, unabhängig von Grösse und Ladung der Batterie gemacht, aber aus speziellen Versuchen abgeleitet werden müssen, so ist die letzte Formel von dem häufigsten Gebrauche. Die Constante a, welche, wie man sieht, die Erwärmung (Anzeige des Thermometers) für $q = 1$ und $s = 1$ angiebt, wird dann unter dem Namen: Erwärmung für Einheit der Ladung aufgeführt. Ihr Zahlenausdruck ist überall ein Mittel der für die einzelnen Versuche berechneten Werthe.

Einfluss der Länge des untersuchten Drathes auf seine Erwärmung [2]). In den Schliessungsbogen wurden zwei gleich dicke Platindrähte eingeschaltet, von welchen der eine sich im Thermometer befand. Die Länge dieses Drathes wurde in vier Versuchsreihen von 42 bis 124 Linien geändert, zugleich aber die Länge des ausserhalb des Thermometers befindlichen Drathes so vermindert, dass die Summe der Längen beider Drähte constant blieb. Hierdurch konnte der Schliessungsbogen als unverändert gelten. Aus den für die Einheit der Ladung gefundenen Thermometer-Anzeigen ergab sich, dass die elektrische Erwärmung eines

---

[1]) Poggendorff Annalen * Bd. 40. S. 342.

[2]) Poggend. Ann. * Bd. 43. S. 47.

Drahtes unabhängig von seiner Länge ist. Es ist übrigens klar, dass die Anzeige des Thermometers selbst abhängig von den Dimensionen des in ihm befindlichen Drahtes ist, worüber das Nähere in dem Artikel: Apparate und deren Gebrauch, gesagt wird.

Einfluss der Dicke des untersuchten Drahtes. Zwei Platindrähte verschiedener Dicke wurden gleichzeitig in dem Schliessungsbogen der Batterie angebracht und jeder von ihnen in einer besondern Versuchsreihe in die Kugel des Luftthermometers eingeschlossen. Nachdem die Anzeige des Thermometers für Einheit der Ladung in Bezug auf jeden Drath gefunden war, wurden die Temperaturerhöhungen der Drähte berechnet und mit einander verglichen. Solcher Versuchsreihen wurden 6 mit je zwei verschieden dicken Dräthen, deren Halbmesser von 0,023 bis 0,0805 Linie variirte, angestellt. Es fanden sich die Temperaturerhöhungen zweier Drähte durch dieselbe elektrische Entladung umgekehrt proportional den Biquadraten ihrer Halbmesser, oder $T = \frac{a}{r^4}$ und diese Formel fand noch in vier früher angestellten Versuchsreihen ihre Bestätigung. Die Temperaturerhöhung eines Drahtes ist unabhängig von seiner Länge, nicht aber die Wärmemenge, die in demselben frei geworden ist. Für diese Wärmemenge erhält man den Ausdruck $W = \frac{a\,l}{r^2}$ oder in Worten: die in einem Drahte durch eine bestimmte elektrische Entladung frei gemachte Wärmemenge ist proportional der Länge und umgekehrt proportional dem Querschnitte des Drahtes [1]).

Erwärmung eines constanten Drahtes nach der Länge eines hinzugesetzten Drahtes. Ein Platindraht, in die Kugel des Thermometers eingeschlossen, blieb unverändert in dem Schliessungsbogen der Batterie, der zwei Drähte mit freien Enden enthielt, zwischen welchen eine veränderliche Länge eines

---

[1]) Ich habe bei Aufführung dieses merkwürdigen Satzes gesagt, dass er für einen Beweis gegen die Materialität der Elektricität gelten könne; nämlich: gegen die verbreitete Vorstellung, dass die beiden Elektricitäten Flüssigkeiten seien, deren gegenseitige Neutralisation die Wärme constituire. Gegen die Strenge dieses Beweises lässt sich indessen Erhebliches einwenden, wozu freilich das nicht gehört, was Muncke (phys. Wörterbuch Bd. 10. S. 310.) aus Missverständniss meiner gelegentlichen Bemerkung, dagegen vorgebracht hat.

Kupferdrahts von 0,29 Linie Dicke befestigt werden konnte. Die Länge dieses eingeschalteten Kupferdrahts wurde von 3 Zoll bis 246 Fuss verändert, und für jede Länge eine Versuchsreihe über die Erwärmung des Platindrahts im Thermometer angestellt. Um die Erwärmung für die Einheit der Ladung, die bei jeder zugesetzten Drahtlänge verschieden ausfiel, von dieser Länge abhängig darzustellen, ist folgende Betrachtung nöthig. Die Erwärmung des Platindrahts im Thermometer nimmt mit Verlängerung des zum Schliessungsbogen hinzugefügten Drahtes bedeutend ab. Eine Erwärmung die bei Einschaltung von 3 Zoll Draht durch die Entladung einer kleinen Elektricitätsmenge bewirkt wurde, erfordert bei Anwendung von 246 Fuss Draht schon eine sehr bedeutende Elektricitätsmenge, und würde bei grössern Drahtlängen nur durch immer grössere elektrische Ansammlungen und Dichtigkeiten erlangt werden können. Man gelangt durch Verlängerung des Schliessungsdrahtes bald zu einer Grenze, bei welcher eine gewisse Erwärmung, z. B. die welche zur Senkung der Thermometerflüssigkeit von 12 Linien gehört, gar nicht mehr durch die Batterie geleistet wird. Nimmt man an der Stelle des langen Kupferdrahts ein kleines Stück feuchten Holzes oder eine mit Wasser gefüllte Glasröhre als Zwischenleitung, so ist gleich Anfangs die Grenze für die kleinste geforderte Erwärmung erreicht. Die Entladung einer sehr grossen Elektricitätsmenge ist dann nicht hinreichend, eine Senkung von 0,1 Linie der Flüssigkeit im Thermometer zu bewirken. Hier aber ist die Entladung der Batterie nicht mehr instantan wie bei der Einschaltung auch des längsten Kupferdrahtes, sie findet während einer wahrnehmbaren Zeit statt. Diese Erfahrung auf die metallischen Schliessungen und die durch dieselben veränderte Erwärmung anwendend, nehmen wir an, dass ein Unterschied der Entladungszeit stattfindet bei den Schliessungen verschiedener Länge und dass die Erwärmung im Thermometer im umgekehrten Verhältnisse zu dieser Entladungszeit stehe. Ist die Erwärmung a beobachtet worden, indem die Einheit der Ladung in der Zeit 1 durch den Schliessungsbogen ging, so wird hiernach, wenn die Entladung der nämlichen elektrischen Anhäufung um z Zeiteinheiten verzögert worden, die Erwärmung $\frac{a}{1+z}$ sein. Dies ist also hypothetisch die Form, durch welche die oben erwähnten Beobachtungsreihen dargestellt werden müssen. Der constante Werth a wurde aus der ersten Beobachtungsreihe genommen, aus jede der übrigen 5 Reihen aber der mit der Länge des zum Schliessungsbogen hinzugesetzten Drahtes veränderliche Werth von z berechnet. Eine Vergleichung der Werthe von z zeigte, dass diese Grösse proportional der zugesetzten Drathlänge sei, so dass alle hieher gehörigen Beobachtungen durch die Formel darstellbar sind $T = \frac{a}{1 + b\lambda}$ in welcher b eine empirisch zu bestimmende Constante bezeichnet.

Einfluss der Dicke des zugesetzten Drahtes auf die Erwärmung. Als zu dem Schliessungsbogen successiv Platindrähte verschiedener Länge und Dicke zugebracht wurden, fand sich die Erwärmnng des constanten Drathes im Thermometer nicht allein in der so eben ermittelten Weise verändert mit der Länge des Drathes, sondern auch mit der Dicke desselben und zwar in reziproker Beziehung zu der letztern. Es war daher anzunehmen, dass in der zuletzt gegebenen Gleichung die Grösse b eine Funktion des umgekehrten Werthes vom Halbmesser des Drahtes enthielt und daher hypothetisch mit $\frac{b}{F(\varrho)}$ vertauscht werden konnte. Aus einer Versuchsreihe wurde die Constante a der obigen Gleichung bestimmt und aus 6 Versuchsreihen, in welchen verschieden dicke Drähte zum Schliessungsbogen zugesetzt waren, erhielt man durch Rechnung sechs verschiedene Werthe von $\frac{b}{F(\varrho)}$. Diese Werthe zeigten sich genau im umgekehrten Verhältnisse zu dem Quadrate des Halbmessers des zugesetzten Drahtes. Hiernach wird die Formel für die Erwärmung eines Drahtes durch die Einheit der Ladung je nach den Dimensionen eines zum Schliessungsbogen hinzugesetzten Drahtes $T = \frac{a}{1 + \frac{b\lambda}{\varrho^2}}$, in Worten, mit der oben gegebenen hypothetischen Bedeutung des Nenners: die Erwärmung eines Drahtes durch die elektrische Entladung ist der Dauer dieser Entladung umgekehrt proportional; durch Einschaltung von homogenen Drähten in den Schliessungsbogen wird die Entladung um eine Zeit verzögert, welche der Länge des Drahtes direkt, seinem Querschnitte umgekehrt proportional ist.

Elektrische Erwärmung in einem aus Drähten desselben Metalles zusammengesetzten Schliessungsbogen.

Für diese Erwärmung erhält man leicht den algebraischen Ausdruck, indem man die in dem Vorhergehenden einzeln aufgeführten Formeln in eine einzige vereinigt. Die Temperaturerhöhung T in einer continuirlichen Stelle des Schliessungsbogens, deren Halbmesser r ist, findet sich, wenn zu der anfänglichen Schliessung ein Drath von der Länge λ, dem Halbmesser ϱ hinzugesetzt ist:

$$T = \frac{a}{r^4}\left(\frac{1}{1+\frac{b\lambda}{\varrho^2}}\right)\frac{q^2}{s}$$

wo mit s die Oberfläche der Batterie, mit q die Elektricitätsmenge bezeichnet ist, und a und b zwei durch vorläufige Versuche zu bestimmende Constanten bedeuten. Offenbar gilt die Formel auch für den speciellen Fall, in welchem der ganze Schliessungsbogen nur aus einem einzigen Drahte besteht, der mit einem von andern Dimensionen vertauscht wird. Man hat alsdann nur $r = \varrho$ zu setzen und erhält dadurch die Abhängigkeit der Temperaturerhöhung eines Schliessungsdrahtes von seinen Dimensionen.

Abhängigkeit der elektrischen Erwärmung eines Drahtes von seinem Metalle. Elektrisches Erwärmungsvermögen der Metalle. Es ist schon früher bemerkt worden, dass die Erwärmung eines Drahtes durch elektrische Entladung abhängig sei von dem Metalle des Drahtes, und dass die Eigenschaft eines Metalles sich durch Elektricität stärker zu erhitzen als ein anderes, stets mit einem geringeren elektrischen Leitungsvermögen desselben verbunden sei. Die Art der Abhängigkeit dieses elektrischen Erwärmungsvermögens der Metalle von ihrem Leitungsvermögen ist aber früher weder theoretisch noch experimentell, weder in Bezug auf Reibungselektricität noch auf eine andere Art von Elektricität, mit Bestimmtheit ausgemacht worden, so dass ich genöthigt war, diese Frage einer eigenen weitläufigen Untersuchung zu unterwerfen. [1])

Um den Einfluss, den das Metall eines Drahtes auf seine elektrische Erwärmung hat, numerisch zu bestimmen, verglich ich in dieser Hinsicht 8 Metalle einzeln mit dem Platin, und liess bei jeder solchen Vergleichung den Schliessungsbogen der Batterie unverändert. In diesem Falle wird, nach der obigen Formel, die Erwärmung eines jeden im Schliessungsbogen befindlichen Drahtes

[1]) Poggendorff's Annalen * Bd. 45. S. 1.

durch die Einheit der Ladung $T = \frac{a}{r^4}$ sein, so dass a die Erwärmung ausdrückt, welche der untersuchte Draht erfahren würde, wenn er die Längeneinheit zum Halbmesser hätte. Es bestehe der erste untersuchte Draht aus Platin, so wird, wenn die Erwärmung des zweiten aus einem andern Metalle bestehenden Drahtes beobachtet und berechnet worden, der Werth a nicht mehr derselbe, sondern ein anderer ay gefunden werden. Dieser Faktor y, mit dem die Erwärmung des Platindrahts für Einheit des Halbmessers multiplicirt werden muss, um die Erwärmung eines Drahtes von anderem Metalle unter derselben Bedingung und durch dieselbe elektrische Entladung zu erhalten, wird das elektrische Erwärmungsvermögen dieses Metalles messen. Die numerische Bestimmung des Erwärmungsvermögens eines Metalles verlangt daher folgende Versuche. Ein Platindraht und ein Draht aus anderem Metalle werden gleichzeitig in dem Schliessungsbogen befestigt; jeder von beiden ist successiv in der Kugel des Luft-Thermometers eingeschlossen, dessen Aenderungen man in einer längern Versuchsreihe bei verschiedenen Ladungen der Batterie beobachtet. Aus diesen beiden Versuchsreihen entnimmt man die Thermometeränderungen für die Einheit der Ladung, und berechnet darnach die wirklichen Erwärmungen der im Thermometer befindlich gewesenen Drähte. Ist sodann das Produkt für Platin Tr^4 und das analoge $T_1 r_1^4$ für das andere Metall gebildet, so giebt die Division des zweiten Produkts durch das erste den Werth y des elektrischen Erwärmungsvermögens des angewandten Metalles. Ich hatte, um den Einfluss des Metalles auf die Erwärmung möglichst rein hervortreten zu lassen, alle gebrauchten Drähte durch dasselbe Loch ziehen lassen, erhielt sie aber dessenungeachtet nicht gleich dick, welches mit Baudrimont's [1]) Versuchen über die Ziehbarkeit der Metalle übereinstimmt.

Die einzelnen numerischen Werthe des Erwärmungsvermögens der von mir untersuchten Metalle theile ich hier nicht mit, weil sie, wie sich weiter unten zeigen wird, aus andern empirisch schärfer bestimmbaren Werthen, leicht zu berechnen sind.

Erwärmung eines constanten Drahtes nach dem Metalle eines zugesetzten Drahtes. Bestimmung der elek-

¹) Repertorium Bd. 1. S. 134.

trischen Verzögerungskraft. Untersucht man die Erwärmung eines continuirlichen Drahtes bei Einheit der Ladung, wenn zum Schliessungsbogen Drahtstücke beliebiger Dimensionen hinzugesetzt werden, so wird wie oben gezeigt worden, die Erwärmung durch den Ausdruck dargestellt: $T = \frac{a}{1 + \frac{b\lambda}{\varrho^2}}$. Das zweite Glied des Nenners, nämlich $\frac{b\lambda}{\varrho^2}$ ist als die Verzögerung der Entladungszeit durch das zugesetzte Drahtstück aufgefasst worden; da sich nun findet, dass die bei demselben Metalle constante Grösse b mit dem Metalle veränderlich ist, so haben wir diese Aenderung einer eigenthümlichen Verzögerungskraft des Metalles zuzuschreiben, deren Maass ein zu b hinzukommender experimentell zu bestimmender Faktor x abgiebt. Um die wörtlichen Bezeichnungen zusammenzustellen:

$\frac{bx\lambda}{\varrho^2}$ bezeichnet die wirklich stattfindende, von der Einrichtung der Batterie und des Schliessungsbogens abhängige Verzögerung der Entladung durch den zugesetzten Draht

$\frac{x\lambda}{\varrho^2}$ ist der Verzögerungswerth dieses Drahtes

x endlich die Verzögerungskraft seines Metalles.

Die numerischen Werthe der Verzögerungskraft sind durch leichte Versuche und einfache Rechnung zu finden. Man hat nämlich nur die Anzeigen des mit einem constanten Drahte versehenen Thermometers in zwei oder mehreren Versuchsreihen zu beobachten, bei welchen Platindrähte verschiedener Dimensionen zum Schliessungsbogen der Batterie hinzugesetzt waren, und hieraus unmittelbar die Werthe a und bx in der Formel $\vartheta = \frac{a}{1 + \frac{bx\lambda}{\varrho^2}}$ zu entnehmen. Wird sodann ein Draht eines andern Metalles zum Schliessungsbogen hinzugesetzt, so giebt eine neue Beobachtungsreihe einen neuen Werth von bx, der durch den ersten dividirt, die Verzögerungskraft des Metalles ausdrückt, die des Platins als Einheit angenommen. Da ich bei Bestimmung des Erwärmungsvermögens der Metalle mich stets eines und desselben Platindrahts bedient hatte, so sind die meisten der zur Bestimmung der Verzögerungskraft nöthigen Versuchsreihen bereits bei jener Gelegenheit angestellt worden, und ich habe nur neue Reihen für solche Metalle hinzugefügt, deren Erwärmungsvermögen nicht hatte bestimmt werden können. Die folgende Zusammenstellnng giebt die gefundenen Werthe nach steigender Grösse; sie sind bei der gewöhnlichen Temperatur des Zimmers (ungefähr 15° C.) bestimmt worden.

Werthe der elektrischen Verzögerungskraft der Metalle Platin zur Einheit genommen.

Silber	0,1043
Kupfer	0,1552
Gold	0,1746
Cadmium	0,4047
Messing	0,5602
Palladium	0,8535
Eisen	0,8789
Platin	1,
Zinn	1,053
Nickel	1,180
Blei	1,503
Neusilber	1,752

Da die angewandten Metalle nicht durchweg chemisch rein waren, so können diese Zahlen nicht als streng gültig angesehen werden, bei dem Zinn hat bereits Vorsselman de Heer wahrscheinlich gemacht, dass der hier angegebene Werth zu gross sei.

Abhängigkeit des elektrischen Erwärmungsvermögens von der Verzögerungskraft. Indem ich die Werthe der elektrischen Verzögerungskraft mit denen des Erwärmungsvermögens verglich, fand ich, dass die letzten den erstern proportional werden, wenn man sie einzeln mit dem Produkte der Wärmecapacität in das specifische Gewicht des bezüglichen Metalles multiplicirt. Dividirt man die zuletzt gefundenen Produkte noch durch Wärmecapacität und specifisches Gewicht des Platins, um für dies Metall den Werth 1 zu erhalten, so ergiebt sich eine Uebereinstimmung der resultirenden Zahlen mit den experimentell gefundenen Werthen der Verzögerungskraft, die, bei den vielen nur annähernd richtigen Zahlen, aus denen die Resultate abgeleitet sind, nicht grösser zu erwarten war. Da die Verzögerungskraft leicht in einiger Schärfe experimentell zu erhalten ist, so ist es gerathen, das Erwärmungsvermögen wo man es gebraucht, durch Rechnung zu bestimmen, welche nach folgendem Satze anzustellen ist: Das relative elektrische Erwärmungsvermögen eines Metalles wird gefunden, wenn man die elektrische Verzögerungskraft desselben durch seine Wärmecapacität und sein specifisches Gewicht dividirt.

Allgemeine Formeln über die Erwärmung eines continuirlichen Drahtes durch die elektrische Entladung. Die bisher einzeln gewonnenen Resultate lassen sich in eine Formel vereinigen, welche alle Fälle der Erwärmung eines continuirlichen Drahtes durch die elektrische Entladung umfasst. Diese Formel ist

$$T = \frac{a x'}{r^4 C g} \left(\frac{1}{1 + \frac{b x \lambda}{\varrho^2}} \right) \frac{q^2}{s}$$

mit der, Seite 190, gegebenen Bedeutung der Zeichen, zu welchen noch C, die Wärmecapacität, und g das specifische Gewicht des Metalles, aus dem der (auf Erwärmung untersuchte) Draht besteht, hinzugekommen sind. Die Formel ist zur leichtern Uebersicht in drei Faktoren getheilt, von welchen der erste die Beschaffenheit des untersuchten Drahtes, der zweite in Klammern eingeschlossene die des Schliessungsbogens, der dritte die der elektrischen Ladung betrifft. Die Grössen a und b sind Constanten, deren Werthe empirisch bestimmt werden müssen. Um ihre Bedeutung klar zu haben, ist es gut, dem Produkte Cg den numerischen Werth, den dasselbe für Platin erhält, als Einheit unterzulegen. Somit ist a die Temperaturerhöhung eines Platindrahts von 1 Linie Halbmesser durch die Einheit der Ladung, die in einer gewissen zur Einheit genommenen Zeit entladen worden; b ist die Verzögerung, welche die Entladung dadurch erhält, dass ein Platindraht von 1 Linie Länge und Halbmesser zum Schliessungsbogen hinzugesetzt worden.

In dem Falle, dass der zum Schliessungsbogen hinzugesetzte Draht selbst auf Erwärmung untersucht wird, erhält man den Ausdruck

$$T = \frac{a}{\varrho^2 C g \left(\frac{\varrho^2}{x} + b\lambda \right)} \cdot \frac{q^2}{s}$$

Aus der allgemeinen Formel über die Temperaturerhöhung durch die elektrische Entladung lässt sich eine andere über die erregte Wärmemenge ableiten, welche leicht im Gedächtniss zu behalten ist und eine in theoretischer Hinsicht merkwürdige Beziehung darlegt.

Wärmemenge in einem Drahte durch die Entladung erregt. Wird die gegebene Grundformel auf beiden Seiten mit MCg multiplicirt, wo M die Masse des auf Erwärmung untersuchten Drahtes bezeichnet, so erhält man für die in dem Drahte erregte Wärmemenge W

$$W = \frac{a x' l}{r^2} \left(\frac{1}{1 + \frac{b x \lambda}{\varrho^2}} \right) \frac{q^2}{s}$$

welche Formel sich so aussprechen lässt:

In irgend welchen mit einander verbundenen Metalldrähten, die zugleich eine elektrische Batterie entladen, werden Wärmemengen frei, die genau proportional den Verzögerungen sind, welche diese Drähte einzeln irgend einer elektrischen Entladung verursachen.

In dem gewöhnlichen, aber complicirteren Falle, in welchem nur ein einziger Draht zur Schliessung der Batterie benutzt wird, findet man die Wärmemenge die in diesem Drahte durch die Entladung frei wird, durch die vereinfachte Formel gegeben:

$$W = \frac{a}{\frac{\varrho^2}{x\lambda} + b} \cdot \frac{q^2}{s}$$

Man sieht hieraus: je länger und dünner der Schliessungsdrath einer Batterie ist, desto grösser ist die in ihm erregte Wärmemenge; dieselbe nähert sich einem Grenzwerthe der für die Einheit der Ladung $\frac{a}{b}$ beträgt.

Drahtlängen gleicher Wärme, Leitungsvermögen der Metalle. Aus den beiden Formeln für die Wärmemenge ergiebt sich eine interessante Bedeutung der Werthe von $\frac{1}{x}$, welche gewöhnlich (durch magnetische Wirkung der galvanischen Kette bestimmt) Werthe des Leitungsvermögens der Metalle genannt werden. Entladet man nämlich eine elektrische Batterie entweder gleichzeitig oder nach einander durch Drähte gleicher Dicke, aber verschiedenen Metalles und von solchen Längen, die proportional den Werthen von $\frac{1}{x}$ sind, so wird nach den obigen Formeln die in jedem Drahte durch eine gleiche elektrische Ladung erregte Wärmemenge dieselbe sein. Die folgenden Werthe von $\frac{1}{x}$, oder des elektrischen Leitungsvermögens, für einige Metalle geben daher die Längen von Drähten gleicher Dicke dieser Metalle an, die, durch die elektrische Entladung erwärmt und bis zu ihrer anfäng- Temperatur (ungefähr 15° C.) abgekühlt, eine gleiche Quantität Eises schmelzen würden. In diesen, aus der Verzögerungskraft berechneten, Werthen ist für Kupfer die Länge 100 angenommen. —

Drahtlängen, in welchen die elektrische Entladung gleiche Wärmemengen erregt.

Silber	148,74
Kupfer	100,
Gold	88,87
Cadmium	38,35
Messing	27,70
Palladium	18,18
Eisen	17,66
Platin	15,52
Zinn	14,70
Nickel	13,15
Blei	10,32
Neusilber	8,86

Bemerkungen über die thermische Wirkung der Entladung.

Elektrische Wärmeerregung unabhängig vom Schliessungsbogen. Vorsselman de Heer [1]) hat sich die dankenswerthe Mühe genommen, die oben gegebene Grundformel über die durch die Entladung erregte Wärmemenge numerisch zu bestimmen und darnach alle von mir angestellten Versuche zu berechnen. Der Verfasser hat in jener Formel Zähler und Nenner der rechten Seite durch die Constante b dividirt, wodurch in den Nenner des zweiten Faktors an die Stelle der Verzögerungen $1 + \frac{b x \lambda}{\varrho^2}$ die Verzögerungswerthe $\frac{1}{b} + \frac{x\lambda}{\varrho^2}$ getreten sind: eine Aenderung, die ich nicht für gerathen halte, da sie leicht zu Irrungen führen kann und jedenfalls die Formel weniger verständ-

[1]) Poggendorff Annalen Bd. 48. S. 292.

lich macht. — Indem der Verfasser ferner die jedem Verzögerungswerthe zukommende Erwärmung berechnete und die Werthe summirte, fand er diese Summe unabhängig von der Beschaffenheit des Schliessungsbogens, so dass er die Folgerung zog: Eine gegebene Elektricitätsmenge von bestimmter Dichtigkeit erzeugt eine bestimmte Wärmemenge, die von der Natur des, die Entladung vermittelnden, Bogens nicht abhängt.

Ich habe mich gegen diese, als Vermuthung beachtenswerthe, Folgerung aussprechen müssen,[1]) da sie als erwiesen durch meine Versuche dargestellt ist, zu welchem Zwecke eben die Grundformel verändert und berechnet wurde. Dass hierdurch meinen Versuchen eine Beweiskraft beigelegt worden, die sie nicht besitzen, zeigt sich am leichtesten, wenn wir aus der unveränderten Formel die behauptete Constanz der Wärmeerregung herleiten. — In dem veränderlichen Theile des Schliessungsbogens ist die durch die Einheit der Ladung erregte Wärmemenge

$$W = \frac{a x \lambda}{\varrho^2} \cdot \frac{1}{1 + \frac{b x \lambda}{\varrho^2}}$$

Bezeichnet man mit W_1 die Wärmemenge in dem constanten Theile desselben Schliessungsbogens, und wendet den Satz an, dass in zwei Drähten desselben Bogens die Wärmemengen sich verhalten, wie die durch sie hervorgebrachten Verzögerungen, so hat man $W_1 = \frac{W \varrho^2}{b x \lambda}$ und daher die Wärme im ganzen Schliessungsbogen

$$W + W_1 = \frac{a\left(\frac{1}{b} + \frac{x \lambda}{\varrho^2}\right)}{1 + \frac{b x \lambda}{\varrho^2}} = \frac{a}{b}$$

also unabhängig von der speciellen Beschaffenheit des Bogens. Die Anwendung aber jenes Satzes, der nur für einfache Drähte, vielleicht noch für continuirliche Metallstücke gilt, auf discontinuirliche Metallstücke ist nicht erlaubt; es ist erst experimentell zu zeigen, dass die Verzögerung der Entladung durch Stellen, an welchen Metalltheile an einander gedrückt, geschraubt, gelöthet sind, der daselbst durch Elektricität erregten Wärme proportional sei. Bis dies geschehen, können wir der Constante $\frac{a}{b}$ (V. de Heer hat

[1]) Poggendorff Annalen * Bd. 48. S. 320.

sie für meine Versuche auf 0,1495 berechnet) keine andere Bedeutung zugestehen, als dass sie, wie Seite 200 gesagt worden, die grösste Wärmemenge angebe, welche durch die Einheit der Ladung in einem continuirlichen Drahte erregt werden kann.

Entladungszeit bei einem unendlich kleinen Schliessungsdrahte.[1]) Die Formel für die Wärmemenge in einem Drahte, der einzeln die Batterie schliesst, kann so geschrieben werden:

$$W = \frac{a \frac{x\lambda}{\varrho^2} q}{\left(1 + \frac{bx\lambda}{\varrho^2}\right) \frac{s}{q}}$$

in welchem Ausdrucke der ganze Nenner die Zeit der Entladung der Batterie bedeutet. Diese Zeit behält einen endlichen Werth, wenn λ, die Länge des Schliessungsdrahts, verschwindet, so dass also die Elektricität eine bestimmte Zeit bedarf, um von der innern zur äussern Belegung der Batterie durch eine unendlich kurze Drahtstrecke zu gehen. Diese Consequenz wird klar, wenn man bedenkt, dass die Schliessung der Batterie durch einen Draht wenigstens zwei discontinuirliche Stellen bedingt, an welchen Metall oder Querschnitt des Weges der Elektricität sich plötzlich ändert, und dass die Elektricität jedenfalls eine endliche Zeit bedarf, sich über ein solches Hinderniss fort weiter zu verbreiten.

Erwärmung eines Drahtes in einem durch einen Isolator unterbrochenen Schliessungsbogen. Ehe ich den Schliessungsbogen durch feste Isolatoren unterbrach, war die Erwärmung in einem durch eine Luftschicht unterbrochenen Bogen zu untersuchen[2]). Es wurde neben dem Luftthermometer, in dem sich ein unveränderlicher Platindrath befand, in den Schliessungsbogen das Funkenmikrometer eingeschaltet, das zuerst mit den Scheiben versehen war. Nachdem die Scheiben in verschiedene Entfernung von einander gestellt worden, wurde die Erwärmung im Thermometer durch verschiedene Entladungen der Batterie beobachtet. Es ergab sich, dass diese Erwärmungen bei Entfernung der Scheiben bis zu einer Linie nicht kleiner, ja sogar in gewissen Fällen grösser ausfielen, als wenn die Scheiben sich berührten. Die grösseren Erwärmungen erfolgten, wenn die

---

[1]) Poggendorff Annalen* Bd. 43. S. 76.

[2]) Poggendorff Annalen* Bd. 43. S. 78.

Schlagweite der Ladung zwischen den Kugeln des Entladungsapparates geringer war, als die Entfernung der Scheiben, so dass der Entladungsfunke nur zwischen diesen überging. Da bei den von einander entfernten Scheiben in der Batterie nach der Entladung eine grössere Elektricitätsmenge zurückblieb, als früher, so folgte, dass die entladene Elektricitätsmenge durch Condensation an den Rändern der Scheiben eine grössere Geschwindigkeit erlangt hatte, mit der sie durch den übrigen Theil des Schliessungsbogen ging, wodurch der Einfluss der verringerten Elektricitätsmenge überwogen werden konnte. Als statt der Scheiben Kugeln genommen waren, die eine Linie von einander standen, war die Erwärmung gleich oder nnr wenig geringer, als wenn die Kugeln sich berührten. Durch Anwendung von Spitzen fand sich die Erwärmung jedenfalls vermindert, jedoch nur sehr wenig, wenn die Spitzen 1 Linie von einander standen. Man sieht also, dass eine Luftschicht, welche von der Elektricität leuchtend durchbrochen wird, die elektrische Entladung bei Weitem weniger zu ändern vermag, als die Schicht eines, wenn auch viel bessern, Leiters, in welchem die Elektricität gleichmässig von Partikel zu Partikel fortgeht. Dies ist in gleicher Weise bei festen Isolatoren der Fall, die durch die Entladung zerstört werden. Es wurde, mittels Scheiben, Kugeln oder Spitzen, eine Unterbrechung des Schliessungsbogens von 0,2 Linie hervorgebracht, und in diese ein fester Isolator gestellt der von dem Entladungsfunken durchbrochen werden musste. Die Erwärmung im Thermometer fiel hierbei desto kleiner aus, je inniger die Continuität des durchbrochenen Körpers war. Folgendes Beispiel macht dies anschaulich. Ich hatte den Schliessungsbogen mittels Kugeln unterbrochen, zwischen welche verschiedene Substanzen gebracht wurden; bei einer und derselben Entladung der Batterie ergaben sich folgende Erwärmungen des Draths im Thermometer.

Zwischenlage	Erwärmung
Luft	15,4
ein Kartenblatt	12,0
zwei Blätter durch Stanniol getrennt	9,3
zwei Kartenblätter	8,8
ein Glimmerblatt	4,5

Bei Zwischensetzung desselben Glimmerblattes fiel die Erwärmuug sehr verschieden aus. Es rührt dies daher, dass das Glimmerblatt selten an den Stellen durchbrochen wird, wo die Enden des Schliessungsdrathes es berühren, sondern dass die Elektricität eine grössere oder geringere Strecke auf seiner Fläche fortgeht und daselbst unverlöschliche Spuren zurücklässt. Ich habe mich überzeugt, dass eine desto geringere Erwärmung bemerkt wurde, je länger diese Spuren waren.

Es folgt aus diesen Versuchen, dass, wo die Elektricität einen Körper explosiv durchbricht, zwar eine Leitung der Elektricität statt findet, diese aber mit der früher betrachteten Elektricitätsleitung nicht verglichen werden darf. Der bestleitende der hier angewandten Körper, das einfache Kartenblatt, leitet die Elektricität noch ausserordentlich weniger, als eine Wassersäule von 1 Zoll Länge und 4 Linien Dicke, und doch findet man bei Einschaltung der letztern keine merkbare Erwärmung im Schliessungsbogen. Es muss bei den hier beigebrachten Versuchen die elektrische Entladung erst als anfangend betrachtet werden, nachdem das ihr entgegengestellte Hinderniss durchbrochen ist; man bemerkt, dass sie desto schwächer wird, je grösser dies Hinderniss war. Eine Schwächung der Entladung fordert aber entweder eine Verringerung ihrer Elektricitätsmenge oder eine Verlängerung ihrer Dauer; es ist Grund vorhanden, hier nur die letztere Ursache der Schwächung anzunehmen. Man kann also sagen, dass die Dauer einer elektrischen Entladung desto mehr verzögert werde, eine je grössere mechanische Wirkung die angesammelte Elektricitätsmenge vor ihrer Entladung auszuüben hatte. Hiermit ist es erklärlich, dass die Durchbrechung einer Luftschicht die elektrische Entladung nicht unmittelbar zu ändern vermag.

C. Die Elektro-Induction. Eigenschaften und Wirkungen des Nebenstromes.

Historisches. Unter dem Namen Seitenentladung ist von Priestley eine Erscheinung an der leydener Flasche beschrieben worden, die sich am einfachsten so darstellen lässt, dass man die Flasche im Dunkeln durch einen dicken Metalldraht entladet, während eine Metallkette an ihrer äussern Belegung anliegt; die Kette wird dann während der Entladung leuchtend [1]). Dieser Versuch ist sehr viel besprochen und variirt [2]), zuletzt aber von Biot [3]) auf eine Weise angestellt worden, die ihn in Zusammenhang mit dem Gegenstande dieses Artikels setzt. Ein kurzer Metallcylinder wurde nämlich in den Schliessungsbogen einer elektrischen Batterie gebracht und einem Ende desselben ein ähnlicher isolirter Cylinder mit Elektrometerpendeln nahe gestellt. Während der Entladung der Batterie durch den ersten Cylinder wurde zwischen ihm und dem isolirten Cylinder ein Funke bemerkt, die Elektrometerpendel divergirten und fielen sogleich wieder zusammen. Biot erkannte in diesem Versuche eine Elektricitätserregung durch Vertheilung während der Entladung, schrieb diese aber allein dem Ueberschusse an Elektricität zu, den die innere Belegung der Batterie über die äussere besitzt. Als Faraday 1831 die Volta-elektrische und Magneto-elektrische Induction entdeckte, versuchte er einen elektrischen Strom durch die Nähe des Schliessungsbogens der Batterie zu erzeugen; er fand diesen wirklich, schrieb ihn aber einer von dem Hauptdrahte übergesprungenen Elektricitätsmenge zu, und stand von weitern Versuchen ab, weil er von dem durch Elektricität inducirten Strome keine Wirkung erwartete (Experimental researches 24 und 25). Während des Jahres 1838 trat Marianini mit einem Aufsatze hervor: Sulle cor-

---

[1]) Cavallo Elektricitätslehre, deutsch 1779 * S. 181.

[2]) Cuthbertson Abhandlung von der Elektricität, deutsch 1786 * S. 204. Adams on electricity p. 93. Bohnenberger Beschreibung verschiedener Elektricitätsverdoppler 1798 * S. 167. Saxtorph Elektricitktslehre * Bd. 1. S. 345. Sturgeon Annals of Electricity * vol. IV. p. 175. Harris: Sturgeon Annals of Electricity * vol. IV. p. 313.

[3]) Traité de physique * tom. 2. p. 452.

renti per induzione leida-elettrica [1]); Henry in New-Jersey las im November desselben Jahres eine Abhandlung über Induction in der Amerikanischen philosophischen Societät [2]); ich selbst endlich machte im März 1839 Versuche über einen durch den Schliessungsdrath der elektrischen Batterie erregten Strom bekannt [3]). In diesen drei, erweislich unabhängig von einander geschriebenen Abhandlungen wird die Elektro-Induction durch die Thatsache bewiesen, dass ein Draht, welcher der Batterie nahe steht, während der Entladung einen elektrischen Strom leitet, der fähig ist, eine Stahlnadel zu magnetisiren; es werden die Umstände bei der Erzeugung des Nebenstromes näher erörtert; es wird von Henry die physiologische, von mir die erwärmende Wirkung dieses Stromes aufgezeigt. Wenn Savary zu einer Uebersetzung meiner Abhandlung [4]) bemerkt, dass Masson schon 1834 durch den Nebenstrom eine Magnetisirung bewirkt habe, so fügt er hinzu, dass dies ausserhalb der französischen Akademie nicht bekannt geworden; die Constatirung dieser einzeln stehenden Thatsache ist übrigens ohne Bedeutung, da Masson, wie Faraday bereits 1831 dieselbe nicht weiter verfolgt hat. Ich hatte die Freude, im Februar 1840 eine eigenthümliche, ganz ausser Analogie stehende Rückwirkung des Nebenstromes auf den Hauptstrom zu entdecken [5]), und machte im März desselben Jahres eine Fortsetzung meiner Untersuchung über den Nebenstrom bekannt [6]). Zwei folgende Abhandlungen über die Rückwirkungen des Nebenstromes und seine Richtung, bei welcher letzten Untersuchung ich die elektroscopische Wirkung des Nebenstromes aufzeigte, sind im October und November 1840 gedruckt worden [7]). Ich habe dies hier umständlicher aufgeführt, weil Matteucci am 10. August 1840 der Pariser Akademie eine Abhandlung über den elektrischen Neben-

---

1) Memorie di fisica sperimentale. Modena 1838.

2) Transactions of the american phil. Society * vol. 6. p. 17. Sturgeon Annals of El. v. IV. p. 300. Pogg. Annal. Ergänzungsbd. S. 300.

3) Poggendorff's Annalen * Bd. 47. S. 55.

4) Annales de Chimie * t. 74. p. 158.

5) Voss'sche Zeitung 26. Februar 1840. Beilage. Bericht üb. die Sitz. v. 18. Febr. der Gesellschaft naturforschender Freunde in Berlin. Compte rendu de l'Acad. des Sciences. 9. mars 1840.

6) Poggend. Annal. Bd. 50. S. 1.

7) Poggendorff's Annalen * Bd. 51. S. 177 und 351.

strom eingereicht hat, in welchem ich meine Apparate und die Anordnung der Versuche, die von Henry und mir längere Zeit zuvor angestellt waren, wiedererkannt habe, und weil Savary, dies bemerkend, hinzufügt [1]), dass Matteucci von meinen Arbeiten keine Kenntniss gehabt haben konnte. Eine Widerlegung dieser Behauptung liegt in den so eben gegebenen Citaten.

a. Der elektrische Nebenstrom und seine Wirkungen.

Wenn dem Schliessungsdrahte einer leydener Flasche ein Leiter nahe steht, so findet in diesem während der Entladung der Flasche eine Elektricitätsbewegung statt, die in einer bestimmten Richtung fortschreitet und, wenn die Form des Leiters es zulässt, im Verfolge dieser Richtung wieder verschwindet. Diese Elektricitätsbewegung heisst der elektrische Nebenstrom oder der elektrische sekundäre Strom (secondary current, courant secondaire); man zeigt ihn gewöhnlich so auf, dass man neben dem Schliessungsbogen der Flasche, der nach seiner Form Hauptdraht, Hauptspirale genannt wird, einen zweiten Bogen (Nebenleitung, Nebendraht, Nebenspirale genannt) parallel ausspannt, und die Enden des letztern einander nahe bringt; es geht sodann bei Entladung der Flasche in der Unterbrechung des Nebendrahts ein Funke über. Es ist wohl zu merken, dass der Nebenstrom bei gehöriger Länge des Hauptdrathes gleichgültig in irgend einer Entfernung von der elektrischen Batterie und der Elektrisirmaschine erzeugt werden kann, und dass ferner der Hauptdraht dabei mit einer vollkommenen Ableitung versehen ist; hierdurch wird der Nebenstrom vollkommen geschieden von einigen früher beobachteten elektrischen Erscheinungen, die durch vorangehende Vertheilung mittels ruhender Elektricität in nahestehenden Leitern, und von dem Residuum der Batterie hervorgerufen werden. Da bei dem Versuche der Nebendraht vom Hauptdrahte, statt durch Luft, auch durch feste Nichtleiter, wie Glas, Schellack, getrennt sein kann, so ist ein Ueberspringen von Elektricität vom Haupt- zum Nebendrahte nicht anzunehmen, und der Nebenstrom erscheint allein als Folge einer Induction, die zur Unterscheidung von anderen Inductionen Elektro-Induction genannt werden soll. Der Nebenstrom macht sich, ausser durch den Funken, bemerkbar durch physiologische,

---

[1]) Compte rendu 10. août 1840.

magnetische, thermische und eigentlich elektrische Wirkungen, von denen zuerst im Allgemeinen die Rede sein soll, ehe die durch diese Wirkungen erkannten Gesetze des Nebenstromes aufgeführt werden. —

Physiologische Wirkung des Nebenstromes. Henry[1]) legte eine Rolle von ungefähr 3800 Fuss übersponnenen Kupferdrahtes in eine Glasglocke, die er von aussen mit 60 Fuss eines mit Band umwickelten Kupferstreifens umwand. Die Enden des langen Drahtes waren mit Handhaben versehen; während dieselben mit beiden Händen angefasst wurden, entlud man mit den Enden des Kupferstreifens eine leydener Flasche. Henry erhielt so zuerst vom Nebenstrome einen Schlag, den er aber nicht immer der Ladung der Flasche angemessen fand. Wahrscheinlich waren die Windungen des überaus langen Nebendrahtes nicht gehörig von einander getrennt; als ich diesen Versuch mit meinen Inductionsspiralen (flache Spiralen aus 53 Fuss Drath bestehend. Siehe Apparate) wiederholte[2]), erhielt ich beliebig starke Schläge je nach der Ladung der Batterie.

Magnetisirende Wirkung des Nebenstromes. Marianini[3]) liess den Nebenstrom durch eine Kupferdrahtspirale gehen; die um ein Stück weichen Eisendrahts gelegt war, über welchem eine Magnetnadel schwebte. Die Bewegung der Magnetnadel zeigte das Magnetischwerden des Eisens durch den Nebenstrom an. — Henry[4]) befestigte einen schmalen 30 Fuss langen Stanniolstreifen spiralförmig auf der Innenseite eines hohlen Glascylinders von 6 Zoll Weite und versah die Aussenseite mit einem ähnlichen dem ersten parallel laufenden Streifen. Die Enden des innern Streifens wurden mit einer kleinen Drahtspirale verbunden, in welche eine unmagnetische Stahlnadel gelegt war. Als eine leydener Flasche von $\frac{1}{2}$ Gallon Inhalt durch die äussere Spirale entladen wurde, fand sich die Nadel stark magnetisch. Auch mit langen Drathspiralen, die isolirt in einander gesteckt waren, ge-

[1]) Sturgeon Annal. of El. * v. IV. p. 303. (on electrodynamic Induction 112. Henry's Abhandlungen sind, wie die Faradayschen, in bezifferte Absätze abgetheilt.)

[2]) Poggendorff Annalen Bd. 51. S. 187.

[3]) Memor. di fis. sperim. Ich habe mir das Werk nicht verschaffen können und kenne die obige Angabe nur aus einer gelegentlichen Notiz.

[4]) Sturg. Ann. of El. * v. IV. p. 300 (on el. ind. 98).

lang der Versuch. Ich selbst [1]) hatte die magnetisirende Eigenschaft des Nebenstromes mittels sehr kurzer Spiralen gefunden. Ein $7\frac{1}{2}$ Fuss langer Kupferdraht war um eine Glasröhre von $5\frac{1}{3}$ Zoll Länge, $2\frac{1}{3}$ Linie Dicke in 81 Windungen gelegt worden, auf diese Drahtschraube wurde eine Glasröhre, 4″ 9‴ lang, $4\frac{1}{3}$‴ weit, geschoben und mit einer Drahtschraube aus 10 Fuss Drath bestehend, bedeckt. Als die Enden der äussern Drahtschraube mit einer kleinen Spirale, in der eine Nähnadel lag, verbunden waren, und durch die innere Schraube die Entladung einer elektrischen Batterie vollführt wurde, zeigte sich die Nadel magnetisch.

Thermische Wirkung des Nebenstromes. Ich habe diese zuerst [2]) mit Hülfe von zwei übereinander liegenden durch eine Glasröhre getrennten Spiralen, aus 8 und 16 Fuss Drath bestehend, aufgezeigt. Die Nebenspirale war durch einen 12 Zoll langen Platindraht (radius 0‴,023) geschlossen, der sich in der Kugel meines kleinen Luftthermometers befand, und durch den schwächsten Nebenstrom hinlänglich erwärmt wurde, um die Flüssigkeit des Thermometers zu verrücken. Da ich die Gesetze, die der Nebenstrom befolgt, hauptsächlich durch seine thermische Wirkung bestimmt habe, so werden die spezielleren Versuche unten zur Sprache kommen. — Bedient man sich zur Bilduug des Nebenstromes der bei den Apparaten beschriebenen Inductionsspiralen, so ist es leicht, denselben in solcher Stärke hervorzurufen, dass er zolllange, dünne Stahldrähte verflüchtigt.

Elektrische Wirkung des Nebenstromes. Lässt man den Nebenstrom vollkommen zu Stande kommen, so vereinigen sich die im Nebendrahte getrennten Elektricitäten zu schnell, um merkbare elektrische Wirkungen, wenn man nicht den Funken dazu rechnet, hervorzubringen. Wenn der Knopf eines empfindlichen Elektroscops (mit trockener Säule) mit dem geschlossenen Nebendraht in Verbindung gesetzt wird, so erzeugt auch der stärkste Nebenstrom nur ein geringes Zucken des Goldblattes. Um elektrische Wirkungen zu zeigen, muss der Nebendraht offen sein; setzt man seine Enden auf die entgegengesetzten Flächen einer hinlänglich dicken Harzplatte, so werden daselbst durch den Nebenstrom sehr charakteristische Lichtenbergsche Figuren erzeugt. Verbindet man ein Ende des Nebendrahtes mit der Condensatorplatte

[1]) Poggend. Annalen * Bd. 47. S. 55.
[2]) Poggend. Annal.* Bd. 47. S. 65.

eines Condensators mit Glaszwischenlage, und bringt das andere Ende der Collectorplatte nahe, so lässt sich, bei gehöriger Vorsicht, Eine Elektricitätsart des Nebenstromes in nicht geringer Menge auffangen. Diese elektrischen Erscheinungen des Nebenstromes haben mir ein erwünschtes Mittel geliefert, seine Richtung zu bestimmen.

Zersetzende und galvanometrische Wirkung des Nebenstromes habe ich vergebens hervorzubringen gesucht, und ich werde weiter unten die Gründe anführen, weshalb mir, trotz einer neuerdings vorgebrachten Angabe, die letztere Wirkung noch als sehr problematisch erscheint.

b. Magnetisirung durch den Nebenstrom.

Ich habe [1]) einige auffallende Magnetisirungen, die der elektrische Nebenstrom hervorbringt, beschrieben, ohne von diesen auf die Eigenschaften des Nebenstromes selbst einen Schluss zu wagen. Als ich die Unzulässigkeit eines solchen Schlusses darzuthun suchte, konnte ich nicht wissen, dass derselbe damals schon gemacht war, und fernerhin gemacht werden würde; es wird daher angemessen sein, hier etwas näher darauf einzugehen.

Von der Elektricität, deren Bewegung die elektrischen und, wenn man will, die galvanischen und magnetischen Ströme bildet, wissen wir freilich wenig; aber es giebt einzelne Fälle ihrer Erscheinung, in welchen die grössere Menge verschiedenartiger Beobachtungen und deren Combination es erlaubt, ihre näheren Bestimmungen mit grösserer Wahrscheinlichkeit anzugeben, als in andern Fällen. Solche Fälle, gleichgültig, ob sie wirklich die einfachsten sind, betrachten wir, weil wir sie klarer übersehen, in der wissenschaftlichen Darstellung als die einfachsten, und suchen alle übrigen auf sie zurückzuführen. Es ist keinem Zweifel unterworfen, dass unter allen, bei den verschiedensten Bedingungen erzeugten, elektrischen Strömen keiner unserer Einsicht klarer daliegt, als der Entladungsstrom der leydener Flasche. Wir haben an ihr eine auszumessende Fläche, deren elektrischer Zustand in einzelnen zählbaren Akten erregt wird, wir kennen die Elektricitätsart, die wir erregen, und haben es in unsrer Macht, jenen Zustand auf doppelte Weise zu steigern, indem wir entweder die erregte Fläche verkleinern, oder die Zahl der Erregungen vermeh-

---

[1]) Poggendorff Annalen * Bd. 47. S. 55 flgd.

ren. Indem die Flasche durch Anlegen eines abgemessenen Schliessungsdrahtes entladen wird, findet in demselben der elektrische Entladungsstrom statt, dessen Stärke eine ganz bestimmte Beziehung zu den angeführten Abmessungen erhält, und über dessen Richtung kein Zweifel obwalten kann. Wo von einem andern elektrischen Strome die Rede ist, werden wir daher nach Stärke und Richtung fragen in eben dem Sinne, wie wir sie am elektrischen Entladungsstrome kennen; wo zu ihrer Bestimmung ein eigenes Prüfungsmittel nothwendig wird, ist es unerlässlich zur Rechtfertigung dieses Mittels, dasselbe an einen nach Richtung und Stärke bekannten Entladungsstrom anzulegen.

Als ich in der oben angezogenen Untersuchung den elektrischen Nebenstrom mittels einer durch ihn magnetisirten Nadel aufgefunden und die an sich wahrscheinliche Annahme einer gleichen Richtung des Haupt- und Nebenstromes vorläufig hingestellt hatte, war ich bemüht, ehe ich an eine weitere Untersuchung des Nebenstromes ging, die Magnetisirung durch den Hauptstrom zu studiren. Hierüber lag eine schöne an Thatsachen reiche Abhandlung von Savary vor [1]), deren Resultat ich bestätigt fand, dass nämlich der Magnetismus einer Nadel kein Maass der Stärke, in vielen Fällen sogar kein Zeichen der Richtung abgiebt, welche der zur Magnetisirung benutzte Entladungsstrom besass. Aus dieser Abhandlung ist in die Lehrbücher übergegangen und daher bekannter der Versuch, in welchem über den Schliessungsdrath in verschiedene Entfernung gelegte Stahlnadeln durch eine Batterieentladung periodisch starken und verschieden gerichteten Magnetismus erlangen, während ein anderer einfacherer Versuch weniger beachtet worden ist. Savary hat nämlich Nadeln successiv in dieselbe Lage gegen den Schliessungsdraht gebracht, bei jedem Versuche aber die Batterie zu einem stärkeren Grade geladen, und hier gleichfalls eine Reihe von periodisch starken und periodisch verschieden gerichteten Magnetisirungen erhalten. In der Savaryschen, unter günstigen Bedingungen angestellten Versuchsreihe kommen 6 Abwechselungen der Richtung und ebensoviel Maxima der Stärke der Magnetisirung vor, allein auch bei jeder andern beiläufig angestellten Versuchsreihe wird sich eine Periodicität der Magnetisirung nicht verkennen lassen. Ich habe eine solche Ver-

[1]) Annales de Chimie * T. 34. p. 30. Poggend. Ann. Bd. 9 u. 10.

suchsreihe mitgetheilt, aus der zu ersehen ist, dass, wenn wir zwei Ladungen der Batterie herausgreifen, es einem Zufalle zu danken wäre, wenn wir durch die Magnetisirung von der relativen Stärke und Richtung der zugehörigen Entladungen unterrichtet würden. Nimmt man hinzu, dass die Perioden der Magnetisirung von den angewandten Entladungsströmen und von Dimensionen und Natur der magnetisirten Nadeln abhängen, so wird die Bestimmung der Stärke und Richtung eines elektrischen Stromes durch eine einzelne Magnetisirung einer Nadel noch unsicherer erscheinen. Wollte man aber von der, der elektrischen Batterie entlehnten, Bedeutung der Richtung und Stärke eines Stromes abstrahiren, und beide Eigenschaften eben nur auf die magnetische Wirkung des Stromes beziehen, so würde dies nicht der richtige Weg sein, die nähern Bedingungen des Nebenstromes und den noch so dunkeln Akt der Magnetisirung aufzuklären.

Ich habe aus einer grossen Zahl von Versuchen über Magnetisirung durch den Nebenstrom einige wenige als Corollare zu den Savaryschen Versuchen am Hauptstrom gegeben, über die nun kürzlich zu berichten ist.

Magnetisirung nach Beschaffenheit des Nebendrahtes. Es wurden zur Bildung des Nebenstromes kurze, durch eine Glasröhre getrennte Schraubenspiralen aus Kupferdraht angewendet, die Enden der Nebenspirale aber bald durch eine Kupfer-, bald durch eine Platinspirale geschlossen. Es fand in der Platinspirale in den meisten Fällen (da die Stärke der Batterieladung hier Unterschiede macht) eine viel stärkere Magnetisirung statt, als in der Kupferspirale, und selbst die Richtung des erzeugten Magnetismus war in den meisten Fällen verschieden, in der ersten Spirale nämlich normal, in der letztgenannten anomal. (Normal oder positiv wird die Magnetisirung genannt, wenn dieselbe der Ablenkung einer Magnetnadel durch einen voltaischen Strom entspricht, der mit dem Nebenstrome gleiche Richtung hat; zur Orientirung hierbei denkt man sich mit dem positiven Strome im Nebendrathe schwimmend und die Nadel anblickend, wo dann der Nordpol derselben zur linken Hand gelegen ist.) Die verschiedene Magnetisirung hängt hierbei nicht von der Beschaffenheit der Magnetisirungsspirale, sondern von der durch sie bewirkten Aenderung der ganzen Nebenschliessung ab. Als die Kupfer- und die Platin-Spirale gleichzeitig in die Nebenschliessung eingeschaltet waren, erfuhr die Nadel in der einen oder andern Spirale merklich dieselbe Magnetisirung. Einen bedeutenden Unterschied in der Magnetisirung findet man, je nachdem die Enden der Nebenspirale metallisch verbunden sind, oder nur einander nahe stehen, in welchem letztern Falle der Nebenstrom zwischen ihnen mit einem Funken übergehen muss. Mit diesem Funken erhält die Nadel in der Magnetisirungsspirale gewöhnlich einen viel stärkern Magnetismus, als sonst, der aber in den meisten Fällen dieselbe Richtung hat, wie ohne die Unterbrechung des Nebendrahtes.

Magnetisirung durch den Nebenstrom nach Beschaffenheit der Batterieladung. Als successiv grössere Elektricitätsmengen aus fünf Flaschen der Batterie entladen wurden, zeigten sich die Magnetisirungen durch den Nebenstrom verschieden, je nach der Leitung, die dem Hauptstrom und dem Nebenstrome geboten war. Bei unvollkommener, aber stets metallischer Leitung des Hauptstroms resultirten, bei gleichfalls unvollkommener Nebenschliessung normale Magnetisirungen von steigender Intensität; bei gutleitender Schliessung der Nebenspirale aber anomale Magnetisirungen von gleicher Stärke. Bestand die Hauptleitung aus Kupferdraht und war die Nebenleitung durch einen langen Platindraht geschlossen, so bewirkte die Steigerung der Elektricitätsmenge im Hauptstrome Magnetisirungen von verschiedener Richtung. Diese Resultate sind indess spezieller Art; von bestimmterem Einfluss auf die Magnetisirung ist die Aenderung der Batterieladung durch Vergrösserung der geladenen Oberfläche. Als 5 und dann 25 Flaschen der Batterie mit derselben Elektricitätsmenge geladen wurden, erhielt ich in vielen Versuchen, bei denen die Elektricitätsmenge geändert wurde, eine viel stärkere Magnetisirung durch den Nebenstrom, wenn die grössere Oberfläche gebraucht worden war. Eine Aenderung der Richtung des Magnetismus durch Vergrösserung der Oberfläche habe ich nicht bemerkt.

Magnetisirung durch den Nebenstrom nach Entfernung der Inductionsspiralen von einander. Die Versuche über diese Aenderung habe ich erst später [1]), durch Henry's Abhandlung veranlasst, angestellt; und werde dieselben unten näher angeben. Ich fand, dass, wenn die Nebenspirale von der Hauptspirale successiv mehr und mehr entfernt wird, die Magne-

[1]) Poggendorff Ann.* Bd. 51. S. 355.

tisirung durch den Nebenstrom bis zu einer gewissen Entfernung bedeutend an Stärke zunimmt, sodann abnimmt und zuweilen entgegengesetzt gerichtet wird.

Magnetisirung durch den Nebenstrom nach Verlängerung des Hauptdrahtes [1]). Die interessanteste und zugleich wirksamste Weise, die Richtung der Magnetisirung durch den Nebenstrom zu ändern, besteht darin, dass man die Leitung des Hauptstroms selbst verändert. Ich theile die Versuche, welche dies zuerst zeigten, tabellarisch mit. In die Hauptleitung waren die Arme eines Henleyschen Ausladers eingeschaltet worden, die durch verschiedene Längen eines $\frac{1}{12}$ Linie dicken Neusilberdrahtes verbunden wurden; die Nebenleitung enthielt eine Magnetisirungsspirale aus Platin- und eine ähnliche aus Kupfer-Drath, beide Ende an Ende hinter einander befestigt. Wenn die Nebenleitung nicht ganz geschlossen war, und daher der Nebenstrom mit einem Funken überging, ist die Elektricitätsmenge in der Tabelle mit einem * versehen. Die Batterie bestand aus 5 Flaschen und wurde mit Mengen positiver Elektricität geladen, die in der ersten Horizontalreihe angegeben sind. Der Magnetismus der in einer der Magnetisirungsspiralen befindlichen Nadel wird durch die Abstossung einer Bussolnadel angezeigt, auf welche jene von einer bestimmten Entfernung aus wirkte. Der normal gerichtete Magnetismus ist mit +, der entgegengesetzte mit — bezeichnet. Die erste Vertikalreihe nennt das Verbindungsstück der Arme des Henleyschen Ausladers, zeigt also eine zunehmende Verlängerung des Hauptdrahtes.

Magnetisirung durch den Nebenstrom bei Verlängerung des Hauptdrahtes.

Elektricitätsmenge	10	20	30	20 *
ein kurzes Kupferblech	+ 0°,3	+ 1°,5	+ 2°,5	+ 8°,3
Neusilberdraht $26\frac{1}{8}$ Lin. lang	2,	4,5	6,5	8,
$36\frac{5}{8}$	2,	5,	6,	9,5
78	2,5	5,7	7,7	12,6
$140\frac{3}{4}$	0	1,8	1,6	4,5
212	— 0,8	0	1,3	7,8
324	— 2,3	— 3,	0	1,5
460	— 10,	— 10,	— 9,5	— 7,
696	— 4,	— 2,3	— 1,3	+ 8,

[1]) Poggend. Annal.* Bd. 47. S. 63.

In dieser Tafel ist ersichtlich, dass die Perioden der Magnetisirung, wie sie durch Steigerung der entladenen Elektricitätsmenge, durch Entfernung der Inductionsspiralen, durch verschiedene Lage der zu magnetisirenden Nadel gegen den Leitungsdrath, erhalten werden, am Nebendrahte auch durch successive Verlängerung des Hauptdrahtes sicher hervorgebracht werden können. Die beiden letzten Versuchsreihen sind darum bemerkenswerth, weil sie das leichteste Mittel angeben, durch einen elektrischen Strom eine anomale Magnetisirung zu bewirken. Ich habe mich dieses Mittels, der Verlängerung nämlich des Hauptdrahtes durch einen langen Neusilberdrath, auch dann noch mit Erfolg bedient, wenn ich dickere Nadeln magnetisirte, als die hier gebrauchten, die 13,9 Linien lang, in der Mitte 0,209''' dick waren, und die als Nähnadeln unter der Bezeichnung: Bartleet.... sharps No. 9. im Handel vorkommen.

Es ist natürlich, dass meine Versuche über die Magnetisirung durch den Nebenstrom eben so dunkel und unklar daliegen, wie die ähnlichen Versuche Savary's am Hauptstrom. Ich habe dieselben bekannt gemacht, theils zur Warnung, die Gesetze des Nebenstromes durch eine Wirkung zu studiren, deren Gesetze selbst noch nicht bekannt sind, theils als interessante spezielle Fälle, die einmal einem gefundenen Magnetisirungsgesetze als Bestätigung dienen könnten. Bei dieser Ansicht zog ich aus meinen Versuchen keine andere, als die auch sonst plausible, gewiss unschädliche Folgerung, dass eine jede Stahlnadel eine bestimmte Zeit bedarf, um von einer bestimmten Elektricitätsmenge im maximo magnetisirt zu werden, und dass daher, wenn die Zeit der elektrischen Einwirkung kleiner oder grösser sei, eine geringere Magnetisirung erfolge. Wenn ich ferner bemerkte, dass ich in Hinsicht der Aenderung der Magnetisirungsrichtung nur Vermuthungen anzuführen wüsste, auf die ich mich nicht berufen wollte, so glaubte ich hier im Sinne Franklin's gehandelt zu haben, der in seinen Briefen sagt: I find, a frank aknowledgment of one's ignorance is not only the easiest way to get rid of a difficulty, but the likeliest way to obtain information; I think it a honest policy.

Diese „ehrliche Politik" meinerseits hat den Versuch einer Erklärung der Magnetisirungserscheinungen veranlasst, die ich hiernächst mit den Worten des Verfassers anführe.

Erklärung der elektrischen Magnetisirungserscheinungen. Baron von Wrede [1]) betrachtet zuerst die Magnetisirung durch den Nebenstrom. Dieser bestehe, (wie Faraday bereits angenommen, in Folge dieser Ansicht aber die Versuche mit demselben aufgegeben hatte), aus zwei entgegengesetzt gerichteten Strömen, die in der Zeit nach einander durch den Nebendraht gehen. Beim Beginn der Entladung führt der Nebendraht einen Strom, der dem Hauptstrom entgegen, beim Aufhören derselben einen, der ihm gleich gerichtet ist. Der Magnetismus der dem Nebendraht naheliegenden Nadel resultirt von diesen beiden Strömen, die, in längerer oder kürzerer Zwischenzeit auf einander folgend, sie im entgegensetzten Sinne magnetisiren. Der erste dieser Ströme erregt in der Nadel einen magnetischen Zustand, wovon der grössere Theil nur vorübergehend ist, und von dem nur ein Theil von der Coërcitiv-Kraft der Nadel zurückgehalten wird. Der Uebergang von dem temporären zu dem permanenten Zustande kann nicht augenblicklich stattfinden, sondern erfordert eine gewisse Zeit. Der nachfolgende Strom muss also die Nadel in einem verschiedenen magnetischen Anfangszustande treffen, je nachdem die Zeit zwischen beiden Strömen länger oder kürzer war, und muss folglich ein Resultat herbeiführen, das von der Länge dieser Zeit abhängig ist. Verbinden wir hiermit, dass derselbe Uebergang von dem temporären zu dem permanenten magnetischen Zustande einen Strom induciren muss, der nicht ohne Einfluss auf den endlichen Zustand sein kann, so finden wir genügenden Anlass für die beobachteten scheinbar anomalen Resultate. —

Die scheinbare Einfachheit dieser Erklärung geht sogleich verloren, indem der Verfasser genöthigt ist, sich zu der Magnetisirung durch den Hauptstrom zu wenden. Derselbe betrachtet hierbei nur den einfachsten Fall, die periodische Magnetisirung nämlich bei gesteigerter Ladung der Batterie, zu deren Erklärung er bei der Entladung die drei Momente auffasst, des Beginnes, des Fortganges und des Schlusses derselben. Während des ersten und dritten Momentes entstehe unmittelbar keine magnetisirende Wirkung, aber in beiden Fällen ein inducirter Strom in der Masse der Nadel selbst, welcher seinerseits magnetisirend einwirken muss. Während des zweiten und dritten Moments finden Einwirkungen

---

[1]) Berzelius Jahresbericht. Deutsch von Wöhler, 20. Jahrgang, Physik S. 119.

statt, deren Richtung die entgegengesetzte von derjenigen im ersten Momente ist, und von diesem Gegensatze können die beobachteten Endresultate abgeleitet werden. So weit der Verfasser.

Ich habe auf die Verwicklung aufmerksam zu machen, welche diese letzte Erklärung in die Erklärung der Magnetisirung durch den Nebenstrom nothwendig bringt. v. Wrede nimmt an, dass beim Entstehen und Verschwinden des Entladungsstromes im Schliessungsdraht, elektrische Ströme in der Masse der Nadel selbst inducirt werden. und es ist klar, dass diese Annahme auch für den Nebenstrom gelten muss. Der Nebenstrom besteht aber aus zwei Strömen, die in kleiner Zeit hintereinander durch den Nebendraht gehen, und jeder dieser Ströme wird daher, ausserdem, dass er eine nahegelegene Nadel magnetisirt, in der Masse der Nadel zwei Ströme induciren, welche sie gleichfalls magnetisiren. Die Stahlnadel am Nebendrahte ist daher nach v. Wrede's Erklärung folgenden magnetisirenden Wirkungen ausgesetzt, wobei wir der Richtung des Magnetismus, die dem Hauptstrom entspricht, das positive Zeichen geben. Der erste Theil des Nebenstromes giebt der Nadel die Polarität — P, bringt aber zugleich beim Entstehen und Verschwinden elektrische Ströme in ihrer Masse hervor, welche ihr + P und — P geben. Der resultirende Magnetismus verschwindet grösstentheils wieder, wobei er einen Strom in der Masse inducirt, der sie in dem Sinne — P magnetisirt. Der zweite Theil des Nebenstromes magnetisirt + P, inducirt zwei Ströme, die — P und + P magnetisiren, und zuletzt tritt noch ein elektrischer Strom ein durch das Uebergehen des resultirenden Magnetismus von dem temporären in den permanenten Zustand. Dieser Wechsel verschiedener Magnetisirungen der Nadel findet sehr oft hinter einander statt, da die Entladung der Batterie aus sehr vielen Partial-Entladungen besteht, und jede derselben von einem gleichmässigen Strome im Nebendrahte begleitet sein muss.

Es ist möglich, dass dies der naturgemässe Hergang der Magnetisirung sei, und in der That waren meine Vermuthungen den hier vorgetragenen darin ähnlich, dass sie Ströme in der Masse der magnetisirten Nadel annahmen. Nur kann ich nicht mit dem geehrten Verfasser den Werth solcher Vermuthungen so hoch anschlagen, dass ich die Unterdrückung derselben für schädlich der Wissenschaft erklären möchte. Wenn ich gesagt habe, dass im Allgemeinen die Magnetisirung kein Maass der Stärke, oft auch kein Zeichen der Richtung des sie hervorrufenden Stromes abgebe, so ist, ausser der dadurch bezweckten praktischen Weisung, damit gesagt, dass diese Magnetisirung keine einfache Wirkung des elektrischen Stromes sei. Wodurch die Complicirung der Wirkung entstehe, ist gewiss interessant zu untersuchen, aber die Untersuchung scheint mir für die empirische Elektricitätslehre von geringer Wichtigkeit, so lange sie noch nicht auf den Punkt gediehen ist, jene zu entwirren und wenigstens die Haupterscheinungen mit Bestimmtheit abzuleiten. Wenn sich nach der obigen Vorstellungsweise einsehen lässt, dass die Dauer der Entladung, die Masse und Beschaffenheit der Nadel bei Magnetisirung durch den elektrischen Nebenstrom von Einfluss sein werde, so bleibt das Resultat dieses Einflusses in allen Fällen unbestimmt; die bekanntesten Magnetisirungen am Hauptstrom, bei welchen die Steigerung der Ladung oder die Entfernung der Nadel vom Schliessungsdrahte periodische Wechsel der Stärke und Richtung des Magnetismus herbeiführen, werden durch dieselbe unserem Verständnisse nicht näher gerückt. Ich glaube nicht, dass sich für diese Erscheinungen eine genügende Erläuterung wird geben lassen, ehe die Gesetze der Magnetisirung, die Bedingungen, unter welchen der Stahl den eigenthümlich polaren Zustand anzunehmen und festzuhalten fähig ist, gehörig untersucht sind.

v. Wrede macht gegen mich die Annahme Faraday's geltend, nach welcher der Nebenstrom aus zwei entgegengesetzten Strömen besteht, welche Annahme durch meine Versuche nicht aufgehoben werde. Es ist hiergegen zu bemerken, dass der grosse englische Physiker zwei elektrische Ströme annahm, die sich in der Art neutralisiren, dass, sie einzeln bemerkbar zu machen, nicht zu hoffen sei (Experim. resear. 25); wogegen ich gezeigt habe, dass der Nebenstrom, er sei nun, was er sei, wirke, und zwar in den meisten Fällen ganz so wirke, wie ein einfacher elektrischer Strom, der dem Hauptstrome parallel fliesst. Wir haben daher von dem empirischen Standpunkte aus, den Nebenstrom anzusehen als einen solchen dem Hauptstrome parallel laufenden Strom und werden ihn auch dann noch so zu bezeichnen haben, wenn es ausgemacht werden sollte, dass ihm ein entgegengesetzt fliessender Strom vorangeht. Sprechen wir doch mit gleichem Rechte von der elektrischen Entladung und dem elektrischen Strome als einem einzigen Akte, obgleich wir wissen, dass jede dieser Erscheinungen aus einer grossen Menge einzelner Akte zusammengesetzt ist. Was die Annahme der beiden entgegengesetzten Ströme im Nebendrahte betrifft, so glaubt v. Wrede eine Stütze derselben darin zu finden, dass ich vergebens versucht habe, Jodkalium durch den Nebenstrom zu zersetzen. Dies kann nicht zugegeben werden. Es ist bekannt, und ich habe es bei dem Versuche selbst angegeben und belegt, dass jede Zersetzung nur in einer längern Zeit zu Stande kommt, und dass die stärkste Elektricitätsmenge, wenn sie zu schnell durch eine sonst leicht zersetzbare Substanz hindurchgeht, dieselbe zu zerstreuen, aber nicht zu zersetzen vermag. Die Erfolglosigkeit des Versuches, Jodkalium durch den Nebenstrom zu zersetzen, kann daher weder für, noch gegen die Existenz zweier Ströme aufgeführt werden; in wiefern spätere Versuche anderer Art diesen Gegenstand näher zu erläutern fähig sind, wird in dem Artikel: Richtung des Nebenstromes, angegeben werden.

c. Eigenschaften des Nebenstromes durch seine magnetische Wirkung bestimmt.

Wenn ich bei den Erklärungen gesagt habe, dass es, um Verwirrung zu vermeiden, nöthig sei, bei Betrachtung eines elektrischen Stromes stets der Wirkung eingedenk zu sein, die zur Erkennung des Stromes gewählt worden, so habe ich dabei zunächst die Angaben im Auge gehabt, die in diesem Artikel vorgeführt werden sollen. Der Leser hat festzuhalten, dass hier die behaupteten Eigenschaften des Nebenstromes an einer durch denselben magnetisirten Stahlnadel abgelesen werden, und dass ein starker oder schwacher, ein so oder anders gerichteter Strom als Stärke und Richtung des Magnetismus beobachtet worden, den eine gegen den Nebendrath in bestimmte Lage gebrachte Nadel durch den Nebenstrom angenommen hat. In wie weit meiner Meinung, dass alle hier aufgeführten Fälle nur Corollare zu den merkwürdigen und noch so dunkeln Magnetisirungen durch Elektricität bilden, die Savary vor vielen Jahren entdeckt hat, dass diese bekannten Erscheinungen durch die neu aufgestellten Gesetze erklären wollen einen verderblichen Kreisschluss begehen heisst, dass endlich die Fälle, die hier zur Bestimmung der Gesetze des Nebenstromes gewählt worden sind, uns zuvörderst Nichts über den Nebenstrom lehren, und bei gehöriger Untersuchung nur Beispiele zu einem noch zu findenden Gesetze der Magnetisirung abgeben werden — in wie weit dieser Meinung beizupflichten sei, muss dem Urtheile des Lesers überlassen bleiben, dem ich nicht durch anders gewählte Ueberschriften habe vorgreifen wollen.

Stärke und Richtung des Nebenstromes nach der Entfernung des Hauptdrathes vom Nebendraht. Henry[1]) bemerkte, dass der Nebenstrom in den gewöhnlich vorkommenden Fällen, wo der Nebendraht dem Hauptdrahte möglichst nahe gebracht wird, gleiche Richtung mit dem Hauptstrome habe, das heisst, dass der Gang der positiven Elektricität, der von einer Belegung der Batterie aus durch den Hauptdrath verfolgt werden kann, in dem parallelen Theile des Nebendrahtes nach derselben Seite hin erfolge. Widersprechende Magnetisirung bei Anwendung verschiedener Apparate brachten ihn aber auf den Gedanken, dass die Richtung des Nebenstromes bei einer gewissen Entfernung des Hauptdrahtes vom Nebendrahte die entgegengesetzte sei, welchen er durch folgenden Versuch zu bestätigen glaubte (on. el. Ind. 116). Zwei schmale, zwölf Fuss lange Stanniolstreifen wurden einander parallel gerade ausgespannt, und durch Glimmerblättchen ungefähr $\frac{1}{50}$ Zoll von einander entfernt gehalten. Die Entladung einer leydener Flasche von $\frac{1}{2}$ Gallon Inhalt durch den einen Streifen brachte in dem andern einen Nebenstrom von derselben Richtung hervor, die der Hauptstrom besass. Als die Zinnstreifen bis $\frac{1}{8}$ Zoll von einander gerückt waren, wurde kein Strom in dem Nebenstreifen bemerkt, und als sie noch weiter von einander entfernt wurden, zeigte die magnetisirte Nadel einen Nebenstrom von entgegengesetzter Richtung. Die Entfernung des Hauptleiters vom Nebenleiter, nach welcher der Nebenstrom seine Richtung ändert, war verschieden nach der Stärke der Ladung, der Länge und Dicke der Drähte. Mit einer Batterie von 8 Flaschen, jede von $\frac{1}{2}$ Gallon Inhalt, und mit parallelen geraden Drähten von 10 Fuss Länge trat diese entgegengesetzte Richtung erst bei einer Entfernung der Drähte von 10 bis 12 Zoll ein. Es wurden diese Versuche mit einer Batterie von 32 Flaschen, jede von 1 Gallon Inhalt, wiederholt. Ein $\frac{1}{16}$ Zoll dicker Kupferdraht, 80 Fuss lang, wurde in die Form eines Trapez gebogen, dessen längere Seite 35 Fuss mass. Dieser Seite entlang wurde ein gewöhnlicher Glockendrath

[1]) Sturgeon Annals * IV. p. 300 (on el. Ind. 100).

ausgespannt und eine kleine Magnetisirungsspirale zwischen seine Enden gebracht; es konnte aber durch Entfernung der parallelen Drahtstücke von einander kein Wechsel in der Richtung des Nebenstroms erhalten werden. Es wurde sodann ein Nebendraht von 120 Fuss Länge genommen und so gelegt, dass er den trapezförmigen Hauptdraht einschloss (on. el. Ind. 122). Die Magnetisirung durch den Nebenstrom war jetzt stärker, als früher, aber stets in der Richtung des Hauptstroms, und dies war noch der Fall, als die Drähte überall 12 Fuss von einander standen.

Matteucci[1]) hat später ähnliche Versuche und dieselben Behauptungen vorgebracht. Er bediente sich der von mir zuerst angewandten planen Induktionsspiralen, zu welchen er 23 Meter Kupferdraht nahm, und änderte ihre Entfernung von 0,005 bis 0,20 Meter. Die Stärke des durch den Nebenstrom erzeugten Magnetismus wurde durch Schwingungsdauer der Nadel bestimmt, die der Ladung der Batterie durch ein Henleysches Quadrantelektrometer. Der Verfasser zieht folgende Schlüsse aus seinen Versuchen, die an einer Batterie von 6 Flaschen angestellt sind: 1) der Nebenstrom der Batterie hat mit dem Hauptstrome dieselbe Richtung bis zu einer gewissen Entfernung der Spiralen, dann aber ändert er seine Richtung für immer. 2) Das Maximum der Intensität ist bei dem gleich und entgegengesetzt gerichteten Nebenstrom ungefähr dasselbe. 3) Die grösste Intensität des Nebenstromes findet bei einer um so grössern Entfernung der Spiralen statt, als die Ladung der Batterie stärker ist. 4) Die Entfernung der Spiralen, bei welcher der Wechsel in der Stromesrichtung eintritt, nimmt ebenfalls mit der Stärke der Ladung zu.

Nebenströme höherer Ordnung und ihre Richtung. Indem Henry[2]) den Nebenstrom der Batterie auf eine Drahtspirale inducirend wirken liess, erhielt er einen neuen Strom, den er Strom der dritten Ordnung nennt (der Nebenstrom selbst wird mit secondary current bezeichnet), und als er diesen wieder auf eine neue Spirale wirken liess, kam ein Strom vierter Ordnung zu Stande. Es wurden zu diesem Versuche Spiralen aus Kupferstreifen gebraucht, von welchen je zwei mit Zwischenlegung einer Glasscheibe auf einander gelegt waren. Die Fig. 6. (in welcher die

---

[1]) Bibliothèque univers. de Genève Octob. 1840* p. 122.
[2]) Sturgeon Annals* IV. p. 303. (on. el. Ind. 114.)

zwischengelegten Glastafeln fortgelassen sind) zeigt diese Anordnung. Spirale a leitet den Entladungsstrom der leydener Flasche, die Spiralen b und c führen den Nebenstrom, d und e den Strom dritter Ordnung, f und g den vierter Ordnung. Henry fand mittels Magnetisirung einer Stahlnadel, dass die Nebenströme eine abwechselnde Richtung hatten, der Nebenstrom also in derselben Richtung wie der Hauptstrom, der Strom dritter Ordnung in entgegengesetzter, und der Strom vierter Ordnung wieder in gleicher Richtung lief. In einem Versuche, bei welchem die auf einander wirkenden Spiralen $1\frac{1}{2}$ Zoll von einander entfernt wurden, statt dass sie hier nur durch die Glasesdicke getrennt waren, fanden diese auffallenden Abwechselungen in der Stromesrichtung nicht Statt. Der Verf. sucht diesen verschiedenen Erfolg aus der Umkehrung zu erklären, die der inducirte Strom bei einer gewissen Entfernung der auf einander wirkenden Spiralen erfährt. Wenn derselbe schliesslich bemerkt, dass durch diese Erfahrungen die Versuche Savary's, unter welche er aber nur die über verschieden gerichtete Magnetisirung in verschiedener Entfernung von dem Schliessungsdrahte der Batterie zu begreifen scheint, auf ein allgemeines Gesetz zurückgeführt werden, so habe ich mich über diese Meinung schon oben ausgesprochen.

Aenderung des Nebenstromes durch zwischen die Spiralen gesetzte Leiter. Henry[1]) brachte zwischen Haupt- und Nebenspirale eine Metallplatte an und fand, dass der Nebenstrom hierdurch aufgehoben war. Denselben Effekt, wie die Platte, brachte eine Drahtspirale hervor, wenn ihre Enden mit einander verbunden waren, blieb die Spirale hingegen offen, so bestand der Nebenstrom in früherer Stärke. Dies zeigt, dass die Aufhebung der Wirkung eines inducirten Stromes durch die Erzeugung eines zweiten inducirten Stromes bedingt sei. Der Verfasser erklärt dies Resultat aus der abwechselnden Richtung der Nebenströme. Indem nämlich die Metallplatte zwischen Haupt- und Nebenspirale steht, inducire der Hauptstrom in der Platte und der Nebenspirale einen mit ihm gleichgerichteten Strom, zugleich aber inducire der Strom der Platte einen Strom dritter Ordnung in der Spirale, der, entgegengesetzt gerichtet, den vom Hauptdraht inducirten Strom neutralisire. Auch die Ströme höherer Ordnung werden, wie Henry

---

[1]) Sturgeon Annals IV. * p. 302.

fand, durch Metallplatten aufgehoben die zwischen die auf einander wirkenden Spiralen gestellt sind.

Matteucci[1]) stellte zwischen zwei plane Induktionsspiralen Tafeln von Glas, Siegellack, Schwefel, Harz, ohne eine Aenderung des Nebenstromes zu bemerken. Stanniolblätter, die einfach, oder in zwei und drei Dicken die Zwischenplatte bildeten, gaben dem Nebenstrom eine entgegengesetzte Richtung, so aber, dass die Stärke des Stroms desto bedeutender war, je dünner die Zwischenplatte gewählt war. So erschien zwar der Strom bei Zwischensetzung einer Kupferplatte fast ganz geschwächt, bei Anwendung eines einfachen Stanniolblatts war derselbe aber stärker als ohne irgend eine Zwischensetzung. Wurde daher aus einem Stanniolblatte ein Stück in der Richtung des Radius der Induktionsspirale herausgeschnitten, so erhielt man in der Nebenspirale einen stärkern Strom, als wenn das Blatt ganz war. An die Stelle der Metallplatte wurde eine ebene Spirale zwischen die Induktionsscheiben gesetzt, die, wenn sie geschlossen war, wie die Platte wirkte. Aus einem zwischen die Spiralen gelegten Stanniolblatte wurde ein Sector ausgeschnitten, die Verbindung zwischen den getrennten Lappen aber durch eine Magnetisirungsspirale hergestellt; es zeigte sich im Stanniolblatte ein dem Hauptstrome gleichgerichteter Nebenstrom. Waren die Induktionsspiralen so weit von einander entfernt worden, dass der Nebenstrom rückläufig war, so verstärkte die Zwischensetzung eines Stanniolblatts die Intensität desselben. Bei verschieden starken Ladungen der Batterie brachte die Zwischenstellung einer Kupferscheibe zwischen die Spiralen nicht durchweg den rückläufigen Strom hervor; der Strom war bei schwachen Ladungen dem Hauptstrom entgegen, bei stärkern ihm gleich gerichtet. Es wurden auch Versuche angestellt über die Nebenströme in zwei Spiralen, zwischen welchen sich die Hauptspirale befand. Es ist dies der Fall einer Störung des Nebenstroms durch einen Strom, der nicht wie früher, zwischen ihm und dem Hauptstrom, sondern an der andern Seite des letztern erzeugt worden. Als Resultat wird angegeben, dass wenn die Nebenspiralen in gleicher Entfernung von der Hauptspirale stehen, der Nebenstrom in jeder Spirale dieselbe Intensität und Richtung hat, als wenn sie allein vorhanden wäre; steht aber eine Spirale der Hauptspirale näher als

[1]) Biblioth. univers. de Genève* Octob. 1840 p. 122.

die andere, so erhält sie einen Nebenstrom von grösserer Stärke, die andere entferntere aber einen von entgegengesetzter Richtung.

Es ist zu dieser Abhandlung Matteucci's zu bemerken, dass die Anordnung der Apparate und Versuche dieselbe ist, wie sie von Henry und mir in früher publicirten Abhandlungen beschrieben worden. Was die dem Verfasser eigenthümlichen Folgerungen über die Eigenschaften des Nebenstromes betrifft, so müssen sie, selbst bei der hier beliebten Auffassung des Nebenstromes, als gänzlich prekär erscheinen. Mit eben dem Rechte, mit dem oben der Nebenstrom, wenn ein Stanniolblatt zwischen den Induktionsspiralen steht, stärker genannt wurde, als wenn dasselbe fehlt, könnte man sagen, dass der Entladungsstrom der Batterie stärker wird, wenn man weniger Umdrehungen der Elektrisirmaschine zu ihrer Ladung anwendet, oder wenn man ihre Oberfläche vergrössert, oder ihren Schliessungsbogen verlängert; denn in vielen Fällen werden diese Aenderungen eine Verstärkung der Magnetisirung durch die Entladung bewirken.

Rückwirkung des Nebenstroms auf den Hauptstrom. Matteucci [1]) führt über diese Rückwirkung meine thermometrischen Versuche an, ohne sie indess richtig aufgefasst zu haben. Wenn er nämlich als Bestätigung dieser Versuche angiebt, dass Entladungsschlag und Funke der Batterie sehr verschieden seien, je nachdem im Schliessungsbogen die Hauptspirale allein oder einer Nebenspirale gegenüber stehe, so ist gerade die wesentliche Bedingung für diese Verschiedenheit ausser Acht gelassen, dass nämlich die Nebenspirale durch einen verhältnissmässig langen Draht geschlossen sein muss. Wie ich Seite 175 bemerkt habe, findet kein Unterschied in den Entladungserscheinungen Statt, die Hauptspirale mag allein stehen oder vor einer durch einen kurzen Kupferdraht geschlossenen Nebenspirale. Der Verfasser untersuchte die Rückwirkung des Nebenstroms auf den Hauptstrom, indem er durch den letztern eine Nadel magnetisirte, während der Hauptspirale eine Metallplatte oder eine geschlossene Nebenspirale (deren Schliessungsart nicht angegeben wird) in verschiedener Entfernung gegenüber gestellt war. Er kommt zu dem Resultate, dass durch eine solche Gegenüberstellung die Magnetisirung durch den Entladungsstrom der Batterie verstärkt, die Richtung derselben aber nicht geändert wird.

---

[1]) Biblioth. universelle de Genève* Octob. 1840.

Nebenstrom am Galvanometer bestimmt. Matteucci[1]) hat neuerlich auf meine Bemerkung, dass aus der Magnetisirung einer Nadel nicht auf Richtung und Stärke des Nebenstromes geschlossen werden kann, geantwortet, dass er diese Bestimmung für sicher halte und es bald werde beweisen können. Inzwischen habe er seine Versuche über den Nebenstrom auch mit Hülfe eines Galvanometers wiederholt. Er bediente sich eines sehr empfindlichen Galvanometers von Gourjon in Paris, dessen Drahtenden mit den Enden einer flachen Nebenspirale verbunden waren, während die Hauptspirale die Entladung einer Batterie von 12 Flaschen leitete. Bei der Entladung bemerkte er nun Ablenkungen der Multiplicatornadeln, die durch starke Ladung der Batterie bis auf 90 Grad gesteigert werden konnten. Die Richtung des Nebenstromes fand sich überall der des Hauptstroms gleich, wenn auch die Entfernung der beiden Spiralen geändert wurde. Der Verfasser stellte eine grössere Anzahl von Spiralen hintereinander auf, und liess nach Henry's Vorgange den Strom zweiter und dritter Ordnung entstehen. Er fand die Richtung des zweiten Nebenstroms der des ersten entgegengesetzt, die des dritten wieder in der Richtung des ersten, und andere auffallende Resultate. Ein anderes Mittel, die Richtung des Nebenstroms zu bestimmen, wurde dem Verf. von Pacinotti angegeben; es besteht darin, dass zwei spitze Stanniolstreifen an den entgegengesetzten Flächen eines Papierstücks so aufgeklebt werden, dass die Spitzen 2 Millimeter von einander stehen. Wird nun das Papier von einem starken Nebenstrom durchbohrt, so soll die Spitze, die der Durbohrungsstelle am nächsten liegt, negative Elektricität abgegeben haben. Ich brauche wol kaum hinzuzufügen, wie unsicher diese, auf den Lullinschen Versuch gegründete, Methode ist, zumal bei einer Entfernung der Spitzen von einer Linie; ich kann versichern, dass eine solche Unsicherheit bei der Methode nicht stattfindet, die ich längere Zeit zuvor zur Bestimmung der Richtung des Nebenstroms angewandt habe (die Bildung von Harzfiguren). Was die Versuche von Matteucci betrifft, so habe ich seine Resultate nur obenhin anführen können, da es mehr als wahrscheinlich ist, dass die erstern sämmtlich auf einem Irrthume beruhen. Es ist wider jede Erfahrung, dass Rei-

---

[1]) Comptes rendus 1841 1er Sem.* p. 342. Archives de l'électric. par de la Rive* juin 1841 p. 136.

bungselektricität, direkt durch eine kurze metallische Leitung entladen, die Magnetnadel ablenken sollte; die bedeutenden, bis 90 Grad gehenden Ablenkungen, die Matteucci bemerkt hat, sind mir bei meinen früheren Untersuchungen nur zu oft vorgekommen, und zwar zu meinem grössten Bedauern, da sie unfehlbar das astatische System meines Galvanometers verdarben. Ich bemerkte bei diesen Ablenkungen häufig ein Knistern zwischen den Drahtwindungen des Galvanometers und es war mir leicht, darzuthun, dass die scheinbaren Ablenkungen der Magnetnadeln von gewöhnlicher Anziehung einer Portion Elektricität herrührten, die sich in der seidenen Ueberspinnung des Drahtes angehäuft hatte. Da Matteucci anführt, dass die Magnetnadeln seines Galvanometers ihren Magnetismus bald verloren, und dass er überall bei seinen Versuchen zwischen den Windungen desselben einen Funken bemerkt habe, so ist es fast unzweifelhaft, dass er überall Anziehung statischer Elektricität für magnetische Ablenkung genommen hat.

Es darf nicht unerwähnt bleiben, dass der Verfasser, wie es schon bei einer früheren Gelegenheit der Fall war, auch hier seinen Versuchen nicht ganz traut, dies an einigen Stellen bemerkt und verhältnissmässig wenig Zahlen mittheilt. Dies Misstrauen bei eigenen Untersuchungen ist der Anerkennung werth, würde es aber gewiss noch mehr sein, wenn es den Verfasser dahin bringen könnte, so zweifelhafte Versuche, wie die obigen, zurückzuhalten, da ihre Veröffentlichung der Wissenschaft nur Nachtheil bringen kann. Ich bemerke schliesslich, dass es mir unerfreulich war, von Matteucci meine Untersuchungen über den Nebenstrom zwar angeführt, aber gänzlich missverstanden zu sehen, welches daraus hervorgeht, dass er die Resultate derselben mit den seinigen (en quelque façon) vereinbar glaubt.

d. Richtung des Nebenstromes.

Wenn in dem Schliessungsbogen einer leydener Flasche zwei entgegenstehende Spitzen angebracht und auf die Flächen einer Pechscheibe gesetzt werden, so erscheinen, nach der Entladung der Flasche, auf dem Peche durch Bepuderung mit Harzstaub zwei charakteristisch unterschiedene Figuren (Lichtenbergsche Figuren). Jede dieser Figuren hat eine bestimmte Beziehung zu der sie erzeugenden Spitze und deutet auf die Ladung der mit ihr in metallischer Verbindung stehenden Belegung der Flasche. Von der

Art der Ladung hängt aber unmittelbar die Richtung des Stromes im Schliessungsdrahte bei der Entladung ab. Obgleich daher bei Zwischenbringung der Pechscheibe die Flasche nicht entladen wird, so ist durch dieselbe ein unzweideutiges Mittel gegeben, die relative Richtung des Entladungsstroms zu bestimmen, und ferner, wenn die Richtung selbst in einem einzigen Falle bekannt ist, sie auch für alle übrigen untersuchten Fälle anzugeben. Ich habe diese Art der Untersuchung bei dem elektrischen Nebenstrome gebraucht und von leichter Anwendung und sicherem Erfolge gefunden. [1])

Relative Richtung des Nebenstromes. Nachdem die Induktionsscheiben (s. Apparate) neben einem Henleyschen Auslader in dem Schliessungsbogen der Batterie angebracht waren, wurden die Enden der Nebenspirale mit dem Funkenmikrometer verbunden, das mit den Spitzen versehen war. Eine Kupferplatte von $1\frac{3}{4}$ Zoll Seite auf beiden Flächen mit schwarzem Pech überzogen, wurde an einem isolirten Statif vertical befestigt; die Spitzen wurden normal gegen die Pechflächen gedrückt, welches mittels der Schlittenbewegung des Mikrometers leicht zu bewerkstelligen war. Nach der Entladung der Batterie durch die Hauptspirale wurde die Kupferscheibe abgenommen; und schon ein leichtes Anhauchen zeigte ihre entgegengesetzten Flächen auf das deutlichste unterschieden. Bestreute man diese Flächen mit einem Gemenge von Mennige und Schwefelblumen (wie es Lichtenberg gelehrt hat), so kommen die zierlichen Figuren zum Vorschein die in Fig. 7. und 8. abgebildet sind. Auf der einen Fläche erschien (Fig. 7.) eine rothe Scheibe mit rother Kreiseinfassung, auf welche ein dunkler (nicht bestäubter) Kreis folgt, von welchem gelbe Stralen ausgehen; auf der andern (Fig. 8.) waren gelbe und rothe Kreisbogen sichtbar, die von einem breiten rothen Ringe eingefasst sind. Diese Figuren sind leicht zu conserviren, wenn man die Kupferscheibe vorsichtig über einer Flamme erwärmt; will man aber die Scheibe zu einem neuen Versuche gebrauchen, so muss man sie abwischen und die Pechflächen durch Erhitzen wieder spiegelnd herstellen. Da es darauf ankam, die Stellung dieser Figuren gegen die Enden des Nebendrahts unter verschiedenen Bedingungen zu bestimmen, bei welchen der Nebenstrom eine Stahlnadel in verschiedenem Sinne magnetisirte, so wurde in dem Ne-

[1]) Poggendorff Annalen* Bd. 51. S. 351.

bendrahte eine kleine rechtsgewundene Drahtschraube angebracht, in welche bei dem Magnetisirungsversuch eine englische Nähnadel (Bartleet sharps No. 9.) gelegt wurde. Fig. 9. zeigt die Anordnung des Apparats. AB deutet die Hauptspirale an, ab die Nebenspirale, (zwischen beiden befand sich eine Glasscheibe) CD den Henleyschen Auslader, m die Drahtschraube und mit α und β sind die Spitzen des Funkenmikrometers bezeichnet. Nachdem die Figuren auf der Pechfläche durch einen Nebenstrom gebildet waren, näherte ich die Spitzen des Mikrometers bis zur Berührung, und magnetisirte durch einen neuen Nebenstrom die in die Schraube gelegte Nadel. In den folgenden Tafeln sind die Abstossungen angegeben, welche diese Nadel an einer Bussole hervorbrachte und mit + bezeichnet, wenn bei positiver Ladung der Batterie das an dem Ende m der Schraube liegende Nadelende ein Nordpol, bei negativer ein Südpol war. Ferner ist die Spitze des Mikrometers angegeben, an welcher sich die Stralenfigur Fig. 7. auf der Pechfläche bildete. Die Batterie bestand aus 5 Flaschen und wurde, wo es nicht anders angegeben ist, mit positiver Elektricität geladen. Wo der Hauptdraht als verlängert bezeichnet ist, war zwischen den Armen des Henleyschen Ausladers ein $\frac{1}{12}'''$ dicker Neusilberdraht von 3′ 2″ Länge angebracht worden.

Magnetisirung u. Figurenbildung durch den Nebenstrom.

Induktionsspiralen aus 13 Fuss Kupferdraht bestehend.

Entfernung der Spiralen	Elektricitätsmenge	Hauptdraht	Polarität bei m	Magnetisirung	Fig. 7 entsteht bei
1 Linie	5		Nord	+ 0°,7	β
1	10		Nord	+ 3,0	β
1	10	verlängert	Süd	— 9,0	β
1	10 negat.	verlängert	Nord	— 10,0	α
1	20		Nord	+ 5,0	β
1	20	verlängert	Süd	— 7,7	β
1	30		Nord	+ 3,3	β
1	30	verlängert	Süd	— 4,6	β
3	30		Nord	+ 5,7	β
5	30		Nord	+ 7,5	β
5	30	verlängert	Süd	— 5,0	β
15	30		Nord	+ 4,5	β
25	30		Nord	+ 1,0	β
25	30	verlängert	Süd	— 6,0	β
39,5	30		Süd	— 1,2	β

Induktionsspiralen aus 53 Fuss Kupferdraht bestehend.

Entfernung der Spiralen	Elektricitätsmenge	Hauptdraht	Polarität bei m	Magnetisirung	Fig. 7 entsteht bei
2 Linien	4		Süd	— 2°,3	β
2	4 negat.		Nord	— 3,3	α
2	20		Nord	+ 0,3	β
2	4	verlängert	Süd	— 9,0	β
5	20		Nord	+ 5,0	β
10	20		Nord	+ 3,7	β
10	20 negat.		Süd	+ 2,5	α
20	20		Nord	+ 2,5	β
20	20 negat.		Süd	+ 2,3	α
36	20		Nord	+ 0,5	β

In diesen Versuchen ist, wie die Abstossungen der Bussolnadel und die ihnen vorgesetzten Zeichen bemerklich machen, die Magnetisirung der in der Drahtschraube liegenden Nadel stärker und schwächer, in dem einen oder dem andern Sinne erfolgt; dennoch aber haben die Figuren auf der Pechfläche stets ihre Lage gegen die Belegungen der Batterie in ganz bestimmter unveränderter Weise beibehalten. Ein Blick auf Fig. 9 lehrt, dass die Stralenfigur stets von dem Theile des Nebendrahts erzeugt wurde, der, verlängert gedacht, auf das Ende der Hauptspirale führt, welches mit der positive Elektricität enthaltenden Belegung der Batterie verbunden war. (Diese in Worten ziemlich umständlich klingende Regel findet bei dem aufgestellten Apparate oder dessen Abbildung eine augenblickliche Anwendung). Ich habe, nach den aufgeführten Versuchen, eine grosse Menge von Harzfiguren unter den verschiedensten Bedingungen durch den Nebenstrom erzeugt, ohne eine einzige Ausnahme von dieser Regel zu finden. Zum Ueberflusse kann bemerkt werden, dass die Figuren gleichgültig in 6 oder 12 Fuss Entfernung von den Spiralen, und daher in einer noch grössern Entfernung von Elektrisirmaschine und Batterie sich bilden. Obgleich in diesen Versuchen der Nebenstrom, der trennenden Pechschicht wegen, nicht zu Stande kam, so zeigt sich, dass die Enden des getrennten Nebendrahtes durch die Entladung der Batterie in einen verschiedenen elektrischen Zustand versetzt werden, dessen Folge eben die beiden durchaus unterschiedenen elektrischen Figuren sind. Der Nebenstrom wird nothwendig von diesem elektrischen Zustande der beiden Drahtenden abhangen müssen, und da wir den Zustand jedes Endes in ganz bestimmter unveränderter Beziehung zu dem Hauptstrome der Batterie gefunden haben, so ist der Schluss unabweisbar, dass der Nebenstrom in allen vorhin aufgeführten Versuchen auf eine einzige unveränderte Weise constituirt gewesen sei. Hiermit ist der Satz bewiesen, den ich von vorn herein angenommen habe, der aber von Henry, Marianini, Matteucci in Abrede gestellt worden ist, der Satz nämlich: Der Nebenstrom der elektrischen Batterie hat unter allen Umständen, welche eine verschieden gerichtete Magnetisirung durch denselben bedingen, im Nebendrahte stets eine und dieselbe Richtung.

Ich habe diese unveränderliche Richtung als der des Hauptstromes gleich angegeben, worüber hier das Nähere ausführlicher, als in der Abhandlung selbst, folgen soll.

Absolute Richtung des Nebenstromes. Die Mittel, welche zur Bestimmung der Richtung des Entladungsstromes der Batterie gebraucht werden können, chemische Zersetzung und Ablenkung der Magnetnadel, finden bei dem Nebenstrome keine Anwendung. Der Unterschied, der in dieser Hinsicht zwischen Haupt- und Nebenstrom besteht, erklärt sich leicht aus dem verschiedenen Apparate, in welchem jeder von ihnen zu Stande kommt. Die Elektricitäten, deren Bewegung den Hauptstrom bildet, befinden sich in den Belegungen der Batterie und haben nur Einen Weg, auf dem sie sich ausgleichen können, es ist daher leicht ihre Bewegung zu verzögern und dem Strome die zur Zersetzung und magnetischen Ablenkung nöthige Dauer zu geben. Die Elektricitäten des Nebenstromes hingegen werden in einem continuirlichen Drahtstücke von einander getrennt und haben ersichtlich zwei Wege, in deren Verfolge sie wieder ins Gleichgewicht kommen können. Während sie bei hinreichender Schliessung des Nebendrahtes einen Kreislauf vollenden und so den Strom bilden, werden sie bei einem zur Verzögerung ihrer Bewegung angebrachten Hinderniss (einer Wassersäule z. B.) in derselben Richtung zurückgehen, in der sie erregt worden sind, und daher die Bildung des Nebenstromes vereiteln. Aus der Gestaltung der elektrischen Figuren auf den Pechflächen lässt sich nichts Bestimmtes über die absolute Richtung des Nebenstromes schliessen, da jede dieser Figuren beide Formen enthält, die als der positiven und negativen

Elektricität zugehörig bekannt sind. Dass solche zusammengesetzte Figuren durch direkte Anwendung auch nur Einer Elektricität gebildet werden können, haben Lichtenberg und de Luc gezeigt und zugleich auf die Aenderung aufmerksam gemacht, welche durch die geringsten Modificationen des Versuchs in denselben erzeugt werden. In unserm Falle sind die elektrischen Figuren unter Bedingungen hervorgebracht, die ausserdem nicht erfüllt werden können und es würde daher wenig Belehrung gewähren, wenn dieselben Figuren unter andern Bedingungen zum Vorschein kämen. (Wirklich lässt sich eine, der Stralenfigur (Fig. 7) ziemlich ähnliche, Figur bilden, wenn man von dem Conductor der Maschine anhaltend positive Elektricität auf eine Harzfläche leitet und dieselbe durch Funkenziehen entladet). Ich versuchte, um über die Richtung des Nebenstromes Aufschluss zu erhalten, direkt Elektricität von den Enden des Nebendrahtes aufzufangen und habe dies in folgender Weise leicht bewerkstelligt.

Die ungefähr dreizölligen Platten eines Condensators wurden durch eine Glimmer- oder Glasscheibe getrennt, und die untere (Condensator-) Platte erhielt eine vollkommene Ableitung nach den Gasröhren des Hauses; die obere (Collector-) Platte hatte einen Drahtfortsatz der eine Kugel trug. Dieser Kugel wurde das Ende der Nebenspirale nahe gebracht, von dem ich Elektricität aufzusammeln wünschte, während das andere Ende derselben mit der Condensatorplatte in Verbindung gesetzt war. War die passende Entfernung des Drahtendes von der Kugel getroffen, so ging, bei der Entladung der Batterie durch die Hauptspirale, in dieser Unterbrechung ein kleiner Funke über, und die Collectorplatte fand sich so stark geladen, dass sie abgehoben ein Elektrometer mit ungefähr zolllangen Goldblättern oft zur Divergenz von 90 und mehr Graden brachte. Die Zeichen der erhaltenen Elektricität waren constant: bei positiver Ladung der Batterie wurde die Collectorplatte von dem Ende β mit negativer, vom Ende α mit positiver Elektricität geladen (siehe Fig. 9); bei negativer Ladung der Batterie waren die Zeichen der Elektricität die entgegengesetzten. Hiermit ist der elektrische Zustand jedes Endes der Nebenspirale in allen Fällen gegeben, und zwar wird man dem Ende, welches die Stralenfigur erzeugte, den negativ elektrischen Zustand zuschreiben müssen; woraus folgt, dass in allen mitgetheilten Versuchen der Nebenstrom dieselbe Richtung im Nebendrahte hatte, die der Entladungsstrom im Hauptdrahte besass. Es ist bei diesen Versuchen der Fall öfter vorgekommen, dass der Condensator, obgleich ein starker Funke an der Kugel erschienen war, sich nicht geladen fand, welches durch eine Ladung und unmittelbar darauf folgende Entladung des Condensators erklärt werden kann.

Als ich vor Kurzem in Folge der, Seite 217 mitgetheilten, Bemerkung des Barons v. Wrede diese Versuche wieder aufnahm und bequemer zu machen suchte, fand ich Abweichungen die hier erwähnt werden müssen. Es wurden die Induktionsspiralen von 53 Fuss Drahtlänge angewandt und mit Zwischenstellung einer Glasscheibe in eine Entfernung von 4 Linien von einander gestellt. Ich verlängerte die Enden der Nebenspirale durch 3 Fuss lange Drähte, verband den einen dieser Drähte, wie früher mit der Condensatorplatte, die ausserdem eine sehr gute Ableitung hatte, und befestigte das andere Ende an der einen Kugel des Funkenmikrometers, während an dem Fortsatze der andern Kugel (s. Apparate) die Kugel der Collectorplatte federnd anlag. Die in der Nebenspirale erregte Elektricität ging daher einerseits direkt zu der Condensatorplatte, andererseits zu dem Funkenmikrometer, sprang hier über und sammelte sich in der Collectorplatte des Condensators. Es war leicht, die Länge des überspringenden Funkens zu ändern, und durch Verwechselung der Drähte das eine oder das andere Ende der Nebenspirale mit der Collectorplatte in Verbindung zu setzen. So bequem diese Einrichtung war, so fanden sich die Resultate der Versuche nicht mehr so constant wie früher. Ich hatte 3 Flaschen der Batterie gebraucht und mit der Elektricitätsmenge 8 (Kugeln der Maassflasche $\frac{1}{2}$ Linie) geladen. Es ging bei Entfernung von 0,5 Linien der Mikrometerkugeln, der Funke des Nebenstromes über und lud die Collectorplatte so stark, dass sie ein Elektrometer mit zolllangen Goldblättchen zu einer Divergenz von 50 bis 70 Graden brachte. Die Zeichen der aufgesammelten Elektricität entsprachen in den meisten Fällen der früher beobachteten Regel; das heisst, es wurde, da die Batterie immer mit positiver Elektricität geladen war, von dem Ende β der Nebenspirale (Fig. 9) negative, von dem Ende α positive Elektricität erhalten. Es kamen aber Ausnahmen von diesem Verhalten vor und zwar häufiger, wenn die Ladung der Batterie verstärkt, oder die Entfernung der Kugeln des Funkenmikrometers (bis 0,1 Linie) vermindert wurde; bei kurz hinter einander folgenden Versuchen fand sich nämlich die Elektricität des Endes β negativ und positiv, und ebenso an dem Ende α. Diese Abweichungen können indess noch aus einer Eigenthümlichkeit des Condensators erklärt werden. Es war nämlich eine Spiegelscheibe zur Trennung der Condensatorplatten gebraucht worden, und diese Scheibe fand sich nach jedem Versuche geladen, so dass die Collectorplatte, nachdem sie am Elektrometer entladen und wieder aufgesetzt worden, nach ableitender Berührung wiederum geladen erschien und zwar stets mit derselben Elektricitätsart, die sie bei dem Abheben gezeigt hatte. Ein Condensator kann aber durch eine und dieselbe Elektricitätsart in zwiefacher Weise zu einer elektrophorischen Wirkung gebracht werden. Ist die angebrachte Elektricität von geringer Spannung (wie es bei dem Gebrauche des Condensators gewöhnlich der Fall ist), so kann die isolirende Zwischenschicht durch Vertheilung elektrisch werden, und die Collectorplatte erhält dann elektrophorisch dieselbe Elektricitätsart, die ihr zugebracht worden war. Hat hingegen die angebrachte Elektricität hinreichende Spannung, so wird die Zwischenschicht durch Mittheilung elektrisch, und die Collectorplatte erhält elektrophorisch Elektricität entgegengesetzter Art. Da nun bei dem Nebenstrome die abweichenden Resultate am Condensator mit auffallend starken Funken eintraten, so wäre es möglich, dass in diesen Fällen die Ladungen der Collectorplatte elektrophorischer Art wären. Man hätte sich dann vorzustellen, dass die Elektricität des Nebenstromes, statt wie gewöhnlich in der Collectorplatte, in der an ihr anliegenden Glas- oder Glimmerfläche angehäuft würde, dass diese Elektricität die Collectorplatte lüde, und durch die zurückweichende gleichnamige Elektricität einen zweiten Funken veranlasste. Dass bei genau derselben Anordnung des Apparats die Elektricität des Nebenstromes zuweilen von entgegengesetztem Zeichen ausfällt, kann nicht auffallen, da eine sehr geringfügige Aenderung der Oberfläche des Glases oder Glimmers die eine oder andere Art der elektrischen Anhäufung in der Collectorplatte veranlassen kann.

Es war wünschenswerth die Versuche über die Elektricität des Nebenstromes an einem Condensator ohne Zwischenplatte anzustellen, weshalb ich auf der (untern) Condensatorplatte des Instrumentes drei Schellackstückchen befestigte, auf welchen die Collectorplatte ruhte. Hier aber konnte ein Nebenstrom von der frühern Stärke nicht angewendet werden, da ein solcher zwischen den einander sehr nahen Platten des Condensators überging. Ich habe daher nur geringe Divergenzen des Elektrometers hervorbringen können, und unter diesen sind gleichfalls solche vorgekommen, deren Zeichen den gewöhnlich gefundenen entgegengesetzt war. Ich werde diese Versuche mit einem vollkommeneren Luftcondensator bei Gelegenheit wieder aufnehmen, und bringe nur zum Schluss einige Versuche bei, die in der Voraussetzung, dass der Nebenstrom aus zwei entgegengesetzten Strömen bestehe, aber ohne Erfolg ausgeführt wurden. Es war der Condensator mit Zwischensetzung einer Glasscheibe angewendet, und ein Ende des Nebendrahtes direkt der Kugel der Collectorplatte bis auf ½ Linie genähert worden, während das andere Ende mit der gut abgeleiteten Condensatorplatte verbunden war. Bei dieser Anordnung fand sich unter 19 in einer Stunde angestellten Versuchen, bei welchen durch Verwechselung der Drähte der Haupt- oder der Nebenspirale 9 negativ und 9 positiv elektrische Divergenzen von 20 bis 90 Graden erhalten wurden, nur Eine Divergenz von ungefähr 5 Graden, die, dem Zeichen nach, der Regel nicht entsprach. Ich glaubte nun, die negativ elektrischen Divergenzen vermindern zu können, indem ich den zur Collectorplatte führenden Draht durch eine Weingeistflamme unterbrach, die nach Erman's, neuerdings von Andrews wieder aufgenommenen Versuchen, der positiven Elektricität einen leichtern Durchgang gestatten soll, als der negativen. Es wurde daher der genannte Draht entzwei geschnitten, und jedes Ende mit einem dünnen Platindrahte verbunden; die Platinspitzen wurden, ungefähr 1 Linie von einander entfernt, in eine Weingeistflamme gesteckt, die sie fortwährend glühend erhielt. Aber ich fand durch diese Vorrichtung weder die negativ elektrischen Divergenzen geringer, noch die positiven grösser, als ich sie bei demselben Nebenstrome zu finden gewohnt war.

Unabhängig von dem Resultate dieser und ähnlicher Versuche bleibt das, was empirisch über die Richtung des Nebenstromes zu sagen ist. Der Nebenstrom irt unzweifelhaft eine Erscheinung von in Bewegung gesetzter Elektricität, und Versuche haben gezeigt dass diese Bewegung auf eine durchaus bestimmte Weise vollführt wird. Unterscheidet man nämlich im Nebendrahte die Stelle, von der die elektrische Bewegung ausgeht, und trennt man den Draht an einer andern Stelle, so werden die Enden desselben durch den beginnenden Nebenstrom in einen verschiedenen elektrischen Zustand versetzt, und es hat sich gezeigt, dass die Lage dieser beiden unterschiedenen elektrischen Zustände gegen die Erregungsstelle in ganz bestimmter Weise von der Richtung abhängt, in der die Erregung statt findet. Richtung des Nebenstromes bezieht sich also im Allgemeinen auf das Fortschreiten eines bestimmt erkannten elektrischen Zustandes durch den ganzen Nebendraht, ohne dass dabei die Natur und Beschaffenheit dieses Zustandes näher bezeichnet zu werden braucht. In diesem Sinne ist in dem vorigen Artikel dem Nebenstrome eine unter verschiedenen Umständen unveränderliche Richtung beigelegt worden. Es ist aber ferner gezeigt worden, dass der Nebenstrom in allen Fällen eine Stahlnadel in eben der Weise magnetisirt, in den meisten Fällen einen Condensator eben so ladet, wie eine einseitige in bestimmtem Sinne vollführte elektrische Bewegung, wie ein Strom, der dem Entladungsstrome gleich gerichtet ist, es thut. Wir werden daher einen bequemen Ausdruck für die verschiedenen Versuche gewinnen, wenn wir den Nebenstrom einem solchen Strome vergleichen. Hierdurch ist weder die eigentliche Natur des Nebenstromes bestimmt, noch ferneren Untersuchungen über dieselbe vorgegriffen. Ich selbst habe in fortgesetzten Untersuchungen mich zu zeigen bemüht, dass der elektrische Nebenstrom keine einfache elektrische Bewegung, sondern aus einer Reihe einzelner Bewegungen zusammengesetzt sei, und es ist möglich, dass diese Bewegungen als abwechselnd in verschiedener Richtung vollführt erkannt werden. Nichtsdestoweniger wird man den Ausdruck ohne Bedenken annehmen können, den ich früher gegeben, und den ich hier, um einem Missverständnisse vorzubeugen, folgendermaassen modificire: Der Nebenstrom der elektrischen Batterie ist unter allen Umständen gleichgerichtet; seine Richtung im Nebendrahte ist vorherrschend die eines Stromes, der mit dem Hauptstrome in gleichem Sinne läuft.

c. Gesetze des Nebenstromes.

Ich habe die Bedingungen aufgesucht, nach welchen sich die Stärke des Nebenstromes richtet, wo diese durch die Erwärmung gemessen wird, die derselbe in einem unveränderlichen Drahte errregt [1]).

---

[1]) Poggendorff Annalen * Bd. 47. S. 65. Bd. 50. S. 1. Annales de Chimie t. 74. p. 158.

Einfache Erregung des Nebenstromes.

Nebenstrom bei verschieden starkem Hauptstrome. Ich verband die Enden eines Nebendrahtes der Batterie mit dem Platindrahte eines Luftthermometers, und änderte die Stärke der Batterieentladung durch Aenderung der Flaschenzahl der Batterie, der Elektricitätsmenge, mit der sie geladen wurde, oder durch Einschaltung eines schlechtleitenden Metalldrahts in den Schliessungsbogen. Diese Bedingungen änderten die Erwärmung im Nebendrahte ganz auf die Weise, wie ich sie bei der Erwärmnng im Hauptdrahte kennen gelernt hatte, und liessen sich auf gleiche Weise in Rechnung bringen. Hiernach ist zu schliessen, dass der Hauptstrom, durch den eine gewisse Elektricitätsmenge in bestimmter Zeit entladen wird, einen Nebenstrom erregt, der eine proportionale Elektricitätsmenge in proportionirter Zeit entladet. — War der Nebenstrom gezwungen, durch eine Unterbrechung im Nebendrahte mit einem Funken überzugehen, so wurde derselbe hierdurch nur unbedeutend geschwächt.

Nebenstrom nach der Länge des erregenden Drahtes. Von einem unveränderlichen Nebendrahte, dessen Enden mit dem Platindrahte des Luftthermometers verbunden waren, wurden successiv mehr und mehr Windungen um eine Drahtschraube gelegt, die den Entladungsstrom der Batterie leitete. Durch gleich starke Entladungen im Hauptdrahte wurden im Nebendrahte Erwärmungen erhalten, die der Zahl der angewandten Windungen proportional waren. Hieraus folgt, dass, bei sonst unveränderten Bedingungen, die im Nebendraht erregte Elektricitätsmenge der Länge des wirkenden Hauptdrathes proportional ist.

Nebenstrom nach der Neigung des Nebendrahtes gegen den Hauptdraht. Es wurden um eine Drahtschraube von 1 Fuss Länge, welche die Entladung der Batterie vermittelte, nach einander verschiedene Längen des Nebendrahtes gelegt, welche die Schraube stets in gleicher Ausdehnung bedeckten. Obgleich hier die ganze Hauptspirale in Wirksamkeit war, so fanden sich die Erwärmungen im Nebendrahte der erregten Länge dieses Drahtes proportional. Je länger aber das um die Hauptspirale gelegte Stück des Nebendrahtes war, desto mehr näherten sich die Windungen beider Spiralen dem Parallelismus, und es war Grund vorhanden, die Vergrösserung der Erwärmung diesem Umstande allein zuzuschreiben. Als nämlich die Hauptspirale in zwei Versuchen mit einem 8 Fuss langen Stücke des Nebendrahtes umwunden war, so aber, dass die Windungen der beiden Spiralen entweder in gleichem oder im entgegengesetzten Sinne liefen, fand sich die Erwärmung respektive 15,4 und 2,7. Hier konnte die Entfernung der erregten Drahttheile vom Hauptstrome nicht in beiden Fällen ganz dieselbe sein, es wurde deshalb ein anderer Versuch angestellt, in dem nur die Ableitung von dem erregten Theile des Nebendrathes geändert wurde. Ich schaltete nämlich eine Kupferscheibe von $3\frac{5}{6}$ Zoll Durchmesser in den Hauptdraht ein, und stellte ihr eine ähnliche Scheibe gegenüber, von welcher zwei Drähte nach dem Platindrahte des Luftthermometers führten. Je nachdem nun die Ansätze der Drähte an einem Durchmesser der Nebenscheibe befindlich waren, der entweder der Richtung des Hauptstromes parallel war oder dieselbe beinahe normal kreuzte, fand sich die Erwärmung im Thermometer unter sonst gleichen Bedingungen 2 oder 0,4. Es folgt hieraus, dass der Entladungsstrom der Batterie in einem Nebendrahte desto weniger Elektricität in Bewegung bringt, je mehr dieser von der Richtung des Stromes abweicht.

Nebenstrom abhängig von der Dicke des Nebendrahtes. Ich liess einen gerade ausgespannten Theil des Hauptdrahtes auf verschieden dicke Stücke der Nebenschliessung wirken, die von dem ersten durch eine Luftschicht von constanter Dicke getrennt waren. Die Erwärmung in der Nebenschliessung fand sich desto grösser, je dünner das erregte Drahtstück war und zwar im umgekehrten Verhältnisse der Entfernung der Axen des Haupt- und Nebendrahtes. Es folgt hieraus, dass die Erregung des Nebenstromes unabhängig ist von dem Leitungsvermögen des erregten Drahtstücks, wie dies auch direkt gezeigt wurde.

Nebenstrom unabhängig von dem Leitungsvermögen des Nebendrahts. Die Nebenschliessung wurde aus gleich dickem Eisen und Kupferdrahte zusammengesetzt und durch das Thermometer geschlossen. Die Erwärmung war ganz dieselbe, ob der Eisen- oder der Kupferdraht der Erregung durch den Hauptstrom ausgesetzt gewesen war.

Abnahme des Nebenstromes nach der Entfernung. Zwei ungefähr 10 Fuss lange Drähte wurden parallel nebeneinander ausgespannt; ihre Entfernung von einander wurde von 2,7 bis 23,8 Linien verändert. Der eine Draht diente zur Entladung einer zu verschiedenen Graden geladenen Batterie, der andere bildete nebst dem Platindrahte des Thermometers und den nöthigen Verbindungsdrähten die Nebenschliessung. Die Erwärmungen des Thermometers, für eine gleiche Ladung der Batterie berechnet, waren umgekehrt proportional den Entfernungen der Axen der ausgespannten Drähte Dies einfache Gesetz für die Abnahme des Nebenstromes kann aber in besondern Fällen complicirter werden Zuvörderst durch zu grosse Nähe der Drähte. In den angedeuteten Versuchen fand das einfache Gesetz erst bei Entfernung der Drähte von 11 Linien statt, bei kleineren Entfernungen nahm der Strom in geringerem Verhältnisse ab, als dem der einfachen Entfernungen. Dann aber durch eine andere als die geradlinige Form der auf einander wirkenden parallelen Drähte. Dies wurde bemerkt, als die Drähte, wie es zum Gebrauche bequem ist, zu flachen Spiralen (Induktionsspiralen) aufgewunden wurden; hier nahm der Nebenstrom bei geringen Entfernungen in viel kleinerem Verhältnisse zu, als dem angegebenen, erreichte aber bei Entfernung der Spiralen von 30 Linien das Verhältniss der Cuben der Entfernung. Solche durch mehrseitige Wirkung der einzelnen Drahtstücke auf einander entstehende Verwicklung des einfachen Gesetzes, hat aber, wofern die Form der Drähte keine geometrisch bestimmte ist, kein weiteres Interesse.

Störung des Nebenstromes.

Im Vorhergehenden ist der Nebenstrom auf die einfachste Weise erregt worden, indem wir, so weit möglich, nur zwei Leiter in Wirkungsnähe gebracht haben, von welchen der eine direkt durch den Hauptstrom Elektricität erhielt nnd als der erregende betrachtet wurde, der andere, untersuchte, der von jenem erregte war. Bringt man nun aber einen dritten Leiter ins Spiel, der zugleich von dem Hauptstrom erregt werden und auf den erregten Leiter wirken kann, so findet man den Nebenstrom in dem früher untersuchten Leiter im Allgemeinen verändert. Da der Nebenstrom unter Umständen hierbei gänzlich aufgehoben scheint, so hat man, bei Induktionen anderer Art, jenen dritten Leiter auch wol den Schirm, und die hier zu betrachtende störende Wirkung desselben, nicht gerade passend, eine schirmende genannt.

Einfluss eines naheliegenden Drahtes auf den Nebenstrom. Es wurden drei gerade Drähte in ungefähr 10 Fuss Länge parallel neben einander ausgespannt. Einer derselben bewirkte die Entladung der Batterie, ein anderer wurde durch den Platindraht des Thermometers und zwei Verbindungsdrähte in eine Nebenschliessung gebracht. Blieben die Enden des dritten Drahtes frei, so wurde die Erwärmung im Thermometer durch die Gegenwart dieses Drahtes nicht verändert, wenn sie aber mit einander verbunden worden, so erfolgte jedesfalls eine geringere Erwärmung als früher. Diese Abnahme der Erwärmung findet überall Statt, welche Stellung der störende Draht auch gegen die beiden andern Drähte haben mag, nur ist seine Wirkung am stärksten, wenn er diesen Drähten parallel ist und zwischen ihnen liegt, weil er alsdann von dem Hauptdraht am stärksten erregt wird, und auf den Nebendraht am stärksten wirken kann. Es folgt hieraus, dass wenn der Hauptdraht der Batterie in zwei Nebendrähten Ströme erregt, die auf einander wirken können, jeder dieser Ströme schwächer ist, als wenn der andere nicht vorhanden wäre. Bei gerade ausgespannten Drähten erhält man, wenn die Länge derselben nicht sehr bedeutend ist, nur schwache Nebenströme, und ich musste daher zu einer andern Vorrichtung schreiten, um die Beziehung jener beiden sich störenden Nebenströme bestimmter zu ermitteln.

Verhältniss des Nebenstromes zur Dicke einer nahestehenden Metallplatte. Zwei ebene Induktionsspiralen, jede aus 13 Fuss Kupferdraht bestehend, wurden 10 Linien aus einander gerückt und respektive mit der Batterie und dem Luftthermometer verbunden. Eine Entladung der Batterie durch die Hauptspirale, welche die Flüssigkeitssäule im Thermometer der Nebenspirale um 42,8 Linien hinabdrückte, blieb völlig wirkungslos, als eine Kupferscheibe von 0,33 Linien Dicke zwischen die beiden Spiralen gestellt war. Es wurden nun Stanniolblätter verschiedener Dicke und Blätter unächten Silberpapiers zwischen zwei quadratische Glasplatten gepresst, und so an die Stelle der Kupferplatte zwischen die Spiralen gestellt, wobei sie 1 Linie von der Hauptspirale entfernt blieben. Hier war der Nebenstrom durch seine Wirkung auf das Thermometer wieder merkbar, und zwar fand sich bei allen verschiedentlich abgeänderten Bedingungen, dass der Nebenstrom in der Spirale mit der Dicke des Metallblattes in bestimmter Weise variire. Unter sonst gleichen Bedingungen war nämlich die Erwärmung durch den Strom der Nebenspirale, der Dicke der angewandten Metallplatte umgekehrt proportional. Es ist aber aus andern Versuchen klar, dass in der Metallplatte ein Nebenstrom erzeugt wurde, und dass die Stärke dieses Stromes, d. h. seine erwärmende Wirkung auf einen Draht von zu vernachlässigenden Dimensionen, proportional der Dicke der Platte sei. Es folgt daher aus den vorliegenden Versuchen: Wenn der Schliessungsdraht der Batterie in einem Nebendrahte und in einer Metallplatte elektrische Ströme erregt, die auf einander wirken können, so ist das Produkt der erwärmenden Wirkung beider Ströme für jede Plattendicke dasselbe.

Dieser Satz lässt sich ohne Bedenken weiter ausdehnen auf Platten verschiedenen Metalls, da die Dicke einer Platte zu dem Leitungsvermögen derselben in einem bestimmten Bezuge steht. Zu bemerken aber ist, dass der Satz die Continuität der Metallmasse voraussetzt, und dass daher Stanniolblätter, die mit Einschnitten versehen sind, weniger störend auf den Strom des Nebendrahts wirken, als wenn sie unverletzt sind. In Folge davon ist die Wirkung eines Blattes unächten Silberpapiers auf den Strom der Nebenspirale viel unbedeutender, als sich aus der Dicke der auf ihm haftenden Metallschicht schliessen liesse. Dass diese Schicht nicht zusammenhängend ist, zeigt sich bei dem Versuche durch das Leuchtendwerden des Blattes an verschiedenen Stellen.

Der Nebenstrom durch isolirende Platten nicht verändert. Nachdem Faraday in Bezug auf die Vertheilung, die durch eine Substanz hindurch stattfindet, einen specifischen Unterschied zwischen Isolatoren und Leitern, und einen quantitativen zwischen Luft und festen Isolatoren angenommen hatte, war es nöthig, die folgenden Versuche anzustellen. Ich stellte zwischen die Induktionsspiralen Scheiben aus Fensterglas, oder eine $3\frac{1}{12}$ Linie dicke Spiegelscheibe, oder eine 5 Linien dicke Schellackscheibe, und verglich die durch den Nebenstrom erzeugte Erwärmung bei einer solchen Zwischensetzung mit der, welche ohne dieselbe stattfand. Es wurde aber kein bemerkenswerther Unterschied gefunden. Mag man nun annehmen, dass in der isolirenden Zwischenscheibe kein Strom entstand, oder, was wahrscheinlicher ist, dass derselbe nur zu schwach war um auf den Strom der Nebenspirale störend zu wirken, so lässt sich immer eine Metallplatte angeben, die durch ihre Dünne ein so geringes Leitungsvermögen erhielt, dass sie ebenfalls wirkungslos bleiben würde. Hiernach ist zu behaupten, dass in der Wirkung der Zwischenplatte kein specifischer Unterschied stattfindet, dieselbe mag aus einem leitenden oder isolirenden Stoffe bestehen.

f. Rückwirkung des Nebenstromes auf den Hauptstrom.

Ehe ich diese Rückwirkung untersuchte, hatte ich die Frage zu beantworten, ob ein Theil des Schliessungsbogens auf einen andern Theil desselben vertheilend wirken könne.

Wirkungslosigkeit des Schliessungsdrahts auf sich selbst.[1]) Es ist oben gezeigt worden, dass ein elektrischer Nebenstrom in einem Drahte nicht zu Stande kommt, welcher der Elektricität keinen Kreislauf gestattet. Der Schliessungsdraht der Batterie ist ein solcher Draht, aber mit dem besondern Umstande, dass seine Enden in ausgedehnte Metallflächen verlaufen, welche die Ansammlung entgegengesetzter Elektricitätsarten gestatten. Es musste deshalb versucht werden, ob durch besondere Stellung der Theile des Schliessungsdrahts gegen einander eine Aenderung des Entladungsstromes erreicht werden könne. Ich brachte den Platindraht des Thermometers und beide Induktionsspiralen in dem Schliessungsbogen der Batterie an, dergestalt, dass die Entladung durch das Thermometer, durch die eine Spirale, durch einen $2\frac{1}{4}$ Fuss langen Draht und zuletzt durch die andere Spirale gehen musste. Die Spiralen wurden in verschiedener Weise mit einander und mit den übrigen Theilen des Schliessungsdrahtes verbunden, so dass, wenn durch Induktion ein Strom erzeugt wurde, dieser entweder in gleichem oder entgegengesetztem Sinne mit dem Hauptstrome gehen musste. Um eine Induktion möglich zu machen und den Einfluss derselben, wenn sie vorhanden war, entschieden aufzuzeigen, wurden die Spiralen bald bis 1 Linie einander genähert, bald 2 Fuss weit von einander gerückt. Es konnte aber in keinem Falle eine Verschiedenheit der Erwärmung, die der Hauptstrom im Thermometer hervorbrachte, bemerkt werden. Hiernach ist zu schliessen, dass bei der Entladung der Batterie kein Theil des Schliessungsdrahts vertheilend auf den andern wirkt.

Verzögerung des Hauptstromes durch den Nebenstrom.[2]) Ich habe mich zuerst überzeugt, dass im Allgemeinen

[1]) Poggendorff Annalen* Bd. 50. S. 19.
[2]) Poggendorff Annalen* Bd. 49. S. 393.

der Nebenstrom, wo er am kräftigsten auftritt, keinen oder doch nur einen unbedeutenden Einfluss auf den Hauptstrom ausübt. Es wurde neben dem elektrischen Luftthermometer eine flache Spirale, aus 13 Fuss Kupferdraht bestehend, im Schliessungsbogen der Batterie angebracht, dieser Spirale aber entweder eine Kupferscheibe in 2½ Linie Entfernung gegenübergestellt, oder eine ähnliche Spirale deren Enden durch Kupferdraht verbunden waren. Die Erwärmung der Batterie wurde bei gleichen Ladungen der Batterie merklich gleich gefunden, die Hauptspirale mochte allein, oder der Kupferscheibe oder der Nebenspirale gegenüber stehen. In den beiden letzten Fällen war ein sehr intensiver Nebenstrom erzeugt worden, der in einem Funken bemerklich gemacht werden konnte. Ich versuchte nun, ohne den Hauptstrom zu ändern, den Nebenstrom durch Schliessung der Nebenspirale mit einem längern Drahte zu schwächen, und erhielt hierdurch eine sehr bedeutende Schwächung des Hauptstromes. Die folgende Tafel über die Erwärmungen durch den Hauptstrom je nach der Einrichtung der Nebenspirale zeigt diese merkwürdige Einwirkung. In der ersten Versuchsreihe fehlte die Nebenspirale gänzlich, in den beiden andern stand sie 2½ Linie von der Hauptspirale entfernt.

Erwärmungen in dem Schliessungsbogen der Batterie.

Flaschenzahl	Elektricitäts-menge	Hauptspirale allein	Nebenspirale geschlossen	
			durch Kupferdraht	durch Neusilberdraht
		Erwärmung	Erwärmung	Erwärmung
4	8	6,7	7,1	
	10	10,8	10,4	4,8
	12	15,5	15,4	6,4
	14			8,0
5	10	8,8	8,6	
	12	12,7	12,0	4,6
	14	16,9	16,0	6,9
	16			8,7
Erwärm. f. Einheit d. Ladung		0,43	0,42	0,17

Der die Nebenspirale schliessende Kupferdraht war 3,7 Fuss lang 0,55 Linie dick, der Neusilberdraht 3,2 Fuss lang, 0,083 Linie dick. Durch Vertauschung des ersten, gutleitenden Drahtes mit dem zweiten viel schlechter leitenden Drahte ist also die Erwärmung im Hauptdrahte von 0,42 auf 0,17 gebracht, demnach beinah im Verhältniss 100 zu 40 geschwächt worden. Diese Einwirkung des Nebenstromes auf den Hauptstrom ist nicht von der Art abhängig, in der die Batterie entladen wird. In den obigen Versuchen war die Entladung durch einen fallenden Wagebalken (siehe Entladungsapparat Rep. II. 97) bewirkt worden; ich liess später die Batterie durch einen gegebenen Zwischenraum sich selbst entladen und fand eine ganz gleiche Verminderung der Erwärmung. Eine andere leichtere Art, diese Versuche anzustellen, besteht darin, dass man sich nur der im Hauptdrahte befindlichen Spirale bedient, und dieser möglichst nahe Metallplatten von verschiedenem Leitungsvermögen anbringt. Es wurden so in verschiedenen Versuchsreihen eine Kupferplatte von 0,33 Linie Dicke, ein doppeltes Stanniolblatt von 0,0268''' Dicke, ein einfaches Blatt 0,01''' dick und endlich ein Bogen unächten Silberpapiers, mit Zwischenstellung einer Glasscheibe an die Spirale gelegt. Die Erwärmung im Hauptdrahte für die Einheit der Ladung wurde respektive: 0,41, 0,32 0,22 und 0,18 gefunden. Ohne weitere Messung kann man die betrachtete Erscheinung sehr auffallend zeigen, indem man in dem Hauptdrahte an der Stelle des Thermometers einen dünnen Stahldraht anbringt von solcher Länge, dass er durch die Entladung der Batterie leicht geschmolzen und zerstäubt wird. Es ist nun immer möglich, durch eine passende Nebenschliessung das Verbrennen des Stahldrahts zu verhindern, so dass die stärksten Ladungen, welche die Batterie verträgt, durch ihn hindurchgehen können, ohne ihn im Mindesten zu verändern. Dies wird erreicht, indem man einen möglichst langen Theil des Hauptdrahts zu einer flachen Spirale aufwindet und diese mit einer Glasscheibe bedeckt, auf deren abgewandter Seite ein Bogen unächten Silberpapiers befestigt ist. — Es ist indess jeder Bogen eines solchen Papiers nicht gleich wirksam und man hat daher den Versuch sicherer mit Anwendung einer Nebenspirale statt des Papiers. Ich setzte den Schliessungsbogen der Batterie aus einer flachen Spirale von 53 Fuss Kupferdraht und aus mehreren dicken Messingstäben zusammen und brachte in ihm einen 7 Linien langen, $\frac{1}{24}$ Linie dicken Eisendraht an. Der Hauptspirale war eine ähnliche Nebenspirale bis auf 2 Linien genähert; die Enden der letztern wurden durch einen 8 Fuss 6 Zoll langen Platindraht von 0,052 Linie Dicke verbunden, der zur bequemern Handhabung auf einer 6 Zoll langen

Glasröhre aufgewunden war. Die Elektricitätsmenge 40 in 4 Flaschen (von $\frac{1}{2}$ quadr. Fuss Belegung jede) gesammelt, konnte wiederholt durch den Hauptdraht entladen werden, ohne den Eisendraht zu verletzen, auch wenn er bis auf 2 Linien verkürzt war. Blieb die Nebenspirale hingegen offen, oder bediente man sich zu ihrer Schliessung eines dicken 6 Zoll langen Kupferdrahts, so zerstörte die genannte Ladung den Eisendraht unfehlbar. Wie gross die Elektricitätsmenge war, welche in der Nebenspirale in Bewegung gesetzt wurde, zeigte sich, als ich den Eisendraht aus dem Hauptdrahte der Batterie fortliess und in der Nebenspirale anbrachte; die Entladung der Batterie, die zu dem angegebenen Grade geladen war, verursachte seine Verbrennung. — Merkwürdig blieb schon hier, dass eine unbedingte Schwächung des Nebenstromes die beabsichtigte Schwächung des Hauptstromes nicht bewirkte. Als der Eisendraht sich wieder im Hauptdrahte befand, wurde, wie berichtet, die Verbrennung desselben verhindert, wenn man die Nebenspirale mit einem langen dünnen Platindrahte schloss; als aber diese Spirale durch eine 9 Zoll lange Wassersäule geschlossen war, erfolgte die Verbrennung des Drahtes, wie bei der Schliessung durch einen gut leitenden Kupferdraht. —

Aus den angegebenen Versuchen war zu folgern: Die Elektricitätsmenge im Hauptstrome der Batterie wird durch Rückwirkung des Nebenstromes nicht geändert; aber die Entladungszeit derselben wird um desto mehr verzögert, je mehr die Leitung des Nebenstromes bis zu einem gewissen Grade verschlechtert worden ist.

Maximum der Verzögerung des Hauptstromes durch den Nebenstrom. Nach dem Vorhergehenden lässt sich schliessen, dass, wenn die Rückwirkung des Nebenstromes auf den Hauptstrom nicht auf specielle Fälle beschränkt ist, sich wenigstens Ein Maximum der Erscheinung finden werde, wenn die metallische Leitung des Nebenstromes successiv verschlechtert wird. Ich habe hierüber viele Versuche angestellt[1]), von welchen ich die einfachsten hier folgen lasse. Im Schliessungsbogen der Batterie befand sich neben dem Luftthermometer die flache Induktionsspirale aus 13 Fuss Kupferdraht, der gegenüber, in einer Linie Entfernung und durch eine Glasscheibe von ihr getrennt, die Nebenspirale stand, deren Enden in lange Kupferdrähte fortsetzten, die mittels

---

[1]) Poggendorff Annalen Bd. 51. S. 177.

Schrauben an verschiedenen Stellen eines langen Drahtes befestigt werden konnten. Dieser Draht, von dem in der bezeichneten Weise ein veränderliches Stück zur Schliessung der Nebenspirale benutzt wurde, bestand aus 600 Fuss eines 0,1557 Linie dicken Neusilberdrahts, welcher in 59 Windungen auf ein Gestell isolirt aufgewunden war. Es wurde bei jeder Schliessung des Nebendrahts die Erwärmung im Hauptdrahte durch verschiedene Batterieladungen beobachtet, und aus 6 solcher Beobachtungen eine Mittelzahl abgeleitet. In der folgenden Tabelle sind die Längen des Neusilberdrahtes, durch welche die Nebenspirale geschlossen war und die Verhältnisse der Erwärmungen angegeben, welche dabei eine constante Batterieentladung im Hauptdrahte hervorbrachte.

Länge d. Drahts der Nebenschliessung	Erwärmung im Hauptdrht.	Länge d. Drahts der Nebenschliessung	Erwärmung im Hauptdrht.
Par. Fuss 0	100	Par. Fuss 88,7	61
2',4	81	138	66
4',8	70	187,3	71
9,8	55	236,6	73
19,7	52	285,9	76
29,6	48	384,5	81
39,4	52	483	84
59,2	54	581,7	87
		Nebenspirale offen	100

Man sieht, dass durch Einschaltung verschiedener Längen Neusilberdrahtes in die Nebenschliessung, die Erwärmung im Hauptdrahte fortwährend abnahm, bis dieser Draht 30 Fuss erreicht hatte. Hier war die Erwärmung, die bei der Schliessung des Nebendrahtes durch einen dicken Kupferdraht 100 betragen hatte, auf 48 gesunken. Durch eine grössere Länge des schliessenden Neusilberdrahtes stieg aber die Erwärmung wiederum und erreichte bei 582 Fuss den Werth 87; die Erwärmung 100 fand sich bei offener Nebenspirale, welcher Fall dem einer unendlich grossen Länge des schliessenden Drahtes gleichgesetzt werden kann. Hieraus ist zu folgern: Ein neben dem Schliessungsdrahte der elektrischen Batterie befindlicher metallisch geschlossener Draht wirkt nach Maassgabe seiner Schliessung auf die Batterieentladung verzögernd ein; wird die Schliessung des Nebendrahtes progressiv verlängert, so nimmt die Einwirkung desselben zu, erreicht ein Maximum und nimmt von dort fortwährend wieder ab.

Durch eigens angestellte Versuche wurde der schon an sich wahrscheinliche Satz bestätigt, dass die Verlängerung der Schliessung des Nebendrahtes die Aenderung des Verzögerungswerthes derselben betrifft, und dass daher jedem Neusilberdraht ein anderes Drahtstück von gleichem Verzögerungswerthe substituirt werden kann. Platin- oder Eisendrähte, die in grosser Dünne überall vorräthig sind, und die man der Bequemlichkeit wegen um Glasröhren gewunden hat, eignen sich besonders zu diesem Gebrauche.

Die Verzögerung des Hauptstromes durch eine gewisse Schliessung der Nebenspirale ist unabhängig von der Stärke des Stromes, insofern diese durch Elektricitätsmenge und Oberfläche der Batterie bestimmt ist; sie wird aber verändert, sowol in Betreff ihrer Grösse als der Art ihres Fortganges, wenn der Hauptstrom durch Veränderung seines Schliessungsbogens modificirt worden ist. Zu dem Schliessungsdrahte der Batterie, welcher bei der obigen Versuchsreihe gebraucht worden, war ein Platindraht von 7 Zoll 5 Linien Länge, 0''',023 Radius zugesetzt und hierdurch die Stromesstärke von 0,31 auf 0,153 gebracht worden. Bei Schliessung der Nebenspirale durch 49 Fuss Neusilberdraht fand das Maximum der Rückwirkung des Nebenstromes auf den Hauptstrom Statt, bei welchem derselbe aber nur im Verhältnisse 100 zu 78 geschwächt wurde; durch Schliessung mit 572 Fuss Draht war die anfängliche Stromesstärke wieder hergestellt. Es war vorauszusehen, dass bei einem gegebenen Hauptschliessungsdrahte das Maximum der Verzögerung des Hauptstromes desto grösser sein werde, eine je grössere Länge dieses Drahtes zur Wirkung auf einen Nebendraht benutzt war; die Versuche lehrten aber noch eine merkwürdige Aenderung der Erscheinung in ihrem weitern Verfolge. Es waren in den Hauptdraht zwei Induktionsspiralen eingeschaltet, die eine aus 13, die andere aus 53 Fuss Kupferdraht bestehend; jeder dieser Spiralen stand ihre Nebenspirale in 2 Linien Entfernung gegenüber. Die Erwärmungen im Hauptdrahte wurden bei successiv verlängerter Schliessung des Nebendrahts beobachtet, nachdem die eine oder die andere Nebenspirale oder beide zugleich in Wirksamkeit gesetzt waren. Die Erwärmung bei ungeschlossener Nebenspirale war überall dieselbe, nämlich 0,21 für Einheit der Ladung. Als die kleine Nebenspirale durch verschiedene Längen Neusilberdrahts geschlossen war, fand sich das Maximum ihrer Einwirkung auf den Hauptstrom bei der Schliessung mit 30 Fuss Draht.

Hier war die Erwärmung im Verhältniss 100 zu 76 vermindert worden, sie nahm bei grösserer Länge des schliessenden Drahtes zu und erreichte 100 schon bei 286 Fuss. Die grosse Nebenspirale gab ein grösseres Maximum der Verzögerung, es trat bei der Schliessung mit 79 Fuss Draht ein und ergab eine Erwärmung von 25; diese stieg alsdann sehr langsam und hatte bei der grössten anwendbaren Länge des Neusilberdrahts, bei 572 Fuss, erst wieder 44 erreicht. Als endlich beide Nebenspiralen einseitig mit einander verbunden waren, trat das Maximum der Verzögerung des Hauptstromes erst mit 138 Fuss des schliessenden Drahtes ein, wobei die Erwärmung nur 20 betrug und dann so langsam stieg, dass sie bei 572 Fuss Schliessung nur den Werth 38 hatte. Diese Versuche lassen sich folgendermassen zusammenfassen: Das Maximum der Wirkung eines Nebendrahtes auf die elektrische Entladung, welches durch Verlängerung der Nebenschliessung erreicht wird, ist um so grösser, eine je grössere Länge des Hauptdrahtes auf den Nebendraht einwirkt; zugleich aber ist zur Erreichung dieses Maximums eine um so längere Schliessung des Nebendrahtes erforderlich.

Ueber den Fortgang der Einwirkung des Nebendrahtes ist noch zu bemerken, dass mit einem verhältnissmässig grossen Werthe des Maximums ein anfänglich schnelles Zunehmen der Einwirkung (durch Schliessung mit geringen Drahtlängen), später aber ein langsames Sinken derselben bei fortschreitender Verlängerung der Schliessung verbunden ist. — Nach dem Vorhergehenden lässt sich übersehen, dass zu einer bedeutenden Verzögerung des Hauptstromes der Hauptdraht aus möglichst gutleitenden Stücken zusammengesetzt sein müsse. In den bisher mitgetheilten Versuchen war zur Untersuchung der Erwärmung ein Luftthermometer gebraucht worden, dessen Platindraht nicht verkürzt werden konnte, ohne die Empfindlichkeit des Instruments zu beeinträchtigen. Um der grössern Spirale im Hauptschliessungsbogen daher eine grössere Wirkung zu geben, ersetzte ich das Luftthermometer durch eine Breguetsche Thermometerspirale, in deren Axe ein 61,5 Linien langer Platindraht von 0,04 Linie Radius ausgespannt war, der direkt in den Schliessungsbogen der Batterie eingeschaltet wurde. Dieser kurze Platindraht bildete neben der Hauptspirale von 53 Fuss Drahtlänge den auf die Entladung einflussreichsten Theil des ganzen Schliessungsbogens. Die Nebenspirale wurde durch immer grössere Längen des Neusilberdrahts geschlossen, und dabei die Erwärmung des Metallthermometers beobachtet, von der die Mittelwerthe in Theilen der grössten Erwärmung hiernächst folgen.

Länge d. Drahts in d. Nebenschliessung	0	4',8	9,9	19,7	29,6	49,3 ...
Erwärmung im Hauptdrahte	100	54	32	21	16	14 ...

Länge d. Dr. in d. Nebenschl.	285,9	384,4	571,9	Nebenspirale offen
Erwärmung im Hauptdrahte	16	21	28	91

Auch hier nimmt die Einwirkung des Nebenstromes auf den Hauptstrom sehr schnell zu und erreicht das grösste beobachtete Maximum. Schon bei der Schliessung mit 49 Fuss Neusilberdraht war die Erwärmung von 100 bis 14 gesunken, ist aber noch weiter vermindert worden bis zu einer Schliessung, die wegen der Geringfügigkeit der thermometrischen Anzeige nicht mehr mit Bestimmtheit angegeben werden konnte. Erst bei der Schliessung durch 286 Fuss Draht konnte wieder eine grössere Erwärmung bestimmt werden, und diese hatte bei 572 Fuss erst 28 erreicht. Um also die ursprüngliche Erwärmung 100 bei geschlossener Nebenspirale zu erhalten, würde hier eine ganz ausserordentliche Drahtlänge gefordert sein. Beiläufig ist zu bemerken, dass ein Blatt unächten Silberpapiers, vor die Hauptspirale gestellt, eine fast gleiche Verminderung der Erwärmung zeigte, wie die durch 572 Fuss Draht geschlossene Nebenspirale. Dass selbst bei offener Nebenspirale der anfängliche Werth der Erwärmung nicht ganz erreicht worden, muss bis auf weitere Untersuchung einem unwesentlichen Umstande zugeschrieben werden.

Mechanismus der Verzögerung des Hauptstromes durch den Nebenstrom. Die Eigenthümlichkeit der Erscheinung, dass der Nebenstrom, um am kräftigsten auf den Hauptstrom zu wirken, bis auf einen gewissen Grad geschwächt werden muss, machte es nothwendig, den Mechanismus derselben zu betrachten, um die Versuche selbst auf irgend eine Weise unserm Verständnisse näher zu bringen. Die nachfolgende Betrachtung war zugleich die, welche mich zur Auffindung der Erscheinung führte; nur ist die Nothwendigkeit, dass bei fortgesetzter Verlängerung des Nebendrahts irgendwo ein Maximum der Einwirkung desselben eintreten müsse, nicht gleich Anfangs von mir bemerkt worden. Ich habe oben (Seite 172) wahrscheinlich gemacht, dass die Entladung der elektrischen Batterie aus vielen einzelnen in Zwischenräumen erfolgenden Partialentladungen bestehe, wie dies auch schon früher von Volta, Wheatstone und Faraday angenommen worden ist. Eine jede dieser durch den Hauptdraht gehenden Partialentladungen wird in dem Nebendrahte einen vollständigen Nebenstrom erregen, der, je nach der Leitung die er zu durchlaufen hat, in kürzerer oder längerer Zeit verschwindet. Ist die Leitung des Nebenstromes verhältnissmässig gut, so wird in dem Augenblicke, wo die zweite Partialentladung im Hauptdrahte stattfindet, im Nebendrahte der Strom schon verschwunden sein, der von der ersten Partialentladung erregt war; die zweite Partialentladung findet den Nebendraht in eben dem neutralen Zustande, wie die erste, und wird keine Einwirkung von ihm erfahren. Verlängert man aber die Leitung des Nebendrahtes, so wird in ihm der Nebenstrom eine längere Zeit bestehen; er wird noch nicht erloschen sein, während die zweite Partialentladung in den Hauptdraht eintritt, welche nun durch diese neben ihr in Bewegung befindliche Elektricitätsmenge eine Verzögerung erfährt. Je weiter der erste Nebenstrom in die zweite Partialentladung eingreift, desto stärker wird seine Einwirkung auf dieselbe sein; wir sehen diese daher zuvörderst zunehmen mit steigender Verlängerung der Nebenschliessung. Die Verlängerung der Nebenschliessung, die der Stärke der betrachteten Erscheinung günstig ist, hat aber zugleich den entgegengesetzten Erfolg, indem sie den Nebenstrom selbst schwächt. Man weiss, dass die Kraft eines elektrischen Stromes (zu erwärmen, magnetisch, mechanisch zu wirken) vermindert wird durch Verlängerung der Leitung, die er zu durchlaufen hat, und ein so geschwächter Strom vermag auch auf den Hauptstrom weniger einzuwirken, als zuvor. Indem wir also den Nebendraht mit immer grösseren Drahtlängen schliessen, üben wir zwei entgegengesetzte Effekte auf die Partialentladung der Batterie aus, wir setzen ihr ein Hinderniss während einer immer längern Zeit ihres Bestehens entgegen, aber wir machen auch dies Hinderniss immer schwächer. Zu Anfange der Versuchsreihe, bei welchem das Eingreifen des Nebenstromes in den Hauptstrom gar nicht oder nur während einer sehr kurzen Zeit stattfindet, spricht sich nur der erste Effekt in der Beobachtung aus; es wird aber eine gewisse Dauer des Nebenstromes erreicht, nach welcher eine Verlängerung derselben weniger wirksam ist, als die zugleich erfolgende Schwächung des Stromes. Dies ist der Punkt, an dem wir die grösste Verzögerung des Nebenstromes bemerken. Die beiden Minima der Erscheinung treten ein, wenn die Partialentladung keinen Strom im Nebendrahte findet, bei vollkommener Schliessung und wenn der vorgefundene Strom so schwach geworden ist, dass er keine Wirkung mehr zeigt, bei unendlich langer Schliessung des Nebendrahtes.

Es sind hier der Einfachheit wegen, nur die beiden ersten Partialentladungen der Batterie betrachtet worden, das Gesagte gilt aber für alle folgenden in erhöhtem Maasse. Da nämlich die zweite Partialentladung gegen die erste verzögert worden durch Einfluss des ersten Nebenstromes, so wird der zweite Nebenstrom länger dauern als der erste, in die dritte Partialentladung weiter eingreifen und dieselbe noch bedeutender verzögern können. Dies findet auch weiterhin Statt, jede Partialentladung wird durch Einfluss des Nebenstromes gegen die unmittelbar vorhergehende verzögert sein. Hieraus folgt aber, dass die Erwärmung, welche die Batterieentladung im Schliessungsdrahte erregt, durch Einwirkung des Nebenstromes nur bis zu einer gewissen Gränze wird geschwächt werden können. Denn ausserdem, dass die Partialentladungen mit Ausnahme der ersten immer nur bis zu einer gewissen Dauer können verzögert werden, wird stets die erste Partialentladung ohne Aenderung stattfinden, so dass die Erwärmung des Schliessungsdrahts stets einen gewissen, wenn auch noch so kleinen, Werth behält. Es ist daher erklärlich, dass, auch bei der günstigsten Anordnung des Apparats, mit feinen Instrumenten im Schliessungsdrahte einige Erwärmung bemerklich gemacht werden kann.

g. Aenderung der Wirkungen des Nebenstromes durch nahestehende Metallmassen verschiedener Art und Form.

Es ist oben bei den einzelnen Wirkungen des Nebenstromes der bedeutende Einfluss erwähnt worden, den darauf eine dem Nebendrahte naheliegende continuirliche Metallmasse ausübt. Dieser Einfluss war bei der thermischen und physiologischen Wirkung als ein schwächender erkannt worden (Seite 240. — Henry on el. ind. 110. 57.) und wo die magnetisirende Wirkung verstärkt erschien, konnte hieraus allein nicht auf einen verstärkten Nebenstrom geschlossen werden (Seite 225). Es ist zu bemerken, dass bei diesen Versuchen plane Induktionsspiralen und daher die Metallmassen als Platten angewendet wurden; man hat die Dimensionen dieser Platten, aber wenig die Metallart derselben geändert. Vor Kurzem hat

Dove [1]) über diesen Einfluss der Metalle eine grosse Reihe von Versuchen bekannt gemacht, die sich über alle Wirkungen des Nebenstromes verbreiten, und bei welchen Form und Art des Metalles vielfach geändert wurde. Dove hat zu dieser Untersuchung ein eigenes Instrument construirt, den Differential-Inductor (siehe Apparate), an welchem der Einfluss eines Metalles auf den Nebenstrom entweder so bestimmt wurde, dass man den veränderten Strom mit einem unveränderten aber entgegengesetzt gerichteten durch denselben Draht fliessen liess und die Richtung des überwiegenden Stromes bestimmte, oder dass man beide Ströme änderte, und durch Aenderung der Masse des auf einen der Ströme wirkenden Metalles das anfängliche Stromgleichgewicht wieder herstellte. Die Aenderung des primären Stromes durch die in eine der Spiralen gebrachte Metallmasse vermag das Gleichgewicht der beiden Nebenströme nicht zu stören, so dass jeder bemerkte Ausschlag im Differential-Induktor auf Rechnung eines veränderten Nebenstromes kommt. — Die Metallmassen, die der Verfasser in die Höhlungen der Schliessungsspiralen einführte und so auf den Nebenstrom wirken liess, waren folgende: Cylinder, 11″ 7‴ lang, 11½‴ dick, aus Messing, Zinn, Zink, Blei, gehärtetem Stahl, grauem Roheisen aus dem Tiegelofen, grauem Roheisen aus dem Cupolo-Ofen mit warmen und kaltem Wind, weissem Roheisen Tiegelguss, weichem Schmiedeeisen — Flintenläufe ganz und aufgeschnitten — Messingröhren ganz und aufgeschnitten — Röhren von Blei, Zinn, Neusilber, Nickel, von vernietetem oder aufgeschnittenem Eisenblech — sämmtlich von denselben Dimensionen wie die Cylinder. Ferner wurden cylindrische Bündel angewendet von weichem Eisendraht (4 Sorten 0,70 bis 2,67 Linie dick), weichem und harten Stahldraht, überfirnisstem Messingdraht — Glasröhren mit eisernen Bohrspänen gefüllt — Cylinder aus kleinen Scheiben von Stahlblech oder verzinntem Eisenblech oder aus Eisenplatten, mit zwischengelegtem Papier zusammengesetzt — Cylinder von verzinnten Eisenblechscheiben mit zwischengelegten Silbermünzen. Nickel, Antimon, Wismuth, Zink, Blei, Kupfer, Eisen, Messing wurden auch in primatischen Stäben von 18 Zoll Länge 5 Linien Seite, endlich Gold, Silber, Platin, Iridium in zusammengelegten

---

[1]) Bericht der Berl. Akademie 28. Octb. 1841. Poggendorff Annalen* Bd. 54. S. 305.

Streifen angewendet. Der Einfluss dieser Metallmassen auf die verschiedenen Wirkungen des Nebenstromes ist ein verschiedener.

Aenderung der physiologischen und elektroscopischen Wirkung des Nebenstromes. An dem Differential Induktor, der bei der Entladung der Batterie keinen Schlag gab, wurde ein solcher bemerkt, wenn in eine seiner Spiralen ein Cylinder aus unmagnetischem Metalle gelegt war. Der Condensator und die Harzfiguren zeigten, dass die Wirkung von dem Strome der leeren Spirale ausging. Die physiologische Wirkung des Nebenstromes wird geschwächt durch alle unmagnetischen Metalle und zwar desto mehr, je besser leitend das Metall ist. Eine um eine Pappröhre gewickelte Spirale aus Kupferdraht schwächt den Nebenstrom, wenn ihre Enden mit einander verbunden sind, lässt ihn aber ungeändert, wenn die Spirale aus einem zusammengelegten (übersponnenen) Drahte gewunden war. Die Schwächung des Nebenstromes durch eine Metallröhre wird vermindert, wenn sie aufgeschnitten ist, und ein Bündel aus Metalldrähten schwächt gleichfalls weniger als ein massives Metallstück, oder eine Metallröhre desselben Umfangs. Ein Mittel zu prüfen, ob ein in eine der Spiralen des Differential-Induktors gelegtes Metallstück den Strom schwächt, ist das Hineinlegen von Messingdrähten in die andere Spirale, wodurch, wenn jener Fall stattfindet, das gestörte Gleichgewicht wieder hergestellt werden muss. Alle Eisensorten als massive Cylinder oder geschlossene Röhren angewandt, schwächen den Nebenstrom, wie auch die Cylinder aus Eisen oder Stahlscheiben mit isolirender oder leitender Zwischenlage. —

Verstärkt aber wird die physiologische Wirkung des Nebenstromes durch der Länge nach aufgeschnittene Eisenröhren, durch Cylinder von Eisenbohrspänen und besonders durch gut isolirte Bündel von Eisendraht. Eine massive Nickelstange von den oben angegebenen Dimensionen verstärkt den Strom, wenn auch nur wenig, und unterscheidet sich so von einer Eisenstange derselben Dimensionen, welche ihn schwächt. Wird ein Eisendrahtbündel in eine der Spiralen des Induktors gelegt, so erhält man durch den Nebenstrom den Schlag und ermittelt, dass derselbe von dem Strome der vollen Spirale ausgeht. Die Wirkung des Eisenbündels ist so bedeutend, dass sie sich an einem einfachen Nebenstrome fühlbar machen lässt. Hat man aber das Drahtbündel in eine Messingröhre gesteckt, oder mit einer geschlossenen Kupferspirale umgeben, so wirkt die ganze Metallmasse schwächend, aber um desto weniger schwächend, je schlechter leitend die äussere Hülle ist (z. B. eine Röhre von Neusilber). Mittels sehr dünner Eisendrähte kann man prüfen, ob eine in die eine Spirale des Induktors gelegte Stange den Nebenstrom verstärke; es ist dies der Fall, wenn das gestörte Stromgleichgewicht durch Hineinlegen von diesen Drähten in die andere Spirale herzustellen ist.

Aenderung der Magnetisirung durch den Nebenstrome. Dove wählte zur Prüfung der Magnetisirung dicke Stahlnadeln und liess den Schliessungsbogen wie die Ladung der Batterie unverändert; es ergaben sich folgende Resultate. Eine Nadel wird durch den Strom des Differential-Induktors nicht magnetisch, wenn beide Spiralen leer sind, die Magnetisirung tritt aber ein, wenn in die eine Spirale ein Metall gelegt worden. Diese Magnetisirung geschah in dem Sinne, den der Strom der leeren Spirale angiebt, wenn in die andere Spirale einer der folgenden Körper gelegt war: ein Blech von Iridium, Platin, Gold, Silber, eine Legirung von Kupfer, Wismuth, Antimon, eine von Kupfer, Zinn, Blei, Zink, Antimon, von Blei und Eisen, von Messing und Eisen, Glockenmetall. Auch der Quere nach zusammengeschmolzene Streifen von Kupfer und Antimon, von Glockengut und Antimon, von Antimon und Wismuth hatten dieselbe Wirkung. Es erfolgte keine Magnetisirung, wenn in die eine Spirale eine Stange von Antimon oder Wismuth, eine Legirung von 1 Wismuth und 1 Antimon, oder von 3 Wismuth und 1 Antimon, gelegt war.

Die Magnetisirung zeigte sich im Sinne der vollen Spirale, wenn die in dieselbe eingelegte Substanz ein freiliegendes Eisendrathbündel war, oder eine Säule aus Scheiben von Stahl, Eisen oder Weissblech, ein massiver Cylinder von Schmiedeeisen, weichem oder hartem Stahl, weissem und grauem Roheisen, endlich eine Stange oder Röhre von Nickel. Drahtbündel steigerten den magnetisirenden Effekt ausserordentlich wenn sie freilagen, und hatten selbst in geschlossenen Röhren Einfluss, wenn starke Batterieentladungen angewandt wurden.

Aenderung des thermischen Effekts des Nebenstromes. Da hier die Anzeige des Luftthermometers oder des Breguetschen Metallthermometers unmittelbar auf die Stärke der Erwärmung schliessen lässt, so genügt es den einfachen Induktor (nur Eine Haupt- und Nebenspirale) anzuwenden. Es fand sich, dass alle Metalle, magnetische wie unmagnetische, als massive Stangen oder als Drahtbündel die thermische Wirkung des Nebenstromes schwächen. (Dove bemerkt aus einer frühern Abhandlung, dass magnetische Metalle den erwärmenden Effekt des volta-elektrischen Nebenstromes verstärken. Siehe hierüber den Abschnitt Galvanismus).

Erklärung der Wirkung magnetischer Metalle auf den Nebenstrom. Ueber die verschiedene Weise, in welcher bei den angeführten Versuchen die magnetischen Metalle als massive und Drahtbündel-Cylinder auf den Nebenstrom wirken, hat Dove folgende Erklärung gegeben, in welcher auch die Versuche mit volta-elektrischer Induktion beachtet sind:

Der in einem das Eisen spiralförmig umgebenden Drahte wirksame elektrische primäre Strom erzeugt in dem Momente, wo er entsteht, in dem Eisen einen elektrischen Strom, während seiner Dauer magnetische Polarität, die sich langsamer steigert als der primäre Strom, im Momente seines Aufhörens wieder einen elektrischen Strom. Der bei dem Aufhören des primären Stromes erzeugte zweite elektrische, mit dem primären gleichgerichtete, Strom wirkt dem durch den verschwindenden Magnetismus erzeugten entgegen. Hatte, wie es bei galvanischem Magnetisiren der Fall ist, der Magnetismus, während der längern Dauer des Stromes, Zeit sich zu entwickeln, so überwiegt die Wirkung desselben die entgegengesetzte des bei dem Aufhören des primären Stromes erzeugten elektrischen. Alle gegen die Bildung elektrischer Ströme angewendeten Mittel steigern daher nur eine von massivem Eisen bereits auch ausgeübte Wirkung. Ist hingegen der primäre Strom so schnell vorübergehend, wie der einer sich entladenden elektrischen Batterie, hatte also der Magnetismus nicht Zeit sich vollständig zu entwickeln, so überwiegt der bei dem Aufhören des primären Stromes erzeugte elektrische die Wirkung des verschwindenden Magnetismus. Das Zerstören dieser elektrischen Ströme durch Auflösen der Masse in Drähte, oder die Hemmung ihrer Bildung in einer schlecht leitenden Masse, wie bei dem Nickel, kehrt daher hier die Wirkung vollständig um, indem es den Ausschlag auf Seiten des verschwindenden Magnetismus bringt. Die Gleichgewichtsgränze beider ist aber für die thermischen, physiologischen und magnetisirenden Wirkungen nicht dieselbe, weil nämlich die Abhängigkeit derselben von der Intensität des verschwindenden

Magnetismus eine andere sein wird, als ihre Veränderung durch den entgegenwirkenden elektrischen Strom; für die magnetisirenden Wirkungen waltet daher noch die Wirkung des verschwindenden Magnetismus vor, wenn für die thermischen der erzeugte elektrische Strom hingegen überwiegt, und die physiologischen Erscheinungen auf beide Seiten dieser Gränze fallen.

Wie hiernach der Verfasser seine Versuche gegen die Ampèresche Ansicht der Constitution des Magnets sprechen lässt, wie er mit Hülfe der magnetisirenden Eigenschaft des elektrischen Nebenstromes den Magnetismus der sogenannten unmagnetischen Metalle nachzuweisen sucht, wird in dem Abschnitte Magnetismus angeführt werden.

Induktion des Schliessungsdrahtes auf einen Theil desselben, der eine besondere Schliessnng erhalten hat. In derselben Abhandlung hat Dove[1]) einen merkwürdigen Fall aufgeführt, in welchem der Schliessungsbogen der elektrischen Batterie eine Induktion in seiner eigenen Masse vollführt. In Fig. 10 bezeichnet mn den Schliessungsbogen der Batterie, ab eine in denselben eingeschaltete Drahtschraube von 80 Windungen und 32 Fuss Drahtlänge. Vollzieht man die Nebenschliessung chhd durch den Körper, so erhält man beim Entladen der Batterie einen Schlag; nicht aber, wenn die Nebenschliessung wie in Fig. 11 angebracht ist, wenn auch die gesammte Drahtlänge der Schliessung dieselbe ist wie früher (durch Einschaltung einer Drahtspirale zwischen dh, welche der Spirale ad gleich ist). Es folgt hieraus, dass das von der Nebenschliessung eingefasste Stück des Schliessungsbogens sowol zur Leitung des Hauptstromes, als zu der des Nebenstromes dient. — Der Schlag im ersten Versuche wurde verstärkt durch Einführung eines Eisendrahtbündels in die Spirale, hingegen geschwächt durch einen massiven Eisencylinder, oder einen Cylinder von unmagnetischem Metalle.

---

[1]) Poggendorff Annalen* Bd. 54. S. 323.

D. Erregung der Elektricität.

a. Durch Contact oder chemischen Prozess.

Volta's Fundamentalversuch. Der Versuch, in welchem Elektricität bei der Berührung isolirter heterogener Metalle merkbar wird, ist für sich interessant, ohne dass wir ihn mit der Theorie der voltaischen Säule in Verbindung zu setzen brauchen. Es ist aber wol dieser Verknüpfung zuzuschreiben, dass der Versuch zuweilen geläugnet worden, wobei man vielleicht nicht genug berücksichtigt hat, dass die Richtigkeit der Contactelektricität nicht unmittelbar die der Contacttheorie involvire. Obgleich der Versuch mit Hülfe eines guten Condensators nicht gerade schwer anzustellen ist, so ist es doch bei den mannigfachen Irrthümern, zu welchen der Condensator Anlass geben kann, erwünscht, dass Fechner denselben hier zu entbehren gelehrt hat.[1]) — Fechner bedient sich zu dem Versuche des Behrens-Bohnenberger-schen Elektroskops, dem er eine bequeme Einrichtung gegeben hat (siehe Apparate). Bei einiger Empfindlichkeit des Instruments, die sich durch Näherung der Polplatten an das Goldblatt reguliren lässt, giebt es die Elektricität an, die bei Berührung von isolirten Kupfer- und Zinkscheiben erregt wird. Die stärkste Wirkung erhielt Fechner, indem er eine der Platten, z. B. die Zinkplatte (2½ Zoll Durchmesser), vertikal auf das Elektroskop schraubt, dieselbe gleichzeitig auf beiden Flächen mit zwei an Schellackstielen isolirten Kupferplatten berührt und diese Platten gleichzeitig abhebt. Der Verfasser giebt noch folgende Versuche an, bei welchen eine Kupferplatte horizontal auf das Elektroskop geschraubt war. Setzt man eine am Gummilackstiel gehaltene Zinkplatte auf die Kupferplatte und hebt sie ab, so giebt das Goldblatt den negativen Ausschlag. Nimmt man nun der Kupferplatte ihre Elektricität, so kann man die positive Elektricität des Zinks sichtbar machen, indem man mit einer Kante der abgehobenen Zinkplatte die Kupferplatte berührt. Wird die Kupferplatte gleich Anfangs mit der Kante der Zinkplatte berührt, so zeigt sich keine Elektricität, ebenso wenig wenn man die beiden Platten, die sich in ihrer ganzen Fläche be-

[1]) Poggendorff Annalen* Bd. 41. S. 225.

rührten, nicht ganz parallel von einander trennt. Hat man auf die Kupferplatte des Elektroskops eine abgeschliffene Zinkplatte gelegt, und berührt man diese mit der am Stiel isolirt gehaltenen Zinkplatte, so zeigt sich nach Abheben der letztern keine Elektricität, hingegen starke positive, wenn man die Zinkplatte mit einer isolirten Kupferplatte berührt hat. Der Verfasser schliesst aus diesen Versuchen, dass diejenige Elektricität, welche während der Berührung zweier heterogenen Platten an der Berührungsfläche angehäuft wird, sich in einem condensirten oder gebundenen Zustande befindet und ohne Vergleich stärker ist als die über den übrigen Theil der Platten im freien Zustande verbreitete; die Gesammtmenge der erregten Elektricität stehe aber im Verhältnisse der berührenden Flächen und werde merkbar wenn die Platten von einander getrennt werden. Dass die Elektricitätsmenge, welche an den in Berührung befindlichen Platten frei ist, einen sehr kleinen Theil der Gesammtmenge der erregten Elektricität ausmache, hat Fechner durch folgenden Versuch gezeigt. Es wurde eine stehende Säule aus 50 Plattenpaaren Zinkkupfer von 2 Zoll Seite mit Pappscheiben aufgebaut, die mit gesäuertem Wasser genetzt waren; der untere (negative) Pol wurde abgeleitet, der obere (positive) durch eine gut abgeschliffene Zinkplatte von 2½ Zoll Durchmesser gebildet. Als diese Zinkplatte mit einer an einem isolirenden Stiele gehaltenen Kupferplatte in der ganzen Fläche berührt wurde, gab die abgehobene Kupferplatte am Elektroskope einen negativen Ausschlag, welches nur dadurch geschehen konnte, dass die durch Berührung erregte negative Elektricität die positive des Säulenpols überwog. Der Verfasser berührte nun die Zinkpolplatte mit einem immer kleinern Theile der isolirt gehaltenen Kupferfläche und fand noch einen unzweideutig negativen Ausschlag am Elektroskop, als die Berührungsfläche beider Platten nur 0,81 quadr. Zoll betragen hatte. Fechner findet durch Rechnung, dass die Säule aus nahe 700 Plattenpaaren hätte bestehen müssen, um bei Berührung der Zinkplatte mit der Kupferplatte auf ganzer Fläche die gesammte zwischen ihnen erregte Elektricität zu compensiren. Da nun die gebrauchte Säule an einem Pole abgeleitet war, eine isolirte Säule also zu gleicher Compensation 1400 Paare enthalten musste, so nimmt der Verfasser an, dass die Gesammtmenge der durch Berührung an einem einzelnen Plattenpaare erregten Elektricität ungefähr 1400mal so gross sei als die, welche an jeder

Platte während der Anwesenheit der andern Platte merkbar ist. Es ist zu bemerken, dass nur diese letzte geringe Elektricitätsmenge von den in Berührung stehenden Platten abgeleitet werden kann und daher sie es ist, welche nach der Contacttheorie den Kreislauf in der voltaischen Säule macht.

Marianini [1]) hat eine leydener Flasche angegeben, die durch blosse Berührung geladen wird. Bei dem (vorauszusehenden) geringfügigen Resultate des Versuchs, kann ich in demselben nur eine unvollkommene sehr complicirte Art erkennen, den Voltaischen Fundamentalversuch anzustellen. Ein weites Glasgefäss wurde inwendig mit Silber-, auswendig mit Zinkblättern bekleidet, und jede Belegung mit einem Drahte und einer Platte aus gleichem Metalle verbunden. Brachte man diese Plattenfortsätze der Belegungen in Berührung und prüfte sie an einem aus Zink und Silber zusammengesetzten Condensator, so zeigten sie sich elektrisch. Die Flasche war durch diese Prüfung noch nicht entladen, und man konnte am Condensator noch zu mehreren Malen Elektricität in abnehmendem Grade entdecken. Die Flasche konnte auch in anderer Weise geladen werden. Die beiden Platten, die mit den Belegungen zusammenhingen, wurden mit Metallzungen versehen; tauchte man die Silberzunge in Salzwasser, zog sie isolirt aus der Flüssigkeit und tauchte alsdann die Zinkzunge hinein, so konnten, wenn man diese successiven Eintauchungen 10mal wiederholt hatte, an einem Froschpräparate, das mit den beiden Zungen berührt wurde, wiederholentlich Zuckungen erregt werden. Wurden die heterogenen Zungen gleichzeitig in dasselbe Gefäss mit saurem Wasser getaucht, so erfolgte keine Ladung. Eine Zink- und eine Silberplatte wurden isolirt in Wasser einander gegenübergestellt; berührte man wiederholentlich die Zinkplatte mit der Silberzunge der Flasche, die Silberplatte mit der Zinkzunge, so fand sich die Flasche geladen. Ein Gleiches erfolgte, wenn die Belegungen der Flasche abwechselnd einige hundertmal mit einer isolirten Zinkplatte berührt wurden. Eine stärkere Ladung als gewöhnlich konnte dem Condensator mitgetheilt werden, wenn seine Silberplatte mit der Zinkbelegung der Flasche, seine Zinkplatte mit der Silberbelegung verbunden wurde; zugleich war durch diese Verbindung die Flasche, obgleich in sehr geringem

[1]) Sturgeon Annals of El. * v. V. p. 241.

Grade, geladen worden, welches bei der Entladung des Condensators und öfterer Wiederholung des Experiments bemerklich gemacht werden konnte. Der Verfasser betrachtet diesen Versuch als besonders beweisend gegen die chemische Theorie. Zuletzt wurde eine Vorrichtung angebracht, um die Flasche hundertmal in der Sekunde zu laden und zu entladen; ein Froschpräparat kam durch diese wiederholte Elektricitätsbewegung in starke Zuckungen, auch zeigten sich Spuren von chemischer Wirkung, aber eine Magnetnadel konnte nicht abgelenkt werden. Der Verfasser hält es der Mühe und der Kosten werth, eine ganze Batterie aus seinen Flaschen zu bilden, darin Elektricität mehrere 100mal in der Sekunde zu erzeugen und durch einen Draht abzuleiten, wo er dann nicht zweifelt, dass an diesem Drahte alle Effekte der voltaischen Säule werden dargestellt werden können.

Elektricitätserregung bei Berührung von Metall und Flüssigkeit. Pfaff [1]) hat aufs Neue sehr viele Versuche über die Elektricität, welche bei Benetzung eines Metalls mit einer Flüssigkeit frei wird, angestellt; es wurden dabei zwei Condensatoren angewendet, dergestalt, dass die in dem einen Condensator angesammelte Elektricität wiederholentlich auf den andern übertragen und erst hier untersucht wurde. Es ergaben sich folgende Resultate, wodurch einige der von Pfaff [2]) früher mitgetheilten berichtigt werden: 1) Die alkalischen Flüssigkeiten, Aetzkali, Aetznatrum, Ammoniak versetzen die Metalle in den elektronegativen Zustand und zwar die folgenden in abnehmender Stärke: Zinn, Antimon, Zink, Kupfer, Gold, Platin, Wismuth, Silber. 2) Concentrirte Säuren erregen die Metalle nicht gleichmässig. Die concentrirte Salpetersäure erregt zwar alle Metalle positiv, aber die concentrirte Schwefel- und Salzsäure geben nur dem Golde, Platin und Kupfer positive Elektricität, den übrigen Metallen aber negative. 3) Auflösungen von Metallsalzen erregen die Metalle in gleicher Weise wie die in ihnen enthaltenen Metalle thun würden. Die Versuche selbst sind am angegebenen Orte Seite 197 ausführlich mitgetheilt. Die Reihe, nach welcher die Metalle bei Berührung unter sich elektrisch werden, ist folgendermaassen aufgeführt, in der jedoch (wenn nicht ein Druckfehler

---

[1]) Poggendorff Annalen * Bd. 51. S. 110.

[2]) Revision der Lehre vom Galvano-Voltaismus. Altona 1837.

stattfindet) die Stellung des Urans unsicher ist: (+) Zink, Cadmium, Zinn, Blei, Wolfram, Eisen, Wismuth, Antimon, Kupfer, Silber, Gold, Uran, Silber, Gold, Tellur, Platin, Palladium (—).

Péclet [1]) bedient sich einfacher und doppelter Condensatoren aus Glasscheiben, die mit Goldblatt ohne Bindemittel (durch Anhauchen) bekleidet und dann stark gefirnisst sind; die Firnissschichten wurden mit Schmirgelpapier eben geschliffen und durch Auftragung von Firniss wieder glänzend gemacht. In dem Elektroscop des Condensators wurde die Luft durch Chlorcalcium trocken erhalten. Der Verfasser hat viele Versuche angestellt über die Elektricität, welche beim Contact von Metall und Flüssigkeit frei wird und hat die Menge dieser Elektricität bei Weitem grösser gefunden, als die bei dem Contacte der Metalle unter sich erregte. Hiernach sei die Ansicht Volta's irrig, nach welcher das Element der Säule in den beiden heterogenen Metallplatten bestehe. Die Versuche de la Rive's, in welchen bei Berührung heterogener Metalle unter Abschluss der atmosphärischen Luft keine Elektricität gefunden wurde, werden durch Gegenversuche bestritten. Die Behauptung Peltier's (siehe unten), dass die Metalle die beiden Elektricitäten in ungleichem Maasse ansammeln, wird zurückgewiesen, seine Versuche werden durch die Annahme erklärt, dass die elektrische Spaunungsreihe auch für flüssige Leiter gelte. Der Verfasser zieht folgende Resultate aus seiner Untersuchung: 1) Bei der Berührung von Metallen wird Elektricität frei, ohne dass Reibung oder chemische Wirkung des umgebenden Mittels im Spiele ist. 2) In einer Reihe von mehreren aufgeschichteten Metallen wird dieselbe Elektricitätsmenge frei, als wenn die Endglieder sich unmittelbar berühren, ein Gesetz, welches Volta gefunden aber nicht hinlänglich bewiesen habe, 3) Die Voltaische Theorie der Säule ist ungenau, da der Haupteffekt der Säule von der Berührung der Flüssigkeit und der Metalle ausgeht, und die Berührung der Metalle unter sich diesen Effekt vermindert. 4) Wenn zwei Metalle durch eine Folge von Flüssigkeiten getrennt sind, ist der Effekt derselbe, als wenn die beiden Flüssigkeiten, welche die Metalle berühren, in unmittelbaren Contacte stehen. 5) Bei der Berührung von verschiedenen Metallen mit Flüssigkeiten wird

[1]) Annales de Chimie * troisième série t. 2. p. 233.

Elektricität erzeugt, ohne dass eine merkbare chemische Wirkung dabei im Spiele ist.

Elektrische Capacität der Metalle. Volta hat bekanntlich eine elektromotorische Kraft angenommen, durch die zwei heterogene Metalle, die sich berühren, entgegengesetzt elektrisch erscheinen; Peltier [1]) scheint diese durch die Berührung hervorgerufene Kraft zu leugnen und dafür eine verschiedene elektrische Capacität der Metalle anzunehmen, das heisst ein verschiedenes Vermögen, die eine oder andre Elektricitätsart aufzusammeln (coërcer). Der Verfasser giebt folgende Resultate aus seinen Versuchen: 1) Scheiben aus verschiedenem Metall nehmen nicht eine gleiche Menge derselben Elektricitätsart von einer constanten Quelle auf. 2) Die Nähe eines Metalles bestimmt eine Condensatorplatte von einer Elektricitätsart mehr als von der andern aufzusammeln. 3) In Folge hiervon wirken zwei heterogene Condensatorplatten (Platin und Gold z. B.) dergestalt auf einander ein, dass die eine positiver, die andre negativer wird; setzt man sie in Berührung, so nimmt das Gold die positive Elektricität vom Platin, das Platin die negative vom Golde. Wenn man die Platten trennt, so hört der gegenseitige Einfluss auf, und der elektrische Ueberschuss wird auf jeder Platte frei.

Der folgende zum Schluss beigebrachte Versuch spricht deutlicher gegen die Contacttheorie der Säule. Eine Tassensäule von 100 durch Wasser getrennten Paaren wurde gut isolirt; als das Kupfer oder das Zink irgend eines Paares mit einem Elektroscope in Verbindung gesetzt wurde, zeigte sich negative Elektricität, während das Wasser in jeder Zelle positiv war.

Elektrische Contactversuche mit trocknen Säuren. Davy [2]) hatte angegeben, dass trockene Alkalien und Säuren mit Metallen in Berührung, Elektricität entwickeln, dass Kupfer z. B. mit vollkommen trockener Oxal-, Bernstein-, Borax- oder Benzoë-Säure berührt positiv, mit Kalk, Strontian und Magnesia negativ elektrisch werde. Becquerel [3]) bemerkt, dass alle diese Substanzen als Nichtleiter, nach Volta's Ansicht, mit Metallen in Berührung nicht elektrisch werden können, und er fand diese

---

[1]) Comptes rendus * 1838. 2me Sem. p. 965.

[2]) Annales de Chimie t. 63. p. 230.

[3]) Comptes rendus * 1839. 1er. Sem. p. 426.

Ansicht bestätigt durch Versuche, nach welchen die Resultate Davy's einer vollführten und übersehenen Reibung der heterogenen Substanzen zuzuschreiben sind. Der Verfasser wendet sich sodann zu dem Versuche, aus welchem Peltier eine verschiedene elektrische Capacität der Metalle ableitet. Er findet den Versuch bestätigt, nämlich Elektricitätsentwicklung wenn eine Goldcondensatorplatte auf eine ähnliche Platte aus Platin gelegt wird und beide Platten durch einen isolirten Platinbogen verbunden werden; das Platin wird negativ, das Gold positiv. Nach de la Rive's Ansicht rührt dies von einer unmerklichen Oxydation des Platins her. Um diese Angabe zu prüfen, berührte Becquerel die Goldplatte des Condensators mit dem mit Wasser befeuchteten Finger, die Platinplatte mit einem andern Finger, der mit Königswasser benetzt war; obgleich hier das Platin angegriffen wurde, zeigte sich keine Elektricität, als aber das Königswasser mit einer Lösung von Kali vertauscht wurde, erschien das Platin negativ elektrisch. Der Verfasser erklärt dies Resultat aus der Wirkung des Kali oder der Säure auf die Feuchtigkeit des Fingers und scheint der Annahme Peltier's beizustimmen, dass die Metalle einen eigenthümlichen elektrischen Zustand besitzen, dem Platin z. B. eine besondere Menge negativer Elektricität inhärire.

Versuche gegen die Contactelektricität. Fechner[1]) hat die Versuche wiederholt und geprüft, die de la Rive in den „Recherches sur les causes de l'électricité voltaique" zur Unterstützung der Ansicht beigebracht hat, dass Contact ohne chemische Einwirkung keine Elektricitätserregung zur Folge habe. Gegen den Versuch, dass Kalium mit Platin in Berührung unter Steinöl keine Elektricität am Condensator gebe, wol aber in freier Luft, bemerkt Fechner, dass eine elektrische Ansammlung am Condensator eine Ableitung von dem Kalium verlange, und dass Holz diese nicht liefere, wenn es nicht feucht ist. Der Versuch wurde von Fechner folgendermaassen angestellt. In eine gutgereinigte Kaliumkugel wurde einerseits ein Platindraht, andererseits ein trocknes Holzstäbchen gesteckt. Als das Holz in der Hand gehalten, die Collectorplatte mit dem Platin berührt wurde, fand sich keine Elektricität im Condensator, selbst dann nicht, als der an dem Kalium liegende Theil des Holzes mit reinem oder gesäuerten

---

[1]) Poggendorff Annalen* Bd. 42. S. 481.

Wasser befeuchtet war. Da hiernach der Condensator die in Frage gestellte Wirkung nicht angab, so wandte Fechner ein empfindliches Elektroscop mit trockener Säule (siehe Apparate) dazu an. Eine Kaliumscheibe mit Platin isolirt in Berührung gesetzt, wurde elektrisch und zwar gab das Platin am Elektroscop einen unzweideutigen negativen Ausschlag, das Kalium mochte in Luft oder unter Steinöl getaucht sein.

Die Angabe, dass eine überall mit Firniss überzogene Zinkplatte, an welche ein Messingstift gelöthet ist, keine Elektricität entwickele, fand Fechner nicht bestätigt, in Uebereinstimmung mit Pfaff, der sie schon früher in Abrede gestellt hatte. Fechner hängte das Goldblatt seines Elektrometers an einen Golddraht, der durch die Glasglocke hindurchging, und berührte jenen mit einem Platinstifte, der an einer sorgfältig überfirnissten Zinkplatte befestigt war. Es erfolgte ein merklicher negativer Ausschlag des Goldblattes. Die Versuche, bei welchen aus den Wirkungen der galvanischen Kette auf Contactelektricität geschlossen wird, gehören in den Galvanismus. Zuletzt wird ein Versuch de la Rive's angeführt, den Fechner mit Erfolg wiederholt hat, ohne indess einen Beweis darin für die chemische Theorie zu finden. An jedem Ende eines Holzcylinders wird eine Zinkplatte befestigt, die sich in einem angelötheten Messingknopfe endigt; indem man den einen Knopf mit der Hand fasst, wird der andere an den Condensator angelegt. Ist das Holz an einem Ende feuchter als am andern, so giebt der dem feuchteren Theile zunächstliegende Messingknopf dem Condensator negative Elektricität ab. Fechner hat den Versuch so abgeändert, dass er zwischen die Zinkflächen zweier Zinkkupferpaare (wo jedes Paar aus einer zusammengelötheten Zinkkupferplatte bestand) trocknes Schreibpapier legte. In diesem Zustande zeigte das System keine Elektricität am Condensator. Wurde aber an einer Zinkfläche ein feuchtes Papier eingeschaltet, so fand sich die zunächst liegende Kupferplatte am Condensator negativ elektrisch. Am einfachsten wurde der Versuch mit einem Zinkstäbchen angestellt, das am einen Ende mit lufttrocknem, an dem andern mit feuchtem Papier umwickelt war; legte man ein Ende an den Condensator, während das andere in der Hand gehalten wurde, so zeigte sich Elektricität und zwar positive, wenn das feuchte Ende geprüft wurde. Nach dem Principe der Contactelektricität dürfte hier keine Elektricität zum Vorschein kommen.

Elektricität in einer isolirten Voltaischen Säule. Fechner[1]) hat die Formeln für die an verschiedenen Stellen einer isolirten Voltaischen Säule merkbaren Elektricitätsmengen aufs Neue abgeleitet und dabei eine beliebig verschiedene Capacität der Platten in Rechnung gebracht. Die Capacität eines Körpers für Elektricität wird durch die Elektricitätsmenge gemessen, die derselbe von einer unerschöpflichen Elektricitätsquelle aufnimmt, und ändert sich daher für jede Platte die mit einem Leiter in Verbindung gesetzt wird. Es wäre sehr zu wünschen, dass diese Formeln mit genauen Messungen belegt würden, um die verschiedenen Angaben der Physiker über die Elektricität der Säule zu beseitigen. Die Sätze, welche Fechner den Formeln zu Grunde legt, sind folgende: 1) die Gesammtquantitäten positiver und negativer Elektricität, die sich auf den Platten eines Voltaischen Paars vorfinden, sind einander gleich. 2) Die Summe der Intensitäten auf beiden Platten bleibt bei allem Wechsel ihrer Capacität eine constante Grösse. (Unter Intensität ist die Elektricitätsmenge zu verstehen, welche sie einem dritten sie berührenden Körper abgeben). 3) Die auf jeder Platte entwickelte Elektricität vermag sich mit gleichförmiger Intensität über alle mit ihr in Verbindung gesetzte leitende Oberflächen zu verbreiten.

Zum Beweise, dass die Intensität nicht mit der Entfernung von der Berührungsfläche abnehme, stellte Fechner folgenden Versuch an: das Ende eines Knäuels, das aus mehr als 16000 Fuss eines sehr dünnen mit Seide besponnenen Kupferdrahtes bestand, wurde an eine Zinkplatte angelegt, und der Draht zugleich mit einem Condensator in Verbindung gesetzt. Die im Condensator angesammelte Elektricität erschien merklich von gleicher Stärke, der Draht mochte dicht neben der Zinkplatte, oder am andern Ende des Knäuels, also mit Zwischenbringung von 16000 Fuss Draht, an den Condensator angelegt worden sein. Diese Eigenschaft der Elektricität des Voltaischen Plattenpaars machte es möglich, ihre vertheilende Wirkung merkbar zu machen. Fechner brachte das eine Ende eines 3000 Fuss langen Multiplicatordrahtes, der um ein kupfernes Gestell gewunden, aber von demselben sorgsam isolirt war, an eine Zinkplatte an, und fand am condensirenden Electroscop, dass das Gestell negative Elektricität

[1]) Poggendorff Annalen* Bd. 44. S. 44.

abgab. Diese Elektrisirung war Folge der Vertheilung durch den negativ elektrischen Kupferdraht, der in dem isolirten Gestelle die positive Elektricität anzog, die negative forttrieb; es zeigte sich dies durch Ausbleiben des Ausschlages am Elektroscop, wenn das Gestell eine Ableitung erhielt. Mit demselben Erfolge konnte der Versuch an Eisenröhren oder Cylindern angestellt werden, die mit einem sehr langen Drahte umwunden waren.

Elektricität der Säule im Vacuum. Masson [1]) leitete den Pol einer vielplattigen voltaischen Säule in das barometrische Vacuum, konnte aber keinen Lichtschein daselbst bemerken, woraus er den nicht bündigen Schluss zieht, dass die Spannungselektricität an dem Pole der Säule ungemein schwach sei und nicht aus derselben Ursache entspringe, die den Strom erzeugt.

Einfluss chemischer Wirkung bei der Elektricitätserregung durch Reibung. Péclet [2]) hat die Versuche Wollastons über Elektricitätserregung durch Reibung in Kohlensäure wiederholt und gefunden, dass dieselbe unabhängig von einer chemischen Wirkung des Gases auf das Reibzeug sei. Um das elektrische Leitungsvermögen der Kohlensäure zu prüfen, construirte Péclet zwei Torsionswagen, und füllte die eine mit trockner atmosphärischer Luft, die andere mit trockner Kohlensäure. Beide Instrumente nahmen fast dieselbe elektrische Ladung an und behielten dieselbe eine gleiche Zeit. Hierauf wurde eine kleine elektrische Cylindermaschine, deren Reibzeug mit Mussivgold bedeckt war, mit einem daran befestigten Elektroscope unter eine Glasglocke gebracht, die luftleer gemacht und mit einem Gase gefüllt werden konnte. Es wurden dieselben Divergenzen des Elektroskops durch Drehen der Maschine hervorgebracht, die Glocke mochte mit atmosphärischer Luft, mit Wasserstoff oder Kohlensäure angefüllt sein, und der Verfasser hält daher den Irrthum Wollastons, der sich wahrscheinlich nicht gehörig getrockneter Kohlensäure bedient habe, für bewiesen.

Elektricitätserregung bei chemischer Einwirkung. Böttger [3]) setzte auf den (messingenen) Teller eines Bohnenbergerschen Elektroscops, oder in einen ringförmigen Fortsatz

---

[1]) Compt. rend. VII. p. 671. Poggend. Annalen* Bd. 46. S. 487.
[2]) Annales de Chimie* t. 71. p. 83.
[3]) Neue Beiträge zur Physik u. Chemie* 1841. S. 115.

desselben eine Platinschale, und füllte dieselbe mit destillirten Zinkstücken, mit Cadmium oder Eisenfeilicht. Wurde Salzsäure in die Schale gegossen, welche die Metalle auflöste, so zeigte das Goldblatt des Elektroskops starke negative Elektricität. Brachte man salpetersaures Ammoniak in der Platinschale in glühenden Fluss, so bewirkten hineingeworfenes Zink, Kadmium, Eisen, Blei einen positiven, Antimon- und Wismuth-Pulver einen negativen Ausschlag des Goldblatts.

Elektricität bei Zersetzung von Salzen. Böttger [1]) schüttete in den mit dem Elektroskope verbundenen Platintiegel 6 bis 8 Gran citronsaures Silberoxyd und erhitzte dasselbe durch eine Lampe; bei der Zersetzung des Salzes gab das Elektroskop starke negative Elektricität an. Derselbe Erfolg tritt nach Döbereiner ein bei Anwendung des oxalsauren Silberoxyds. Auch bei Zersetzung des salpetersauren Kupferoxyd-Ammoniaks bemerkte Böttger Elektricitätserregung, nicht aber bei der des Knallgoldes, des pikrinsalpetersauren Baryts, Kalis und Natrums, des knallsauren Silberoxyds, oder des oxalsauren Quecksilbers. Krystallisirtes salpetersaures Kupferoxyd wurde in durchlöchertes Stanniol gewickelt in den Tiegel gelegt und mit Wasser befeuchtet; bei der Zersetzung zeigte sich negative Elektricität im Elektroskope. Der Verfasser glaubt, dass bei Bildung von Krystallen (es wurde essigsaures Kali und Natrum beim plötzlichen Krystallisiren untersucht) keine Elektricität frei werde, wol aber, wenn eine schon gebildete Krystallmasse sich zusammenzieht und springt. Dies zeigte sich bei schwefelsaurem Kupferoxyd-Kali, das mit einer Lampe in glühenden Fluss gebracht und dann abgekühlt worden war. Das Salz nahm in einigen Sekunden krystallinisches Gefüge an ohne Elektricität zu zeigen; als sich die Masse aber unter hörbarem Knistern zusammenzog, wurde im Elcktroscope positive Elektricität frei. — Böttger [2]) hat auch durch Zersetzung des salpetersauren Kupferoxydes eine starke Ablenkung der Magnetnadel in folgender Weise hervorgebracht. Ungefähr 8 erbsengrosse Stücke des krystallisirten Salzes wurden in der Mitte eines 8 Zoll langen, 3 Zoll breiten Stanniolstreifens fest eingewickelt, dessen freie Enden zusammengedreht und mit dem Drahte eines empfindlichen Multiplicators

---

[1]) Poggendorff Annalen* Bd. 50. S. 41.

[2]) Neue Beiträge zur Physik u. Chemie* 1841. S. 24.

verbunden wurden. Der Stanniolstreifen wurde an der Stelle, wo das Salz lag, mehrfach durchstochen und mit wässrigem Alkohol benetzt; es erfolgte eine heftige Zersetzung des Salzes, das Stanniol wurde unter Funkensprühen zerstört und die Nadeln des Multiplicators wurden im Kreise herumgeschleudert. Bei der heftigen Zersetzung des oxalsauren Silberoxyds durch einen heissen Draht auf einem Platinstreifen, dessen Enden mit dem Multiplicator verbunden waren, blieben die Nadeln unbewegt, wonach der Verfasser schliesst, dass die Elektricitätserregung im ersten Versuche unabhängig von der dabei stattfindenden Wärmeentwickelung sei.

b. Elektricitätserregung durch Erwärmung.

Elektricität der Weinsteinsäure. Nach Böttger[1]) wird die krystallisirte Weinsteinsäure durch Erwärmung elektrisch und afficirt das Bohnenbergersche Elektroskop sehr bedeutend. Ganz wirkungslos ist in dieser Beziehung die Traubensäure; der Milchzucker ist bei Weitem weniger pyro-elektrisch als der Candiszucker.

Krystallelektricität nach Temperatur verschieden. Hankel hat in einer eigenen Dissertation[2]) die Elektricität, welche die pyro-elektrischen Krystalle durch Temperaturwechsel an verschiedenen Stellen annehmen, untersucht und die Resultate in Poggendorff's Annalen bekannt gemacht. Hiernach würde die Elektricität, welche eine bestimmte Stelle eines Krystalls annimmt, von den Temperaturgränzen abhangen, zwischen welchen der Krystall erwärmt oder erkältet wird. So giebt Hankel z. B. an, dass eine gewisse Ecke des Boracits beim Erwärmen zwischen 18,6 und 93 Grad positiv elektrisch, zwischen 116,3 und 162,8 negativ, und zwischen 168 und 195,3 Grad wieder positiv sei. Die Versuche wurden in folgender Weise angestellt: An dem Stifte, der das Goldblatt eines empfindlichen Bohnenbergerschen Elektroskops trug, war ein langer dünner Draht befestigt, dessen Ende mittels einer gläsernen Handhabe an einer beliebigen Stelle des Krystalls angelegt werden konnte. Der Krystall lag auf einem kleinen Messingtische, der mit der Erde in Verbindung stand und durch eine Spiritusflamme erhitzt wurde; ein mit dem Krystalle in gleiche Lage gesetztes Thermometer zeigte die Temperatur an. In einer andern

---

[1]) Poggendorff Annalen* Bd. 43. S. 660.
[2]) De thermoëlectricitate crystallorum. Hal. 1839 — pars altera. 1840.

Art des Versuches wurde der Tisch isolirt und mit dem Drahte des Elektroskops verbnnden, während die zu untersuchende Stelle des Krystalles mit einem ableitenden Drahte berührt wurde, wo dann das Elektroskop die der zu prüfenden entgegengesetzte Elektricitätsart angeben sollte. Diese Untersuchungsart ist nicht einfach und ist, besonders in der zuletzt angegebenen Weise, vielen Irrthümern ausgesetzt. Es wäre daher zu erwarten gewesen, dass der Verfasser seiner Arbeit eine Kritik seines Verfahrens mit Versuchen an einem vorläufig elektrisirten Körper vorangeschickt hätte. Ich kann hier auf das Detail der mühevollen Untersuchung nicht eingehen, und will nur die untersuchten Krystalle nennen: Zucker, Weinsäure, weinsaures Kali-Natrum, Kieselzinkerz, Axinit, Prehnit, Mesotyp (Poggend. Annal. Bd. 49. S. 493); Turmalin, Topas, Titanit (Bd. 50 S. 237); Boracit (Bd. 50 S. 471); Quarz (Bd. 50 S. 605).

c. Elektricitätserregung durch Verdampfung und atmosphärischen Prozess.

Volta[1]) stellte im Winter 1788 einen Kessel siedenden Wassers auf den Boden eines geräumigen Zimmers, und untersuchte die Luft des Zimmers auf die von ihm entdeckte Weise mit einem isolirten Drahte, an dessen Spitze sich eine brennende Laterne befand. Er erhielt mit Hülfe einer leydener Flasche und des Condensators deutliche Zeichen von positiver Elektricität. Das Gefäss, worin Wasser kocht, fand Volta hingegen negativ elektrisch und stellte den Satz auf, dass bei der Verdampfung des Wassers der aufsteigende Dampf positiv, das zurückbleibende Wasser negativ elektrisch sei. — Saussure brachte am Schlusse seiner Untersuchung der Elektricitätserregung durch Verdampfung den Versuch in Vorschlag, das Wasser in einem Papinschen Topfe zu einem hohen Temperaturgrade zu bringen und die Elektricität des Wassers beim Ausströmen des Dampfes zu untersuchen.[2]) Diese Notizen werden durch einen merkwürdigen Fall von Elektricitätserregung in Erinnerung gebracht, der eine grosse Anzahl von Versuchen veranlasste, die den Gegenstand indessen keineswegs erschöpft haben.

Elektricität des unter Druck ausströmenden Was-

---

[1]) Meteorologische Briefe* deutsch von Schäfer 1793* S. 144.

[2]) Voyages dans les Alpes* t. II. p. 247.

serdampfes. Versuche an Dampfmaschinen. Im Oktober 1840 hielt zu Seghill bei Newcastle ein Wärter an einer Dampfmaschine die eine Hand in den aus dem Sicherheitsventil ausströmenden Dampf, und empfand einen von einem Funken begleitenden heftigen Stoss in den Armen, als er mit der andern Hand das Gewicht am Hebel verschieben wollte. Dieser augenscheinlich elektrischen Erscheinung bemächtigten sich die Herren Armstrong und Pattinson; jeder von ihnen hat darüber mehrere Abhandlungen publicirt, [1]) die grösstentheils eins und dasselbe enthalten und denen ich Folgendes entnehme. Das beste Mittel, die Elektricität des ausströmenden Wasserdampfes bemerklich zu machen, besteht darin, dass der Beobachter auf einem Isolirstuhle stehend, ein Ende eines mehrere Fuss langen Metallstabes mit der einen Hand in die aus dem Sicherheitsventile ausströmende Dampfwolke hält, während er die andere Hand dem Kessel oder einem nahestehenden Leiter nähert. Es springen dann an der Hand Funken von $\frac{1}{4}$ bis 4 Zoll über. Die längsten Funken werden erhalten, wenn das in den Dampf gehaltene Ende des Stabes mit einer niederwärts gerichteten Drahtbürste versehen ist, und dieses Ende in den Dampfstrahl möglichst hoch gehalten wird. Sie waren ferner desto länger einen je höheren Druck der ausströmende Dampf besass. So erschienen in einem Versuche 4zöllige Funken als der Dampf mit 52 Pfund Belastung auf den quadr. Zoll ausströmte, 3zöllige als diese bis auf 40 Pfund vermindert war; bei 30 Pfund konnten nur 2zöllige, bei 10 Pfund $\frac{1}{2}$zöllige Funken erhalten werden und bei 5 Pfund waren sie kaum merkbar (Pattinson). Die vom Dampfe aufgesammelte Elektricität war positiv, es wurden mit ihr Elektrometer und Flaschen geladen und Karten durchbohrt. Die grösste Elektricitätsmenge wurde gerade über dem Sicherheitsventil aufgefangen, aber auch seitlich davon konnte sie zu kleinen Funken gesammelt werden und der Dampf im ganzen Schuppen, unter dem die Maschine stand, gab deutlich positive Elektricität. Verschiedene Maschinen, unter denselben Umständen geprüft, lieferten Elektricität in verschiedener Stärke. An einem mit Regenwasser gespeisten Dampfkessel konnte der Dampf nicht aus dem

---

[1]) London and Edinb. phil. Mag. v. 17 and 18. Sturgeon Annals of Electric.* v. V. p. 452. 456. v. VI. p. 37. 42. 305. Poggendorff Annalen Bd. 52. S. 328.

Sicherheitsventil ausgelassen werden, als **Armstrong** ihn aus dem Niveauhahn (gauge cock) ausströmen liess, wurde keine Elektricität merkbar. Dass dieser ausbleibende Erfolg nicht von der Natur des Wassers herrührte, zeigte folgender Versuch. **Armstrong** schraubte in den Deckel des Kessels einer Locomotive ein mit einem Hahne versehenes durchbohrtes Metallstück und konnte in dem hieraus strömenden Dampfe keine Elektricität bemerken. Es wurde nun in das Metallstück eine in den Kessel hineinragende Glasröhre eingesetzt, die oben mit einem Metallhahne geschlossen war. Als der Dampf aus diesem obern isolirten Hahne strömte, zeigte sich derselbe in so hohem Grade elektrisch, dass die Glasröhre von dem elektrischen Lichte schön erleuchtet wurde. Es scheint also eine Isolation der Ausflussöffnung vom Kessel nöthig zu sein, um die Erscheinung in einiger Stärke hervortreten zu lassen. Sowol **Armstrong** als **Pattinson** haben sich die Mühe genommen, die negative Elektricität des Dampfkessels direkt aufzuzeigen. Hierzu wurde eine Locomotive von den Schienen abgehoben und auf Klötze von gedörrtem mit Pech überzogenem Holze gestellt. So lange die Ventile geschlossen blieben, zeigte die Maschine keine Elektricität, wol aber erhielt man von ihr glänzende sehr kräftige 1 Zoll lange Funken, wenn der Dampf aus dem Sicherheitsventile ausströmte. Die hier sichtbare Elektricität war negativ, an der Maschine angebrachte Fäden wurden von einer geriebenen Siegellackstange abgestossen und Spitzen an derselben zeigten den negativen Lichtstern. **Armstrong** bemühte sich, durch ziemlich umständliche Versuche zu zeigen, dass der Dampf im Kessel selbst nicht elektrisch sei, und auch ausserhalb desselben erst Elektricität entwickle, wenn er in die Bläschenform übergehend, sichtbar wird. **Pattinson** erklärt die Wirkungslosigkeit des verschlossenen Kessels dadurch, dass der positiv-elektrische Dampf von negativ-elektrischem Metalle umgeben sei. Derselbe hat auch die bekannten Versuche **Volta's** wiederholt, indem er von einer isolirten Eisenschüssel, die mit glühenden Kohlen gefüllt und mit Wasser besprengt wurde, so starke Elektricität erhielt, dass sie in Funken aufgezeigt werden konnte. Bestätigung der Elektricität des unter hohem Druck ausströmenden Dampfes hat **Condie** gegeben,[1]) **Sturgeon** hat mehrere Versuche ohne Erfolg ange-

[1]) Sturgeon Annals of El.* v. VI. p. 312.

stellt und nur einmal Funken erhalten, als der Dampf durch eine Glasröhre ausströmte.[1]) Im September 1841 zeigte Séguier der französischen Akademie an,[2]) dass er auf Einladung des belgischen Ingenieurs Tassin Versuche an einer stehenden Dampfmaschine angestellt, und aus dem Dampfe Funken von einigen Centimeter Länge erhalten habe. Die, ein ganzes Jahr früher, von den Engländern viel vollständiger ausgeführten Versuche derselben Art werden dabei nicht erwähnt. Die Notiz von Tassin,[3]) dass bei dem Springen eines Dampfkessels ein in der Nähe stehender Arbeiter einen Funken bemerkt habe, der wie ein Blitz aus dem Kessel fuhr, ist beachtenswerth, berechtigt aber nicht zu der hinzugefügten Ansicht, dass Elektricität eine Hauptursache des Springens der Dampfkessel sei.

Elektricität des ausströmenden Dampfes. Versuche im Kleinen. Armstrong[4]) hat sich hierzu den in Fig. 12 abgebildeten Apparat anfertigen lassen. Ein starker cylindrischer Dampfkessel B aus Kanonenmetall, 30 Zoll hoch, 4 Zoll weit, ist in einen auf Glasfüssen stehenden Ofen eingesetzt. In der Deckplatte des Cylinders mündet durch die Stopfbüchse E ein 10 Fuss langes $\frac{3}{8}$ Zoll weites Kupferrohr, das in den Ofen zurückgeführt, in mehreren Windungen um den Cylinder gelegt ist und dann erst in die Luft austritt. Hierdurch ist bezweckt, durch den Hahn F nur ganz trocknen Dampf ausströmen zu lassen. Statt dieses Kupferrohrs kann auch eine kurze Glasröhre EG mit einem Hahn in die Stopfbüchse eingesteckt werden. Durch das Hebelventil C wird der Druck des Dampfes regulirt. Mit diesem Apparate konnten bedeutende elektrische Effekte erreicht werden. Eine leydener Flasche von 1 Pinte Inhalt konnte in wenigen Minuten so stark geladen werden, dass sie eine heftige Commotion gab; hierzu wurde der Knopf der Flasche mit dem Kessel selbst in Verbindung gesetzt, der Dampf unter einem Drucke von 100 Pfund auf den quadr. Zoll aus dem Hahne gelassen. Die Elektricität des ausströmenden Dampfes war, wie in den Versuchen mit grossen Maschinen, gewöhnlich positiv, und die Elektricität des Kessels negativ; zuweilen aber trat der umgekehrte Fall ein, und zwar bemerkte der Verfasser,

---

[1]) Sturgeon Annals of El.* v. VI. p. 411.
[2]) Comptes rendus 1841* 2me Sem. p. 628.
[3]) Comptes rendus* t. XIII. p. 229.
[4]) Lond. Edinb. phil. Mag.* v. 18. p. 331.

dass dies durch Ueberheitzung des obern Theiles des Kessels, und durch Verminderung des Wassers im Kessel bewirkt wurde. Um die Elektricität bei gleichem ausströmendem Dampfquantum (dem Gewichte nach) unter verschiedenem Drucke zu untersuchen, liess der Verfasser den Dampf aus dem belasteten Ventile C ausströmen. Bei einem Drucke von 1 Pfund auf den quadr. Zoll gab ein mit dem Kessel verbundenes Goldblattelektrometer zuerst Elektricitätsanzeige, aber bei 3 Pfund Druck konnten schon 5 bis 6 kleine Funken in der Minute aus dem Kessel gezogen werden. Als der Druck bis 250 Pfund auf den quadr. Zoll gesteigert war, erschien die Elektricität nur ungefähr 5mal so stark als bei 3 Pfund. Bei diesen Versuchen war die Elektricität des Kessels negativ. War hingegen die Elektricität des Kessels positiv, was durch Verschliessung der Ofenthür bewirkt werden konnte, so nahm die elektrische Spannung nur bis zu einem Drucke von 30 Pfund auf den Zoll zu. Bei höherem Drucke ging die Elektricität des Kessels leicht vom Positiven ins Negative über; alsdann wurde der Dampf, der aus dem Schlangenrohr ausströmte, oft negativ elektriseh, während der aus dem Sicherheitsventil tretende positiv war. Hier waren also gleichzeitig zwei entgegengesetzt elektrische Dampfstrahlen vorhanden. — Die stärksten elektrischen Effekte des Apparats wurden erhalten, wenn statt des Schlangenrohrs ein kurzes Glasrohr bei E in den Kessel eingesetzt war, aus dem der Dampf unter hohem Drucke ausströmte. Es wird folgender Versuch angeführt zum Beweise, dass der Dampf nicht vor seiner Condensirung elektrisch sei. An den Hahn F wurde ein hohler Metallcylinder mit einer Brause an einem Ende angesetzt und heiss erhalten, aber der durch die Löcher der Brause ausströmende Dampf war nicht weniger elektrisch, als wenn er unmittelbar durch den Hahn F in die Luft austrat. — Später bemerkte Armstrong,[1]) dass nach häufigem Gebrauche seines Dampfkessels die Fälle einer positiven Elektrisirung desselben häufiger wurde. Die innere Fläche des Kessels war nicht angegriffen, als sie aber mit Kalilauge abgewaschen war, konnte wieder sicherer positive Elektricität in dem Dampfstrahle erhalten werden. Es wurde nun versucht, dem verdampfenden Wassere in wenig Pottasche beizumischen, und hiernach erschien die Elektricität des Dampfes so bedeutend, dass mehr als

[1]) Lond. Edinb. phil. Mag.* v. 19. p. 25.

30 Funken in der Minute aus dem Kessel gezogen wurden. Eine Beimischung von Natrum hatte denselben Effekt, eine von Kalk einen geringeren; Salpetersäure und salpetersaures Kupferoxyd dem Wasser zugesetzt bewirkten, dass der Dampf negativ elektrisch wurde. Salzsäure und Schwefelsäure hatten keine Wirkung, selbst wenn sich Eisenfeilicht neben ihnen in dem Wasser befand. Wurde ein Alkali oder Kalk in grosser Menge in den Kessel gethan, so erfolgte eine Entwickelung von feuchtem Dampf, der ausströmend keine Elektricität zeigte. Zuletzt wird die Vermuthung ausgesprochen, dass ein gehörig abgerundeter Dampfapparat, der 10 Gallons Wasser fassen könne, eine sehr kräftige continuirlich thätige Elektrisirmaschine abgeben würde, die Vorzüge vor den gebräuchlichen Maschinen habe. In einer folgenden Mittheilung [1]) spricht sich Armstrong endlich entschieden dafür aus, dass die Elektricität des ausströmenden Wasserdampfes gar nicht von der Verdampfung, sondern von der Reibung des Dampfes gegen den Rand der Ausflussöffnung herrühre. Er hält folgenden Versuch für entscheidend. Die Glasröhre, welche den Dampf aus dem Kessel zu dem Metallhahne führte, wurde stark erwärmt, um die Condensirung des Dampfes an der innern Glasfläche zu verhindern. Hier fand sich nicht der Kessel, sondern der Hahn negativ elektrisch, während der Dampf wie früher positive Elektricität zeigte. Der Verfasser glaubt, dass in allen früheren Versuchen die an der Mündung der Ausflussröhre erzeugte Elektricität zum Kessel geführt worden ist. Ueber die Aenderung der Elektricitätsart des Dampfes bringt der Verfasser die Erfahrung bei, dass wenn der Kessel auf der Innenfläche rauh war, der ausströmende Dampf positiv, nach Glättung der Fläche negativ elektrisch wurde, und eine Bekleidung der Fläche mit Zinnfolie ohne Wirkung blieb.

Mit diesen Versuchen stehen die folgenden zum Theil in Widerspruch. Pfaff [2]) liess aus einem Papinschen Topfe, der 22 Unzen Wasser enthielt, Dampf gegen eine Messingplatte strömen, die durch einen langen Stab mit einem Goldblattelektrometer verbunden war. Hatte der Dampf 2 Atmosphären Druck, so war die an der Messingplatte gesammelte Elektricität sehr schwach, bei einfachem Atmosphärendruck selbst am Condensator nicht merkbar.

---

[1]) Lond. Edinb. phil. Mag.* v. 20. p. 5.
[2]) Poggendorff Annalen* Bd. 53. S. 313.

Aber bei höherem bis 5 Atmosphären gesteigertem Drucke gab das Elektrometer sehr starke Elektricität an. Die Elektricität war überall positiv, das angewandte Wasser mochte rein, oder mit Aetzkali, kohlensaurem Kali, Kochsalz oder Schwefelsäure versetzt sein. Der Verfasser glaubt, dass diese Elektricität eine Folge des Drukkes sei, welchen der Dampf auf das Wasser ausübt. — Schafhäutl [1]) konnte keine Elektricität entdecken, als er Wasserdampf aus dem Marcetschen Dampfapparate bei hohem Drucke gegen ein Elektrometer ausströmen liess, das mit einer Drahtbürste armirt war. Als er hingegen den Dampfstral in einer flachen Glasglocke auffing, zeigte diese an der Innenseite, wo sich der Dampf condensirt hatte, starke Elektricität. Es ist indessen hierbei nöthig dass der Dampf feucht, d. h. mit fein zertheiltem Wasser gemengt sei. Dass die bemerkte Elektricität nicht von einer Reibung des Dampfes gegen die Glasfläche herrühre, zeigte der Versuch, den Dampfstrahl gegen Wasser zu richten, das gleichfalls elektrisch erschien. Der Verfasser glaubt, dass die Elektricitätserregung an der Dampfmaschine einen ähnlichen Ursprung habe, indem die dem Dampfstrahle entgegenstehende kalte Luftschicht die Rolle der Glasglocke in dem obigen Versuche spiele. Der Versuch war mit destillirtem Wasser angestellt worden, die Elektricität des Dampfes wurde nicht stärker, ja sogar schwächer gefunden, als dieses Wasser mit Schwefelsäure oder Kochsalz versetzt worden war. Der Verfasser schliesst, dass das Phänomen bei der plötzlichen Vereinigung der Wasserkügelchen, die dem Dampfe beigemengt sind, eintrete und in der Trennung dieser Kügelchen von dem Wassergase, das dabei in Bläschenform übergeht, seinen Grund habe.

Peltier [2]) glaubt, dass die Elektricität des ausströmenden Wasserdampfes nicht der Verdampfung, sondern dem Losreissen des Dampfes von den in dem Wasser gelösten festen Theilen zuzuschreiben sei. Er bringt Versuche bei, in welchen destillirtes Wasser, auf glühendes Platin gesprützt, keine Elektricität erzeugt, die aber zum Vorschein kam, wenn dem Wasser ein Salz zugesetzt worden. —

Ich habe diese grosse Anzahl von Versuchen nicht kürzer und übersichtlicher mittheilen können, da dieselben die betrachtete Er-

[1]) Annales de Chimie* 3me Sér. t. 2. p. 37

[2]) Annales de Chimie* t. 75. p. 330.

scheinung nicht zum Verständniss gebracht und in der That über die Elektricitätserregung bei Verdampfung nichts gelehrt haben, was nicht durch Saussure und Pouillet seit vielen Jahren bekannt ist. Wie interessant auch die so lange unbeachtete Elektricitätsäusserung der Dampfmaschine sein mag, so giebt sie ein wohl zu beachtendes Beispiel, dass eine Erscheinung dadurch allein, dass sie zu einer grossen Energie gesteigert wird, unserer Einsicht nicht zugänglicher werden kann.

Elektricitätserregung an Wasserfällen. Tralles bemerkte zuerst, dass der Wasserstaub in der Nähe grosser Wasserfälle negativ elektrisirt sei; Volta bestätigte die Erscheinung und erklärte sie aus der auf den zerstäubten Wassertheilchen erfolgenden Verdampfung, nach welcher der positiv-elektrische Dampf das Wasser negativ zurücklässt. Becquerel [1]) modificirte diese Erklärung nicht eben glücklich, indem er durch Verdampfung den Erdboden um den Wasserfall negativ elektrisch annimmt, von dem die Wasserbläschen Elektricität durch Mittheilung erhalten. Gegen diese letzte Ansicht hat Belli [2]) Versuche angestellt, um zu zeigen, dass die Elektricität der Wasserfälle von der atmosphärischen Elektricität durch Vertheilung erregt werde. Derselbe liess im Freien Wasser aus einem Trichter in einen Recipienten tröpfeln und fand diesen stark positiv elektrisch. Ein Wasserstrahl durch eine Druckpumpe in die Höhe geworfen, elektrisirte bei dem Herabfallen einen isolirten Recipienten negativ. Als die Pumpe selbst isolirt war, zeigte sie sich im Augenblicke, wo der Strahl ausfuhr, positiv elektrisch. Aber diese Versuche gelangen nur auf einem ganz freien Platze; in einem mit Gebäuden nahe umgebenen Hofe angestellt, wurde keine elektrische Spur bemerkt. Der Verfasser schliesst hieraus, dass jede senkrechte Wassersäule von der atmosphärischen (bekanntlich meist positiven) Elektricität durch Vertheilung elektrisirt werde, so dass ihr oberes Ende negativ, ihr unteres positiv erscheine, wonach denn die negative Elektricität der Wasserfälle erklärt sein soll. Dabei ist nun gänzlich vergessen, dass Volta nicht nur unter Wasserfällen, sondern auch über Strudeln in Bergbächen, constant negative Elektricität gefunden hat.

---

[1]) Traité de l'électr.* t. 4. p. 121.

[2]) Biblioth. universelle de Genève* t. VI. p. 149.

Atmosphärische Elektricität.

Elektricität an langen Drähten gesammelt. Die glänzenden elektrischen Erscheinungen, welche an sehr langen in einiger Höhe über dem Boden horizontal ausgespannten Drähten bemerkt werden, locken nach Beccaria von Zeit zu Zeit zur Anwendung dieses umständlichen und kostbaren Mittels, die atmosphärische Elektricität aufzusammeln. Ganz neuerlich hat Weekes [1]) zwischen zwei Kirchthürmen von Sandwich, einer kleinen Stadt in Kentshire, einen 1027 Fuss langen Draht in 130 Fuss Höhe vom Boden isolirt ausgespannt und durch einen hinabsteigenden Draht mit einer Metallkugel in einem Zimmer in Verbindung gesetzt, an welcher die gesammelte Elektricität beobachtet wurde. Als am 16. September 1840 eine dunkele Wolke über dem Drahte regnete, wurde ein fortwährender Strom sehr starker Funken mit dem Geräusche eines Kleingewehr-Feuers zwischen der Auffange- und Ableitungskugel erhalten. In den Augenblicken, wo die Wolke blitzte, ging das Geräusch in ein zischendes über, wie wenn heisses Eisen in Wasser geworfen wird. Die Wolke stand sehr hoch über dem Drahte, da 5 bis 6 Sekunden zwischen Blitz und Donner gezählt wurden. Die Elektricität ging während dieser bedeutenden Ansammlung von der positiven zu der negativen Art über. Der Funkenstrom währte 3 Stunden, so dass damit verschiedene mechanische Effekte, Durchbohrung von Karten und Glas, erreicht wurden; nach dieser Zeit hörten alle elektrischen Zeichen, selbst an empfindlichen Elektrometern, auf. In Folge von Schönbein's Abhandlung über das Ozon (s. Seite 186) liess Weekes am 28. Oktober 1840, an welchem Tage die atmosphärische Elektricität so stark wurde, dass der Apparat Funken von 2 bis 3 Zoll Länge und der Dicke des kleinen Fingers gab, die Funken in einem verschlossenen Glascylinder überschlagen, in welchem sich eine Platinplatte befand. Als der Cylinder geöffnet wurde, zeigte sich der elektrische Geruch in ausserordentlicher Stärke, die Platinplatte war, wie Schönbein es bei der künstlichen Elektricität gefunden, stark negativ polarisch; (verhielt sich, in eine saure Flüssigkeit getaucht und am Multiplicator geprüft, gegen eine andere Platinplatte wie Kupfer gegen Zink.) Das riechende Prinzip auf verschiedene Salzlösungen wirken zu lassen, führte zu keinem Resul-

---

[1]) Sturgeon Annals* v. VI. p. 89.

tate. An diesem Tage war die atmosphärische Elektricität unveränderlich negativ. In einer folgenden Mittheilung[1]) giebt Weckes eine Zeichnung seines Apparats, in der Nichts bemerkenswerth sein möchte, als der funkensprühende Nagel, der sich in der Leitung befand, die von der Mitte des zwischen den Kirchthürmen ausgespannten Drahtes in das Beobachtungszimmer hinabgeführt war. Dieser Nagel verbrannte während eines Gewittersturmes am 9. Mai 1841 und fiel in geschmolzenen Kügelchen hinab.

Schlag vom Drahte des elektrischen Drachens. Henry[2]) führt an, dass, als im Jahre 1836 ein Comité des Franklin-Instituts einen Drachen an einem 1 englische Meile langen Eisendrahte steigen liess, er Zeuge der erstaunlichen Wirkung war, welche die Elektricität dieses Drahtes hervorbrachte. Der Funke, obgleich er nur von der Länge eines Viertel-Zolles erhalten werden konnte, gab eine Commotion, die von einer Kette von 15 Personen zugleich empfunden wurde. Da nun ein geladener Conductor, der eine Schlagweite von $\frac{1}{4}$ Zoll habe, keine so bedeutende Wirkung äussere; so nimmt der Verfasser an, dass der schwache Elektricitätsstrom in dem Drahte des Drachens sich durch Induktion auf den Draht selbst verstärkt habe.

Elektrische Ladung der Wolken. Nach Peltier[3]) können die Wolken auf zweierlei Weise, molekular und peripherisch, elektrisch geladen sein. Die erste Art der Ladung wird durch die um jedes Wasserbläschen der Wolken befindliche Elektricität gebildet, wodurch die ganze Wolke als Convolut einzelner elektrisirter Theilchen wirkt. Diese Theilchen stehen in der Wolke zuerst so weit auseinander, dass die Elektricität nur schwer von einem zum andern übergeht; würden jene aber durch irgend eine Ursache näher zusammengerückt, so findet ein Uebergang der Elektricität statt, die innern Bläschen der Wolke verlieren einen Theil ihrer Elektricität, und dieser häuft sich um die Oberfläche der Wolke an, wie bei einem gewöhnlichen Conductor. Diese Anhäufung bildet die peripherische Ladung, die neben der molekularen bestehen kann, wenn die Wolke noch nicht so weit verdichtet ist, dass sie als eine zusammenhängende halbflüssige Masse

---

[1]) Sturgeon Annals* v. VI. p. 446.
[2]) Sturgeon Annals * v. IV. p. 306.
[3]) Observations sur les trombes * p. 89.

zu betrachten ist. Hiernach resultiren von einer elektrisch geladenen Wolke zweierlei Wirkungen; die eine, die der Verfasser die statische Wirkung nennt, besteht in Erregung der entgegengesetzten Elektricität im Erdboden, in Anziehen und Abstossen, die andere dynamische Wirkung in Ausstralen und Entladungen, welche letztere nur von der peripherisch angehäuften Elektricität herrührt. Ist diese peripherische Ladung durch eine Explosion zerstört, so bildet sie sich wieder durch neue von den Partikeln übergehende Elektricität, wonach die wiederholten Blitze aus derselben Wolke erklärt werden.

Elektrische unsichtbare Wolken. Peltier nimmt an[1]), dass das durchsichtige Wassergas in der Atmosphäre sich gerade ebenso verhält, wie dasselbe, wenn es durch irgend eine Ursache in den undurchsichtigen Bläschenzustand gebraeht worden ist; es vereinigt sich nach ihm zu einzelnen Massen, welche durchsichtige Wolken bilden, die die Reinheit der Luft nicht trüben, und ohne in den undurchsichtigen Zustand überzugehen, zu Wasser condensirt werden. Diese durchsichtigen Wolken können wie die undurchsichtigen mit Elektricität geladen sein, sie bringen dieselben Erscheinungen hervor, wie diese, mit den Modifikationen, welche ihr geringeres elektrisches Leitungsvermögen bedingt. Der elektrische Zustand der Wolken hängt von den Luftschichten ab, die auf der Erde ruhen; durch die Verdampfung des Wassers auf dem Boden wird stets Wassergas mit freier positiver Elektricität erzeugt, das diese Elektricität entweder behält oder an den negativ elektrisirten Boden abgiebt. Wenn das durchsichtige Wassergas Elektricität mit in die Höhe nimmt, so bleibt diese unverändert, wenn das Gas in die Bläschenform übergeht. — Die elektrische Ladung durchsichtiger Wolken hat Peltier aus verschiedenen Meteoren bei heiterem Himmel und aus eigenen Versuchen mit dem elektrischen Drachen geschlossen. Am 21. April 1840 liess er bei ganz heiterm Himmel einen Drachen an einem dünnen Kupferdrahte steigen, dessen Ende auf einer wohlisolirten Rolle befestigt und mit einem Multiplicator von 3000 Windungen verbunden war. Bei einer Höhe des Drachens von 30 bis 50 Meter zeigte der Multiplikator einen positiven (von oben eintretenden) Strom durch eine Abweichung von 2 bis 3 Graden an. Beim Höhergehen des

[1]) Observat. s. l. trombes * p. XIV. et 20.

Drachens hörte die Anzeige auf, gab aber bald darauf einen negativen Strom an, der in einer Luft-Schicht von 20 Meter Dicke seinen Ursprung hatte. Die Nadeln gingen hierauf wieder zurück und es trat wieder ein positiver Strom ein, der bis zur Höhe des Drachens von 180 Meter fortwährend stieg, so dass die Nadeln zuletzt bis zu 80 Graden abgelenkt wurden. Der Verfasser nimmt an, dass die durchsichtigen elektrischen Wolken wie die dunkeln, auf doppelte Art wirken, vertheilend mit ihrer Molecularelektricität, Entladungen hervorbringend mit ihrer peripherischen Elektricität, wodurch die Entstehung feuriger Meteore und der Tromben bei heiterm Himmel erklärt wird.

St. Elmsfeuer. Einen ähnlichen Fall des St. Elmsfeuers, wie der im vorigen Bericht [1]) angeführte, hat Dr. Riegel in Klingenberg bei Aschaffenburg beobachtet [2]). Als derselbe am 31. October 1835 bei Regen sich mit seinem Pferde auf einer Fähre über einen Fluss setzen liess, bemerkte er ein Leuchten der Mähne und der Ohrenspitzen seines Pferdes und der Spitze seiner Reitpeitsche. Die Erscheinung war am stärksten in der Mitte des Flusses und verschwand, als die Fähre das Ufer erreicht hatte.

Traill [3]) berichtet von einem sehr schönen Elmsfeuer, das am 19. Februar 1837 auf einer der Orkney-Inseln während eines heraufziehenden Gewitters Statt fand. An einem Boote nämlich, das mit einer Kette an dem Ufer befestigt war, wurde der ganze Mast leuchtend und von der Kette zog sich eine blutrothe Flamme gegen das Ufer in einer Ausdehnung von 30 Faden Breite und 100 Faden Länge. Auf der Spitze des Mastes erschien eine Flamme von 1 Fuss Höhe, die sich bei dem Herannahen der Gewitterwolke bis 3 Fuss verlängerte, und sich nach der Wolke richtete. Die Erscheinung dauerte etwa 4 Minuten.

Als der Lieutenant Lédinghen am 7. August 1840 von Blida nach Douéra ritt, bemerkte er während eines Gewittersturmes reichliche Funken, die aus den Metallfransen seiner Epaulette sprühten [4]). Weder die Mannschaft noch der Offizier, die ihn zu Fusse begleiteten, nahmen an ihrer Uniform etwas Aehnliches wahr.

---

[1]) Repertorium Bd. 2. S. 89.

[2]) Poggendorff Annalen * Bd. 46. S. 655.

[3]) Poggendorff Annalen * Bd. 46. S. 659. Edinburgh new phil. Journ. t. 23. p. 220.

[4]) Comptes rendus 1840. * 2me Sem. 822.

Form des Blitzes. Täuschung bei der Beobachtung derselben. Raillard [1]) leitet die gezackte Form des Blitzes von der Gestaltung des Bodens ab, über welchem die Gewitterwolke entladen wird. Arago hält diese Ansicht der Prüfung der Beobachter werth.

Faraday [2]) macht auf die Täuschung aufmerksam, welche bei Beurtheilung der Form des Blitzes leicht Statt finden kann. Indem nämlich der Blitz ungesehen hinter einer dunkeln Wolke ausbricht, kann der plötzlich scharf beleuchtete zackige Rand derselben leicht für die Bahn des Blitzes genommen werden. Oft besteht das Gewittergewölk aus übereinander geballten einförmigen einzelnen Wolkenmassen und der scharfe Contour einer Wolke bleibt versteckt bis zum Ausbruche des Blitzes. Viele Angaben sind dieser Täuschung zuzuschreiben, wie das Ueberschlagen des Blitzes von einer Wolke zur andern, das Auf- und Niedergehen des Blitzes und so fort. Der Verfasser selbst hat einen Fall gesehen, wo der Blitz sich in zwei Theile zu spalten schien, und der sich als Täuschung herausstellte. Ebenso sind die Blitze von scheinbar merklicher Dauer solche beleuchtete Kanten einer Wolke, hinter welcher elektrische Entladungen schnell hinter einander Statt finden. Eben diese scheinbare Dauer, ferner die gleiche Form aufeinanderfolgender Blitze, ihre scheinbare Dicke und der Grad ihrer Beleuchtung reichen hin, die Täuschung zu entdecken und den Beobachter davor zu bewahren.

Entstehung des Donners. In der gebräuchlichen Erklärung des Donners spielt der Blitz die Hauptrolle, indem man das Geräusch auf dem Wege entstehen lässt, den derselbe nimmt; Tessan [3]) hat dagegen den Ursprung des Donners in die Wolke selbst versetzt. Nach seiner Ansicht nimmt die geladene Wolke durch die auf ihrer Oberfläche Statt findende elektrische Repulsion einen um Vieles grösseren Raum ein, als die Spannung ihres Wasserdampfes erfordert. Indem nun bei dem Ausbruche des Blitzes der elektrische Druck plötzlich aufgehoben wird, dringt die Luft in den Raum der Wolke ein und erzeugt den Knall, der durch vielfältiges Zurückwerfen in das Rollen des Donners ver-

[1]) l'Institut * 1838. p. 254.

[2]) Lond. Edinburgh magaz. * Ser. III. v. 19. p. 104. Poggendorff Annalen Bd. 54. S. 98.

[3]) Compt. rend. 5. mai 1841. De la Rive Archiv. de l'él. * t. 1. p. 253.

wandelt wird. Das plötzliche Eindringen der Luft bewirkt zugleich einen reichlichen Niederschlag des Wasserdampfes, wodurch der stärkere Regen, der dem Blitze zu folgen pflegt, seine Erklärung findet. Der Verfasser wurde zu dieser Ansicht von der Entstehung des Donners durch einen Blitzschlag veranlasst, der in seiner Nähe Statt fand. Er und seine Reisegesellschaft bemerkten hierbei ausser dem sehmetternden Schlage ein sehr starkes Zischen (sifflement) das er dem Blitze selbst zuschreibt.

Blitz ohne Donner. Reichenbach [1]) hat aufs Neue einen Fall beschrieben, in welchem er einen starken Blitz im Zenith ohne Donner wahrnahm. Dr. Ayrer [2]) führt an, dass er im Jahre 1838 drei Viertelstunden lang Blitze in einer hochstehenden Wolke beobachtet hatte, ohne Donner zu hören.

Die Wettersäule, Trombe. Das bekannte, auf dem Meere unter dem Namen Wasserhose, Wassertrompete gefürchtete Meteor ist schon von Beccaria der atmosphärischen Elektricität zugeschrieben worden [3]); Cavallo und Becket haben zur Unterstützung dieser Ansicht Versuche mit künstlicher Elektricität angegeben, um das Phänomen im Kleinen nachzubilden [4]). In neuestes Zeit hat man sich mit einer genauern Ableitung der Erscheinung beschäftigt, die nur so weit hier zur Sprache gebracht werden kann, als wirklich elektrische Wirkungen das Prinzip der Erklärung abgeben. Hare [5]) leitet die Trombe von einer elektrisirten Luftsäule ab, die nebst den von dem Erdboden angezogenen leichten Körpern, eine Gewitterwolke mit der Erde continuirlich verbindet. Wenn bei dem Gewitter nur einzelne explosive Entladungen der Gewitterwolken Statt finden, so tritt hier eine fortwährende Entladung derselben ein, wobei die aufsteigende Luft einen verdünnten Raum erzeugt, nach dem die Luft von allen Seiten zuströmt und so einen Wirbelwind erzeugt. Peltier hat den Tromben ein eigenes ziemlich voluminöses Werk gewidmet [6]), in welchem ihre Effekte gänzlich den bekannten statischen und

---

[1]) Poggendorff Annalen * Bd. 43. S. 531.

[2]) Poggendorff Annalen * Bd. 48. S. 375.

[3]) Dell. elettric. artif. e natur. Torin 1753. cap. 7.

[4]) Cavallo Abhandlung v. d. Elektric. * Deutsch 1779. S. 185.

[5]) Silliman Journ. vol. 32 (for. 1837). Sturg. Ann. of El. * v II. p. 195.

[6]) Observations et recherches expérimentales sur les causes etc. des trombes * Bruxelles 1841. 460 p. en 8vo.

dynamischen Wirkungen der Elektricität zugeschrieben werden. Nach ihm ist eine Trombe eine Gewitterwolke, mit einem unvollkommenen Leiter zur Erde versehen, einer starken Voltaischen Säule vergleichbar, die durch einen unvollkommenen Leiter geschlossen ist. Die Bildung der Trombe wird folgendermaassen dargestellt. Eine Wolke, die molekular und peripherisch stark elektrisch geladen ist, senkt sich, indem sie von dem Erdboden angezogen oder von einer darüber stehenden gleichnamig elektrisirten Wolke abgestossen wird. Der Theil der Wolke, welcher dem Boden am nächsten gekommen ist, wird von der peripherischen Elektricität zusammengedrückt zur Kegelform und an dem unteren Ende oft zu einer halbflüssigen Masse condensirt. Diese Zusammendrückung von Wassertheilchen durch umgebende Elektricität hat der Verfasser durch eigene Versuche anschaulich zu machen gesucht. Ein Glastrichter mit sehr feiner Oeffnung, die das hineingegossene Wasser nur in Tropfen ausfliessen liess, wurde durch einen Kupferstreifen mit dem Conductor einer Elektrisirmaschine verbunden. Als das Wasser im Trichter auf diese Weise elektrisirt wurde, sprühte es in einem feinen Regen heraus. Wurde nun aber ein hohler Kupfercylinder von beinahe 4 Zoll Weite dicht unter die Oeffnung gesetzt und dieser Cylinder gleichfalls elektrisirt, so floss das Wasser in einem einzigen unzertheilten Strale aus. In einem andern Versuche floss das Wasser aus dem Trichter in eine grosse Glaskugel, die äusserlich, mit Ausnahme zweier Stellen zur Durchsicht, mit Stanniol bekleidet war. So lange diese Belegung nicht elektrisirt war, bildete das ausfliessende Wasser einen feinen Regen, einen zusammenhängenden Stral aber, als die Belegung mit dem Wasser gleichnamig elektrisirt worden war. — Der untere Theil der Trombenwolke ist durch die Condensirung ein viel besserer elektrischer Leiter, als die übrige Wolke, und zieht lose Theile des Bodens und, wenn er über Wasser steht, durch elektrische Einwirkung ausserordentlich vermehrte, Wasserdämpfe an. Hiermit ist die Trombe constituirt und es geht die Elektricität der Wolken durch den herabhängenden Zipfel derselben über, wodurch das eigenthümliche Rasseln bei der Trombe entsteht. Das Fortschreiten der Trombe wird durch Wirkung des elektrisirten Bodens erklärt; die drehende Bewegung des Meteors, das schraubenförmige Emporziehen von Dämpfen, Staub und Wasser nimmt der Verfasser für eine accessorische Erscheinung, resultirend aus dem ungleichen Widerstande der ruhenden Luftzone gegen den durch elektrische Anziehung erzeugten Luftstrom. Auch wird die Erfahrung hinzugezogen, dass leichte mit Spitzen versehene Körper bei elektrischer Anziehung von einer grossen Kugel, die drehende Bewegung annehmen. Die Wirkungen der Trombe werden theils der angesammelten ruhenden, theils der niederströmenden Elektricität zugeschrieben. Zu der ersten Wirkung gehört Anziehung und Abstossung von Gegenständen auf der Erde, lokale Verheerung je nach der Leitung, die der Boden bietet, ein Luftstrom gegen die Trombe hin, ein Wirbelwind von begränzter Ausdehnung bei umher stattfindender Ruhe, Erzeugung von Dämpfen auf dem Wasser, Eindrücken der Wasserfläche. Die merkwürdigste Wirkung der Trombe ist das Welkmachen der Pflanzen und das Zerspalten von Bäumen in dünne Latten und bürstenähnliche Fasern, und entsteht durch die in Bewegung befindliche Elektricität. Indem nämlich die Bäume gute Leiter der Elektricität sind, führen sie reichlich Elektricität vom Boden zur Trombe und erfahren durch diese Elektricitätsbewegung eine Erhitzung, bei welcher der Pflanzensaft in ihnen plötzlich verdampft und das Holz nach der Faser spaltet. Auch der Blitz bringt bei vollsaftigen Bäumen eine gleiche Wirkung hervor. Die Trombe hört auf, wenn die angehäufte Elektricität theils zum Boden abgeführt, theils von den einzelnen Wassertheilchen der Wolke zu ihrer Oberfläche übergegangen ist, und sich daher gewitterhafte Erscheinungen zeigen. — Dies ist im Wesentlichen die Erklärung der Tromben, die Peltier gegeben und mit einigen Versuchen im Kleinen zu unterstützen gesucht hat, von welchen ich die über die durch Elektricität vermehrte Verdampfung an ihrer Stelle aufgeführt habe. Die übrigen Versuche betreffen die Wirkung eines elektrisirten Körpers auf Rauch, Wasser, leichtbewegliche spitze Leiter und bieten nichts Neues dar. Den grössten Theil des hier vorliegenden Werkes nehmen Beschreibungen von Tromben ein, die der Verfasser mit grossem Fleisse gesammelt hat; er bemerkt dabei mit Recht, dass sehr häufig den Stürmen Effekte zugeschrieben werden, die elektrischen Ursprungs sind und den Tromben zugehören, wie das Umwenden von Kanonen, Ausreissen von Pflasterstücken u. s. w. Da in den gangbaren Werken die Literatur über die Tromben sehr dürftig ist, so lasse ich hier die Uebersicht folgen, die **Peltier** seiner Sammlung von Beschreibungen der Tromben vorangeschickt hat.

I. Wasser-Tromben.

1.	Bei d. Ins. Quesomo	1664	Thevenot voy. d. Lev. 1674. t. 2. p. 359.
2.	- - - Celebes	30. Nov. 1687	Dampier voy. aut. d. monde ch. 16.
3.	- - - Kosiway	28. Dec. 1699	Dampier voy. nouv. Holl. ch. 3.
4.	Bei Neu-Guinea	12. Apr. 1700	Dampier suite Nouv. Holl. ch. 4.
5.		24. Marz 1701	P. Gordon phil. transact. v. 22. 805.
6.	Mittell. Meer	27. Aug. 1701	A. Stuart phil. transact. v. 23. 1077.
7.		29. Apr. 1716	le Gentil voy. aut. d. monde 1. 133.
8.	Bei Serrelione	13. Nov. 1725	des Marchais voy. Guinée 1. 82.
9.		21. Mai 1732	J. Harris phil. trans. 38. 78.
10.	Mittell. Meer	1736	Shaw voy. en Barb. 2. 55.
11.	Genfer See	Oct. 1741	Jalabert mém. Ac. de Par. 1741. 20.
12.	Ebendas.	9. Juli 1742	Ebendas. 1767. 412.
13.	Deeping-Fen	5. Mai 1752	B. Ray phil. transact. 47. 477.
14.			Adanson voy. Senegal p. 123.
15.	Antigoa		Franklin exp. and observ. 5th. ed. 241.
16.			ibid. p. 227.
17.	Westind. Meer	Aug., vor 1756	Melling transact. am. phil. v. 2. 335.
18.	Meerenge v. Gibraltar		Wakefield ibid. 2. 335.
19.			Rowland ibid.
20.	Meerenge v. Malacca		Spring ibid.
21.	Westind. Meer	Juli 1756	Franklin exp. and obs. 263.
22.	Bei Java	gegen 1760	le Gentil voy. mer d. Indes 2. 14.
23.	Küste von Malabar		ibid. 15.
24.	Penzance	28. Juli 1761	Borlaze phil. trans. 52. 507.
25.	Limay	23. Juni 1764	du Bourdieu Ac. d. Par. 1764. 32.
26.	Meerenge der Kön. Charlotte Cap. Pallifer	29. Oct. 1773	Forster observ. sur diff. suj. 1778. 109
27.	Nizza	12. Apr. 1780	Michaud journ. d. phys. 1787. 284.
28	Cuba	12. Juli 1782	Baussard ibid. 1798. 346.
29.	Cap Vert	7. Sept. 1783	Isert voy. Guinée p. 9.
30.	Adriat. Meer	23. Aug. 1785	Spallanzani mem. del S. d'It. t. 4. 473.
31.		24. Mai 1788	Buchanan Edinb. phil. journ. 5. 275.
32.	Nizza	6. Jan. 1789	Michaud mém. ac. sc. Taur. t. 9. 3.
33.	Ebd.	6. Jan. 1789	ibid.
34.	Ebd.	19. März 1789	ibid.
35.		8. Jan. 1789	Buchanan Edinb. phil. journ 5. 275.
36.		12. Apr. 1789	ibid.
37.	Genfer See	1. Nov. 1793	Wild journ. phys. t. 44. 39.
38.	Teneriffa	22. Nov. 1796	Baussard ibid. 46. 348.
39.	Finländ. Meer	5. Aug. 1799	Wolke Gilb. Ann. 10. 482.
40.	Missisippi	1800	Dunbar remarq. s. les vents.
41.	Atlantisches Meer	2. Sept. 1804	Leymerie.
42.		6. Sept. 1814	Napier Edinb. journ. 6. 95.
43.	Indisch. Meer	26. Febr. 1817	Johnson voy. d. Indes 12.
44.	Atlant. Meer	Mai 1820	Ogden amer. journ. sc. f. 1836.
45.			Maxwell Edinb. ph. journ. 5. 39.
46.	Cap Blanc-Nez	1. Sept. 1822	Ann. d. chim. 21. 409.
47.	Roseneath	18. Sept. 1822	J. Smith Edinb. journ. 7. 331.
48.		19. März 1823	Bibl. univers. 24. 136.
49.	Küste von Florida	5. Apr. 1825	Lincoln am. journ. 1828. 171.
50.	I. Clermont-Tonnerre	Jan. 1826	Beechey voy. detr. Beering. 1. 148.
51.	Genfer See	11. Aug. 1826	Mercanton bibl. univ. 36. 142.

52. Neuchatel See	9. Juni 1830	bibl. univ. 44. 218.
53. Kanal v. Bahama	30. Juli 1832	Page Echo mond. sav. 1. 176.
54. Ionisches Meer	29. Oct. 1. Nov. 1832	Piancini Instit. physiques. 3. 554.
55. Genfer See	3. Dec. 1832	Wartmann bibl. univ. 51, 321.
56. Mittell. Meer	1832 od. 33	de Tessan descript. naut. d'Alger 224.
57. Küste von Spanien		Page Echo monde sav. 1. 176.
58. Bei Dover	23. Oct. 1836	ibid. 1836. n. 45.
59. Fioul	15. Juni 1839	Bravais.
60. Bai von Killinay	Juli 1839	Dickinson Athenaeum 14. mars 1840.

Notizen.

1. Gleichzeitig mehrere Tromben, zwei derselben kreuzen sich, ein Theil der herabsteigenden Säule ist durchsichtig und zeigt Dämpfe in heftiger Bewegung.
2. Mehrere Tromben, die See in kreisförmiger Bewegung; heftiger scharf begränzter Wind, die Wolke ist anfangs unbeweglich, schreitet später fort.
3. Blitz und Donner. Eine Wolke wird von der Trombe aufgehalten.
4. Trombe ohne Gewölk.
5. Regelmässiger Wind, das Meer unterhalb in Bewegung, Wasserstral.
6. Sechs oder sieben Tromben zu gleicher Zeit; die Dämpfe steigen gerade wie Rauch auf, Geräusch und Bewegung hören nach einiger Zeit auf.
7. Dumpfes pfeifendes Gerausch. Leichter Wind. Absteigendes Wasser.
8. Vier Tromben entstehen aus demselben Gewölk, zwei davon aus demselben Wolkenzipfel. Drei andere Tromben, von welchen die erste zwischen einer hohen Wolke und dem Meere, die zweite zwischen dieser Wolke und einer niedriger stehenden, die dritte zwischen der letzten Wolke und dem Meere.
9. Windstille, unter dem Kegel Wasserstral.
12. Das Wasser steigt in Absätzen säulenförmig ohne Drehung in die Höhe.
13. Feuerstral im Augenblick des Bruches der Trombe.
14. Eigenthümlicher Geruch, die Basis des Kegels auf dem Wasser.
16. Windstille vorher, der Wind dann gegen die Trombe.
17. Trombe geht über das Schiff und überschwemmt das Verdeck; der Kapitain mit dem Wasser überschüttet, schmeckt dass es süss sei.
21. Das Meer unter der Trombe vertieft, keine Wasserbewegung in der Trombe.
22. Doppeltrombe, die erste zwischen zwei Wolken; die zweite zwischen der ersten und dem Meere.
25. Vorher Donner; Vertiefung im Flusse, aufsteigendes Wasser, nach dem Bruch der Trombe Hagel.
26. Sechs Tromben, Windstille umher, starke Luftbewegung unter jeder Trombe. Wasser steigt spiralförmig auf. Im Augenblicke des Bruches ein Blitz in der Trombe.
27. Die Trombe von Süd gegen Nord geneigt, obgleich sie mit dem Winde von Ost nach West geht. Wasser steigt stossweise auf. Durch einen Windstoss wird die Trombe büschelförmig getrennt, geht aber wieder zusammen.
28. Wolken bilden sich erst nach dem Erscheinen der Trombe; nachdem sie durch Kanonenschüsse gebrochen ist, Donner.
29. Kreisende Bewegung der Trombe.
30. Wirbelnde Wolke, Gewitter, Vertiefung des Meeres unter der Trombe.
31. Keine Kreisbewegung. Aufsteigender Dampf.
33. Schneefall. Trombe scharf begränzt.
34. Donner, Schnee, freier Raum im Mittelpunkt der Bewegung unter der Trombe.
35. Eine Trombe aus drei Wolkenzipfeln.
37. Schneefall, der See unter der Trombe vertieft.
38. Keine Kreisbewegung, regelmässiges Aufsteigen des Wassers.

39. Schwefelgeruch. Wasser und Fische in die Höhe gehoben.
40. Dio Trombe gegen den Horizont stark geneigt.
41. Trombe während 14 Stunden, in ihrer Mitte Lichterscheinung.
42. Spiralbewegung der Trombe, aufsteigendes Wasser, geht gegen den Wind, als sie durch eine Kanonenkugel getrennt worden, schwanken die Enden einige Zeit und vereinigen sich wieder. Das auf das Schiff fallende Wasser war süss.
45. Dampf im Innern aufsteigend.
47. Windstille rings umher, heftiges Kreisen unter der Trombe und in den Wolken.
50. Trombe mit Blitz und Donner; Spiralbewegung; dreifache Trombe, die sich zu Einer vereinigt und wieder trennt.
54. Trombe geht über das Schiff und schüttelt es, heftiger Stoss beim Fortgehen.
58. Mehrere Tromben in oscillirender Bewegung, Blitze zwischen den Wolken.
60. Doppeltrombe. Ein Theil davon löst sich in drei Wasserstralen auf.

II. Land-Tromben.

1. Italien	Aug. 1456	Macchiavel hist. Flor. l. 6. Ammirati hist. Flor. l. 23.
2. Reims	10. Aug. 1680	Richard hist. nat. air 6. 505.
3. Verona	29. Juli 1686	Boscowich diss. sur la trombe.
4. Brie	15. Aug. 1687	Richard hist. nat. air 6. 528.
5. Hatfield	15. Aug. 1687	de la Pryme phil. trans. 1702 p. 1248.
6. Topsham	7. Aug. 1694	Mayne phil. transact. v. 19. 28.
7. Hatfield	21. Juni 1702	de la Pryme phil. trans. 1702 p. 1331.
8. Emot More	3. Juni 1718	Richardson phil. trans. 30. 1097.
9. Bocanbrey	30. Mai 1725	de Bocanbrey mém. Ac. Par. 1725. 5.
10. Moklinta	27. Sept. 1725	Kalsenius Act. lit. Suec. 1725 t. 2. 106.
11. Capestan	21. Aug. 1727	Mém. ac. d. Par. 1727. 4.
12. Montpellier	2. Nov. 1729	Serres mém. Ac. Montp. t. 2. 24.
13. Ancona	Herbst 1733	Boscowich Diss. 2 p. §. 50.
14. Holkam	Aug. 1741	Lovell phil. transact. 42. 183.
15. Huntingtonshire	8. Sept. 1741	Fuller ibid. 41. 851.
16. Bei Aix en Prov.	17. Juni 1745	Boscowich diss. 2. part.
17. Arezzo	20. Mai 1748	ebendaselbst
18. Rom	12. Juni 1749	Boscowich diss.
19. Rutland	15. Sept. 1749	Barker phil, transact. 46. 248.
20. Bei Aix		Richard hist. nat. air 6. 525. Chabert mém. ac. Par. 1758. 19.
21. Malta	29. Oct. 1757	Brydone arch. ile d. France No. 11.
22. Rostock	20. Juli 1758	Wilcke rem. s. l. lettres de Franklin.
23. Leicester	10. Juli 1760	Winthrop phil. transact. 52. 9.
24. Oxford	21. Sept. 1760	Swinton phil. transact. 52. 99.
25. Arcachon	14. März 1774	Butet journ. phys. Roz. 7. 334.
26. Eu	16. Juli 1775	Rozier journ. phys. 7, 70.
27. Dijon	20. Juli 1779	Maret mém. ac. Dijon 1783. 152.
28. Carcassonne	3. Nov. 1780	Lespinasse journ. phys. Roz. 16. 355.
29. Escale	15. Juni 1785	Mém. ac. Toul. 3. 114.
30. Marliac.	13. Juni 1787	Arbas mém. ac. Toul. 4. 77.
31. Merlerault	Juni 1791	Egasse
32. Peru	1802	Humboldt tabl. de la nat. 1. 43 u. 177.
33. Viguzzolo	30. Juli 1804	Leardi mém. ac. Turin 20.
34. Paris	16. Mai 1806	Debrun relation etc. Lamarck ann. météor. 1807.
34a. Zwischen Wolken	31. Juli 1808	Lamark ann. météor. 1809.
35. Moritzinsel	5. Febr. 1815	Mallac arch. ile de France n. 11.
36. Kentishtown	27. Juni 1817	Tilloch phil. mag. 1817. v. 50. 146.

37. St. Angelo	14. Aug. 1817	journ. Comm. 18. sept. 1817.
38. Regneville	16. Juni 1822	Ann. de chim. 1822 407.
39. Assonval	6. Juli 1822	Demarquoy Ann. de chim. 24. 433.
40. Rouvier	26. Aug. 1823	Defrance bull. Fer. 4. 1823.
41. Valeggia	16. Sept. 1823	Pagliaris Ann. d. chim. 24. 439,
42. Messeling	4. Aug. 1824	Nöggerath Kastn. Arch. 3. 52.
43. Carcassonne	26. Aug. 1826	Courr. franç. 19. sept. 1826.
44. Ruwer	25. Juni 1829	Grossmann Ann. de chim. 42. 420.
45. le Gange	1831 — 1834	bibl. univ. 6. 155.
46. Bronte	1. Oct. 1834	Elie de Beaumont.
47. la Française	27. Juli 1835	Ech. d. monde sav. 1835. n. 73.
48. Mornay	Sept. 1835	Manduyt ibid. n. 83.
49. Caux	13. Sept. 1835	ibid.
50. New-Brunswick	Juni 1836	Hare journ. am. sc. v. 32. 158.
51. Providence	Aug. 1838	Hare Transact. am. soc. v. 6. nouv. sér. pt. 2. 297.
52. Chatenay	18. Juni 1839	Peltier sur l. trombes 151.
53. Petit Montrouge	1. Sept. 1839	Peltier ibid. 367.
54. Départ. de Vaucluse	30. Mai 1841	Renaux, Gasparin Compt. rendus t. XIII. 223.

Notizen.

1. Nachts. Kleine Wolken steigen auf und ab, theils mit gerader, theils mit kreisender Bewegung; elektrische Entladungen zwischen den Wolken; starke Windstösse, welche Gegenstände fortführen ohne sie umzuwerfen.
2. Die Trombe erscheint als feurige Pyramide.
3. Blitze. Wolkenwirbel mit Lichterscheinung. Dumpfes Geräusch. Schwefelgeruch.
4. Gewitter, unmittelbar nach dem Einschlagen des Blitzes die Trombe kreisend.
5. Sehr schnelles Kreisen, aufsteigendes Wasser.
6. Ein Apfelbaum gegen den Wind fortgeführt, aufsprützendes Wasser, Kreisen.
7. Windstille. Kreisbewegung.
8. Eine ungeheure Wassermenge fällt aus der Trombe und höhlt einen Kanal.
9. Die Trombe endigt unten in einem Feuerwirbel; Dämpfe angezogen und abgestossen.
10. Zusammengeballte Dämpfe in Drehung; ein Gerüst gegen den Wind fortgeführt, das Wasser eines Sees wie eine Mauer aufgezogen; unangenehmer Geruch.
11. Windstille umher; eine zweite Trombe vereinigt sich mit der ersten; vorher Donner, nachher Hagel.
12. Feuersäule in der Mitte; Schwefelgeruch.
13. Nachts. Ein Schiff zertrümmert, Bleiplatten fortgeführt.
14. Windstille, klarer Himmel; elektrische Entladungen.
15. Drehung; Windstille vor- und nachher.
16. Feuererscheinung; hin- und hergehende Bewegung; lässt ein Kind tanzen, wie im elektrischen Puppenspiel.
17. Feuer im Kegel und in der Wolke, zwei Menschen aufgehoben und fortgeführt.
18. Blitze, Donner; Schwefelgeruch; die Blätter der Baume geröthet; Pflaster und Fussboden aufgehoben, eine Lampe brennend fortgeführt.
19. Windstille vorher; Blitze und Feuerbüschel, Wirbel unter dem Kegel, die Trombe schreitet schneller vorwärts als der Wind.
20. Donner; Hagel; das Wasser eines Flusses 300 Schritte fortgeschleudert. Menschen ohne Beschadigung fortgeführt.
21. Nachts. Wirkungskreis sehr begränzt. Steinplatten aufgehoben, Kanonen umgedreht. Donner; Schwefelgeruch.
22. Vollkommene Windstille; Staubtrombe, elektrische Entladung zwischen den Wolken und dem Staubkegel.

23. Gewitter geht in eine Trombe über. Wolken ziehen sich an und kreisen. Eingesetzte Steine aufgehoben.
24. Halbkreisförmige Trombe ohne anhängendes Gewölk.
25. Blitz, Schwefelgeruch; Hagel. Kräuter geröthet. Die Nebenwolken in gerader Linie aufsteigend.
27. Explosion bei der Bildung der Trombe, die Säule aus Dämpfen gebildet, die von naheliegenden Wiesen aufsteigen, Wasser eines Teiches in Tropfen aufgezogen; die Trombe rotirt erst nach einem Stosse gegen einen Felsen; sie geht beinah gegen den Wind.
28. Das untere Ende der Trombe in wellenförmiger Bewegung; Sandstralen; Pflaster aufgehoben; das Estrich in der Mitte eines Zimmers aufgehoben, ohne dass herumstehendes Porzellan berührt ist; kein Regen bei der Trombe; Platzregen am anderen Wolkenende.
29. Hagel, Donner; elektrische Anziehung und Abstossung.
30. Windstille, Funken; ein Feuerkreis mit Zickzack-Stralen; Donnerschlag beim Bruch der Trombe; Pflanzen ausgetrocknet und verbrannt.
31. Begränzte Trombe, in der Mitte durchsichtig; in Spiralen aufsteigende Dämpfe; Wirbelwind unter der Trombe; Donner beim Verschwinden.
33. Kreisende Bewegung; das Wasser eines Regenstromes gänzlich aufgehoben.
34. Drei Tromben; Gewitter; Tromben mit durchsichtiger und leuchtender Säule, undulirend aufsteigender Dampf; entzündete Dämpfe. Eine benachbarte Gewitterwolke geht mit der Trombe in entgegengesetzter Richtung.
35. Drehung, Furchen in der Trombe; ihr Durchmesser variirt nach der Leitungsfähigkeit des Erdbodens.
36. Warzenförmige Trombe, Bewegung nach allen Seiten und Verstrickung aller warzenförmigen Erhöhungen.
37. Bei heiterem Himmel. Leinen durchlöchert und verbrannt.
38. Heiterer Himmel, der sich später bewölkt; das Geräusch vermindert sich, indem die Trombe über Wasser fortgeht.
40. Windstille, Gewitter; Blätter ausgedörrt und geröthet. Gegenstände gegen den Wind fortgeführt.
42. Drehung; der Rhein vertieft, Wasser gehoben, Gewitter und Hagel nachher.
44. Eine leuchtende Masse sich gegen die Wolke bewegend; ein Mann angezogen, dann abgestossen, Schwefelgeruch; nachher Gewitter.
47. Gewitter in eine Trombe übergehend.
49. Wasser eines Teiches mit Fischen in die Höhe gezogen.
50. Mauern eines Hauses nach aussen umgeworfen, Blätter ausgedörrt.
51. Gegenstände bis zur Höhe der Wolken geführt.
52. Gewitter vorher; Feuerkelch am Ende des Kegels; Bäume in dünne Latten bürstenförmig zersplittert; die äusseren Baume eines Parks gegen die Mitte umgeworfen; Blätter nach der Seite der Trombe geröthet.
53. Nachts; Gewitter vorher, Grundmauern aufgewühlt.
54. Ein Staubwirbel geht durch das Städtchen Courthezon, richtet daselbst Verwüstungen an und zerschmettert einen Mann an einer Mauer. Erst zwei Minuten später senkt sich ein Wolkenzipfel zu diesem Wirbel hinab. Zwei Meilen davon bildet sich eine andere Trombe, die ausserordentlich langsam vorschreitet, während Baumzweige, Stroh u. s. w. reissend schnell in ihr Inneres schraubenförmig aufgezogen werden.

Schutzmittel gegen elektrische Meteore.

Feuer gegen Hagel. **Volta** hat bereits in seinen meteorologischen Briefen das Anzünden grosser Feuer als Schutzmittel gegen die Bildung des Hagels in Vorschlag gebracht. **Matteucci** hat neuerlich darauf aufmerksam gemacht, dass die Orte in den

Apenninen, wo Kohlenmeiler brennen, von Gewitter und Hagelschlag verschont bleiben. So sei Perticaja bei Rimino in 5 Jahren nur einmal von Gewitter heimgesucht worden [1]).

Blitzableiter an Schiffen. Zur Abwendung der Gefahr, der die Schiffe durch Blitzschläge so häufig ausgesetzt sind, bedient man sich seit Franklin der portativen Ableiter, die zur Zeit des Gewitters an der Spitze des Hauptmastes befestigt und in die See hinabgeführt werden. Diese Ableiter sind in der britischen Marine Metallketten, die aus 2füssigen Kupferstäben und verbindenden Ringen bestehen, in der französischen Marine hingegen Metallseile aus wohlgeglühten Kupferdrähten geflochten. Die letztere Art von Ableitern, die dem Blitze eine bessere Leitung gewährt, als die erstere, ist im Jahre 1823 von einer Commission der Pariser Akademie angegeben worden, deren Mitglieder Poisson, Lefèvre-Gineau, Girard, Dulong, Fresnel und Gay-Lussac waren. Die portativen Ableiter haben aber den Nachtheil, dass sie das Schiffsmanöver hindern, dass ihre Aufbringung so lange verzögert wird, als möglich, und deshalb oft mit Gefahr verknüpft ist. Snow Harris schlug daher im Jahre 1822 feste Ableiter auf Schiffen vor, suchte ihre Wirksamkeit der englischen Admiralität durch elektrische Versuche auf dem Schiffe Caledonia darzuthun und erhielt 1823 für sie die Beistimmung eines Ausschusses der Royal Society, zu der sich die gewichtigen Stimmen von Wollaston und Humphry Davy fügten. Diese Ableiter bestehen aus zusammengenieteten einige Zoll breiten $\frac{1}{4}$ Zoll dicken Kupferstreifen, die, in die Masten und Spieren eingelassen, eine metallische Leitung von den äussersten Spitzen der Masten bis zum Kiele des Schiffes bilden; sie sind ausserdem mit den Metallbefestigungen der Verdecke und zuletzt mit dem Kupferbeschlage des Schiffes in innige Verbindung gebracht. An den Stellen, wo eine Verschiebung des Holzwerkes nothwendig ist, wird die Verbindung der Kupferplatten durch einen kurzen Kupferbolzen, der sich in einem Charniere bewegt, bewerkstelligt. Die festen Ableiter wurden indess nur auf 13 Schiffen angebracht, sei es, dass der Glaube der Seeleute, sie zögen das Gewitter auf das Schiff, oder dass die bedeutenden Kosten [2]) ihrer allgemeinen Anwendung

---

[1]) Compt. rendus IX. p. 605.

[2]) Auf einem Schiffe von 120 Kanonen kostet ein fester Ableiter

entgegenstanden. Die mit festen Ableitern versehenen Schiffe dienten lange Zeit ohne beschädigt zu werden, obgleich der Blitz muthmasslich auf einige unter ihnen, unbestreitbar auf den Beagle, gefallen war. Häufige Unglücksfälle durch den Blitz auf anderen Schiffen bewogen die britische Admiralität, im Jahre 1839 ein Comité niederzusetzen, um über die Anwendbarkeit der festen Ableiter, hauptsächlich der von Snow Harris angegebenen zu entscheiden. Dies Comité bestand aus den Contre-Admiralen Griffiths und Gordon, dem Kapitain Clarke Ross, dem Professor Daniell und dem Schiffsbaumeister Fincham, welchen Faraday und Wheatstone als wissenschaftliche Berather beigegeben waren. Ausser dem Vorschlage von Harris lag noch der von Martyn Roberts vor[1]). Dieser besteht darin, ein Metallseil, (wie das französische,) an der Spitze des Hauptmastes zu befestigen, an demselben hinab bis zum niedrigsten Maste, von dort durch die Luft zur Aussenseite des Schiffes zu führen und daselbst mit dem Kupferbeschlage fest zu verbinden. Roberts tadelt an dem Ableiter von Harris, dass die Verbindungen der Kupferstreifen an den Artikulationen der Maste nicht innig seien, und dass durch Hinabführen der elektrischen Entladung in den Körper des Schiffes eine grosse Gefahr durch die Seitenentladung entstehe. Unter Seitenentladung wird hier die Erscheinung von Funken verstanden, die von dem Ableiter nach nahe liegenden Leitern überspringen sollen. — Das Comité entschied indess unbedingt zu Gunsten der Harris'schen Ableiter, indem es in einer klaren wissenschaftlichen Darstellung die dagegen vorgebrachten Einwürfe entkräftete [2]). Faraday bestritt die Seitenentladung überhaupt, wenn sie etwas anders sein solle, als eine Theilung des Entladungsstromes, die nur bei unvollkommener Beschaffenheit des dargebotenen Ableiters Statt finden könne, und Wheatstone leitet eine so bezeichnete Erscheinung bei der Entladung der elektrischen Batterie von dem Ueberschuss an Elektricität der innern Belegung ab. Beide stimmen aber darin überein, dass bei einem Harris'schen Ableiter von hinreichender Metallmasse keine Gefahr von einer solchen Erscheinung zu fürchten sei. Roberts Vorschlag, wie ein ähnlicher von Edye,

365 Pfund Sterling, während der gebräuchliche portative Ableiter nur 3 Pfund kostet.

[1]) Sturgeon Annals * v. I. p. 469.

[2]) Sturg. Ann. * v. V. p. 1.

wurde verworfen, weil den Masten durch die Metallseile eine zu grosse Last aufgelegt würde, und diese Seile wie das Tauwerk leicht der Beschädigung ausgesetzt wären. Der anonym gemachte Vorschlag, die Spitzen der Masten, statt mit Ableitern, mit Glaskugeln zu versehen, wird, wie billig, für absurd erklärt. Nachdem schliesslich die Commission die Ausdehnung der Harris'schen Ableiter zu beschränken und dadurch die Kosten derselben zu verringern vorgeschlagen, empfiehlt sie diese Ableiter aufs angelegentlichste zur allgemeinen Anwendung in der Marine.

Ich habe diese interessante Verhandlung ausführlicher mitgetheilt, um desto schneller über den durch dieselbe hervorgerufenen Streit hinweggehen zu können. Ehe der Bericht der Commission genauer bekannt war, publicirte Sturgeon eine Abhandlung über die Ableiter auf Schiffen, die er der Beachtung von nicht weniger als 24 namentlich aufgeführten gelehrten Gesellschaften empfiehlt [1]). In dieser Abhandlung wird Harris und der von ihm angegebene Ableiter auf das heftigste angegriffen, und zuletzt der Vorschlag gemacht, das Schiff mit einer Takelage von Kupferdraht zu umgeben, das heisst die Conductoren von der Spitze des Mastes, so viel wie möglich, durch die Luft zur Aussenseite des Schiffes zu führen. Da dieser Vorschlag von der englischen Admiralität durchaus nicht berücksichtigt worden, so mag er wol gänzlich unpraktisch sein. Die Angriffe gegen Snow Harris betreffen zumeist die von ihm im Jahre 1822 angestellten elektrischen Versuche zum Beweise der Nützlichkeit seiner Ableiter, Versuche, die freilich wenig wissenschaftlichen Werth haben. Dann aber wird sein Ableiter als höchst gefährlich dargestellt, da er bei dem Kriegsschiffe mit dem Hauptmaste durch das Pulvermagazin gehe und daselbst leicht eine Seitenentladung veranlassen könne. Sturgeon begreift unter Seitenentladung drei verschiedene Phänomene, die bei der Batterieentladung bekannt sind, nämlich die Luftbewegung, die durch Ueberspringen eines Funkens erzeugt wird, das Funkengeben des Schliessungsdrahtes in gewissen Fällen und endlich die Bewegung von Elektricität in Leitern, die dem Schliessungsdrahte nahe stehen (Mahon's Rückschlag). Es ist nicht zu leugnen, dass diese, ausserhalb des dem Blitze dargebotenen Leiters, Statt findende Elektricitätsbewegung

---

[1]) Sturg. Ann. of El. * v. IV. p. 161.

in seltenen Fällen gefährlich werden kann, aber nicht abzusehen, wie diese zu beseitigen sei. Dass der Blitzableiter Gefässen, die mit entzündlichen Stoffen gefüllt sind, nicht zu nahe gebracht werden dürfe, leuchtet ein, aber man wird dies leicht vermeiden können, ohne darum den anderweitig bequemen Harris'schen Ableiter zu verwerfen. Wenn auch der Angriff Sturgeon's nicht partheilos sein mag, so erscheint doch die mit grosser Erbitterung von Snow Harris geschriebene Entgegnung als unangemessen und daher als Anlass des unerfreulichen Streites, der von beiden Seiten in wenig wissenschaftlichem Geiste geführt worden ist. Nachdem in einer langen Reihe von Aufsätzen der fragliche Gegenstand hin und wieder behandelt worden, ist derselbe zu keinem Resultate gediehen, das hier angeführt werden könnte. Die bezeichneten Aufsätze finden sich im Nautical almanac 1840 und 41, in dem London Edinburgh philosophical Magazine, und beinahe vollständig in den ersten 6 Bänden (hauptsächlich im 4ten und 5ten Bande) von Sturgeon Annals of Electricity. Eine Uebersicht der Controverse ist von Sturgeon unter der Bezeichnung „Balance sheet" im 4ten Bande seiner Annalen Seite 501 gegeben.

d. Mechanische, physiologische und anderweitige Elektricitätserregung.

Elektricitätserregung in Fabriken. Drury [1]) berichtet von einer starken Elektricitätserregung, die in einer Wollenspinnerei an einem langen Lederstreifen Statt findet, der über zwei schnell umgedrehte Holztrommeln weggeht. Solcher zufällig construirten Elektrisirmaschinen mögen sich in Fabriken viele finden lassen. In der Patentpapierfabrik in Berlin ist die Elektricität des über erwärmte Metallcylinder gleitenden Papiers so stark, dass ein beständiges Knistern die überspringenden Funken verräth und die zusammengeschichteten Papierbogen an einander haften.

Elektricität beim Ausströmen comprimirter Luft. Armstrong [2]) comprimirte in einem starken Metallgefässe die Luft zu einem Drucke von 8 Atmosphären, und liess sie, nachdem das Gefäss isolirt war, durch ein Glasrohr ausströmen. In vielen Fällen wurde hierbei das Gefäss so stark elektrisirt, dass

---

[1]) London Edinb. phil. Mag. * v. 14. p. 126.
[2]) Lond. Edinb. phil. Mag. * 3d. ser. v. 18. p. 133.

es Funken von ¼ Zoll Länge gab. Die Elektricität war gewöhnlich negativ, zuweilen positiv, während eine Drahtbürste, gegen die der ausströmende Luftstrom gerichtet war, sich stets positiv elektrisch zeigte. In einer späteren Mittheilung[1]) wird angegeben, dass die Temperatur des Gefässes, in dem die Luft comprimirt wird, und die Feuchtigkeit in demselben von grossem Einfluss auf die Elektrisirung ist. Je kälter das Gefäss, desto stärker ist die erzeugte Elektricität; wird es erhitzt, so verschwindet jede elektrische Spur, doch erst bei hoher Temperatur, wenn das Innere des Gefässes feucht ist. In den frühern Versuchen, welche bei kaltem trocknen Wetter angestellt waren, zeigte sich die Elektricität des Gefässes bald negativ, bald positiv; in den späteren bei mildem feuchten Wetter angestellten blieb diese Elektricität stets negativ. War das Gefäss während des Versuches nicht isolirt, so war die ausströmende Luft stets positiv elektrisch; war es hingegen isolirt, so ereignete es sich oft, dass die Goldblättchen des Elektroscopes, welches durch eine Drahtbürste die Elektricität der Luft auffing, zuerst mit positiver Elektricität divergirten, zusammenfielen und mit negativer Elektricität aufs Neue divergirten. — Man sieht, dass der Verfasser nicht des Versuches Herr geworden ist.

Elektricität des gepulverten Zuckers. Van Mons[2]) bemerkte einmal an frisch geriebenem Zuckerpulver eine zitternde Bewegung und ein grösseres Volumen als gewöhnlich. Dieses Pulver erschien am andern Tage leuchtend, aber sein Volumen hatte abgenommen und es bildete in kurzem eine feste Masse. Feuchtigkeit soll dabei nicht im Spiele gewesen sein und der Verfasser steht nicht an, die Erscheinung für eine elektrische zu halten. Derselbe will öfters bemerkt haben, dass Zucker in eine Zinnschüssel gerieben, daselbst eine feste Kruste bildet und sich schwer abnehmen lässt.

Licht beim Aneinanderschlagen von Feuersteinen. Böttger[3]) hat mit dem Lichte, das beim Zusammenschlagen von Feuersteinen entsteht, eine in farbige Sektoren getheilte Scheibe beleuchtet, die auf einem Busoltschen Kreisel in schnelle Rotation gesetzt war. Derselbe erblickte die einzelnen Farben ziemlich

---

[1]) London Edinb. phil. Mag. * v. 18. p. 328.
[2]) l'Institut * 1839. p. 252.
[3]) Poggendorff Annalen * Bd. 43. S. 658.

deutlich und schloss hieraus auf momentane Dauer des Lichts und den elektrischen Ursprung desselben. In einem Gegenversuche wurde eine Scheibe mit Funken, die an einem Stahle geschlagen waren, beleuchtet, wo sie die Mischungsfarbe zeigte. Doppler [1]) bemerkt hiergegen ganz richtig, dass der beigebrachte Versuch nur auf eine kurze Dauer, etwa $\frac{1}{100}$ Seknnde, deute, die jedoch die Dauer eines elektrischen Lichts bei weitem übertreffe. So könnten schon die Sektoren einer fortwährend beleuchteten gedrehten Scheibe erkannt werden, wenn man das Auge schnell hinter einander öffnet und schliesst. Mit Beleuchtung durch Stahlfunken liessen sich ebenfalls die Sektoren erkennen, wenn man nur vorsichtig schlüge, um bei jedem Schlage nur Einen Funken zu erhalten. Es ist hier an die Versuche Lichtenbergs [2]) zu erinnern, der ein Paar Cacholonge (weisse Calzedone) unter Wasser rieb oder ein Pistolenfeuerzeug unter Wasser abdrückte. Er bemerkte in beiden Fällen einen lebhaften Lichtschein, woraus er schloss, dass die Lichterscheinungen beim Reiben von Kieseln, Porzellan, Glas nicht elektrischer Natur seien.

Elektricität des Gymnotus electricus. Schönbein [3]) hat auf Kopf und Schwanz eines 40zölligen Gymnotus, der in der Adelaide-Gallerie in London gehalten wurde, Kupfersättel gesetzt, die mit langen Kupferdrähten versehen waren. Diese Kupfersättel hatten bis auf ihre untere Fläche, mit der sie den Fisch berührten, eine isolirende Decke von Kautschuck; sie sind früher von Faraday gebraucht worden, der an demselben Fische seine Versuche über die Wirkungen des Gymnotus [4]) anstellte, unter welchen aber die elektroscopische Wirkung nicht vorkommt. In einer Glasglocke waren zwei Goldblättchen an Metallstiften befestigt, die von einander isolirt durch die Glocke hindurchgingen. Als Schönbein die Drähte der auf den Fisch gesetzten Kupfersättel mit den Stiften verband, divergirten die Goldblättchen, ein Funke sprang zwischen ihnen über und verbrannte das Gold. Wurden die Drähte auf ein Papier, das mit Iodkaliumlösung getränkt war, gesetzt, so erschien Iod unter dem Drahte der zu dem Kopfe des Fisches

---

[1]) Poggendorff Annalen * Bd. 49. S. 505.

[2]) Erxleben Physik 6. Aufl. * S. 485. Lichtenberg vermischte Schriften * Bd. 8. S. 187.

[3]) Beobacht. üb. d. elektr. Wirkungen d. Zitteraals* Basel 1841 S. 11.

[4]) Poggendorff Annalen Ergänzungsbd. * S. 385.

führte. Durch die Windungen eines Galvanometers geleitet, brachte der elektrische Strom des Fisches eine Ablenkung der Magnetnadeln von 42 Graden hervor, in der Richtung die die Zersetzung gezeigt hatte, nämlich so, dass der Galvanometerdraht von dem Kopfe des Fisches positive Elektricität erhalten haben musste.

Elektricität einer Dame. Ich theile die folgende sehr auffallende Erzählung mit, wie ich sie gefunden.[1]) Da der bekannte Herausgeber des american philosophical journal, Professor Silliman, die Achtbarkeit des Berichterstatters verbürgt, so ist sie jedenfalls pathologisch merkwürdig, sei es, dass sie eine neue krankhafte Disposition des menschlichen Organismus, oder das Gelüste sonst achtbarer Männer bekundet, durch Erdichtung und Uebertreibung eine augenblickliche Sensation zu erregen.

Eine Dame in den Dreissigern machte am 25. Januar 1837 während eines Nordlichts in Oxford (New-Hampshire in Nordamerika) die Entdeckung, dass von ihrer Hand gegen Jeden, der ihr nahe kam, kleine Funken ausströmten. Ihr Arzt, der Doktor Hosford, der dies erzählt, trat bald darauf ins Zimmer und erhielt von dem Knöchel der Dame einen empfindlichen Funken auf die Nase. Trotz der geringen Isolation, wie sie die seidenen Strümpfe und der türkische Teppich gewährten, auf dem die Dame sass, konnten in der Minute 4 anderthalbzöllige Funken, die nach jedem gebotenen Leiter hin schlugen, erhalten werden. Trat eine Person auf den Teppich, so konnte die Dame diese durch Berühren so stark laden, dass sie einer Dritten Funken gab und so fort. Bewegung war keinesweges zu dieser Elektricitätserregung nöthig; diese erschien sogar am stärksten, wenn die Dame ruhig mit Lesen beschäftigt auf einem Stuhle sass. Weder Ablegen oder Wechseln der Kleider, noch verschiedene Medikamente, konnten diese elektrische Krankheit heilen, die der Patientin, obgleich sie nur durch die Funken schmerzhaft berührt wurde, sehr lästig war. Die Krankheit dauerte über 2 Monate bis zum 1. April in gleicher Stärke fort, nahm dann ab und hörte in der Mitte des Mai's gänzlich auf.

Das Erröthen eine elektrische Wirkung. Martyn Roberts[2]) bringt die bekannte Erfahrung vor, dass Flüssigkeiten

---

[1]) Silliman american phil. journal. Sturgeon Annals* v. II. p. 351. l'Institut* 1838 p. 204.

[2]) Lond. Edinb. phil. Mag.* v. 19. p. 31.

die aus Capillarröhren tropfenweise ausfliessen, ausströmen wenn sie elektrisirt werden, und sieht daher die Fälle von gesteigertem oder gehemmten Blutlauf im menschlichen Körper für elektrische Erscheinungen an. Das Erröthen erklärt er leicht (easily) dadurch, dass eine Gemüthsbewegung die neuro-elektrische Aktion in Gesicht und Nacken steigere, welche dann den Widerstand aufhebt, den die Capillargefässe dem Eindringen des Bluts entgegensetzen. Die Hauptsache, dass nämlich in den Gefässen Elektricität durch eine Gemüthsbewegung frei werde, wird stillschweigend vorausgesetzt.

Elektricitätserregung beim Tönen des Glases. Sellier[1]) glaubt, dass Glasscheiben dadurch, dass man sie tönen lässt, elektrisch werden, und zwar dass die Knotenlinien negative, die Bäuche positive Elektricität annehmen. Es wird dies aus den (genügend erklärten) verschiedenen Figuren geschlossen, die Kieselpulver und Harzpulver zeigen, mit welchen die tönende Scheibe bestreut ist. Ich gebe diese Notiz, da sie an die auffallende Angabe erinnert, die Young[2]) nach Robison macht, dass eine geladene leydener Flasche entladen werde, wenn man sie durch Reiben mit dem Finger zum Tönen bringt.

Elektricität auf einer Eisenbahn. Der Baron Séguier hat der Pariser Akademie folgendes Faktum mitgetheilt,[3]) das ihm von einem Herrn Jobard geschrieben wurde, der es wiederum der brieflichen Mittheilung eines Bahnwächters bei Mecheln verdankt. Am 21. Juni 1841 während eines Gewitters bemerkte der Wächter bei Mecheln, in der Richtung der Bahnlinie von Gent nach Lüttich, an jeder Verbindungsstelle der Eisenschienen ein glänzendes Licht das mit Knattern begleitet war. Ein ankommender Zug erschien ganz in Feuer durch glänzende Lichtgarben die aus allen Ecken der Wagen sprühten. Als der Wächter mit einem Begleiter sich den Wagen näherte, erhielten sie einen Stoss der den letztern beinah umgeworfen hätte. Das Phänomen, welches 5 Minuten dauerte, wird von Séguier der atmosphärischen Elektricität zugeschrieben. Diese Manifestation der Elektricität ist indess so aussergewöhnlich, dass sie in Zweifel gezogen werden

---

[1]) l'Institut* 1838 p. 32.

[2]) Lectures on natural philosophy* vol. I. p. 656.

[3]) Compt. rendus* 1841 2me Sem. p. 233.

muss, ehe nicht andere Zeugnisse beigebracht worden sind, die doch bei einer befahrenen Eisenbahn nicht schwer zu erlangen sein müssten.

E. Elektrische Apparate und deren Gebrauch.

Elektrometer.

Oersted[1]) hat ein Elektrometer in der Art construirt, dass er innerhalb eines, in den magnetischen Meridian gestellten, Metallbügels eine Metallnadel am Coconfaden aufhängt, die durch einen an ihr befestigten schwachen Magnet gegen den Bügel gedrückt wird. Der Bügel steht in einem Glascylinder und endigt in einer Messingröhre, die durch den Deckel des Cylinders hindurchgeht. Theilt man der Röhre Elektricität mit, so wird zugleich die bewegliche Nadel elektrisirt, und von dem Bügel um einen Winkel abgestossen, den ein auf einer Theilung verschiebbares Mikroskop misst. Dies Elektrometer hat keinen Vorzug vor dem Peltierschen,[2]) von dem es sich nur dadurch unterscheidet, dass die Nadel am Coconfaden und nicht auf einer Spitze beweglich ist. Die Spitze hindert eine grosse Empfindlichkeit des Instruments nicht, wie ich denn selbst bei Peltier die Nadel durch die Elektricität eines kleinen Zinkkupferpaars um mehr als 15 Grad abgestossen gesehen habe.

Elektroskop mit trockner Säule.

Fechner hat dem Behrens-Bohnenbergerschen Elektroskope folgende bequeme Einrichtung gegeben.[3]) Eine trockne Säule aus ungefähr 1000 Scheibenpaaren von unächtem Gold- und Silberpapier, ist in einer mit Messingkappen geschlossenen Glasröhre befindlich, und liegt auf Stützen horizontal in einem Holzkasten, dessen Deckel mit einer Längsspalte versehen ist. An den beiden

---

[1]) Poggendorff Annalen* Bd. 53. S. 612.
[2]) Repertorium Bd. 2. S. 96.
[3]) Poggendorff Annalen* Bd. 41. S. 230.

Messingkappen sind doppelt gebogene Drähte in Charnieren befestigt und tragen an den freien Enden mittels Charniere eingefügte ovale zolllange Messingscheibchen. Die Drähte sind so lang, dass die beiden Messingscheiben ausserhalb des Kastens über der Mitte der Säule zur Berührung gebracht, ausserdem aber in einer kleinen Entfernung von einander parallel gestellt werden können. Auf den Deckel des Kastens ist eine kleine Glasglocke gestellt, durch deren Wölbung ein Messingstift hindurchgeht, an welchem ein mehrere Zolle langes möglichst schmales Goldblatt befestigt ist, das in der Mitte zwischen den beiden ovalen Messingscheiben zu hängen kommt. Der ausserhalb der Glocke befindliche Theil des Stiftes ist zu einer Schraube geschnitten, auf die eine Kugel oder eine horizontale oder vertikale Metallscheibe geschraubt wird. Der Gebrauch des Apparats ist bekannt.

Atmosphärisches Elektroskop.

Im zweiten Bande des Repertoriums Seite 87 ist angeführt worden, dass Becquerel die atmosphärische Elektricität mittels eines abgeschossenen Pfeiles untersucht hat, der durch einen Goldlahnfaden mit einem Elektrometer verbunden war. Ich habe diese Methode versucht, aber sehr unpraktisch gefunden. Es gelang mir selten, den Lahnfaden, auch wenn er nur 80 Fuss lang war, auf Wachstaft so auszubreiten, dass er von dem abgeschnellten Pfeile unverwirrt abgenommen wurde; oft verfing sich ein Stück davon in einem Grashalme und verursachte dadurch bei der grossen Geschwindigkeit des Pfeils, der von einem vortrefflichen Pistorschen Bogen abgeschossen wurde, ein Zerreissen des Fadens. Ich habe so und zwar bei schönem ziemlich windstillem Wetter zu viele Pfeile und Mühe verloren, um die Versuche während der Wirbelstürme eines herannahenden Gewitters zu wiederholen. Später fand ich, dass schon Gersdorf[1]) sich 1802 der Methode mit dem abgeschossenen Pfeile bedient, dieselbe aber, obgleich er nur einen Faden von 50 Fuss Länge gebrauchte, wieder aufgegeben hat. Um die Luftelektricität im Freien zu beobachten, wird man daher, wie früher, das Saussuresche oder das Voltasche Elektrometer anwenden müssen. Das letztere habe ich mir mit einigen Aenderungen folgendermassen ausführen lassen. Die Fig. 13 zeigt

---

[1]) Gersdorff Beobachtung. d. atmosphär. Elektr.* Görlitz 1802 S. 34.

das Instrument zum Gebrauche geöffnet und auf einem Spazierstocke aufgeschraubt. Es besteht wesentlich aus dem Elektrometer A und dem Glasstabe B, welcher zum Tragen des Auffangedrahtes bestimmt ist. A ist eine luftdicht verschlossene Glaskugel von 1 Zoll 4½ Linie Durchmesser, in welche ein durch den Hals hindurchgehender Stift mit 5 Linien langen äusserst schmalen Goldblättchen hineinragt; den Flächen der Goldblätter gegenüber ist die untere Hälfte der Kugel äusserlich mit Stanniol bekleidet. Der Glasstab B ist 3½ Linie dick und trägt ein Metallstück, um welches die Hülse a drehbar ist. Von dieser Hülse geht auf der einen Seite der Winkelarm b aus, dessen herabgehender Theil aus einem Glasstäbchen besteht, auf der andern Seite ein gebogener Messingarm, der mit der Kugel c die Kugel des Elektrometers berührt. Die Kugel c ist deshalb an der Berührungsstelle sphärisch ausgeschliffen. In die Schraubenmutter d wird der Auffangdraht geschraubt, der aus zwei aufgeschraubten Stücken, jedes von 1½ Fnss Länge, besteht, die in dem ausgehöhlten Spazierstocke, der das Instrument trägt, aufbewahrt werden. Die herabgeklappten Flügel des Instruments enthalten ausser einem Bernsteinstäbchen zur Prüfung der Elektricität, und zwei Verbindungsschrauben die Stücke, welche an der Spitze des Auffangdrahtes angebracht werden: eine feine Stahlspitze und die in Fig. 14 abgebildete Büchse. Diese Messingbüchse, 1 Zoll hoch, 9 Linien weit, ist der Länge nach aufgeschnitten, um einen in derselben befindlichen Teller auf- und abbewegen und mit der Schraube a feststellen zu können. Auf den Teller passt die kleine Spirituslampe b, an deren Stelle auch Räucherkerzen gebraucht werden. Ist dieser Apparat aufgestellt, welches in einigen Minuten geschieht, so drückt man, um die atmosphärische Elektricität aufzufangen, mittels des Armes b (Fig. 13) die Kugel c an das Elektrometer, und rückt die Kugel in gleicher Weise ab, wenn man die Elektricität untersuchen will. Ist der Auffangdraht abgenommen, so bilden die über das Instrument hinaufgeschlagenen Seitentheile einen Kasten von den Dimensionen 4″, 2″ 11‴, 2″ 1‴, welcher leicht und sicher zu transportiren ist.

Ich habe mit diesem Elektroscope einige Versuche bei heiterm Himmel angestellt und immer einen glühenden Körper an der Spitze anbringen müssen, dann aber stets deutliche, zuweilen ziemlich starke Zeichen von positiver Elektricität erhalten. Eine gewöhnliche Räucherkerze in der Büchse ist hierbei sehr bequem, doch giebt eine kleine Spiritusflamme, die bei einmaliger Füllung der Lampe 16 Minuten lang brennt, vergleichbarere Resultate. Es ist indess immer nöthig, dass die glühende Spitze der Flamme, wie der Kerze über die Büchse, wenn auch noch so wenig hinausrage, da sonst ihre Wirkung ausbleibt. Dass der von der Büchse aufsteigende heisse Luftstrom nicht in der Weise der Flamme wirke, zeigte sich dadurch, dass, als nach mehrfachem Gebrauche der Räucherkerzen die Büchse so heiss geworden war, dass man sie nicht gut anfassen konnte, dennoch keine Elektricität im Elektroscope zu finden war, die sogleich bei Anwendung einer freistehenden glühenden Spitze eintrat. Als ich die kleine Lampe zu einer Glühlampe eingerichtet hatte, erhielt ich keine Wirkung. Ob dies allein daher rührte, dass der über die Büchse hervorragende Theil der Platinspirale zu glühen aufhörte, ist nicht mit Bestimmtheit ausgemacht worden.

Doppel-Condensator.

Péclet [1]) hat aus drei vergoldeten Glasplatten einen Condensator construirt. (Die Glasplatten wurden hierzu mattgeschliffen, angehaucht mit Goldblatt belegt und mit einer dicken Firnissschicht bedeckt, die eben geschliffen und durch Firniss glänzend gemacht wurde.) Eine dieser Platten, A ist auf einem Goldblattelektroscope befestigt und auf der obern Seite gefirnisst. Auf ihr ruht die auf beiden Flächen, aber nicht am Rande gefirnisste Platte B, welche auf der oberen Fläche mit einem Glasstiel zum Abheben versehen ist. Eine dritte Platte C endlich ist nur auf der untern Fläche gefirnisst, sie ist in der Mitte durchbohrt und zum Abheben mit einer Glasröhre versehen, die den Glasstiel der Platte B umfasst. Diese Einrichtung dient in folgender Art zu wiederholter Condensation. Man bringt die zu untersuchende Elektricität an die Platte C und berührt dabei die Platte B ableitend (die hierzu mit einem vorspringenden vergoldeten Kupferstifte versehen ist), hebt alsdann C ab und berührt die Platte A ableitend. Die Platte C wird alsdann wieder aufgesetzt, mit Elektricität versehen und das frühere Verfahren wiederholt, bis zu-

---

[1]) Compt. rendus t. VII. p. 486. In den Annales de Chimie dreimal t. 68 t. 71 und 3me Sér. t. 2 p. 100.* An der letzten Stelle ist eine Abbildung gegeben. Poggendorff Annalen Bd. 46. S. 348.

letzt auch die Platte B abgehoben wird, wodurch die ganze in der Platte A angesammelte Elektricität (sie ist derselben Art, wie die an C angebrachte) die Divergenz der Goldblättchen im Elektroscope bewirkt. Um diese genau ablesen zu können, sind ausserhalb des Glaskastens des Elektroscops zwei vertikale Metallplatten diametral einander gegenübergestellt, von welchen die eine mit einem kleinen Loche zum Absehen, die andere mit einer Gradeintheilung versehen ist.

Der Verfasser fügt einige Versuche bei, in welchen die vergoldete Platte mit verschiedenen Metallen berührt, und im Elektroscope negative Elektricität in verschiedener Stärke erhalten wurde. Hiernach stellt sich die Reihe der Metalle, die das Gold in abnehmender Stärke negativ elektrisiren: Zink, Blei, Zinn, Wismuth, Antimon, Eisen, Kupfer, Silber, Platin. Der Versuch mit dem Platin wurde mit besonderer Vorsicht angestellt, das Platin wurde geglüht, und die Hand, die es hielt, mit destillirtem Wasser gewaschen.

Luftcondensator.

Eine einfache und bequeme Einrichtung dieses Instruments, die ich vorgefunden zu haben mich nicht entsinne, ist folgende: Zwei Messingscheiben von 4 Zoll einige Linien Durchmesser sind an Glasstäben befestigt, vertikal einander gegenübergestellt. Die eine Scheibe steht unverrückbar auf einem Brette, und ist durch einen in einer Druckschraube befestigten Draht mit einer vollkommenen Ableitung versehen. Der Fuss der andern Scheibe wird von einem Metallstücke gebildet, das zwischen zwei auf dem Brette befestigten Metallleisten leicht verschiebbar ist. Auf einer dieser Leisten ist ein vorspringendes Metallstück festgeklemmt, welches die (veränderliche) Entfernung bestimmt, bis zu welcher die Scheiben einander genähert werden können. Die bewegliche Scheibe trägt an der Rückseite einen Draht mit einer Kugel, die mit einem Elektrometer in Verbindung gesetzt werden kann. Bei starken Elektricitätsansammlungen muss das Ueberspringen der Elektricität durch ein zwischen die Scheiben gebrachtes Glimmerblatt verhindert werden.

Vertheilungsapparat.

Ich habe mir zur Anstellung der im Repertorium Band. 2. S. 34. beschriebenen Versuche den in Fig. 15. abgebildeten Apparat anfertigen lassen, der sich auch zu andern Vertheilungsversuchen eignet. Die Messingkugel e hält 2 Zoll 4½‴ pariser Maass im Durchmesser, die Glasscheibe d 3 Zoll 7½‴, und der Messingstab ab ist 6″ 5‴ lang, 3½‴ dick. Die Mittelpunkte dieser drei Stücke stehen von dem Glasstabe f 5 Zoll 9‴ entfernt. Die Stücke sind mittels Glasarme, die mit schmelzendem Schellack überzogen werden, an Klammern befestigt und können an dem Glasstabe auf und ab bewegt und festgestellt werden. An dem Messingstabe sind die Hollundermarkkugeln a und b an Leinfäden unverrückbar aufgehängt, die dritte Kugel c hat aber ihren Befestigungspunkt auf einem Ringsegmente, das an dem Metallstabe verschiebbar ist. Hierdurch lässt sich der elektrische Indifferenzpunkt des Metallstabes bei verschiedener Stellung der geladenen Messingkugel sichtbar machen. Bringt man den Messingstab ab in Berührung mit der elektrisirten Kugel, so zeigt sich die Anordnung der Elektricität auf diesem zusammengesetzten Leiter durch die Divergenz der Markkugeln. Die Spiegelscheibe d dient theils den Uebergang der Elektricität von der Kugel zum Stabe zu verhindern, theils zur Placirung von Metallscheiben, um den Einfluss der Schirme auf die Vertheilung zu zeigen. Zur Ladung der Kugel wird eine leydener Flasche benutzt, die mit Anwendung des Ladestatifs (siehe unten) zu einem bestimmten Grade geladen worden ist.

Elektrische Spritze.

Böttger [1]) hat mit Hülfe eines Bohnenbergerschen Elektroscops gezeigt, dass an dem Knopfe der elektrischen Spritze von Page [2]), welcher positive Elektricität giebt, wenn man den Stempel aufzieht, negative Elektricität zum Vorschein kommt, wenn man denselben zurückstösst. Diese negative Elektricität ist so stark, dass ich sie mit Leichtigkeit an einem Bennetschen Goldblattelektrometer aufzeigen konnte; sie rührt ohne Zweifel von einer Vertheilung her, welche die positiv elektrisirte innere Oberfläche der Glasröhre auf den Metallknopf ausübt. Die Elektricität der innern Glasfläche ist am stärksten, wenn man den Stempel zurückstösst, weil sie alsdann nicht von den Spitzen des Einsaugers entladen wird, sie fehlt aber nicht gänzlich bei dem Heraus-

---

[1]) Neue Beiträge zur Physik * S. 54.

[2]) Repertorium Bd. 2. S. 91. siehe Fig. 2. desselben Bandes.

ziehen des Stempels, weil der Einsauger die Fläche nicht vollständig entladet. Man kann daher die negative Elektricität des Knopfes aufzeigen, ohne den Stempel zurückzustossen. Ich zog den Stempel auf und nahm einen Funken von dem Metallknopfe der alsdann an das Elektroscop angelegt noch ein- oder zweimal eine Divergenz mit positiver Elektricität verursachte. Bei erneuter Anlegung an das Elektrometer kamen aber Divergenzen mit negativer Elektricität zum Vorschein, und zwar fielen diese immer stärker aus, erreichten 5 Linien (bei einer Länge der Goldblättchen von 1 Zoll) und nahmen dann ab. Ich konnte 7 bis 10 negative Divergenzen beobachten, ehe der Knopf der Spritze alle Elektricität verloren hatte. Die stärkste negative Elektricität (mit einer Divergenz der Goldblättchen von ungefähr 9 Linien) erhält man, als Summe der Wirkung der zwiefachen Elektrisirung der Glasfläche, wenn man den Stempel aufzieht und ihn, nach Entladung des Knopfes, sogleich wieder zurückstösst.

Reibkissen.

Da für eine Elektrisirmaschine mit sehr unregelmässigem Glascylinder ein passendes Reibkissen nicht zu finden war, liess Walker [1]) ein hohles Kissen aus Kautschuck verfertigen und mit Leder überziehen. Mit Wasser gefüllt that dies eigenthümliche Reibzeug sehr gute Dienste.

Leydener Flasche.

Sturgeon [2]) bemerkte, dass die Flaschen, welche beim Entladen der elektrischen Batterie zerbrachen, zumeist am obern Rande der Belegung durchbohrt waren. Er bekleidete die untere Fläche des Holzdeckels der Flasche mit Stanniol und verband diesen durch Stanniolstreifen mit dem obern Rande der innern Belegung. So vorgerichtete Flaschen sollen die stärksten elektrischen Entladungen ertragen, ohne durchbohrt zu werden.

Ladestativ.

Um eine leydener Flasche zu einem bestimmten Grade zu laden, wird sie auf den mit einem Rande versehenen, durch einen

[1]) Sturgeon Annals of El. * v. III. p. 62.
[2]) Sturgeon Annals of El. * v. II. p. 86.

Glasfuss isolirten Teller des in Fig. 16 abgebildeten Apparates gestellt, und ihre Kugel mit dem Conductor der Elektrisirmaschine in Verbindung gesetzt. Die Kugel b, die auf einem Metallstabe steht, wird von der festen Kugel in eine bestimmte Entfernung gestellt, wozu die Schlittenbewegung auf dem Fussbrette dient. In der Druckschraube c ist ein zu einer vollkommenen Ableitung (Gasröhren) führender Draht befestigt. Die Anzahl der zwischen a und b überspringenden Funken giebt ein relatives Maass der Ladung der Flasche.

Verbindungsklemmen.

Zur Verbindung von Drähten unter sich oder mit Platten hat Poggendorff[1]) sehr bequeme Klemmen angegeben, die in Fig. 17. in natürlicher Grösse abgebildet sind. Die erste Klemme besteht in einem durchbohrten Kupfercylinder, in welchem die zu verbindenden Drähte mittels zweier Druckschrauben befestigt werden. Die zweite ist aus zwei Kupferplatten gebildet, welche durch eine Schraube zusammengepresst, dabei aber von einem Stifte in ihrer Lage gehalten werden. Die Platten haben auf einer Seite der Schraube eine keilförmige Furche, um einen Draht fassen zu können. Die Kegelklemmen, mit welchen ein Draht von genau bestimmter Länge in den Schliessungsbogen oder das Luftthermometer eingeschaltet wird, sind bereits im 2ten Bande des Repertoriums S. 98. beschrieben worden.

Maassflasche.

Von dieser Flasche, die zur Messung der in die elektrische Batterie geführten Elektricitätsmenge dient, ist bereits, Repertor. Bd. 2. S. 38, die Rede gewesen. Es ist eine sorgsam gearbeitete Lanesche Funkenflasche von $\frac{1}{2}$ quadr. Fuss innerer Belegung, an der die bewegliche Kugel mittels einer Führschraube in eine genau messbare Entfernung von der festen Kugel zu stellen ist. Da diese Kugeln an der Stelle, wo die Funken überspringen, angegriffen werden, so habe ich sie jetzt, statt sie unveränderlich zu befestigen, auf wohl abgedrehte Zapfen stellen lassen, wodurch man einen ganzen grössten Kreis der Kugeln zum Auffangen der Funken benutzen kann. Man hat die Kugeln daher erst nach län-

[1]) Poggendorff Annalen* Bd. 49. S. 39.

gerem Gebrauche abzunehmen und zu poliren. Die äussere Belegung der Maassflasche muss eine vollkommene Ableitung haben, die ich jetzt durch Verbindung der kupfernen Fussplatte der Flasche mit den Gasröhren des Hauses herstelle. Der Kupferstreifen, der von dem Schliessungsbogen der Batterie zu dem Drahte hinabgeht, der von dem Innern der Maassflasche zur äussern Belegung der Batterie führt (siehe a. a. O.), ist an der Fussplatte der Flasche befestigt und wird durch eine daselbst angebrachte Messingfeder gegen jenen Draht gedrückt. Hierzu ist an dem Streifen ein mit einer Rinne versehenes Messingstück befestigt, die jenen Draht aufnimmt. Vor dem Laden der Batterie wird der Kupferstreifen durch einen Schnurlauf von dem Drahte entfernt; indem die Schnur vor dem Entladen gelöst wird, kommt der Schliessungsbogen sowohl mit der äussern Belegung der Batterie, als auch mit der allgemeinen Ableitung in Verbindung.

Funkenmikrometer.

Zwei Messingzapfen a b (siehe Fig. 18.) an horizontal durchbohrten mit Druckschrauben versehenen Metallstücken sind auf dünnen ungefähr drei Zoll langen Glasstäben isolirt. Der eine Stab ist auf einer Metallplatte durch die Schraube c unverrückbar befestigt, der andere steht auf einem Schlitten, der mittels der Führschraube f längs einer feinen Theilung bewegt wird. Diese Führschraube wirkt durch eine Schraubenmutter, die durch die Schraube d an die Metallplatte geklemmt ist; nach Lösung der Schraube kann der Schlitten mit der Hand fortbewegt werden. Die Metallplatte ist auf einen Glasstab von $2\frac{1}{2}$ Zoll Länge gestellt. — Auf die Zapfen des Funkenmikrometers sind verschiedene Metallkörper (siehe Fig. 19.) unverrückbar aufzustecken: Kugeln von $6\frac{3}{10}$ Linien, Scheiben von $8\frac{1}{6}$ Linien Durchmesser, abgestumpfte Kegel und Spitzen. Um die feinsten Spitzen anzubringen, sind die Zapfen mit horizontalen Durchbohrungen versehen, in welche englische Nähnadeln gesteckt werden können.

Zersetzungsapparat.

Zu elektrischen Zersetzungen auf Papieren habe ich folgenden Apparat anfertigen lassen, den ich auch bei galvanischen Zersetzungen bequem gefunden habe. (So diente er z. B. nebst einem Zink- und Kupferstückchen, die durch feuchtes Papier getrennt waren, zur Untersuchung der Continuität einer langen Drahtleitung, und erwies sich dabei eben so empfindlich, aber viel bequemer als das Galvanometer.) Auf einem kleinen Brette (4 Zoll und $1\frac{2}{3}$ Zoll) sind zwei parallele Metallleisten befestigt, zwischen welchen die beiden mit Knöpfen versehenen Metallstücke a (Fig. 20) verschiebbar sind. In diese Stücke sind dünne 2 Zoll lange Glasstäbe unter starker Neigung gegen das Brett eingekittet, welche die kupfernen Winkelstücke b c tragen. Jedes dieser letzteren ist doppelt durchbohrt, bei b horizontal um die Leitungsdrähte, bei c winkelrecht um die Zersetzungsdrähte aufzunehmen. Die Drähte werden in den Bohrlöchern durch Schrauben festgehalten. Die Zersetzungsdrähte bestehen, wie die Figur zeigt, aus dicken (Platin) Nadeln mit stumpfer Spitze; man lässt dieselben durch ihr eigenes Gewicht so weit hinabfallen, dass sie auf einer untergelegten Glasplatte zu stehen kommen, und befestigt sie in dieser Lage durch die Schrauben. Die Platinspitzen drücken alsdann gegen ein zweimal zusammengelegtes Papier, das mit der zu zersetzenden Lösung benetzt ist, hinlänglich, um die Zersetzung hervorzubringen. Auf einer der Metallleisten ist eine Theilung angebracht, um die Entfernung der Platinspitzen reguliren zu können. Will man den Apparat zur Wasserzersetzung anwenden, so werden statt der Nadeln Uförmige Platindrähte genommen, deren unterer Theil mit geschmolzenem Siegellack überzogen ist, und die mit dem einen Schenkel und einer daran gelötheten Platinplatte in eine Gasröhre hinaufreichen.

Luftthermometer.

Die Einrichtung des Luftthermometers, dessen ich mich zur Bestimmung der Erwärmung eines Drahtes im Schliessungsbogen bediente, habe ich im zweiten Bande des Repertoriums Seite 98. angegeben; in einer historischen Notiz in Poggendorff's Annalen Band 52. Seite 315. habe ich gezeigt, wie dies Instrument durch allmählige Veränderung aus dem von Kinnersley 1761 erfundenen Thermometer hervorgegangen ist. Die Theorie des Instruments, die zu dessen Gebrauche nothwendig ist, findet sich an verschiedenen Stellen meiner Abhandlungen über die elektrische Erwärmung, aus welchen ich die nöthigsten Resultate hier zusammenstelle. Es ist zu bemerken, dass bei Berechnung der Erwärmung eines Drahtes angenommen worden, dass derselbe seine

Wärme mit der ganzen Luftmasse der Thermometerkugel theile, und dass die Elasticität dieser Luftmasse, welche das Sinken der Flüssigkeit in der Röhre veranlasst, nur unmerklich durch Abkühlung, die von der Glashülle ausgeht, verändert werde. Die letzte Annahme gilt nur für instantane Wärmeerregung, und fällt bei anderweitiger Anwendung des Instruments fort. Es ist dabei nöthig, dass die Thermometerkugel nicht zu klein genommen werde.

Berechnung der Erwärmung eines im Thermometer ausgespannten Drahtes. Es mögen folgende Bezeichnungen gelten:

Temperaturerhöhung des Drahtes in Centesimalgraden		T
Senkung der Flüssigkeit in der Röhre, in pariser Linien		ϑ
Der Luft in der Kugel:	Volumen in pariser cub. Linien	V
	specif. Gewicht bei 0 Gr. und 1''' Druck	γ
	Wärmecapacität bei ungeändert. Volum.	c
	Ausdehnung für 1 Gr. Centes.	α
Des Drahtes in der Kugel:	Länge in pariser Linien	l
	Halbmesser	r
	specif. Gewicht des Metalles	g
	Wärmecapacität	C
	el. Verzögerungskraft d. Metalles	x
Der Thermometerröhre:	Querschnitt	s
	Neigung gegen die Vertikale	φ
Gewicht des Quecksilbers gegen das der Flüssigkeit der Röhre		n
Der äussern Luft beim Abschluss der Kugel:	Temperatur	t
	Druck in paris. Lin.	b

(Die letzten beiden Grössen werden constant angenommen während des Abschlusses der Kugel, daher Versuche mit dem Thermometer bei stürmischem Wetter und in einem Zimmer, dessen Temperatur schnell veränderlich ist, nicht anzustellen sind.) Man hat folgenden Ausdruck für die gesuchte Beziehung zwischen der Anzeige ϑ des Thermometers und der Temperaturerhöhung T des in ihm ausgespannten Drahtes:

$$T = \left(\frac{1}{\alpha} + t\right)\left(\frac{\cos.\varphi}{n\,b} + \frac{s}{V}\right)\left(\frac{V c \gamma b}{\pi g C l r^2 \,(1 + \alpha t)} + 1\right)\vartheta$$

Für den gewöhnlichen Gebrauch kann diese Formel durch Einführung von Zahlenwerthen vereinfacht werdn. Es ist nämlich auch eine bedeutende Aenderung des Barometer- und Thermometerstandes in der äussern Luft vor Abschluss der Thermometerkugel von sehr geringem Einflusse auf ϑ, so dass man $t = 15$, $b = 336$ setzen kann. Die Flüssigkeit in der Röhre ist aus Alkohol, Schwefelsäure und Cochenille am besten so zusammenzusetzen, dass ihr specifisches Gewicht 0,919 ist, dann wird $n = 15$. Man erhält somit

$$T = 287{,}9\left(\frac{\cos.\varphi}{5040} + \frac{s}{V}\right)\left(\frac{0{,}00007341\,V}{g\,C\,l\,r^2} + 1\right)\vartheta$$

zur Berechnung der durch die elektrische Entladung erzeugten Temperaturerhöhung des Drahtes; und

$$W = 904{,}3\left(\frac{\cos.\varphi}{5040} + \frac{s}{V}\right)\left(0{,}00007341\,V + g\,C\,l\,r^2\right)\vartheta$$

zur Berechnung der in ihm frei gewordenen Wärmemenge. Für die Zahlen sind folgende Logarithmen zu gebrauchen:

log.	287,9	= 2,45917
"	5040	= 3,70243
"	0,00007341	= 5,86575
"	904,3	= 2,95632

Beide Formeln sind zur logarithmischen Rechnung sehr bequem, da sie für jedes bestimmte Thermometer die Form annehmen $A\left(\frac{B}{X} + 1\right)$ mit ϑ oder ϑX multiplicirt, worin A und B constante Werthe sind, und log. $\left(\frac{B}{X} + 1\right)$ mit Hülfe der Gauss'schen Logarithmen leicht zu berechnen ist.

Empfindlichkeit des Thermometers. Man hat bei elektrischen Versuchen Thermometer von sehr verschiedener Empfindlichkeit nöthig, die man aber leicht durch eine Aenderung desselben Instrumentes herstellen kann. Da die durch Elektricität in einem veränderlichen Drahte erregte Wärmemenge durch den Ausdruck gegeben ist: $W = \frac{a}{\frac{r^2}{x\,l} + b}$, so hat man diesen nur in die letzte Formel einzuführen und ϑ zu entwickeln, um die Empfindlichkeit des Thermometers bei bestimmter Entladung nach allen seinen Theilen zu übersehen. Man erhält nämlich:

$$\vartheta = \frac{a}{\left(\frac{\cos.\varphi}{5040} + \frac{s}{V}\right)\left(0{,}00007341\,V + C\,g\,l\,r^2\right)\left(\frac{r^2}{x\,l} + b\right)}$$

woraus sich folgende Bestimmungen ergeben:

Thermometerröhre. Mit Abnahme ihres Querschnitts wächst die Empfindlichkeit des Thermometers, doch darf derselbe der Capillarität wegen nicht zu klein genommen werden; ich habe ihn 0,12 und 0,13 quadr. Linie angewandt. Eine grössere Neigung der Röhre gegen die Vertikale steigert die Empfindlichkeit, die horizontale Lage wäre die günstigste, wenn sie nicht bei den Entladungs-Strömen Unbequemlichkeiten mit sich brächte. Ich habe die Neigung 83½ Grad genommen.

Thermometerkugel. Das Volumen der Kugel V hat eine Gränze, bis zu der es mit Vortheil vergrössert werden kann. Diese Grenze wird gefunden

$$V = 8285{,}4 \,.\, r \sqrt{\frac{g C l s}{\cos.\varphi}}$$

und ist also von dem angewandten Drahte abhängig. Es ist indess, nach der obigen Bemerkung, nicht rathsam, die Kugel zu klein zu nehmen (ich habe sie nicht unter 2½ Zoll Durchmesser gebraucht). Wo man einer gesteigerten Empfindlichkeit des Instrumentes bedarf, ist diese durch Horizontalstellen der Röhre zu erhalten, bei welcher Lage die Grösse der Kugel unbedingt vortheilhaft ist.

Draht in der Kugel. Nach der Formel würde das vortheilhafteste Metall des Drahtes in der Thermometerkugel das Blei sein, man wird indess besser Neusilber oder Platin, die keiner Veränderung ausgesetzt sind, anwenden. Durch Verlängerung des Drahtes lässt sich die Empfindlichkeit des Instruments steigern, aber nur bis zur Gränze

$$l = \sqrt{\frac{0{,}00007341\, V}{C g x b}}$$

welche von dem Volumen der Kugel, dem Metalle des Drahtes und der Constante b abhängt. Diese letzte Grösse, welche sich mit dem Schliessungsbogen ändert, muss aus zwei vorläufigen Versuchen bestimmt werden. —

Am einflussreichsten auf den Gang des Thermometers ist der Halbmesser des Drahtes, der, je kleiner er gewählt wird, eine desto grössere Empfindlichkeit des Thermometers bedingt. Durch verschieden lange und dünne Drähte lässt sich daher das Luftthermometer leicht zu jeder gewünschten Empfindlichkeit vorrichten.

Cylindrisches Luftthermometer.

Poggendorff[1]) hat sich zu Versuchen mit magneto-elektrischen Strömen eines leicht zu construirenden Luftthermometers mit cylindrischem Behälter bedient. Auf dem Brette AB (Fig. 21) 33 Zoll und 3 Zoll haltend, ist das Glasrohr df, von 9 Zoll Länge 8 Linien innerem Durchmesser befestigt. Es ist an beiden Enden mit Korkstöpseln und geschmolzenem Siegellack luftdicht verschlossen. Durch den einen Stöpsel geht die kurze offene Glasröhre k, welche bei dem Gebrauche mit einem Korke verstopft wird, durch den andern die lange Röhre abc. Diese letztere ist bei b und c zu Kugeln von 0,5 Zoll Durchmesser ausgeblasen und bei a zu einem aufgerichteten Cylinder erweitert. In dem übrigen 18 Zoll langen Theile ist diese Röhre 0,5 Linie weit und wird mit einigen Tropfen gefärbten Weingeistes versehen, die einen Index von 1 Zoll Länge bilden, dessen Bewegung auf einer in Linien getheilten Scale abgelesen wird. In dem Behälter df ist ein 24 Zoll langer Platindraht, 0,133 Linien dick, schraubenförmig ausgespannt, seine Enden gehen luftdicht durch die Korkstöpsel zu zwei im Holze befestigten Kupferstiften, welche mittels Klemmen mit den Leitdrähten der magneto-elektrischen Maschine verbunden sind. — Die Empfindlichkeit des Instruments wird durch die horizontale Lage der Röhre bedingt, in der sich die Flüssigkeit bewegt; die Abkühlung der abgesperrten Luftmasse durch das Glas des Cylinders ist so gross, dass der Index bei dem Aufhören des elektrischen Stromes sogleich zurückgeht.

Metallthermometer.

Es ist zuweilen bequem, sich bei Untersuchung der elektrischen Wärmeentwicklung statt des Luftthermometers eines Metallthermometers zu bedienen. Ich habe hierzu eine ziemlich complicirte Vorrichtung bei Breguet in Paris gesehen, in welcher der elektrische Strom durch eine Platinspirale geführt wurde, die eine thermometrische Spirale nahe umschloss. Eine einfachere Einrichtung des Instruments ist die folgende: Auf einer mit Stellschrauben versehenen Fussplatte von 6 Zoll Durchmesser steht eine hölzerne Säule von 6 Zoll 3''' Höhe, welche an einem 2 Zoll 2'''

[1]) Poggendorff Annalen Bd. 52. S. 324.

langen horizontalen Arme das obere Ende der 3 Zoll 7''' langen Thermometer-Spirale trägt. Der am unteren Ende befestigte Zeiger spielt auf einer Eintheilung von 28 Linien Durchmessnr, die an der Holzsäule hinaufgeschoben werden kann und nach dem Gebrauche die Spirale stützt. Ein starker Messingdraht geht am Rande durch das Fussbrett, und endigt ausserhalb der Glasglocke, unter welcher die Spirale und Holzsäule stehn, in einer Druckschraube; innerhalb geht derselbe an der Säule hinauf und krümmt sich dergestalt, dass sein oberes mit einer Klemme versehenes Ende über der Mitte der Spirale steht. Gleichfalls in der Axe der Spirale, aber 1 Zoll von ihrem untern Ende entfernt, steht eine Klemme, von der ein Draht durch die Mitte des Fussbrettes zu einer ausserhalb der Glocke stehenden Druckschraube führt. In diesen beiden Klemmen ist ein Platindraht von 61,5 Linien Länge, 0,08 Linien Dicke straff ausgespannt, und bildet bei gehörigem Stande des Fussbretts, zu dessen Regulirung die Stellschrauben dienen, die Axe der Thermometer-Spirale. Mittels der beiden äusserlich am Brette befindlichen Druckschrauben wird der Platindraht in eine elektrische Schliessung eingeschaltet. — Meine, sehr empfindliche, von Breguet gefertigte Spirale geht durch 22 Bogengrade, wenn sich die ganze Luftmasse unter der Glasglocke um 1 Grad R. erwärmt.

Induktionsscheiben.

Flache Spiralen zur Elektro-Induction habe ich mir in folgender Art anfertigen lassen[1]). In eine aus drei aufgeleimten Dicken bestehenden Holzscheibe ist eine Anzahl concentrischer Kreise mit Zwischenräumen von ungefähr 2 Linien zur Tiefe des anzuwendenden Drahtes eingeschnitten und durch gekrümmte Einschnitte zu einer spiralförmigen Figur vereinigt. Ein Draht von passender Länge wird in die eingeschnittene Figur gelegt, daselbst an vielen Stellen durch Pech oder Schellack befestigt und durch aufgelegte Gewichte niedergehalten. Ist die Figur vollendet, so werden alle Zwischenräume zwischen den Spiren gleichförmig mit Pech ausgefüllt und die Oberfläche mit einer heissen Metallplatte geglättet. Die Enden des Drahtes gehen am Rande und in der Mitte durch die Holzscheibe hindurch und sind an daselbst befestigten Druck-

---

[1]) Poggendorff Annalen *. Bd. 50. S. 10.

schrauben gelöthet. Die erste Drahtfigur wird auf einer zweiten Holzscheibe sorgfältig copirt. Beide Spiralscheiben werden mit Glasfüssen versehen einander gegenübergestellt; der eine Glasfuss wird auf einem Brette, der andere auf einem darauf angebrachten Schlitten befestigt. Ich besitze zwei Paare solcher Induktionsscheiben, an dem einen hat jede Holzscheibe, von 6 Zoll Durchmesser, 14 Spiren und 13 Fuss Draht, an dem andern enthält die Scheibe von 1 Fuss Durchmesser 31 Spiren von 53 Fuss Draht gebildet.

Differential-Induktor.

Unter diesem Namen hat Dove [1]) einen Apparat angegeben, um die Differenz zweier Nebenströme bemerklich zu machen. Auf zwei starke cylindrische Glasröhren von 1 Fuss Länge und 1 Zoll Weite sind zwei Spiralen von Kupferdraht in gleichem Sinne gewickelt und ganz in Schellack eingelassen, welches auswendig mit Papier überzogen ist. Jede der Spiralen erhält bei 32 Fuss Drahtlänge 80 Windungen. Von den Drahtklemmen, in welchen diese Spiralen endigen, wird a mit der innern, d mit der äussern Belegung der Batterie verbunden (s. Fig. 22.). Da die Klemmen b und c durch einen Querdrath verbunden sind, so bilden die beiden Spiralen ab und cd zusammen den Schliessungsdraht der Batterie. Die darauf zu schiebenden mit den innern in gleichem Sinne gewundenen Induktionsspiralen sind auf Röhren von Pappe in Schellack eingelassen, und haben bei 80 Windungen eine Drahtlänge von 45 Fuss. (Der hier angewandte Draht ist überall ½ Linie dick.) Die beiden Enden jeder Nebenspirale befinden sich auf derselben Seite (Vorderseite der Figur); es läuft deshalb das umgebogene längere Ende jeder Spirale (β und γ) in einer Glasröhre neben der äussern Papierbekleidung hin und ist daran mittels seidener Bänder befestigt. Von den vier Enden der Nebenspirale sind zwei (α und γ) durch einen Querdraht verbunden, während die andern beiden, je nach der Wirkung, die man am Nebenstrom prüfen will, durch verschiedene Metallstücke geschlossen werden. In der Figur sind diese Enden mit Drähten und Handhaben versehen, welche zur Prüfung des physiologischen Effekts mit den Händen gefasst werden. Jede Schliessungsspirale (ab und cd) liegt mit ihrer sie einhüllenden Nebenspirale ($\alpha\beta$ und $\gamma\delta$), auf

[1]) Poggendorff Annalen* Bd. 54. S. 310.

zwei Glasfüssen von $\frac{3}{4}$ Zoll Durchmesser, welche in einer Höhe von $8\frac{1}{2}$ Zoll sich gabelförmig öffnen in zwei Glasstangen, die bei einer Länge von 3 Zoll oben $1\frac{1}{2}$ Zoll von einander stehen und an den lothrechten Stangen mittels Messinghülsen befestigt sind. — Indem die Batterie durch die beiden Schliessungsspiralen entladen wird, entsteht in jeder der beiden Nebenspiralen ein inducirter Strom von nahe gleicher Stärke. Da diese beiden Ströme durch dieselbe Leitung gehen müssen, diese aber durch den Verbindungsdraht $\alpha\gamma$ so eingerichtet ist, dass die Ströme in ihr entgegengesetzt gerichtet sind, so wird im Allgemeinen keine Wirkung von ihnen resultiren. Die Wirkung wird aber eintreten, wenn einer der beiden Ströme verändert wird, oder wenn beide Ströme in verschiedenem Maasse verändert werden. Diese Aenderung geschieht durch Einführung verschieden geformter Metallmassen in die cylindrische Hölung der Schliessungsspiralen; in der Figur ist der Fall angedeutet, in welchem die Spirale cd einen massiven Metallcylinder, die Spirale ab ein in eine Metallhülle eingeschlossenes Drahtbündel enthält. Um die Richtung des resultirenden Stromes und daher die Nebenspirale zu finden, von welcher der überwiegende Strom ausgeht, bedient man sich des oben (Seite 228.) angegebenen Mittels, durch den Strom elektrische Figuren auf einer Harzfläche zu bilden [1]).

Geschlossen am 13. Februar 1842.

---

[1]) Fast alle hier beschriebenen Apparate sind bereits von Herrn Mechanikus Kleiner in Berlin in grosser Vollkommenheit ausgeführt worden.

Namenregister.

Nachweisung der Figuren.

Akustik.

Elektricität.

Gedruckt bei Julius Sittenfeld.

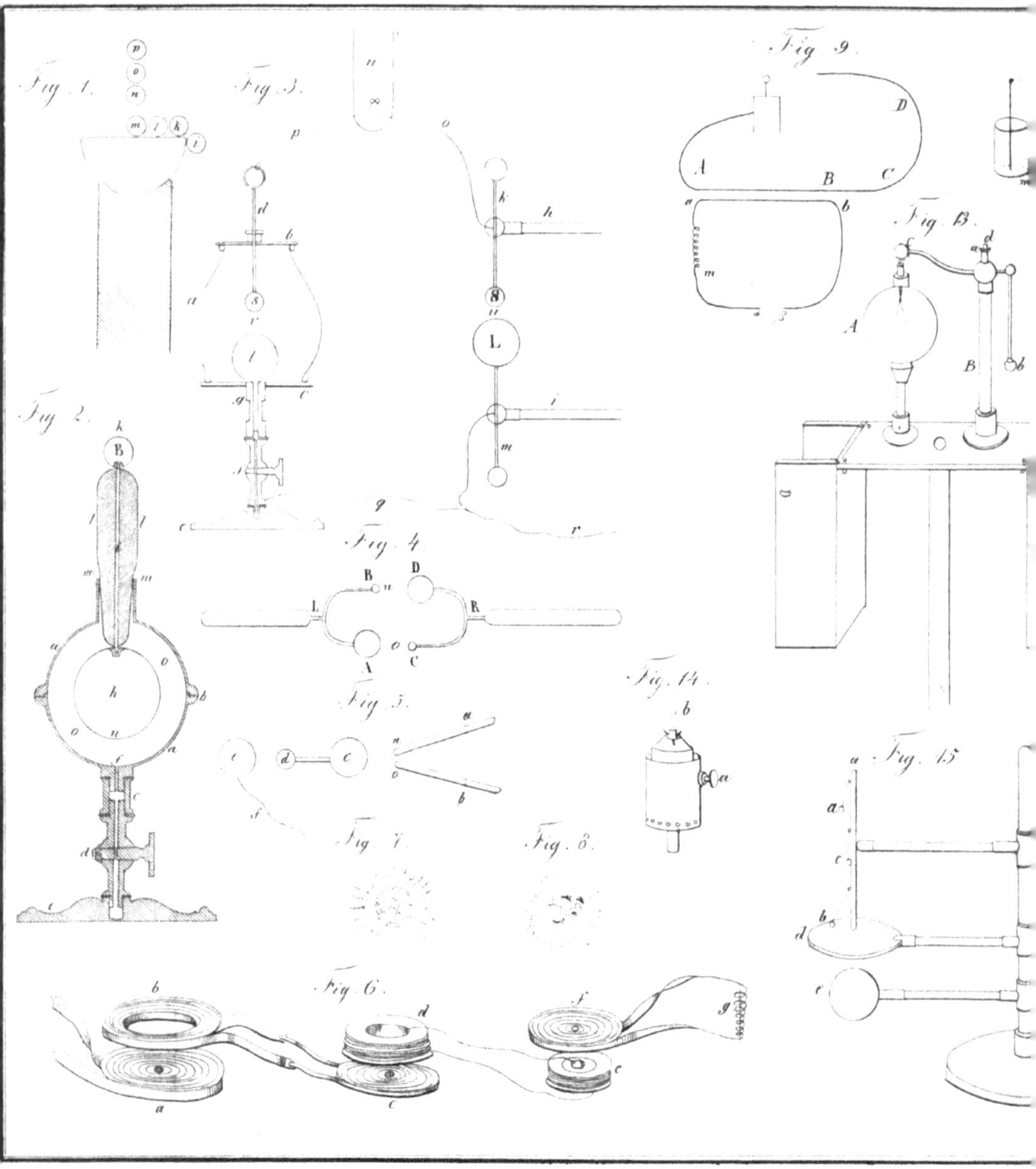

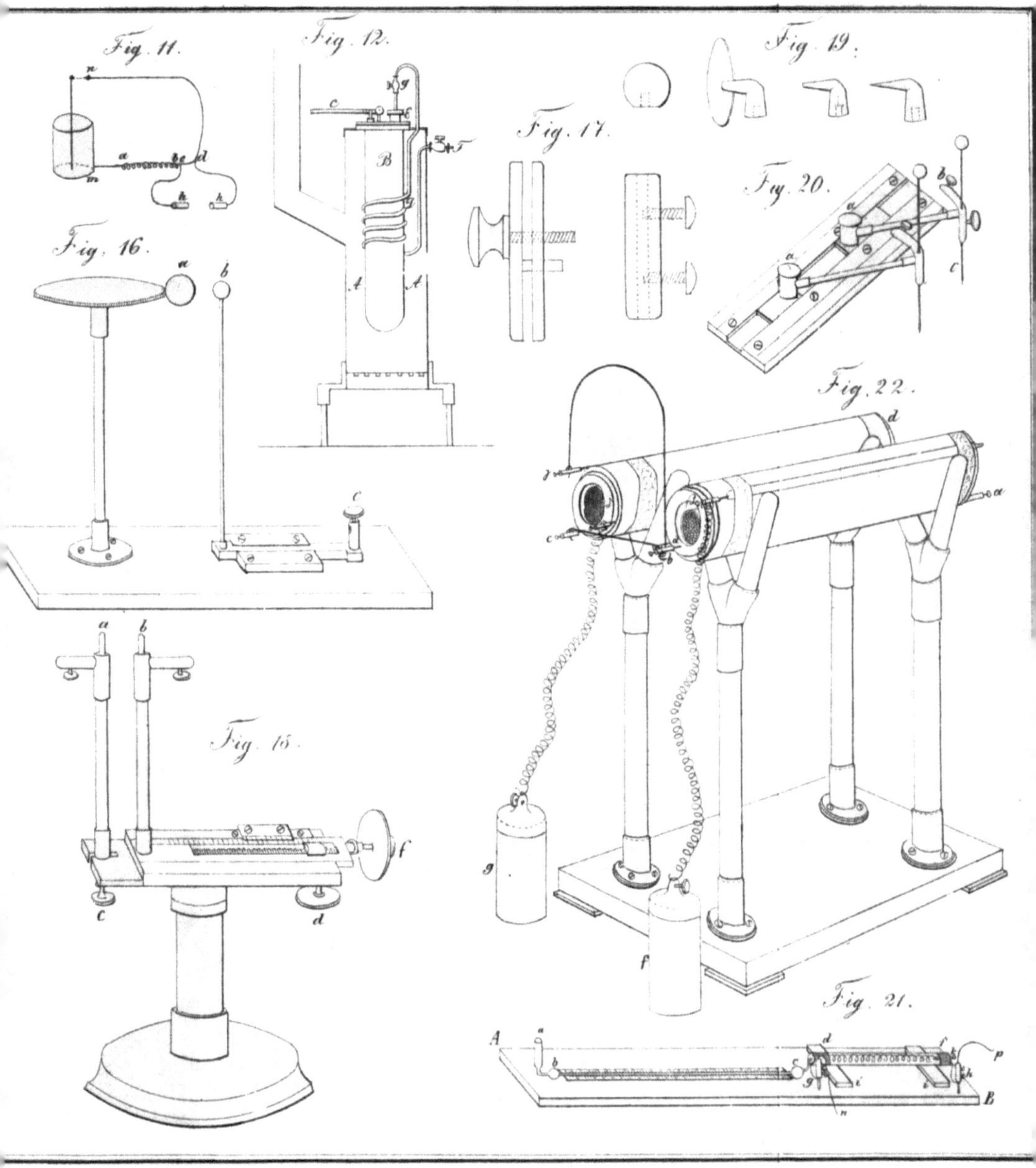

Fig. 11.
Fig. 12.
Fig. 19.
Fig. 17.
Fig. 20.
Fig. 16.
Fig. 22.
Fig. 18.
Fig. 21.

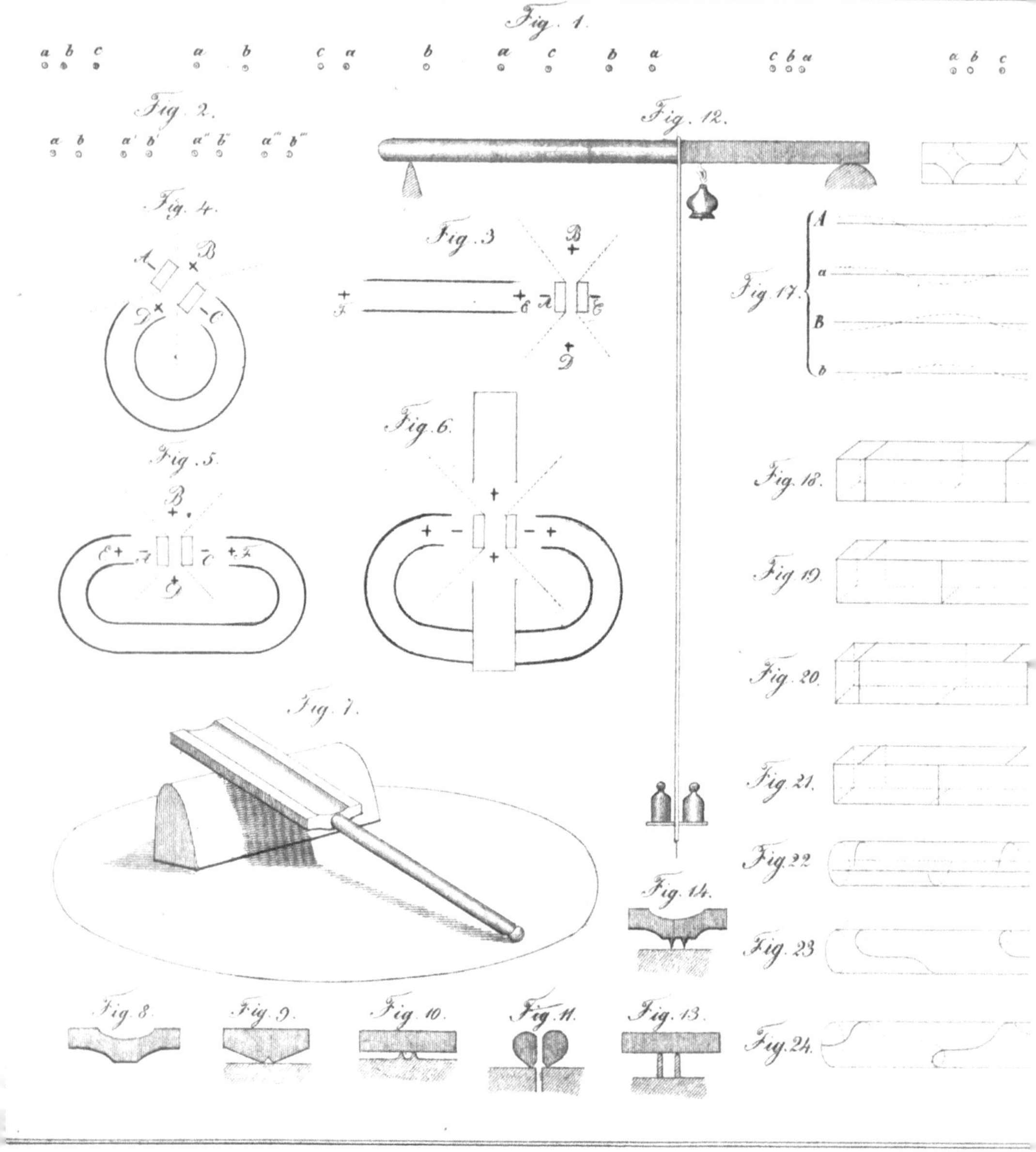
Fig. 1.
Fig. 2.
Fig. 3
Fig. 4.
Fig. 5.
Fig. 6.
Fig. 7.
Fig. 8.
Fig. 9.
Fig. 10.
Fig. 11.
Fig. 12.
Fig. 13.
Fig. 14.
Fig. 17.
Fig. 18.
Fig. 19.
Fig. 20.
Fig. 21.
Fig. 22
Fig. 23
Fig. 24.

k.

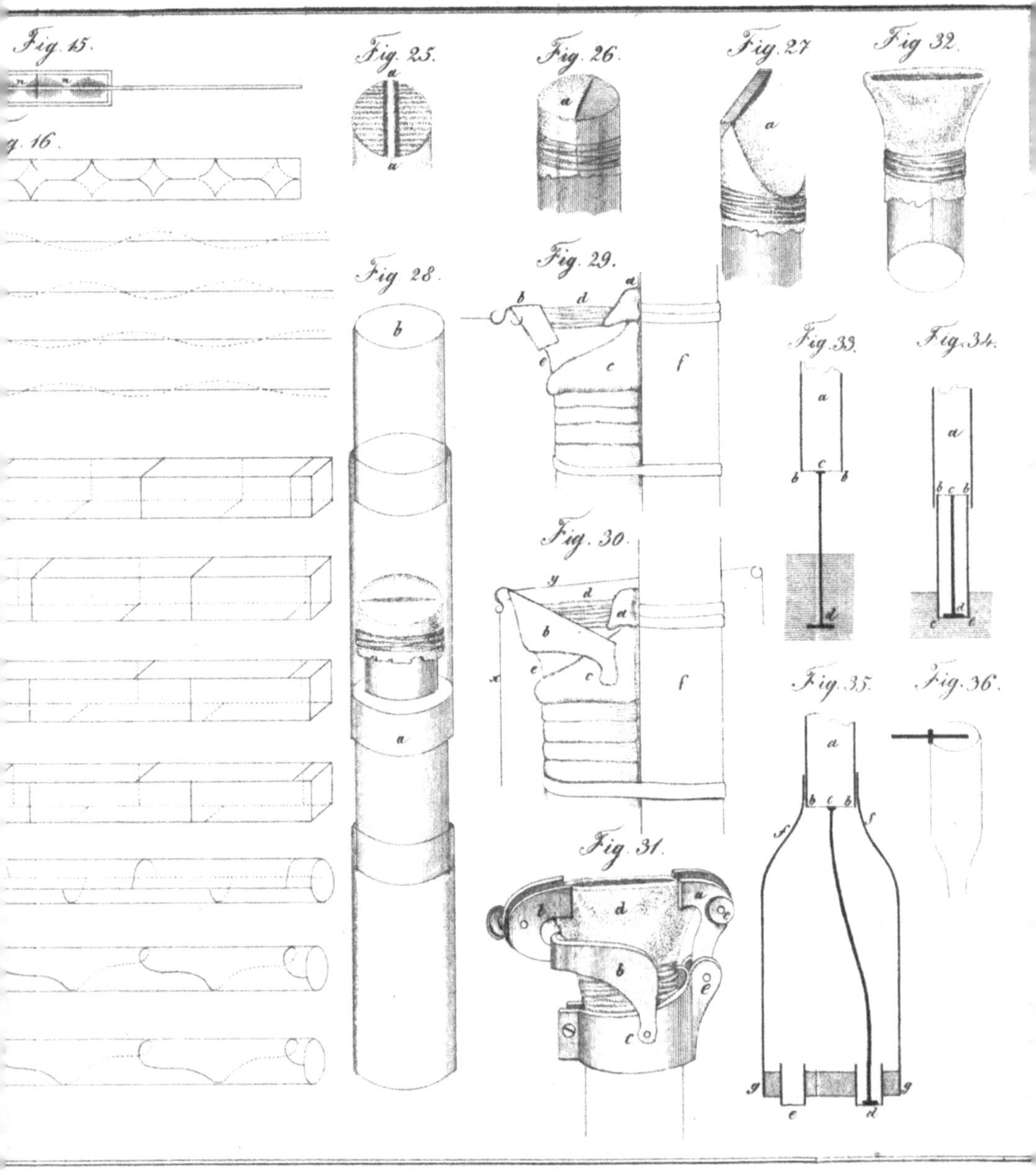

Fig. 15.
Fig. 16.
Fig. 25.
Fig. 26.
Fig. 27
Fig 32.
Fig. 28.
Fig. 29.
Fig. 30.
Fig. 31.
Fig. 33.
Fig. 34.
Fig. 35.
Fig. 36.

FSC
www.fsc.org
MIX
Papier | Fördert gute Waldnutzung
FSC® C083411

Kolibri 360 GmbH
Ferdinand-Jühlke-Straße 7
99095 Erfurt, Deutschland
produktsicherheit@kolibri360.de